BÜZZ

Publisher ANDERSON CAVALCANTE
Coordenadora editorial DIANA SZYLIT
Editores-assistentes ÉRIKA TAMASHIRO e NESTOR TURANO JR.
Preparação TOMOE MOROIZUMI
Índice remissivo JULIO HADDAD
Revisão CLAUDIA CANTARIN, LIGIA ALVES, VICTÓRIA GERACE
    e LAILA GUILHERME
Projeto gráfico ESTÚDIO GRIFO
Assistente de design NATHALIA NAVARRO
Redesenho dos gráficos MORENO MOTA DIAS

Nesta edição, respeitou-se o novo Acordo Ortográfico da Língua Portuguesa.

Dados Internacionais de Catalogação na Publicação (CIP)
(Câmara Brasileira do Livro, SP, Brasil)

Tepper, Jonathan
    *O mito do capitalismo: Monopólios e o fim da
    concorrência* / Jonathan Tepper, Denise Hearn;
    Tradução Bruno Cobalchini Mattos.
    São Paulo: Buzz Editora, 2024.

Título original: *The Myth of Capitalism: Monopolies and the
Death of Competition.*

ISBN 978-65-5393-038-4

1. Capitalismo 2. Capitalismo – Aspectos sociais
3. Economia – Análise – Estudo e ensino 4. Livre
mercado I. Hearn, Denise. II. Título.

24-190401	CDD-330.15

Índice para catálogo sistemático:
1. Capitalismo: Economia 330.15
Aline Graziele Benitez, Bibliotecária, CRB-1/3129

Todos os direitos reservados à:
Buzz Editora Ltda.
Av. Paulista, 726, Mezanino
CEP 01310-100, São Paulo, SP
[55 11] 4171 2317
www.buzzeditora.com.br

O MITO DO CAPITALISMO

MONOPÓLIOS E O FIM DA CONCORRÊNCIA

Jonathan Tepper
e **Denise Hearn**

Tradução
Bruno Cobalchini Mattos

Introdução 7

1. No que concordam Buffett 16
e os bilionários do Vale do Silício

2. Dividindo o território 40

3. O que os monopólios e King Kong têm em comum 57

4. Sufocando os trabalhadores 90

5. A sombra do Vale do Silício 117

6. Pedágios e barões gatunos 145

7. O que os trustes e os nazistas têm em comum 175

8. Regulação e quimioterapia 210

9. Morganização dos Estados Unidos 242

10. A peça que falta no quebra-cabeça 260

Considerações finais: 285
Liberdade política e econômica

Agradecimentos 303
Notas 305
Índice remissivo 341

INTRODUÇÃO

Em 9 de abril de 2017, agentes de segurança do Aeroporto O'Hare, em Chicago, retiraram o dr. David Dao do voo expresso 3411 da United. Havia um problema de overbooking,* e o homem se recusou a deixar sua poltrona. Ele tinha pacientes para atender no dia seguinte. Os outros passageiros registraram em vídeo o momento em que ele foi arrastado para fora do avião. Na gravação, ouvem-se as expressões de descrença dos demais passageiros: "Ah, meu Deus!", "Não! Isso está errado!", "Olha o que vocês estão fazendo com ele". Ninguém conseguia acreditar no que estava vendo.

No vídeo, David é visto com a boca sangrando enquanto um policial o arrasta pelo corredor. A cena viralizou em pouco tempo. O CEO da United, contudo, não se desculpou publicamente — em vez disso, culpou o passageiro pelo incidente, tachando-o de encrenqueiro. A situação acabou gerando tanta revolta que o executivo voltou atrás, e a companhia aérea assinou um acordo confidencial com o dr. Dao.

O advogado do médico, Thomas Demetrio, informou à imprensa que seu cliente "deixou o Vietnã em 1975 após a tomada de Saigon, em um barco, episódio que ele relata ter sido aterrorizante. E o dr. Dao afirmou que ser arrastado pelo corredor foi uma experiência ainda mais assustadora e angustiante do que a de fugir do Vietnã".[1]

Alguns anos atrás, o tratamento vexatório de um passageiro teria derrubado as ações da United, mas a empresa se recuperou rapidamente. Os analistas financeiros são unânimes ao dizer que o evento não teve nenhum impacto sobre a companhia aérea. Durante todo o ano de 2016, a empresa registrou um lucro líquido de 2,3 bilhões de dólares. Os resultados foram tão bons que, naquele ano, a diretoria da United aprovou uma recompra de 2 bilhões de dólares em ações, o equivalente financeiro a tomar um banho de champanhe. Analistas de pesquisas fizeram pouco-caso do incidente, alegando que "talvez os consumidores não tenham opção senão voar com

---

* Overbooking é a prática de vender passagens em quantidade superior ao número de assentos disponíveis na aeronave. (N.E.)

a United, devido à concentração do setor aéreo, que reduziu a concorrência na maioria das rotas".[2] Sites de notícias explicaram diligentemente aos seus leitores o que havia acontecido, com manchetes como "As companhias aéreas podem tratar você como lixo porque são um oligopólio".[3] Na verdade, depois que os investidores se deram conta da posição dominante da United no mercado, o preço das ações *subiu*.

Os analistas estavam certos. Os céus dos Estados Unidos deixaram de abrigar um mercado aberto, com muitas companhias aéreas concorrendo entre si, para testemunhar um oligopólio com quatro grandes empresas em situação cômoda. Dizer que existem quatro grandes companhias aéreas seria exagerar o nível real de concorrência. A maioria das companhias aéreas do país domina algum hub local, os chamados — sem ironia — "hubs-fortaleza", onde encaram pouca concorrência e detêm um quase monopólio. Elas possuem slots de aterrissagem* e estão dispostas a praticar tarifas predatórias para impedir qualquer outra empresa de entrar no mercado. Em quarenta dos cem maiores aeroportos dos Estados Unidos, uma única companhia aérea controla a maior parte do mercado.[4] A United, por exemplo, domina muitos dos principais aeroportos do país. Em Houston, ela detém cerca de 60% de market share; em Newark, 51%; em Washington Dulles, 43%; em San Francisco, 38%; e, em Chicago, 31%.[5] O cenário é ainda mais preocupante no caso de outras companhias aéreas. Por exemplo, a Delta tem 80% de market share em Atlanta e 77% na Filadélfia — também possui 77% em Dallas-Fort Worth.[6] Em muitas rotas, o consumidor simplesmente não tem escolha.

O episódio se tornou uma metáfora para o capitalismo americano no século XXI. Uma empresa muito lucrativa havia feito um cliente sangrar, e pouco importava, pois os clientes não têm escolha.

Quando os consumidores veem um homem sendo agredido por uma grande empresa, ou um paciente em sofrimento sendo despejado de um hospital, eles sentem que há algo de muito errado com as empresas.

---

* Slots aeroportuários são acordos em que as companhias aéreas obtêm permissão para utilizar toda a infraestrutura de determinados aeroportos que apresentam tendência à saturação em datas e horários específicos. A permissão é concedida pelas autoridades responsáveis pelos respectivos aeroportos. (N.E.)

No mundo todo, as pessoas experimentam a sensação opressora de que algo não está funcionando bem. Isso tem levado os Estados Unidos e a Europa a vislumbrarem níveis sem precedentes de populismo, além de constatarem o ressurgimento da intolerância e de um desejo de subverter a ordem estabelecida. Esquerda e direita não conseguem chegar a um consenso para determinar qual seria o problema, mas ambas sabem que há algo de podre no ar.

O capitalismo tem se mostrado o melhor sistema da história para tirar as pessoas da pobreza e gerar riqueza, mas o "capitalismo" que vemos hoje nos Estados Unidos é apenas um eco distante dos mercados competitivos. O que temos é uma versão grotesca e deformada do capitalismo. Economistas como Joseph Stiglitz se referiram a ele como "capitalismo Ersatz", em que a representação distorcida do que vemos está tão distante da realidade quanto os *Piratas do Caribe* da Disney estão dos piratas de verdade.

Se a nossa versão atual do capitalismo é falsa, como seria a versão real? O que nós *deveríamos* ter?

Segundo o dicionário, o capitalismo em seu estado ideal é "um sistema econômico baseado na propriedade privada dos meios de produção, na distribuição e na troca, caracterizado pela liberdade dos capitalistas para operar ou gerir sua propriedade visando ao lucro sob condições competitivas".

Parte dessa definição é universalmente aceita nos tempos atuais. Hoje, por exemplo, encaramos a propriedade privada como algo garantido em todo o mundo. O comunismo se definia em oposição à propriedade privada. Karl Marx escreveu no *Manifesto comunista* que "a teoria dos comunistas pode ser resumida em uma única frase: abolição da propriedade privada". Após a queda do Muro de Berlim, em 1989, o comunismo entrou em colapso e foi amplamente desacreditado, tachado de imenso fracasso. A batalha pela propriedade privada estava ganha.

A parte mais difícil da definição vem depois: o capitalismo é "caracterizado pela liberdade dos capitalistas para operar ou gerir sua propriedade visando ao lucro sob condições competitivas". Estamos perdendo a batalha da competição. Os setores da economia estão profundamente concentrados nas mãos de pouquíssimos agentes, com escassa concorrência real.

Capitalismo sem concorrência não é capitalismo.

A competição é importante porque evita níveis injustos de desigualdade e impede a transferência das riquezas do consumidor ou fornecedor ao monopolista. Se não existir competição, os trabalhadores e os consumidores terão menor liberdade de escolha. A concorrência cria sinais claros de preço nos mercados, orientando a oferta e a demanda. Ela promove a eficiência. A concorrência gera mais escolhas, mais inovação, desenvolvimento e crescimento econômico e constrói uma democracia mais forte ao dispersar o poder econômico. Promove a iniciativa e a liberdade. A concorrência é a alma do capitalismo e, no entanto, está morrendo.

A concorrência é a base da evolução. Sua ausência implica ausência de evolução, ou seja, o fracasso em se adaptar a novas condições. Isso ameaça nossa sobrevivência.

Quando há menos concorrência, há poucos vencedores e muitos perdedores. O crescente poder de mercado das empresas dominantes reduziu a concorrência, o investimento na economia real, a produtividade, o dinamismo econômico e a criação de startups, levando as empresas dominantes a praticarem preços mais altos e a pagarem salários mais baixos, contribuindo, dessa forma, para a maior desigualdade de riqueza. Evidências dos estudos econômicos surgem incessantemente.

A concorrência segue um ideal que parece cada vez mais longe do nosso alcance. O leitor não precisa acreditar em nós. De acordo com o *New York Times*, "os mercados funcionam melhor quando há uma concorrência saudável entre os empreendimentos. Em muitos setores, essa concorrência simplesmente deixou de existir".[7] A revista *The Economist* alerta que "os Estados Unidos precisam de uma dose pesada de concorrência".[8]

Se você acredita em mercados livres e competitivos, deveria se preocupar. Se acredita em competição justa e detesta nepotismo, também. No falso capitalismo, os CEOs bajulam legisladores para obter as regras que desejam e fazem doações de campanha em troca das leis de que precisam. As empresas grandes ficam ainda maiores, enquanto as pequenas desaparecem, deixando o consumidor e o trabalhador sem escolha.

A liberdade é essencial para o capitalismo. Não surpreende, portanto, que Milton Friedman tenha dado o título *Livre para escolher* à sua série de imenso sucesso sobre o capitalismo veiculada pelo canal de TV BPS, nem que o seu best-seller com mais de 1,5 milhão de exemplares vendidos se chame *Capitalismo e liberdade*. No livro, Friedman argumentou que a liberdade econômica seria "uma condição necessária para a liberdade política".[9]

Livre para escolher soa muito bem. É uma declaração corajosa e um título instigante, mas o fato é que os estadunidenses não são livres para escolher. Em inúmeros setores, sua única opção é comprar de monopólios ou oligopólios locais capazes de criar um conluio tácito. Hoje há muitos mercados no país controlados por três ou quatro competidores. Desde o início dos anos 1980, a concentração de mercado vem aumentando drasticamente. Conforme vamos registrar neste livro:

- Duas corporações controlam 90% da cerveja consumida nos Estados Unidos.
- Quatro companhias dominam completamente o tráfego aéreo, usufruindo em muitos casos de monopólios ou duopólios locais em seus hubs regionais.
- Cinco bancos controlam cerca de metade das reservas bancárias da nação.
- Em muitos estados do país, as duas principais seguradoras detêm de 80 a 90% do market share de planos de saúde. No Alabama, por exemplo, uma única empresa, a Blue Cross Blue Shield, controla 84% do mercado; no Havaí, ela controla 65%.
- Quando se trata de internet de alta velocidade, quase todos os mercados são monopólios locais; mais de 75% dos pontos de acesso domiciliares contam com apenas um fornecedor, ou seja, não há opção.
- Quatro players controlam todo o mercado de carne dos Estados Unidos e repartem o país entre si.
- Após duas fusões em 2019, três empresas vão controlar 70% do mercado de pesticidas mundial e 80% do mercado de sementes de milho no país.

A lista de setores dominados por poucas empresas é inesgotável.

Fica ainda pior se nos debruçarmos sobre o mundo da tecnologia. As leis estão desatualizadas para lidar com a dinâmica extrema do mundo on-line, onde impera a regra "o vencedor leva tudo". O Google domina completamente as buscas na internet, com quase 90% de market share. O Facebook detém quase 80% das redes sociais. Ambos controlam um duopólio de anúncios sem nenhum nível real de concorrência ou regulação.

A Amazon está esmagando os varejistas e vive em conflito de interesse, pois é ao mesmo tempo a campeã do setor de e-commerce e a principal plataforma on-line para vendedores terceirizados. Ela é livre para determinar quais produtos podem ou não ser vendidos em sua plataforma e competir com quaisquer de seus clientes de sucesso. O iPhone da Apple e o Android do Google dominam sozinhos o mercado de aparelhos celulares em um duopólio, e têm o poder de decidir se outras iniciativas chegarão ou não aos seus consumidores, estabelecendo as condições em que isso pode ocorrer.

As leis existentes nem chegaram a levar em conta as plataformas digitais ao serem escritas. Até aqui, essas plataformas parecem atuar como ditadoras benignas, mas nem por isso deixam de ser ditadoras.

Nem sempre foi assim. Os setores se tornaram muito mais concentrados do que eram trinta ou mesmo quarenta anos atrás, sem que tenha ocorrido praticamente nenhum debate público. Como apontou o economista Gustavo Grullon, a "natureza dos mercados de produtos nos Estados Unidos passou por uma mudança estrutural que enfraqueceu a concorrência". O governo federal pouco fez para evitar essa concentração. Na verdade, ele se esforçou bastante para estimulá-la.

É difícil exagerar as consequências da concentração setorial para a política e a economia. Temos dois grandes mistérios nos últimos anos: por que o crescimento econômico foi tão precário e por que muitos homens e mulheres perderam as esperanças a ponto de jogarem a toalha e deixarem o mercado de trabalho. Para ter uma ideia da dimensão da crise, em 2016, 83% dos homens com idade para ingressar no mercado de trabalho não tinham trabalhado no ano anterior. Ou seja, 10 milhões de homens ficaram de fora desse mercado.[10] Não se trata de mera estatística: estamos falando de filhos, pais e irmãos.

Temos um crescimento econômico precário, mesmo após o Federal Reserve (Banco Central estadunidense) injetar trilhões de dólares de liquidez na economia e emitir outros trilhões de dólares em títulos da dívida pública. Após a crise financeira global, os Estados Unidos enfrentam níveis elevados de desemprego de longo prazo, estagnação salarial, péssimo índice de criação de startups e baixo crescimento de produtividade.

Esses problemas, no entanto, têm raízes mais profundas. Após o fiasco das empresas pontocom, a economia se reergueu, porém o crescimento foi mais fraco do que o verificado nos anos 1980, e mesmo nos anos 1990. O crescimento posterior à crise financeira foi ainda mais patético. Cada expansão foi menor que a anterior. Não existe uma única variável capaz de responder a todas essas perguntas, porém uma série crescente de pesquisas aponta que a competição menor resulta em salários mais baixos, menos empregos, menos startups e crescimento econômico mais modesto.

Mercados falhos geram políticas falhas. O poder político e econômico está se concentrando nas mãos de monopolistas sediados em locais distantes. Quanto mais fortes as empresas se tornam, maior o cerco que elas fazem em torno dos reguladores e legisladores que atuam no processo político. Essa não é a essência do capitalismo.

O capitalismo é um jogo no qual os competidores seguem regras aceitas por todos. O governo é o árbitro, e, assim como em uma partida de futebol, precisamos de um árbitro e de um conjunto de regras mutuamente aceitos para criarmos a competição na economia. Se ficarem entregues à própria vontade, as corporações usarão qualquer recurso disponível para esmagar as rivais. Nos dias de hoje o Estado estadunidense, como mencionado, não tem feito valer sua posição de árbitro, pois deixa de cobrar o cumprimento das regras que aumentariam a concorrência. Pelo contrário: em função de um sequestro regulatório, ele ajudou a criar normas que limitam essa concorrência.

Os trabalhadores ajudaram a criar muita riqueza para as corporações, mas os salários não acompanharam nem de perto o crescimento do lucro e da produtividade. A razão para essa disparidade é evidente: o poder econômico passou para a mão das empresas. A desigualdade de renda e riqueza cresceu à medida que as empresas foram se apossando de uma fatia cada vez maior do bolo. A maioria dos trabalhadores não tem ações e pouco se beneficia dos lucros recorde das corporações. Como observou G. K. Chesterton, "o excesso de capitalismo não se dá pelo excesso de capitalistas, e sim pela sua escassez".

Quando esquerda e direita falam em capitalismo atualmente, elas se referem a um Estado imaginário. Os mercados livres competitivos e irrestritos que a direita tanto preza não existem mais. Eles são um mito.

A esquerda ataca o capitalismo grotesco que estamos vendo como se ele fosse a verdadeira manifestação da essência do capitalismo, e não uma versão distorcida dele.

Economistas como Thomas Piketty chegam a enxergar no capitalismo uma contradição lógica inerente que "devora o futuro", em vez de apontarem para a baixa concorrência como cerne do problema. Mas o que vemos hoje é resultado de uma fome monopolista que leva grandes empresas a devorarem as pequenas, e os governos são capturados para manipular as regras do jogo em prol dos fortes e em detrimento dos fracos.

Embora muito tenha sido escrito sobre o capitalismo e a desigualdade, a esquerda e a direita nem sequer leem os mesmos livros. Pesquisadores analisaram as vendas de livros, e não há quase nenhum título sobre política ou economia que os dois lados compartilhem. Da mesma forma, se analisarmos os dados sobre debates no Twitter, veremos que esquerda e direita tampouco compartilham ou discutem ideias. Nenhum lado parece disposto a falar com o outro — e muito menos a ouvir.

O apoio ao capitalismo passou a ser visto como sinônimo de apoio aos grandes negócios, e não ao livre mercado. Este livro é despudoradamente favorável à concorrência. Os grandes negócios não são ruins, mas muitas vezes seu tamanho advém de fusões que destroem a concorrência e subvertem o capitalismo.

Esperamos que este livro crie uma ponte sobre as diferenças e estabeleça um terreno comum entre esquerda e direita. Os dois lados podem até preferir diferentes níveis de taxação ou ter visões diversas acerca das políticas sociais, mas esquerda e direita deveriam concordar que a concorrência ajuda a criar empregos, a elevar os salários, a fomentar a inovação, a reduzir preços e a ampliar a gama de escolhas.

Um livro que se limita a analisar problemas sem oferecer soluções não é muito útil. Neste, apresentamos soluções. E o encerramos com a análise de meios para reformar e corrigir a economia e o sistema político.

Esperamos que você fique indignado após a leitura deste livro. Ainda mais importante, esperamos que descubra que a revolta dos consumidores e eleitores pode ser canalizada para gerar mudanças positivas.

Em 1776, Adam Smith escreveu *A riqueza das nações*, e os Estados Unidos declararam sua independência da Grã-Bretanha. Smith fez uma crítica ácida aos monopólios. Sobre a Companhia das Índias Orientais, ele disse: "[...] o monopólio obtido pelos nossos manufatureiros [...] aumentou de tal forma o número de algumas de suas tribos que, assim como um exército com excesso de quadros, eles passaram a desafiar o governo e, em muitas ocasiões, intimidaram a legislatura".

Naquele mesmo ano, dentre as razões citadas pelo Congresso Continental Americano para se separar da Grã-Bretanha em sua Declaração de

Independência, lia-se: "Por interditar o nosso comércio com todas as partes do mundo: por cobrar taxas de nós sem o nosso consentimento". O Tea Party de Boston surgiu como resposta ao monopólio da Companhia das Índias Orientais sobre o chá. *A riqueza das nações* e a Declaração de Independência foram posturas corajosas contra os abusos do poder monopolista. Os estadunidenses desejavam contar com a livre-iniciativa para estabelecer negócios em um mercado livre.

Hoje precisamos de uma nova revolução para nos livrarmos dos monopólios e restaurarmos o livre-comércio.

1

NO QUE CONCORDAM BUFFETT E OS BILIONÁRIOS DO VALE DO SILÍCIO

A luta de classes existe, tudo bem, mas é
a minha classe, a classe dos ricos, que está
criando essa guerra, e nós estamos vencendo.
WARREN BUFFETT

Warren Buffett é um ícone para os capitalistas dos Estados Unidos e do mundo todo. Durante décadas, suas cartas anuais ensinaram e instruíram os estadunidenses acerca das vantagens do investimento. Em muitos sentidos, Buffett se tornou a personificação do capitalismo daquele país. Ele já classificou os encontros anuais da Berkshire Hathaway, sua firma de investimentos, como uma "celebração do capitalismo", e se referiu à sua cidade natal, Omaha, como "o berço do capitalismo".[1] Entretanto, Buffett é a antítese do capitalismo.

Ele se transformou em herói popular, por sua simplicidade. Mesmo após se tornar o segundo homem mais rico do país, continuou vivendo na mesma casa e evitando hábitos extravagantes. Ele ganha bilhões movido não pela ganância abjeta, mas pelo amor ao trabalho. Livros sobre ele, como *Tap Dancing to Work* [Sapateando para trabalhar], captam esse entusiasmo autoconfiante.

Sua rotina pessoal é de uma constância notável. Sua dieta diária inclui sorvete com gotas de chocolate no café da manhã, cinco Coca-Colas ao longo do dia e muita batata chips. E os investimentos são tão constantes quanto sua alimentação. Há décadas ele recomenda a compra de ações com poucas "armadilhas" e baixa concorrência.

Os resultados demonstram que ele tem razão. Warren Buffett assumiu o controle da Berkshire pagando cerca de 32 dólares por cota quando ela era uma empresa têxtil em decadência e a transformou em um conglomerado de poucas concorrentes que domina o setor. Hoje, uma cota vale cerca de 300 mil dólares, de modo que a empresa inteira está avaliada em mais de 495 bilhões de dólares.

Durante décadas, os estadunidenses aprenderam com Buffett a evitar empresas que exijam qualquer investimento ou gasto de capital e cuja concorrência seja ruim. Os administradores estadunidenses absorveram seus princípios.

Buffett ama monopólios e detesta concorrência. Ele já declarou em suas reuniões de investimento que "é da natureza do capitalismo que, sempre que você tiver um bom negócio, alguém queira tirar esse negócio de você para melhorá-lo". Em seus relatórios anuais, ele endossou Peter Lynch ao citar uma de suas frases: "A concorrência pode ser ameaçadora para a riqueza humana".[2] E como isso é verdade. O que é bom para o monopolista não é bom para o capitalismo. Buffett e seu parceiro de negócios, Charlie Munger, sempre tentaram comprar empresas com status de monopólio. Uma vez, quando lhe perguntaram em um encontro anual qual o seu modelo ideal de negócio, ele afirmou sua preferência por aqueles com "alto poder de determinar preços, um monopólio".[3] A mensagem é clara: se você vai investir em um setor de alta concorrência, está fazendo errado.

Não é de surpreender, portanto, que os primeiros negócios adquiridos por ele fossem jornais de cidades onde não havia concorrência. Segundo Sandy Gottesman, amigo de Buffett, "Warren compara a posse de um jornal monopolista ou com domínio de mercado à posse de uma ponte com pedágio sem regulação. Você tem relativa liberdade para elevar os preços quando e o quanto quiser".[4] Nos tempos pré-internet, as pessoas se informavam pelos jornais de sua região. Buffett entendeu que até mesmo um imbecil poderia ganhar dinheiro com um monopólio: "Se você tiver um negócio bom o suficiente, se tiver um jornal com monopólio... sabe, até aquele seu sobrinho tapado seria capaz de administrá-lo".[5] Seguindo essa linha de raciocínio, Buffett comprou em 1977 o *Buffalo Evening News*. Logo depois de adquirir o jornal, lançou uma edição dominical para levar à falência seu concorrente, o *Buffalo Courier-Express*. Em 1986, o rebatizado *Buffalo News* era um monopólio local.[6]

Em muitos sentidos, Warren Buffett é como Steph Curry, atleta do time de basquete Golden State Warriors. Curry é mestre no arremesso de três pontos. No entanto, se você estudar as estatísticas com cuidado, verá que quase todos os arremessos de Curry são tentativas *seguras* de três pontos. Muitas vezes ele está bem atrás da linha de três pontos. De início os defensores nem tentavam bloqueá-lo. Quem arremessaria de tão longe? Em certo período de 2016, ele fez 35 de seus 52 arremessos de uma distância entre 8,5 e 15,2 metros. É muito mais fácil pontuar sem concorrência.[7]

Ao longo dos anos, Buffett seguiu sua filosofia de comprar empresas em setores de baixa concorrência. Quando não consegue comprar um monopólio, compra um duopólio. E, se não consegue um duopólio, opta por um oligopólio.

Seu histórico fala por si só. Buffett já foi um dos maiores acionistas da Moody's Corporation, agência de classificação de risco que, na prática, divide um duopólio com a Standard & Poor's. (Talvez você se lembre de quando eles classificaram como AAA — a melhor nota possível — os títulos subprime, que, na realidade, eram lixo tóxico e arrebentaram com a economia.) Ele e seus parceiros compraram ações da DaVita, que divide um duopólio manipulador de preços no ramo da diálise. (Eles pagaram centenas de milhões em um acordo para encerrar um processo por suborno ilegal.) Beatty já foi proprietário de partes da Visa e da MasterCard, duopólio dos pagamentos com cartão de crédito. Também é dono de papéis da Wells Fargo e do Bank of America, que controlam o setor bancário em muitos estados do país (a Wells Fargo criou recentemente milhões de contas-correntes e contas-poupança fraudulentas para cobrar mais taxas de seus usuários). Em 2010, ele adquiriu todos os serviços ferroviários da Burlington Northern Santa Fe, hoje um monopólio regional. Foi dono da Republic Services Group, empresa que comprou sua maior concorrente para estabelecer um duopólio na gestão de resíduos. É ex-proprietário da UPS, que divide com a FedEx o duopólio das entregas dentro do país. Comprou ações de *todas* as quatro maiores companhias aéreas depois de elas passarem por fusões e constituírem um oligopólio. Nos últimos anos tem comprado companhias de serviços básicos (luz, saneamento, telefonia etc.) com monopólio regional.

Poderíamos seguir listando os investimentos de Buffett, mas provavelmente você já detectou um padrão. Ele realmente não gosta de concorrência. Todos os relatos dão conta de que ele é um bom ser humano, mas também um monopolista em essência.

Buffett encontrou sua alma gêmea na 3G Capital Partners, firma brasileira de investimentos que controla 50% do mercado de cerveja nos Estados Unidos. O setor cervejeiro no país é um duopólio. Agora eles estão tentando obter o controle do setor de comida industrializada. Em 2013, Buffett estabeleceu uma parceria com a 3G para comprar a H.J. Heinz Company, que dois anos mais tarde se fundiu com a Kraft Foods e passou a se chamar Kraft Heinz. Isso deu a eles domínio total de muitas prateleiras dos supermercados, como a do ketchup. Tentaram comprar a Unilever em 2017, o que teria lhes dado um controle ainda maior sobre as marcas líderes de mercado, mas a proposta foi recusada. Poxa, a Kraft Heinz Unilever não era para ser.

Se Warren Buffett é a personificação do capitalismo estadunidense, o bilionário Peter Thiel é o padrinho do Vale do Silício.[8] Os dois não poderiam ser mais diferentes. Enquanto Buffett é simples e lembra um homem comum, Thiel é etéreo e filosófico. Buffett cita a atriz Mae West, enquanto Thiel menciona intelectuais franceses, como Jean-Jacques Servant-Schreiber. Buffett é adepto de corpo e alma do Partido Democrata, e Thiel é um libertário que obteve um passaporte da Nova Zelândia para ter uma rota de fuga quando os camponeses atacarem os monopólios do Vale do Silício brandindo suas foices.

Buffett e Thiel não têm nada em comum, mas os dois concordam em uma coisa: concorrência é coisa de perdedor.

Thiel fundou o PayPal, além de uma lista lendária de empreendimentos que incluem o LinkedIn e o Facebook, hoje detentor do monopólio das redes sociais e colega do Google no duopólio de anúncios on-line. Ele não gosta de concorrência e redefine o capitalismo com base naquilo que o conduz: "Nos Estados Unidos, as pessoas acreditam em mitos sobre a concorrência e acham que foi ela que nos salvou das filas do pão do socialismo. Na verdade, capitalismo e concorrência são antônimos". Na visão de Thiel, sem lucros polpudos não é possível financiar a inovação e o aprimoramento. Ele apoiou a campanha de Trump, talvez porque, quando se administra um monopólio, é bom ser próximo de quem terá o poder de regulá-lo. E escreveu um livro, chamado *Zero to One* [De zero a um], exaltando a criação de negócios que constituam monopólios, no qual afirma, em tom de provocação, que a concorrência é "uma relíquia histórica".[9]

Concorrência é um palavrão tanto em Omaha como no Vale do Silício.

A celebração dos monopólios tem longa tradição nos Estados Unidos. Joseph Schumpeter, professor de economia de Harvard nascido na Áustria, costuma ser lembrado por ter cunhado o termo "vendaval de destruição criativa" ao elogiar a concorrência. É irônico que economistas e assessores o vejam como um grande nome das startups disruptivas quando, para Schumpeter, o melhor ambiente para encontrar o progresso eram os monopólios. Em um raciocínio muito semelhante ao de Peter Thiel, Schumpeter acreditava que empresas perfeitamente competitivas eram inferiores em termos de eficiência tecnológica, portanto representavam um desperdício. Os monopólios seriam mais robustos porque "um setor perfeitamente competitivo tem muito mais chances de quebrar — e de espalhar o vírus da depressão — pelo progresso ou por perturbações externas do que uma empresa de grande porte".[10]

Buffett e Thiel amam os monopólios porque, quando você é um monopolista, se torna o que os economistas chamam de "criador de preços". Isso significa que um monopolista pode determinar os preços de seus produtos, situando-os próximo do valor máximo que o consumidor estará disposto a pagar; por outro lado, nos setores mais competitivos, a concorrência estimula a inovação e derruba os preços. Tipicamente, os monopolistas elevam os preços e restringem a oferta de bens.

O problema de elevar os preços e suprimir a oferta não é uma questão teórica e hipotética. Por exemplo, as empresas de provedores de internet nos Estados Unidos controlam monopólios regionais e têm usado seu poder de mercado para cobrar dos domicílios cerca de 540 dólares adicionais por ano, segundo a organização sem fins lucrativos Consumer Federation of America.[11] Elas não só praticam preços altos demais como também têm um histórico de reduzir a velocidade de sites ou conteúdos de que não gostam e de limitar o uso da internet.[12] A Comcast reduziu a velocidade de serviços peer-to-peer como o BitTorrent com o pretexto de gerenciar a alocação de banda.[13]

As ideias de Buffett e Thiel não passaram despercebidas. Bancos de investimento como o Goldman Sachs (também conhecido como ave de rapina de Wall Street, devido à sua postura nos negócios) recomendaram a seus clientes que abraçassem e comprassem oligopólios. Os oligopólios podem até ter a má reputação de saquear seus consumidores, mas são atraentes porque, na visão do Goldman Sachs, têm "menor intensidade competitiva, maior duração, poder de impor preços ao consumidor em face da restrição de escolha, benefícios de grande escala (como a influência sobre os fornecedores) e maiores barreiras contra o surgimento de novos concorrentes, tudo ao mesmo tempo". O recado aos investidores era claro: os oligopólios podem arrochar trabalhadores e fornecedores e elevar os preços para o consumidor, e isso torna atraentes as ações de oligopólios.

Livros populares de investimento recomendam os monopólios abertamente. Antes da crise financeira, era possível encontrar nas livrarias exemplares de *Monopoly Rules: How to Find, Capture, and Control the Most Lucrative Markets in Any Business* [Os monopólios são ótimos: como encontrar, capturar e controlar os mercados mais lucrativos em qualquer setor]. Esse livro oferecia conselhos a jovens empreendedores, por exemplo, "É provável que você tenha escutado que monopólios são artificiais, ilegais e raros. Errado! Errado! Errado! Na verdade, os monopólios muitas vezes são naturais, frequentemente legais e surpreendentemente comuns". Se por acaso o governo tiver uma visão diferente, o autor recomenda direcionar parte dos lucros exorbitantes a "advogados antitruste de altíssimo gabarito".[14]

Hoje muitos economistas defendem abertamente os monopólios como uma forma mais elevada do capitalismo. Robert Atkinson e Michael Lind escreveram um livro chamado *Big is Beautiful* [Grande é bonito]. Segundo eles: "No universo abstrato da Econ 101, monopólios e oligopólios sempre são ruins porque distorcem os preços [...]. No mundo real, as coisas não são tão simples". E, para esclarecer, os autores prosseguem: "A economia acadêmica inclui uma literatura bastante elaborada sobre os mercados imperfeitos. Mas ela fica restrita aos alunos avançados", e essas lições não estariam à disposição das pobres e ignorantes almas que não possuem um ph.D.[15]

É irônico que os nomes de maior expressão entre os monopólios estejam essencialmente alinhados a economistas neomarxistas, para quem, no capitalismo, é inevitável que os grandes devorem os pequenos. Como escreveu o eminente economista polonês Michał Kalecki, "o monopólio parece estar muito arraigado na natureza do sistema capitalista: a livre concorrência, como pressuposto, pode ser útil no primeiro estágio de certas pesquisas, mas, como descrição do estágio normal da economia capitalista, não passa de um mito".[16] Kalecki se sentiria em casa em Omaha ou no Vale do Silício.

As visões de Buffett e Thiel acerca da concorrência representam as contradições do capitalismo. A ideia de que a inovação surge apenas nos grandes monopólios, professada por Thiel, ignora sua própria trajetória pessoal no PayPal. Ele era um Davi que criou uma startup do nada para competir com Golias financeiros. Hoje o pequeno Davi se juntou aos filisteus.

Infelizmente, o capitalismo nos Estados Unidos e em muitas economias desenvolvidas não é caracterizado pela concorrência e pelo ímpeto empreendedor. Muitos setores têm de fato pouquíssimos agentes relevantes. Os americanos vivem a ilusão da escolha, mas não são livres para escolher.

Muitas grandes empresas cooptaram aqueles que deveriam ser seus reguladores, e hoje a regulação atua em grande medida para impedir a entrada de novos players em um setor. Por exemplo, funcionários de alto escalão da Comcast migraram em grande quantidade para a FCC (sigla em inglês para Comissão Federal de Comunicações, órgão regulador de radiotransmissões e teledifusões nos Estados Unidos), e então deixaram o governo para retornar à Comcast ou a outras instituições que fiscalizavam. Quando chegou a hora de a Comcast comprar a NBC Universal, ela contava com 78 antigos funcionários do governo registrados como lobistas a seu serviço.[17] Não surpreende que, apesar das grandes preocupações antitruste, o negócio foi concretizado. Embrulha ainda mais o estômago saber que Meredith Attwell Baker, a alta comissária do FCC responsável por aprovar o negócio, foi contratada pela Comcast logo depois. Não existe sequer uma linha tênue que separe reguladores e regulados.

Os mercados não são unidimensionais, e são raros os cenários de monopólio total ou concorrência perfeita. Assim como é raro que um vilão de filme seja de todo mau (os grandes diretores sabem que um vilão assusta muito mais quando tem somente um toque de maldade), é extremamente raro encontrar empresas detentoras de um monopólio com 100% de market share. Algo tão explícito despertaria a ira dos reguladores.

Em geral, nosso problema não são os monopólios, mas os oligopólios. Os estadunidenses foram treinados para temer monopólios nacionais, contudo não dedicam muita atenção aos duopólios e oligopólios. Muitos setores são duopólios onde apenas dois grandes players controlam o mercado inteiro, e outros são oligopólios com apenas três ou quatro concorrentes de peso. Existem poucos monopólios totais; por isso, quando você lê as manchetes que falam sobre o problema dos monopólios nos Estados Unidos, como observou o professor Tim Wu, "a imprensa dispara o alarme errado. Sabemos como lutar contra monopólios, porém os reguladores ficam confusos quando se trata de duopólios e oligopólios".[18]

As palavras "duopólio" e "oligopólio" não figuram em *A riqueza das nações*, de Adam Smith, tampouco em leis antitruste, como a Lei Sherman, de 1890, ou a Lei Clayton, de 1914. O próprio termo "oligopólio" foi criado somente nos anos 1930, pelo economista Edward Chamberlin. A palavra tem origem grega e significa "poucos vendedores". A origem é a mesma da palavra "oligarcas". Os oligopolistas de hoje são os nossos oligarcas.

Embora o termo "oligopólio" seja mais correto que "monopólio", esperamos que o leitor nos desculpe por utilizarmos ambos como equivalentes neste livro. Como escreveu o economista Milton Friedman, um monopólio é qualquer concentração de poder em uma firma que "tem controle suficiente sobre um produto ou serviço específico para determinar de maneira significativa as condições de acesso de outros indivíduos a ele". Hoje, segundo essa definição, os oligopólios são monopólios.

Os oligopólios não raro agem como monopólios. Embora os conluios e os cartéis entre diferentes agentes de mercado sejam ilegais, os conluios tácitos são comuns e racionais. A firma de investimentos Marathon Asset Management apontou isso em seu excelente livro *Capital Returns* [O capital retorna]: "Um setor básico com poucos players, administração racional, barreiras de entrada, poucas barreiras de saída e regras simples de engajamento constitui o cenário perfeito para que as empresas estabeleçam um comportamento cooperativo... e é por isso que encontramos retornos de investimento polpudos em setores que estão evoluindo para esse estado".[19]

Não importa o ângulo pelo qual encaremos a questão: a concorrência está morrendo nos Estados Unidos.

A queda acentuada dos níveis de concorrência está acontecendo na maior parte dos setores da economia. Um trabalho da *Economist* constatou que, durante o período de quinze anos entre 1997 e 2012, *dois terços* dos setores nos Estados Unidos estavam concentrados nas mãos de poucas corporações.[20]

Um dos estudos mais abrangentes disponíveis sobre o crescimento da concentração industrial mostra que estamos vivendo uma queda acentuada no número de empresas de capital aberto e uma mudança no equilíbrio de poder em prol das grandes empresas. Gustavo Grullon, Yelena Larkin e Roni Michaely apontaram que, embora a economia tenha crescido muito, o número de empresas de capital aberto caiu pela metade, e hoje vários setores contam com poucos grandes players. Isso tem se traduzido em lucros mais elevados, salários mais baixos e menor competição. Eles afirmam que "as empresas dos setores com maior aumento de concentração de mercado tiveram as maiores margens de lucro, pagaram dividendos fora da curva aos acionistas e apresentaram os acordos de fusão mais lucrativos, sugerindo que o poder de mercado vem se tornando uma fonte importante de valor".

Com algumas tabelas, será mais fácil visualizar os índices chocantes de concentração vistos nos Estados Unidos e a diminuição no número de empresas participantes na maioria dos setores. O boom de fusões e aquisições dos últimos trinta anos não tem precedentes: ele ultrapassou o pico histórico da "mania de fusões" da Era Dourada,* no final dos anos 1890, quando os barões gatunos dominavam o país.** É possível perceber que as fusões tendem a se movimentar em ondas, embora as ondas de fusão mais recentes tenham ocorrido com rapidez e em todos os lugares. Vimos três picos distintos de fusões desde 1980. Um deles se mostrou no ápice do *bull market* no final dos anos 1990; outro, no pico do mercado antes da crise financeira de 2007-2008; neste momento, estamos vivendo outra grande onda de fusões (Gráfico 1.1). Ainda não conhecemos a real dimensão desse processo.

Hoje estamos em uma segunda Era Dourada.

---

* "Gilded Age", ou "Era Dourada", foi um período entre os anos 1870 e 1900 marcado pela penúria da população média e por graves problemas sociais, muitas vezes mascarados pelo glamour dos muito ricos. O termo surgiu pela primeira vez em um romance escrito por Mark Twain e Charles Dudley intitulado *The Gilded Age: A Tale of Today.* (N.T.)

** Barões gatunos ("*robber barons*") é um termo pejorativo que foi muito utilizado para designar os grandes magnatas desse período nos Estados Unidos, que haviam consolidado suas riquezas com diversas práticas consideradas imorais pela opinião pública (manipulação do governo, criação de monopólios, falcatruas com compra e venda de ações, salários baixos para os funcionários etc.). (N.T.)

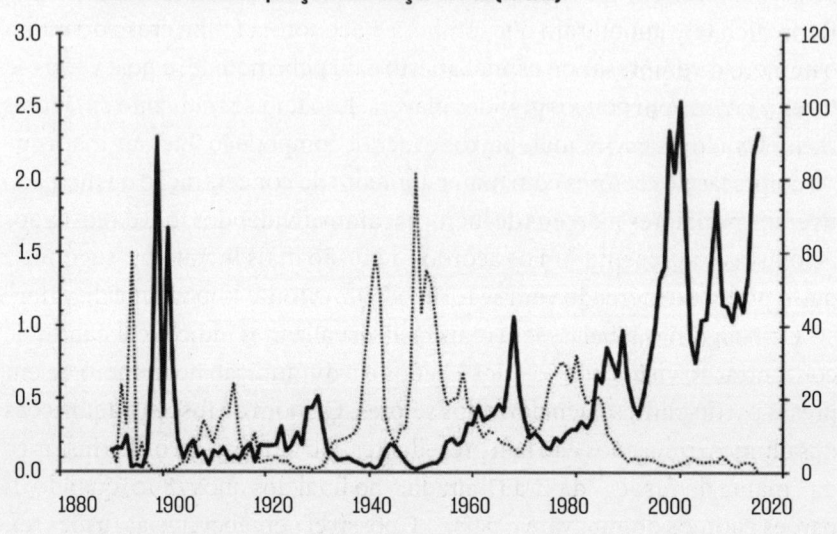

Gráfico 1.1 Ondas de fusão: 1890-2015.

Fonte: Taylor Mann, Pine Capital.

A escala dessas fusões é imensa, a ponto de nos fazer pensar se os capitalistas estadunidenses não estariam tentando provar que Karl Marx tinha razão. Na visão de Marx, o capital geralmente cresce com a absorção do capital de uma empresa por outra. Nesse embate, ele escreveu, "os capitais maiores", via de regra, "derrotam os menores [...]. A concorrência se desencadeia com fúria diretamente proporcional ao número e em proporção inversa à grandeza dos capitais. Termina sempre com a ruína de muitos capitalistas menores, cujo capital em parte se transfere para a mão do vencedor, e em parte perece".[21] Como Marx dizia com frequência, um capitalista mata muitos. Marx desejava substituir o monopólio dos grandes barões gatunos pelo monopólio do Estado. As duas coisas estão erradas. Precisamos de competição real e vicejante.

(Para constar, muito embora Marx tenha sido um dos escritores econômicos mais influentes da história — para grande infelicidade de qualquer pessoa que já tenha vivido em um país comunista —, ele não sabia cuidar das próprias finanças e é a última pessoa a quem nós — ou qualquer pessoa — devemos escutar. Ele quase sempre andava sem um centavo no bolso, e seu amigo Friedrich Engels roubava dinheiro da fábrica de seu pai para dar a Marx. Além disso, não conhecemos nenhum país comunista que não seja um fracasso abjeto. Mas, no que diz respeito aos grandes capitalistas devorando os pequenos, ele tinha razão.)

Esse canibalismo corporativo extremo, no qual o grande devora o pequeno, impacta imensamente o número de negócios em atividade. As empresas estão perecendo — para utilizarmos a expressão de Marx — e sendo engolidas por suas concorrentes. Trata-se de nada menos que um colapso no número de empresas registradas. *Mais da metade de todas as companhias de capital aberto desapareceu durante os últimos vinte anos.* Espantosamente, segundo estudo da Credit Suisse, "entre 1996 e 2016, a variedade de ações nos Estados Unidos caiu cerca de 50% — de mais de 7.300 para menos de 3.600 —, enquanto cresceu cerca de 50% em outros países desenvolvidos".[22] O baixo crescimento ou a crise financeira global não são mais os responsáveis pelo menor número de ofertas públicas iniciais (IPOs, em inglês). A queda no número de ações listadas está ocorrendo nos países onde os setores estão mais concentrados.

A redução no número de empresas listadas na bolsa foi tão extraordinária que hoje ele é menor do que era no início dos anos 1970 (ver Gráfico 1.2), quando o PIB real dos Estados Unidos era um terço do atual.[23] A economia do país cresce todos os anos, mas o número de empresas listadas encolhe. Se a tendência se mantiver, em 2070 teremos apenas uma empresa por setor. Ou podemos ter uma revolução social.

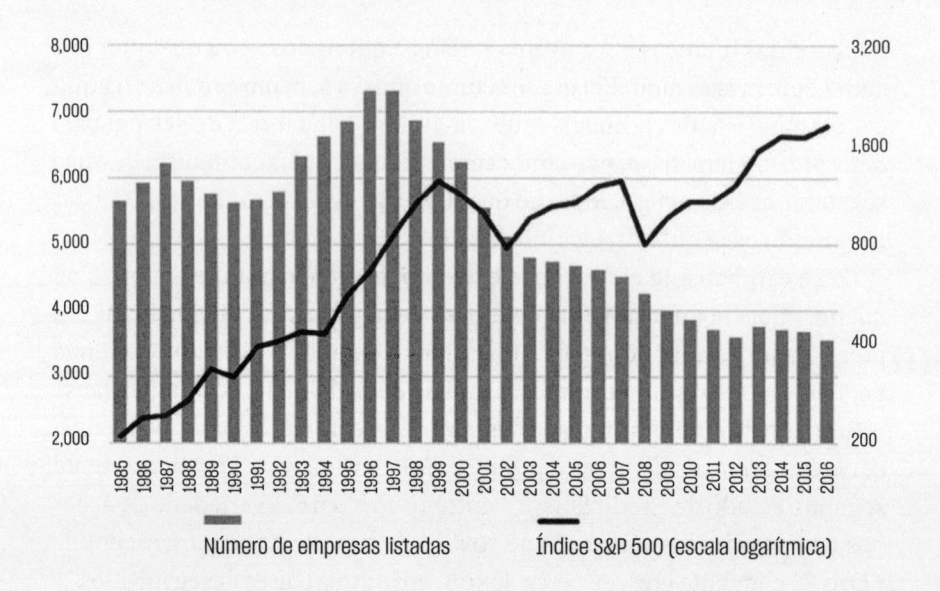

Gráfico 1.2 Colapso no número de empresas de capital aberto nos Estados Unidos desde 1996. Fonte: dados de Charles Schwab.

Não só as grandes empresas estão engolindo as pequenas como surgem cada vez menos startups para competir com os Golias. Repare que, à medida que as ondas de fusão foram ocorrendo, vimos menos ofertas públicas iniciais (ver Gráfico 1.3). A escassez de novas empresas listadas na NYSE ou na Nasdaq é historicamente atípica, dado o crescimento dos setores. No geral, durante as altas do mercado de ações, muitas novas empresas abrem seu capital. Os CEOs aproveitam os períodos de alta para vender ações ao público. Nos anos de boom econômico da década de 1990 havia uma média anual de 436 IPOs nos Estados Unidos. Em 2016, tivemos apenas 74 delas.[24] As grandes engrenagens da economia estadunidense estão parando aos poucos.

Diante da ausência de novos ingressos na maioria dos setores, ninguém deve se surpreender com a notícia de que as empresas estão se tornando maiores e mais velhas. A idade média das empresas de capital aberto nos Estados Unidos é, atualmente, de dezoito anos — em 1996, era de doze anos. Em termos reais, as corporações em atividade se tornaram três vezes maiores durante as últimas duas décadas.[25] Além de serem escassas e de terem idade média maior, elas agora retêm parcelas maiores de lucro. Em 1995, as cem maiores companhias listadas na Bolsa respondiam por 53% de todo o lucro; em 2015 elas abocanharam incríveis 84% dos lucros totais.[26]

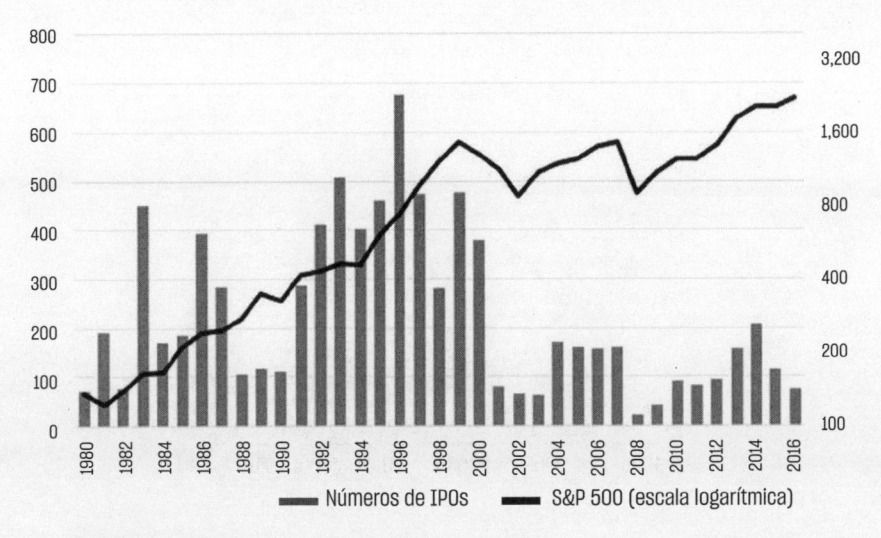

Gráfico 1.3 Declínio das ofertas públicas iniciais (IPOs).

Fonte: Barrons.

Esse número elevado de fusões e aquisições acabou com a competição. Todos os anos, as empresas elaboram relatórios anuais que podem ser consultados pelos acionistas. Estes precisam discutir seu negócio, os concorrentes e as ameaças à sua atividade. *The Economist* analisou a frequência com que as empresas mencionavam a palavra "concorrência", e o que o gráfico mostra (ver Gráfico 1.4) é espantoso. Houve uma queda vertiginosa no uso dessa palavra nos relatórios anuais, e isso coincidiu com o crescimento da concentração econômica. Os CEOs nem precisam mais escrever sobre a concorrência, pois já não resta muita.

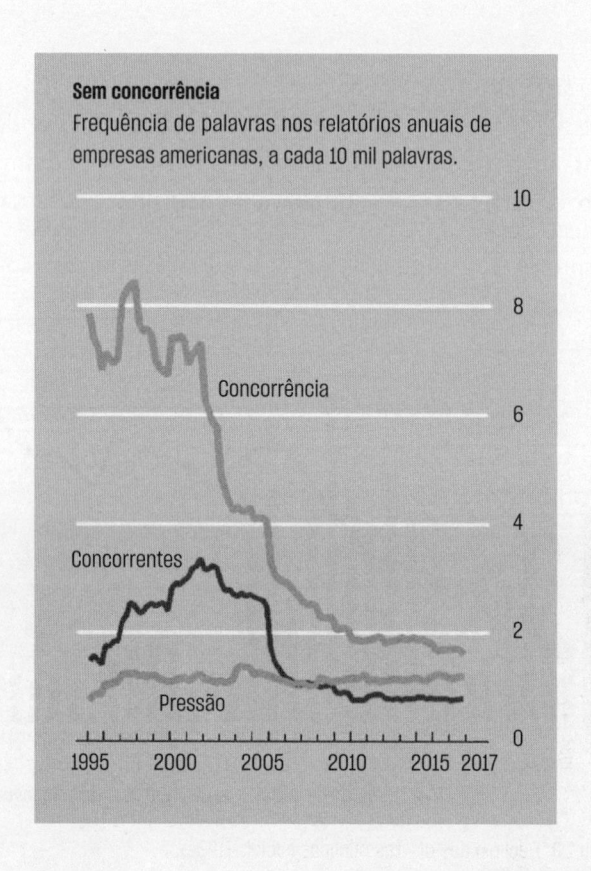

Sem concorrência
Frequência de palavras nos relatórios anuais de empresas americanas, a cada 10 mil palavras.

Concorrência

Concorrentes

Pressão

1995   2000   2005   2010   2015 2017

Gráfico 1.4 Frequência das palavras "concorrência", "concorrentes" e "pressão" nos relatórios anuais.

Fonte: *The Economist*.

A escassez de competição não se restringe a poucos setores; *quase todos* os setores estão mais concentrados. Em um estudo paradigmático intitulado "Are US Industries Becoming More Concentrated?" [A concentração está crescendo nos setores da economia dos EUA?], Gustavo Grullon, Yelena Larkin e Roni Michaely mostraram que, nos últimos vinte anos, a concentração cresceu em mais de 75% dos setores no país. Em quase todos os ramos, as quatro maiores empresas ampliaram significativamente seu market share enquanto as rivais menores desapareciam. Eles também apontaram algo muito mais preocupante: as empresas de setores que se tornaram mais concentrados têm as maiores margens de lucro e os maiores retornos para os acionistas.[27] Os autores utilizaram informações de empresas de capital aberto, mas também observaram dados censitários de empresas privadas, e encontraram a mesma história. A conclusão central de seu estudo foi alarmante: "De modo geral, nossa pesquisa sugere que a natureza dos mercados de produtos nos Estados Unidos passou por uma mudança estrutural que enfraqueceu a concorrência".

Quando Grullon e colegas analisaram os setores pelo critério do tamanho, descobriram que, quanto maior era concentração de um setor, maiores eram também os retornos financeiros. Eles averiguaram se o motivo não poderia ser porque empresas maiores poderiam ser mais eficientes e mais bem administradas, mas, em vez disso, descobriram que quase todos os retornos resultavam do fato de que "o aumento nos retornos financeiros se deve sobretudo à capacidade das empresas de praticar margens de lucro mais altas". O efeito era imenso, apresentando grande correlação com o tamanho das empresas. É possível elevar muito os preços e extrair mais lucros quando há pouca concorrência.

Buffett tinha lá sua razão. O estudo de Grullon descobriu que a estratégia de comprar os setores de maior concentração e vender empresas em setores menos concentrados garantia retornos superiores à média do mercado.

Nenhum estudo é perfeito, mas a mensagem central é inconfundível: a competição decresceu muito nos Estados Unidos. Recentemente, John Kwoka, um dos nomes mais respeitados nas áreas de economia industrial, regulamentos antitruste e regulações, apresentou uma conclusão sombria baseada em todas as pesquisas disponíveis: a "totalidade desse corpus de trabalhos fornece um retrato abrangente do aumento de concentração nos grandes segmentos da economia do país durante os últimos vinte anos".[28]

Dezenas de estudos têm mostrado que os resultados de maior concentração industrial são lucros maiores para as corporações, preços mais altos para os consumidores, redução da criação de startups, menor produtividade, salários mais baixos e aumento da desigualdade. Ainda assim, os CEOs continuam devorando outras empresas.

Na superfície, nossos problemas atuais podem parecer um simples caso de CEOs gananciosos e investidores desprovidos de ética que se uniram para arruinar a economia em benefício próprio, no entanto há algo mais profundo acontecendo.

Edward Queen, diretor do Programa Turner de Ética e Liderança Laboral da Universidade Emory, descobriu que, quando confrontados com um dilema ético, de 20 a 30% dos estudantes de administração são incapazes de identificar o problema. Na visão de Queen, "no mundo todo, uma parcela muito ampla da liderança corporativa está nas mãos de pessoas com poucos escrúpulos morais e de formação muito superior à sua capacidade de julgamento". Queen argumenta que, nas últimas seis décadas, os discípulos do prêmio Nobel de Economia Milton Friedman vêm enfatizando que o único dever de uma corporação é gerar lucros e retornos para os investidores.[29] E essas lições, inculcadas em diversas gerações de alunos das faculdades de administração, estão sendo aplicadas em grande escala.

As manchetes sobre CEOs e gerentes de alto calibre condenados por crimes têm reforçado essa visão de que os MBAs deixam a desejar no aspecto ético. Jeffrey Skilling integrou a turma de 1979 da Escola de Administração de Harvard e levou um exército de MBAs da McKinsey para a Enron. O presidente da McKinsey, Rajat Gupta, foi condenado por uso de informações privilegiadas, e também cursara seu MBA em Harvard. As manchetes sobre a Universidade Duke parecem confirmar o problema. Quem cursa o MBA da Duke precisa concluir a disciplina "Liderança, ética e organizações", mas suspeita-se que cerca de 10% dos alunos do curso de administração dessa universidade tenham trapaceado em uma prova que deveriam ter feito sozinhos em casa.[30]

Embora seja simples e direto, dizer que CEOs maldosos e sem escrúpulos éticos estão sufocando a economia dos Estados Unidos é uma resposta insuficiente.

Todos os alunos de MBA estudaram as Cinco Forças Competitivas de Michael Porter. Porter foi professor em Harvard, e hoje seu livro *Estratégia competitiva* é uma bíblia para investidores e gestores. Alunos de MBA aprendem a analisar o nível de concorrência dentro de um setor e a evitar setores com alta competitividade.

Entre as Cinco Forças de Porter estão a ameaça de rivais bem estabelecidas e a de novos ingressos. Para alguém com MBA formado com base nas Cinco Forças, nada é pior que ingressar em um setor com concorrentes fortes em que qualquer novo player pode chegar e competir quando bem entender. Os CEOs sabem aproveitar as oportunidades para eliminar as rivais, pois foram treinados para isso. Por esse motivo são tão comuns as fusões que visam eliminar rivais bem estabelecidas. Também por essa razão, as empresas fazem o que podem para erigir barreiras legais e regulatórias de entrada em seu setor. Esse é o evangelho do MBA.

Durante as últimas décadas, os alunos de MBAs também aprenderam a se especializar em mercados para dominá-los. Jack Welch ensinou os gerentes da General Electric a não ocuparem a terceira ou quarta posição de seus ramos de atuação. Só a primeira ou a segunda posições interessam. Desde que os gestores passaram a venerar Welch e a GE, eles também foram vendendo empresas de menor porte às grandes rivais. Assim, as empresas do topo da cadeia engoliram todas as pequenas concorrentes.

No mundo dos investimentos, os gestores de fundos multimercados são treinados para investir em empresas que absorveram as Cinco Forças de Porter e cavaram fossos profundos ao redor de seus negócios para se proteger da entrada de novos empreendimentos no mercado. Buffett disse: "no mundo dos negócios, procuro castelos econômicos protegidos por fossos intransponíveis". Gestores e investidores de fundos de pensão precisam encontrar ações que gerem lucros no longo prazo. Em certo sentido, abdicar dos monopólios, duopólios e oligopólios constituiria um fracasso. Ainda assim, nas palavras de um gestor, eles precisam buscar "corporações que sejam baleias assassinas prontas para se banquetear com filhotes de focas".

As bibliotecas das faculdades de administração se dedicam a explicar os diferentes tipos de fosso. Investidores procuram empresas grandes o bastante para representar "produtores de baixo custo". Os investidores tentam encontrar corporações com "alto custo de migração", que estabelecem com seus clientes uma relação de sequestrador e sequestrado. Também buscam negócios com "efeitos de rede", em que é possível dominar o mercado oferecendo, por exemplo, o único sistema de pagamentos ou de telefonia. E se interessam ainda por setores com "bens intangíveis", como as patentes, que impedem os concorrentes de operar na legalidade. Sobretudo no setor médico, as patentes permitem que as empresas adotem práticas de preços astronômicos, porque, segundo a lei, não poderá surgir nenhum concorrente enquanto elas detiverem a patente.

Os CEOs e os investidores das empresas agem de modo perfeitamente racional quando compram suas concorrentes e buscam caminhos para estabelecer um monopólio. Com isso, reduzem a ameaça das rivais estabelecidas e, ao mesmo tempo, barram a entrada no setor de novos players que venham a representar uma ameaça. Eles seguem Porter e Buffett, aumentando o fosso dia após dia.

A maioria das grandes empresas não é ruim. No entanto, temos um paradoxo: o que é bom, certo e lógico para as corporações não é bom, certo ou lógico para a economia como um todo. O crescimento dos monopólios não tem como resultado o crescimento da economia.

Toda empresa que hoje é um Golias começa como Davi e busca ampliar seu domínio de mercado e o seu market share. É isso o que os alunos de MBA aprendem a fazer com as Cinco Forças de Porter e com Buffett: "ampliar o fosso" que circunda e protege os seus negócios. Todo gestor tenta realizar isso, e os investidores aprendem a recompensar as empresas que reduzem a concorrência. Esse sistema de incentivos é uma máquina de monopólios.

A propensão à formação de monopólios funciona no nível micro, mas não no macro. Quando um CEO faz algo bom para sua empresa, isso não é necessariamente bom para a economia como um todo. Na economia, as empresas agem de forma lógica quando buscam maior eficiência, adquirem suas concorrentes, pagam salários mais baixos e elevam os próprios lucros, mas, quando todas as empresas tentam fazer isso ao mesmo tempo, é pior para todo mundo. Crescimento para os monopolistas não implica crescimento para a economia.

Após a crise financeira, o CEO do Walmart, Mike Duke, disse: "Nossos clientes estão ficando sem dinheiro, comprando pacotes menores e menos itens opcionais no final do mês. Isso indica uma pressão maior sobre os consumidores".[31] No entanto, ele não associou a baixa remuneração dos próprios funcionários à baixa renda dos consumidores e à escassez de demanda.

O arrocho salarial dos trabalhadores traz à mente uma observação de G. K. Chesterton: "O capitalismo é contraditório tão logo se completa, pois o mestre tenta o tempo todo reduzir as demandas do servo e, ao fazê-lo, reduz a capacidade de gastos dos consumidores. Ele deseja que uma mesma pessoa aja de forma contraditória. Quer que ela tenha a remuneração de um mendigo e os gastos de um príncipe".

As margens recorde de lucro corporativo são simplesmente o outro lado da moeda do arrocho salarial.

Ficaram para trás os tempos em que Henry Ford dobrava o salário de seus funcionários e ficava contente com isso. Como Ford explicou, "se a indústria não for capaz de manter os salários altos e os preços baixos, ela destruirá a si mesma, pois de outro modo estaria limitando seu número de clientes". Ford entendia que a economia não era um jogo de soma zero entre ele e seus trabalhadores.[32]

Durante a Grande Depressão, o economista britânico John Maynard Keynes estava tentando descobrir os motivos para um colapso econômico tão grave. Ele percebeu que, nos momentos de retração, faz sentido que cada família busque mais dinheiro e tome precauções, economizando para ter reservas em caso de emergência. No entanto, se todas fazem isso ao mesmo tempo, a economia se contrai, a demanda por produtos cai, trabalhadores são demitidos e as famílias ficam pior do que ficariam em um cenário em que ninguém age desse modo. Nossos gastos são a renda de alguém; se deixamos de gastar, alguém deixa de receber. Não seria lógico para as famílias não economizar nem tomar precauções; ao mesmo tempo, não seria lógico que todas fizessem isso concomitantemente. Eis o paradoxo: o que vale para as partes não vale para o todo. Esse é um dos problemas-chave da economia e o ponto central da *Teoria Geral* de Keynes.

No campo da lógica, isso se chama falácia da composição. Se você está em uma partida de futebol e se levanta para enxergar melhor o jogo, pode até dar certo. Mas, se todo mundo se levantar, ninguém enxergará melhor e todos serão prejudicados. Novamente, o que vale para as partes muitas vezes não vale para o todo.

Se pararmos para analisar, encontraremos a falácia da composição em muitos aspectos da economia.

Durante a crise do euro, os alemães pareceram completamente alheios a essa falácia lógica. Na Alemanha, *schulden*, o termo alemão para dívida, vem de *schuld*, que também significa "culpa". As dívidas eram vistas quase como malévolas e imorais. O ministro das Finanças alemão Wolfgang Schäuble culpava os países menores pela crise econômica europeia, pois eles teriam abdicado dos "ganhos de longo prazo em troca de benefícios de curto prazo" quando aumentaram seu endividamento e abriram mão da competitividade comercial.[33] Contudo, assim como o nosso consumo é a renda de alguém, o superávit comercial alemão implicava o déficit de alguém. Da mesma forma, os ativos alemães eram os empréstimos "irresponsáveis" de alguém. Não há como todos os países registrarem superávit comercial simultaneamente ou serem credores ao mesmo tempo. O seu consumo é minha renda, e o dinheiro que eu empresto é o dinheiro que você toma emprestado.

No verão de 2007, longas filas de correntistas começaram a se formar em frente ao banco Northern Rock, em Londres. Foi a primeira corrida aos bancos na Grã-Bretanha desde 1866. Por ironia, o pânico começou quando o Banco da Inglaterra declarou que o Northern Rock tinha as contas em dia e por isso daria respaldo ao banco. Só se acredita em um problema quando sua existência é oficialmente negada. Os consumidores despertaram no mesmo instante para os problemas e exigiram a devolução de seus depósitos.[34] Todos os correntistas estavam se comportando de maneira perfeitamente racional, e, no entanto, ao irem todos ao mesmo tempo retirar o seu dinheiro, provocaram a falência da qual tentavam escapar. (A corrida aos bancos se configura quando os clientes tentam sacar mais dinheiro do que o banco é capaz de fornecer. Os bancos não mantêm todos os depósitos de seus clientes disponíveis para retirada imediata em dinheiro — em vez disso, eles emprestam quantias.)

Mervyn King, presidente do Banco da Inglaterra, apontou certa vez que iniciar uma corrida aos bancos não é racional, mas participar de uma depois que ela já começou é. Não há lógica em sacar o seu dinheiro quando você está preocupado com a solvência de seu banco, e tampouco é lógico que todos saquem seu dinheiro concomitantemente, pois essa atitude pode falir a instituição.

A ideia da falácia da composição vale também para o setor de energia.

O carvão foi a principal fonte de energia da Inglaterra vitoriana. Charles Dickens descreveu os céus das cidades industriais como "um vômito preto soprando sobre todas as coisas, vivas ou inanimadas, bloqueando a face do dia e se debruçando sobre todos esses horrores com uma densa nuvem negra".[35] Em 1865, o economista inglês William Stanley Jevons publicou *The Coal Question* [O problema do carvão]. Ele se dispôs a determinar o tamanho das reservas inglesas desse combustível fóssil. Durante sua pesquisa, deparou com um paradoxo surpreendente. Conforme as máquinas a vapor se tornavam mais eficientes, o consumo geral de carvão *crescia* ao invés de cair. Jevons concluiu, com todas as letras, que "seria uma total confusão de ideias supor que a economia no uso de combustíveis equivale a uma redução de consumo. É o oposto da verdade".[36] A verdade para cada motor a vapor individual não era verdade para a Inglaterra como um todo.

Esse insight é conhecido como Paradoxo de Jevon: quando algo se torna mais eficiente, seu consumo cresce ao invés de cair.

O Paradoxo de Jevons é o motivo pelo qual a ampliação das ruas de Los Angeles, Houston ou qualquer outra selva de concreto resulta em ainda mais carros, menos caronas e um trânsito mais difícil. Quando dirigir se torna mais fácil, as pessoas podem morar mais longe do trabalho. De uma hora para outra, a cidade parece estar a uma distância razoável de casas muito mais amplas e baratas. Ao construírem novas pistas para tentar manter o trânsito fluindo, os planejadores urbanos criam espaço para mais carros e estimulam o transporte individual. O que vale para a eficiência de uma via específica não vale para a eficiência de Los Angeles como um todo. Em 1990, o analista de transporte britânico Martin Mogridge constatou que essa era uma característica geral das estradas, e seu insight é conhecido como Posição de Lewis-Mogridge: quanto maior o número de estradas construídas, maior o volume de trânsito em todas elas. Isso vale em todos os lugares, de Nairóbi a Pequim, passando por Los Angeles.

Quando os CEOs precisam escolher entre maximizar a eficiência geral da economia e agir como um monopolista, a resposta é óbvia. A decisão de agir como monopolista é perfeitamente lógica. A maioria dos CEOs não costuma refletir sobre as consequências de suas decisões individuais para a sociedade em geral. Eles não foram formados para isso, e esse comportamento não lhes parece lógico.

As escolhas lógicas de reduzir a competição e dominar um setor criam um ciclo natural dentro dos empreendimentos, no qual todos os Davis de cada setor tentam se tornar um Golias para eliminar completamente as ameaças.

Se analisarmos a história dos grandes monopólios de mídia e telecomunicações, vamos perceber que no início eles buscavam fornecer um produto melhor para o mercado de massa. No começo, entusiastas construíram linhas de telégrafo entre cidades por hobby, mas somente quando a Western Union interligou essas redes regionais surgiu uma maneira confiável de conectar todos os Estados Unidos. A Western Union deixou de ser um pequeno empreendimento para se tornar o monopólio dominante de seu tempo em um processo semelhante ao do Facebook, que evoluiu de um site de Harvard a uma grande rede conectando mais de 2 bilhões de pessoas. A AT&T é outro exemplo de gigante que começou como um pequeno Davi. A qualidade dos telefones era terrível, e não havia muita gente para quem ligar, por isso os aparelhos eram vistos mais como um brinquedo. No entanto, não demorou para que o telégrafo e o telefone começassem a competir e entrassem em conflito. No fim, a Western Union jogou a toalha. A empresa de telégrafos vendeu sua rede de telefone para a Bell em troca de 20% de sua receita de aluguel de telefones. A AT&T construiu um monopólio colossal que suplantou completamente o controle que a Western Union exercia antes sobre a vida dos estadunidenses.[37]

Esse ciclo de Davis se tornando Golias é contado no intrigante livro do professor Tim Wu, *The Master Switch* [A grande mudança]. No que ele chama de "O Ciclo", os negócios deixam de ser "o hobby de alguém para se tornar a atividade de outra pessoa; deixam de ser uma geringonça, fruto de um improviso, para se tornar um produto elegante e incrível; passam de um canal livremente acessível a um meio estritamente controlado por um único cartel ou corporação — evoluem de um sistema aberto a um sistema fechado. É uma progressão tão recorrente que chega a parecer inevitável, embora provavelmente fosse difícil antever isso quando qualquer uma das tecnologias transformativas do século passado surgiu.[38]

A imprensa e as telecomunicações não são os únicos setores em que podemos detectar esse ciclo. Já vimos isso acontecer em supermercados, fazendas, seguradoras e em muitos outros setores da economia. Os pequenos comércios familiares foram substituídos por gigantes como o Walmart, os bancos comunitários regionais foram substituídos por corporações globais como o JPMorgan ou o Bank of America, e pequenos fazendeiros foram substituídos por empresas como Cargill e Tyson. As empresas de transmissão a cabo começaram disputando as redes de TV para poderem transmitir seus canais, e as redes físicas eram fruto do hobby de conectar as cidades para compartilhar a programação. Com o tempo, todavia, elas se transformaram em monopólios gigantescos que hoje são provedores de internet banda larga sem concorrência.

Buffett é extremamente esperto, mas sua maior vantagem foi perceber que monopólios, duopólios e oligopólios enfrentam pouca concorrência e é difícil ingressar em seus ramos. As empresas que dominam setores inteiros atuam como pedágios em nossa vida cotidiana. Toda vez que fazemos alguma coisa em nosso cotidiano, destinamos parte de nossa renda aos monopolistas. Estamos tornando Buffett mais rico, enquanto ele vai para o banco sapateando e cantarolando.

→ Sob todos os aspectos, a concorrência está morrendo nos Estados Unidos.

→ No geral, não temos um problema de monopólio, mas de oligopólios.

→ O paradoxo é: aquilo que é bom, correto e lógico para uma empresa muitas vezes não o é para a economia como um todo.

→ As empresas que dominam seus ramos de atividade atuam como pedágios em nossa vida cotidiana.

2

DIVIDINDO O TERRITÓRIO

Nossos concorrentes são nossos amigos
Nossos consumidores são o nosso inimigo
JAMES RANDALL, presidente da Archers Daniel Midland

Disputas territoriais são ruins para os negócios. A máfia sabe disso, e os empresários também.

Em 1931, após uma disputa de poder muito sangrenta conhecida como Guerra Castellammarese, a máfia ítalo-americana iniciou um período de paz nos Estados Unidos. A Comissão da Máfia foi criada para mediar os conflitos e repartir o território depois que Charles "Lucky" Luciano ordenou o assassinato de Salvatore Maranzano, o *capo di tutti i capi* ("chefe de todos os chefes"). Quando jovem, Maranzano sonhava se tornar padre, e até chegou a estudar para isso antes de entrar para a máfia.[1] Maranzano queria estabelecer a paz e dividir os Estados Unidos entre famílias, mas se considerava um chefe acima de todos. Isso desagradava muitos grupos familiares, que desejavam controlar seus territórios sem prestar contas a um chefe.

"Lucky" Luciano estabeleceu depressa uma divisão de poder entre as famílias para evitar futuras disputas territoriais. Ele aboliu o título de *capo di tutti i capi* e, em vez disso, manteve seu controle por meio da Comissão, estabelecendo alianças com outros chefes. A Comissão da Máfia dividiu Nova York entre as Cinco Famílias: Bonanno, Colombo, Gambino, Genovese e Lucchese.[2] Contanto que cada uma se mantivesse longe das ruas das outras, tudo correria bem.

A comissão era aberta a ideias e estimulava a cooperação. Contava com representantes da família do crime de Los Angeles, da família do crime da Filadélfia, da família do crime de Buffalo e da Chicago Outfit, de Al Capone. Também tinha ligações com organizações criminosas de judeus e irlandeses em Nova York, embora seus representantes não tivessem direito a voto por não serem italianos.[3]

Em muitos setores da economia, os Estados Unidos foram divididos em um esquema semelhante ao das famílias mafiosas. A diferença é que, na situação atual, as posições de poder não são ocupadas por "homens com a situação estabelecida" e negociantes brancos de meia-idade. Em todos os setores, a concorrência até parece intensa no papel. Mas, na realidade, é comum que o cenário tenha sido cuidadosamente orquestrado.

Não há nada de novo sob o sol. Já no século XVIII, Adam Smith escreveu em *A riqueza das nações* que "as pessoas de um mesmo ofício quase nunca se reúnem, nem sequer para atividades de lazer ou entretenimento, mas, quando o fazem, sua conversa acaba gerando alguma conspiração contra o interesse público ou algum complô para elevar os preços". Um pouco mais tarde, John Stuart Mill ecoou esse sentimento: "Em cenários de escassez de concorrentes, estes sempre acabam concordando em não competir". Parece que hoje nos esquecemos dessa lição.

Quando um estadunidense imagina uma reunião de homens de negócios para fixar preços, geralmente lembra de Matt Damon em *O informante*. No filme, ele interpreta Mark Whitacre, o maior infiltrado empresarial da história do FBI, quando este espionou a Archer Daniel Midland (ADM). Whitacre ajudou a expor o escândalo de tabelamento do preço de lisina, um aminoácido essencial para a produção de aves e suínos. Em um mercado de muitos competidores, o tabelamento de preços seria mais difícil, mas em 1990 apenas três empresas dominavam o espaço.[4]

A ADM nunca propagou um preço sem antes ter buscado maneiras de tabelá-lo. Como uma família de mafiosos, seus representantes se reuniam com os concorrentes para restringir a oferta de ácido cítrico e de xarope de milho rico em frutose. Nos documentos que vieram à luz no tribunal, um executivo da ADM havia escrito: "Nossos concorrentes são nossos amigos. Nossos consumidores são o nosso inimigo".[5]

O escândalo do tabelamento de preço da lisina não é um caso atípico. Os setores de alta concentração guardam um segredo amargo: o conluio corporativo é muito mais disseminado do que podemos imaginar. Segundo a Organização para a Cooperação e o Desenvolvimento Econômico (OCDE), há amplas evidências de que o número, o tamanho e o impacto dos cartéis desmascarados são altos.[6] A pesquisa mais completa sobre o assunto foi feita por John Connor, da Universidade Purdue, que analisou 1.040 cartéis em um período de 235 anos.[7] Ele estimou que os cartéis aumentaram artificialmente os preços em 25%. Nos Estados Unidos, por exemplo, de 1996 a 2010, o Departamento de

Justiça condenou 128 corporações pelo tabelamento criminoso de preços em esquemas de cartel nos mais variados setores, desde telas de computador até medicamentos genéricos, passando por contratos de transporte.[8] O número de cartéis, contudo, é muito maior. Esses são somente os casos que os reguladores conseguiram *detectar*. Estimativas razoáveis apontam que apenas 20% dos conluios acabam desmascarados, o que implicaria um custo anual de até 600 bilhões de dólares como resultado das práticas de cartel.[9]

Alguns economistas acreditam sinceramente na impossibilidade dos cartéis e dos conluios. A Escola de Chicago de economia, radical defensora do livre mercado, argumentou que ambos eram quase impossíveis porque coordenar as ações de concorrentes é muito difícil, dadas sua predisposição para trapacear e a possibilidade do surgimento de novos players para competir com o cartel. Todas essas ideias, contudo, não têm base em nenhuma evidência: foram simplesmente tiradas do nada e convertidas em teoria.

A visão da Escola de Chicago em relação aos cartéis contraria décadas de evidências e bilhões de dólares em multas. Segundo *The Economist*, nos últimos anos, "conspirações internacionais foram desmascaradas em setores tão variados quanto cintos de segurança, frutos do mar, transportes aéreos, monitores de computadores, elevadores e até mesmo cera de vela". Os cartéis que estabelecem preços fixos e reduzem a oferta podem durar anos. Além disso, eles não necessariamente caem por terra devido à dificuldade de coordenar o tabelamento de preços. Em 2006, representantes de vinte ou mais companhias aéreas se encontraram em aeroportos e restaurantes para combinar os preços dos serviços de transporte aéreo internacional de cargas. Eles foram flagrados e obrigados a pagar multas de mais de 3 bilhões de dólares.[10]

A transição para os oligopólios é central para o problema dos cartéis. Estudos indicam que dois terços deles ocorrem em setores em que as quatro maiores corporações detêm 75% ou mais do market share. Alguns economistas altamente ideológicos acreditam que os cartéis não podem existir porque se desmanchariam com facilidade, mas suas opiniões vão de encontro a anos de história e experiência. As evidências mostram que a duração média de um cartel é de cinco anos, e alguns sobrevivem por décadas.[11]

Existe até um caso de cartel que durou mais de um século. Se você já comprou um anel de noivado com diamantes, tem boas chances de tê-lo adquirido de um cartel que controla o comércio dessa pedra desde o século

XIX. Em 1888, Cecil Rhodes criou a De Beers Consolidated Mines na África do Sul e assumiu o controle de todas as etapas do comércio global de diamantes (a Rhodes Scholarship foi batizada em sua homenagem). Em Londres, o cartel era conhecido como Companhia de Comércio de Diamantes, enquanto em Israel ele era "O Sindicato". Na Europa, era chamado de Organização Central de Vendas. Seus nomes corporativos variavam muito. De acordo com a revista *The Atlantic*, "em seu auge — durante a maior parte deste século —, ele não apenas era proprietário ou controlava todas as minas de diamante do sul da África como também detinha empresas de venda de diamantes na Inglaterra, Portugal, Israel, Bélgica, Holanda e Suíça".[12] O preço dos diamantes aumentava a cada ano, e a maioria das pessoas acredita que eles são bonitos, raros e preciosos. Embora de fato sejam bonitos, na verdade eles são abundantes e dificilmente custariam o que as pessoas pagam ao adquiri-los se não houvesse um cartel.

Os cartéis se formaram em quase todos os setores e têm um impacto de trilhões de dólares nas transações financeiras. Nos últimos anos, conforme o setor bancário foi se concentrando, vimos cartéis nos mercados de comércio exterior e nos de taxas de juros.

Todos os dias, mais de 5 trilhões em moedas diversas — dólares, euros, libras e ienes — mudam de mãos em Londres. Quase todos os negócios envolvendo mais de uma moeda precisam lidar com a chamada "cotação". Durante décadas, o índice se baseava nos negócios em moeda estrangeira ocorridos às dezesseis horas no fuso de Londres. As transações daquele horário, portanto, se tornavam a referência para o dia. Como a janela da cotação era muito curta, os grandes comerciantes podiam manipular os preços diariamente caso os reguladores dormissem no ponto, e por muitos anos eles dormiram.

Os reguladores britânicos flagraram negociantes de moeda estrangeira da Barclays, do Citigroup, do Royal Bank of Scotland, do Standard Chartered e do JPMorgan manipulando a cotação diária. Em salas de chat on-line com nomes glamourosos, como O Clube dos Bandidos, O Cartel e A Máfia, os negociantes formavam conluios para manipular a cotação. A prática era conhecida como "arrasando no fechamento". Os banqueiros sabiam que, caso negociassem com clientes muito grandes, isso poderia lhes render milhões de dólares, e as empresas que precisavam comprar ou vender moeda para os seus negócios é que sairiam perdendo. Como na maior parte dos cartéis, o acordo descarado de preços passou despercebido pelos reguladores, e mesmo pelos gerentes de bancos, até ser descoberto depois por uma denúncia interna.[13]

Se você tem a impressão de que o mercado de câmbio é grande, pense que as taxas de juros da Libor* orientaram mais de 350 trilhões de dólares em apostas financeiras e investimentos ao redor do mundo. Durante décadas, ela foi o marco de referência para empréstimos, e consumidores, investidores e empresas atuaram de acordo com a sua orientação. Quanto melhor o crédito do tomador de empréstimo, menor o spread. A Libor era a referência para todas as outras taxas de juro.

Dada a importância desse índice para todos os empréstimos em nível global, seria de imaginar que é impossível manipular o sistema e aniquilar os clientes. No entanto, comunicados internos apresentados nos tribunais mostraram como os negociantes manipulavam a Libor. Durante o desenrolar da crise financeira de 2007 e 2008, os executivos seniores do Royal Bank of Scotland estimularam seus funcionários a fraudar as taxas. Em 19 de agosto de 2007, um negociante do Royal Bank of Scotland (RBS) enviou uma mensagem para um negociante do Deutsche Bank. "É incrível como manipular a Libor nos permite ganhar — ou, em situação oposta, perder — dinheiro", ele escreveu. "Hoje existe um cartel em Londres."[14]

Os negociantes passavam seu tempo comprometendo todo o sistema financeiro internacional e rindo enquanto recebiam seus bônus. No fim das contas, os contribuintes britânicos foram forçados a socorrer o RBS com aportes superiores a 40 bilhões de libras.

Alguns economistas estudaram os cartéis para tentar determinar como são criados e como desaparecem. As economistas Margaret C. Levenstein e Valerie Y. Suslow analisaram mais de quinhentos casos registrados entre 1961 e 2013. Elas acreditavam que talvez os cartéis surgissem da união de empresas em tempos difíceis. Ou quem sabe se formassem quando as autoridades fossem negligentes em exigir o cumprimento das regras. Mas nenhuma dessas hipóteses se comprovou.

* A London Interbank Offered Rat (Libor) é uma taxa de juros que serve de referência para empréstimos de curto prazo ao redor do mundo. (N.E.)

Após examinarem as evidências, Levenstein e Suslow descobriram algo atípico: o fator mais importante para a criação e o desmonte de cartéis é a taxa de juros. Os cartéis tendem a se desmanchar durante períodos de juros reais elevados, presumivelmente porque sob taxas de juros mais altas os retornos no curto prazo precisam ser maiores para justificar um conluio. Elas descobriram também que essa correlação era quase perfeita e constataram que a criação e a manutenção dos cartéis exigiam paciência. Quanto maiores as taxas de juros, menor a probabilidade de um cartel perdurar, e, quanto menores as taxas reais, maior a probabilidade de os cartéis cooperarem e continuarem com seu jogo. Elas apontaram haver uma relação muito próxima "entre a capacidade de um cartel manter seu conluio e a taxa do crédito disponível para seus membros".[15] (Ver Gráfico 2.1)

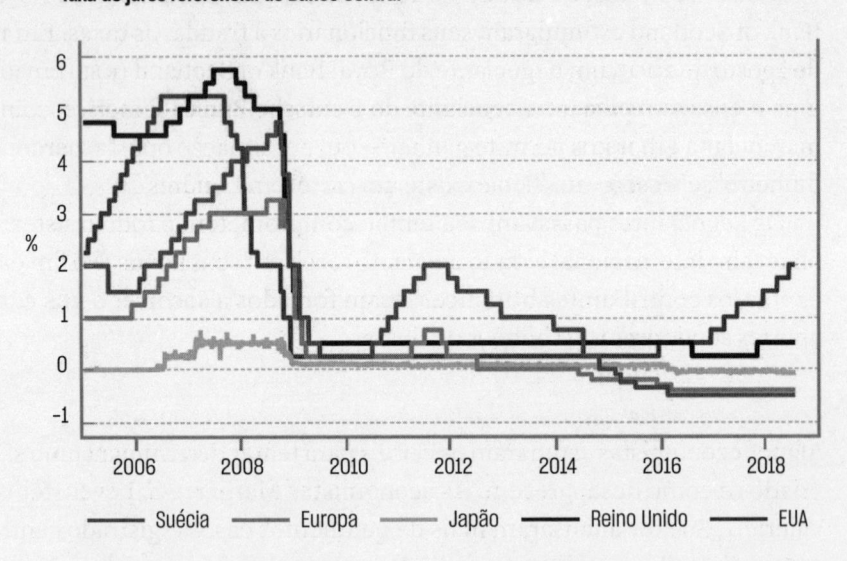

Gráfico 2.1 Taxas zero e negativas de juros dos bancos centrais estimulam os cartéis.
Fonte: Variant Perception.

Os agentes de mercado não precisam conversar entre si para formar um conluio. A teoria dos jogos demonstrou que as empresas são capazes de atingir resultados semelhantes aos de uma cooperação, apesar de terem como base decisões de fato independentes.[16] Muitas empresas autuadas pela prática continuam a formar conluios mesmo após terem interrompido qualquer diálogo entre si.[17] A mancomunação tácita pode fazer as empresas de um oligopólio obterem resultados dignos de um monopólio; as consequências são a redução da oferta, preços mais elevados e a diminuição do bem-estar do consumidor.[18] Isso é conhecido como o "problema dos oligopólios". Ao permitir níveis extremos de concentração em um setor, o governo basicamente garantiu que os oligopólios pudessem agir como monopólios e estimulou conluios tácitos ou descarados.

A teoria dos jogos se aplica a quase todas as interações. Todo mundo viu o filme *Uma mente brilhante*. Nele, John Nash, interpretado por Russell Crowe, tem uma epifania quando está num bar com os amigos tentando seduzir algumas mulheres. Elas formam um grupo: uma loira deslumbrante e algumas morenas de aparência comum. Todos os homens desejam a loira, e um dos amigos de Nash apontou que, em um caso assim, Adam Smith estimularia a concorrência: a melhor estratégia seria irem todos conversar com ela. Todavia, Nash aponta que isso seria burrice. Caso o fizessem, ninguém ficaria com ela. A mulher se sentiria pressionada, e as outras ficariam ofendidas por serem tratadas como segunda opção. A estratégia ideal seria a cooperação em grupo — ninguém fala com a loira, e todos falam com as amigas menos atraentes.

A ideia central de Nash era a de que diferentes jogadores poderiam optar pela cooperação tácita em detrimento da competição. A solução para o problema da concorrência se chama "Equilíbrio de Nash".

Nash não criou a teoria dos jogos, mas foi responsável por desenvolvê-la. Sua ideia era herdeira direta da Teoria Minimax de John von Neumann. A ideia é que os jogadores de um jogo não tendem a apostar na maior recompensa, mas antes a minimizar seu potencial de perda. O melhor exemplo para entender isso é o de uma mãe que permite que dois filhos dividam um bolo. A divisão mais igualitária ocorre quando uma das crianças fica responsável por cortar o bolo e a outra escolhe sua fatia primeiro. Nenhuma das duas buscará uma fatia teoricamente maior — elas tentarão minimizar suas chances de acabar com uma muito pequena. Com frequência, as empresas entram em conluio para evitar a competição e minimizar seu potencial de perda. Foi isso que Nash descreveu no filme com o exemplo da loira.

A teoria dos jogos serve para muitas outras coisas além de conversar com uma loira em um bar ou repartir um bolo.

O exemplo mais famoso a esse respeito é o Dilema do Prisioneiro. Se dois prisioneiros forem pegos pela polícia e interrogados em separado, precisarão tomar uma decisão difícil: dedurar ou não. Os dois podem ficar em silêncio e não entregar o outro. É o melhor desfecho para ambos. Contudo, se um deles deseja melhorar a própria situação, pode falar com a polícia e trair seu amigo. Assim, seria libertado e condenaria o cúmplice a cumprir uma longa pena.

Não existe resposta certa para o Dilema do Prisioneiro. Se você jogar apenas uma partida, a motivação para trair o parceiro será muito grande. No entanto, soluções completamente distintas surgem quando se joga o jogo diversas vezes.

Em 1984, Robert Axelrod convidou matemáticos, economistas e cientistas da computação a apresentarem suas estratégias para o Dilema do Prisioneiro. Ele ficou surpreso com o que descobriu.

As estratégias para esse jogo envolviam cooperação ou tentativa de condenar o outro jogador; mas, no lugar de jogarem uma única vez, eles precisavam jogar repetidamente até que houvesse um vencedor. Os programas de computador não podiam conversar entre si, nem saber as intenções dos outros; podiam apenas observar o que o outro programa fizera nas partidas anteriores. A maioria das estratégias consistia em tentativas sorrateiras de punir o parceiro e se livrar na primeira oportunidade. Outras estratégias apresentadas pelos economistas eram muito complicadas, com diversos tipos de regras para trapacear ou cooperar.

De modo muito contraintuitivo, nenhuma das estratégias complicadas venceu. A vitoriosa foi a estratégia mais simples e menos elaborada de todas: olho por olho. Se o oponente trapaceasse, a estratégia olho por olho trapaceava. Se o oponente cooperasse, olho por olho cooperava. Simples assim. *A priori*, o programa estimulava a cooperação; mas, se os outros trapaceassem, ele punia os oponentes e não os deixava se aproveitarem da boa vontade da estratégia olho por olho.

Em uma partida única, punir o parceiro pode fazer sentido. É possível se safar uma vez. Mas, quando se jogam diversas partidas, as coisas mudam. Em qualquer interação recorrente, a estratégia olho por olho prevalece — e disso decorre a cooperação.

A estratégia olho por olho ensina uma lição às empresas: em setores confortáveis com pouquíssimos players que compartilham os mesmos consumidores dia após dia ao longo de muitos anos, o melhor sempre é cooperar.

Os negociadores de sequestros conhecem bem as lições da teoria dos jogos. O objetivo desses profissionais do FBI não é encerrar a negociação com o sequestrador o mais rápido possível. Eles buscam a cooperação, e construir confiança leva tempo. São necessárias interações recorrentes. Não surpreende, portanto, que Gary Noesser, ex-negociador do FBI, tenha escrito um livro sobre negociação de reféns chamado *Stalling for Time* [Ganhando tempo].

Em 9 de abril de 1988, Noesser recebeu um telefonema no meio da noite. O FBI pediu que ele fosse a Sperryville, no estado da Virgínia, onde Charlie Leaf mantinha como reféns sua ex-companheira e o filho deles. Leaf disse à polícia que planejava matar os dois. Não fosse a paciência do negociador, Leaf poderia ter matado o filho e a esposa. Em vez disso, o FBI conseguiu salvá-los depois que atiradores acertaram uma bala na cabeça dele.[19]

Uma das regras cruciais de negociação de reféns é fazer o criminoso trabalhar para que cada uma das suas demandas seja atendida. Ele precisa dar algo em troca, por menor que seja. A cooperação vai surgindo ao longo dessas interações. Após entregar roupas e comida a Leaf, Noesner conseguiu convencê-lo a sair da casa.

A maioria dos setores abriga "jogos" recorrentes em que as empresas podem observar as ações das concorrentes. Como ocorre na estratégia olho por olho, quanto maior for o número de interações entre elas, maior será o incentivo para cooperar. Elas sabem que a concorrência pode ser punida futuramente com uma guerra de preços e que o conluio tácito resultará em margens de lucro mais elevadas.

Durante décadas, a Anheuser-Busch deixou de reduzir seus preços para conquistar a cooperação dos concorrentes. Em geral, todo mundo fazia isso; quando não fazia, a Anheuser-Busch adotava a estratégia olho por olho. Ela sinalizava aos competidores que, caso alguém baixasse os preços, daria início a uma terrível guerra de preços. Em 1988, a Miller and Coors baixou o preço de suas principais marcas de cerveja. Em resposta, a Anheuser-Busch derrubou o preço de seus rótulos. Como August Busch III disse, "Não queremos iniciar um derramamento de sangue, mas jogaremos o jogo que a concorrência quiser jogar". A Miller and Coors logo voltou atrás em sua redução de preços.[20]

Competir e ganhar tudo pode ser maravilhoso, mas deixar de perder tudo é ainda melhor.

Pesquisas acadêmicas sobre os conluios tácitos dos oligopólios mostram que, nos mercados muito concentrados, é comum que as empresas coordenem seu comportamento simplesmente observando e reagindo aos movimentos da concorrência. Não raramente, isso faz os preços de todas as marcas subirem ou descerem em conjunto, seguindo um acordo de preços, oferta e demais condições de comércio.[21] Nos Estados Unidos, ampla gama de setores opera hoje em situação de oligopólio, o que facilita os conluios tácitos.

É de conhecimento geral que as empresas nem sequer precisam conversar umas com as outras para formar um conluio. Hermann Simon é um consultor renomado que trabalhou por décadas ajudando empresas a determinarem suas estratégias de preço. Ele escreveu um livro chamado *Confessions of the Pricing Man* [Confissões do homem do preço] para explicar como as empresas podem elevar seus preços driblando leis antitruste e políticas pró-concorrência. Simon reconhece que a maneira mais fácil de tabelá-los é conversar com os concorrentes, mas destaca que isso é ilegal. Ele sugere então seguir um "líder de preços" e emitir sinais ao mercado.

Um método muito utilizado no "jogo" do tabelamento é o conceito de liderança de preços. Empresas do mercado automobilístico estadunidense praticaram a liderança de preços por décadas, com a General Motors determinando as elevações.[22] Frequentemente nos duopólios e oligopólios, a maior empresa cumpre o papel de líder de preços, e as demais tendem a seguir o exemplo. Essa conduta raramente é punida.

Outro método muito utilizado é a sinalização de preços, quando os CEOs indicam ao mercado o aumento desejado para observar a reação de seus concorrentes. Antes de qualquer subida planejada, uma empresa manda "sinais" ao mercado. Então ela pode escutar quaisquer sinais que concorrentes, investidores ou reguladores emitam em resposta. Simon explicou, de maneira muito didática, que "a sinalização de preços não é ilegal por si só. Contanto que as empresas mantenham sua comunicação relevante para todos os participantes do mercado, incluindo consumidores e investidores, e não passem dos limites, estarão agindo de forma segura".[23]

Se por acaso esses métodos informais de tabelamento de preços gerarem problemas, Simon aconselha, "por favor, sempre discuta qualquer uma dessas abordagens com seu departamento jurídico ou seus consultores antes de utilizá-las, para garantir que as políticas de sua empresa estejam dentro da lei".

Na prática, os conluios tácitos compensam. Apesar de quinze anúncios de aumento de preços e diversas reduções de oferta por parte das fornecedoras de papel nos últimos seis anos e meio, em agosto de 2017 os tribunais tomaram uma decisão favorável ao oligopólio do papelão formado por Georgia-Pacific, Westrock, International Paper Company, Temple-Inland Inc. e Weyerhauser Company. O tribunal decidiu que, ao aumentarem os preços esperando que os concorrentes façam o mesmo, as empresas não estão violando a lei antitruste. As produtoras de papelão apostaram na estratégia de seguir o líder, e "a aposta vingou".[24] As punições a esse tipo de cooperação são raras.

As seguradoras aprenderam muito antes dos outros setores que dividir os Estados Unidos entre si e ater-se aos territórios designados era a melhor forma de prejudicar o consumidor. Elas puderam fazer isso graças à Lei McCarran-Ferguson, aprovada em 1945, que atribui aos estados a regulação de seguros e proíbe que o consumidor contrate um seguro em outro estado. Você pode vender lápis, roupas e refrigerantes a estados vizinhos, mas não apólices de seguro. Deus nos livre do sujeito que cruza a divisa para contratar seguros a preços mais baixos. Como resultado, o mercado de seguros de saúde é extremamente oligopolista. United Healthcare, Aetna, Cigna e as "Blues" (Blue Cross e Blue Shield Association) detêm quase 90% do market share em nível nacional.[25]

Assim como as famílias da máfia, as empresas seguradoras dominam completamente os próprios estados. Segundo dados da Kaiser Family Foundation, o market share médio das principais seguradoras dos estados é de 54%. Há dezessete estados onde uma única seguradora cobre mais de 65% da população, e ao menos 24 deles em que uma empresa tem mais de 55% dos clientes.[26]

Também vemos esse acordo tácito de não agressão aos "concorrentes" em muitos âmbitos da produção agrícola, como o setor de carne. Há quatro corporações que, somadas, fornecem 57% de todas as aves, produzem 65% dos suínos e controlam 79% da carne bovina vendidos nos Estados Unidos.[27]

Hoje, mais de 96% dos frangos são criados sob contratos de produção com grandes empresas, que determinam exatamente como eles são criados e alimentados, o tamanho dos estabelecimentos e assim por diante. O padrão em que uma grande empresa impõe aos fazendeiros todas as condições de negócio vem ganhando força. Segundo o censo de 2012, 34,8% de todo o valor da produção agrícola nos Estados Unidos é comandado por contratos de produção ou comercialização — em 1969, o número era de 11%.[28]

Perdue e Tyson dividiram suas redes de processamento de tal modo que hoje os fazendeiros criadores de galinhas de muitas partes dos Estados Unidos só têm uma opção de comprador para suas aves.[29] De modo muito parecido com o que a máfia fez, as duas repartiram o território do país. De acordo com o Departamento nacional de Agricultura, em 2011, 21,7% dos aviários terceirizados ficavam em regiões com apenas uma marca.[30] Os avicultores procuraram o Departamento de Justiça para se queixar dos acordos formais e informais entre as empresas, que elaboraram uma lista suja dos avicultores que aceitaram vender para outras empresas avícolas regionais.[31] As redes de supermercados ingressaram com ações alegando que as grandes empresas avícolas conspiraram para tabelar o preço do frango ao longo de quase uma década.[32]

As grandes companhias instalam suas unidades de processamento aviário em regiões onde há escassez de empregos e de oportunidades econômicas, buscando fazendeiros com poucas opções além de criar galinhas para elas. Ademais, contratos onerosos permitem que, na prática, as empresas determinem como será a operação de seus contratados. Pequenos fazendeiros precisam pedir empréstimos superiores a 1 milhão de dólares, dando sua casa e suas terras como garantia, a fim de preparar fazendas para a Tyson ou a Purdue. A dívida é uma corda no pescoço, e o fazendeiro é obrigado a continuar produzindo para quitá-la. Fazendeiros comparam essa relação aos meeiros dos estados sulistas, ou mesmo à servidão dos tempos medievais. O custo humano é elevado; há vários anos, o índice de suicídios entre fazendeiros é muito superior à média da população.[33]

O impacto dos conluios e da divisão territorial entre as empresas levou os fazendeiros à ruína. Espantosamente, desde 1980, 40% dos criadores de gado e 90% dos criadores de porcos estadunidenses quebraram, enquanto os grandes players obtiveram lucros de dezenas de bilhões de dólares. Na década de 2000, a receita bruta dos criadores de suínos e bovinos de médio porte caiu 32%, e estima-se que no mesmo período 71% dos criadores de aves tenham visto sua renda cair abaixo da linha de pobreza federal.[34]

As coisas não estão muito melhores para os empregados das fazendas e indústrias de processamento. Não raro, os funcionários das quatro maiores empresas avícolas dos Estados Unidos são proibidos de interromper seu trabalho para ir ao banheiro, e isso força alguns deles a utilizar fraldas geriátricas durante o trabalho ou a urinar nas calças para evitar retaliações de seus supervisores.[35] Em 68% dos condados onde a Tyson mantém atividades, a renda per capita cresceu abaixo da média do restante do estado nas últimas quatro décadas.[36]

A repartição dos mercados assola diversos setores, desde as empresas de comunicação a cabo até as linhas ferroviárias, passando pela gestão de resíduos e pelos mercados varejistas. Por exemplo, se analisarmos a indústria da comunicação a cabo, veremos que as quatro maiores aparentam ser muito competitivas, disputando 71,1% do market share. Na verdade, porém, quase todas as operadoras de TV a cabo e internet de alta velocidade detêm monopólios regionais e não avançam sobre o território das outras.

O setor varejista estadunidense é outro que aparenta ser extremamente competitivo e contar com diversos players. Em geral, porém, as grandes redes anseiam pelo domínio regional e só buscam se expandir após consolidarem uma fatia elevada do market share em sua região de origem. Se observarmos o mapa dos Estados Unidos, veremos que não há muita concorrência direta.[37] A Albertson's controla o noroeste, a Aldi, o nordeste, e Publix e Winn-Dixie dividem a Flórida. A Food Lion domina a área do Meio-Atlântico. A Safeway opera sobretudo ao longo da Costa Oeste. Se avaliarmos cidade por cidade, o cenário é ainda pior. Durante décadas, o Walmart adotou uma estratégia simples e maliciosa: encontrar cidades pequenas demais para comportarem dois Walmarts, e então baixar seus preços para erradicar a concorrência. Isso explica por que a empresa tem 50% de market share do varejo em quarenta regiões metropolitanas diferentes.

Como os territórios foram distribuídos, os números muitas vezes enganam se não forem colocados em um contexto. É difícil ver o baixo nível de concorrência da economia dos Estados Unidos sem estudar setor por setor. E, mesmo quando o fazemos, a situação real é pior do que parece. Precisamos avaliar um estado por vez se quisermos ver a falta de opções disponíveis para o consumidor.

O meio utilizado pelos economistas para mensurar o poder de mercado das empresas e a concentração industrial consiste na análise de dois índices cruciais. O primeiro é o Índice Herfindahl-Hirschman (HHI). Trata-se de um modo elegante de resumir um setor inteiro em um único número que nos propicie um vislumbre geral. Ele enquadra o market share de todas as corporações e varia de 100 a 10 mil. A pontuação cresce aceleradamente conforme o número de players diminui. Se quatro corporações têm 25% de market share, isso seria $(25^2 + 25^2 + 25^2 + 25^2 = 2.500)$, nível a partir do qual o Departamento de Justiça considera que um setor tem concentração elevada. Durante as últimas duas décadas, esse índice cresceu em quase todos os setores — a média do aumento é de 90%. Hoje há cada vez mais setores com pontuação acima de 2.500.[38]

A outra técnica dos economistas para examinar a concentração é observar o market share dos quatro players principais. Isso é conhecido como CR4, o índice de concentração dos quatro maiores, e é a medida-padrão para mensurar oligopólios (ver Tabela 2.1).

As aparências enganam, e em sua maioria os setores são bem menos competitivos do que os números nacionais sugerem. Se avaliarmos as pontuações a fundo, veremos como elas têm pouco a dizer. Mesmo os índices de HHI e CR4 não significam praticamente nada.

Segmento	Market Share das quatro maiores empresas	Faturamento anual (2012)
Hipermercados	93,6%	US$ 406 bilhões
Atacadistas de medicamentos	72,1%	US$ 319 bilhões
Manufatura e carros e caminhões	68,6%	US$ 231 bilhões
Farmácias	69,5%	US$ 230 bilhões
Serviços de telefonia móvel	89,4%	US$ 225 bilhões
Companhias aéreas	65,3%	US$ 157 bilhões
Gerenciamento de fundos de pensão	76,3%	US$ 145 bilhões
Serviços de telefonia fixa	73,4%	US$ 142 bilhões
TV a cabo	71,1%	US$ 138 bilhões
Produção de aviões	80,1%	US$ 113 bilhões

Tabela 2.1 Os setores de maior concentração.

Fonte: Dados do Censo Econômico de 2012.[39]

Alguns setores têm formato de ampulheta, com milhões de produtores de um lado e centenas de milhões de consumidores do outro, conectados por umas poucas grandes empresas. Isso vale sobretudo para a agricultura. Os Estados Unidos têm cerca de 2 milhões de fazendeiros e 300 milhões de consumidores. Com esses números, seria de imaginar um setor agrícola de muita concorrência, mas na verdade esse é um dos mercados mais concentrados. As "Quatro Grandes" — ADM, Bunge, Cargill e Louis Dreyfus — controlam até 90% do comércio total de grãos. Elas estão bem no centro da ampulheta, conectando fazendeiros e consumidores e atuando como um pedágio sempre que alguém encosta em um grão.

O setor de processamento de carne também tem quatro empresas no centro da ampulheta, unindo 65 mil criadores de porcos a milhões de consumidores.[40] Estes veem muitas marcas de bacon na prateleira dos supermercados, como Armour, Eckrich, Farmland, Gwaltney e John Morell, mas todas pertencem à Smithfield.[41]

Na aparência há muita concorrência em todos os setores, mas na prática ela é muito pequena.

3

O QUE OS MONOPÓLIOS
E KING KONG TÊM EM COMUM

Eu nunca soube de muitos benefícios trazidos
por aqueles que pretendem exercer o comércio
tendo em vista o bem comum.
ADAM SMITH, *A riqueza das nações*

Em 2007, Rosemary Alvarez, uma jovem do estado do Arizona, foi ao Instituto Neurológico Barrow do Hospital St. Joseph porque estava enfrentando problemas de equilíbrio, dificuldade para engolir, visão turva e dormência no braço esquerdo.

Era sua segunda visita ao setor de emergência. Estranhamente, os resultados de seus exames anteriores estavam normais. Os médicos só souberam explicar seus sintomas depois que viram algo nas profundezas de seu cérebro. Uma imagem de ressonância revelou o que parecia ser um tumor cerebral próximo ao tronco encefálico. O dr. Peter Nakaji, neurocirurgião, ficou preocupado: "É difícil remover um tumor assim, nas profundezas do tronco cerebral, e a condição dela estava piorando muito depressa, de modo que não tínhamos opção senão tirar".[1]

Alvarez estava preparada para a cirurgia, e o dr. Nakaji e seus colegas se dirigiram ao centro cirúrgico na expectativa de remover o tumor. Contudo, encontraram algo bizarro: Alvarez tinha um verme no cérebro.[2] Um verme era uma descoberta desagradável, mas eles ficaram muito aliviados por não ser um tumor que ameaçasse sua vida.

Casos de vermes vêm se tornando mais comuns nos Estados Unidos nos últimos anos. Segundo Raymond Kuhn, professor de biologia e especialista em parasitas, "mais de 20% dos consultórios neurológicos da Califórnia já viram um caso".[3] Entretanto, as tênias estão longe de ser novidade: na verdade, elas afligem a humanidade há milhares de anos. Esse parasita vive em tecidos suínos pouco cozidos, e provavelmente são a motivação para que judeus e muçulmanos tenham criado leis banindo o consumo da carne de porco. Normalmente as tênias são pequenas e vivem dentro do intestino delgado dos seres humanos, mas podem chegar a muitos metros de comprimento — o recorde é onze metros.[4] A principal queixa das vítimas é uma sensação estranha no estômago e a falta de disposição generalizada.

A maioria das pessoas fica surpresa ao descobrir que os parasitas raramente matam seus hospedeiros. Isso acontece porque eles precisam de um hospedeiro vivo para se alimentar, crescer e se reproduzir. Os parasitas vivem do organismo hospedeiro e absorvem nutrientes e energia para viabilizar sua própria existência.

Assim como Rosemary Alvarez, a economia dos Estados Unidos tem sofrido com sintomas inexplicáveis, e os economistas e os legisladores não conseguem identificar o problema. O Federal Reserve injetou trilhões de dólares na economia, uma dose cavalar de medicação, mas cerca de 2 trilhões desse montante seguem sem uso, servindo de reserva de excesso para o Banco Central. A dívida pública cresceu cerca de 10 trilhões de dólares desde a crise financeira, e mesmo assim o PIB apresentou taxas anêmicas de crescimento, falando em termos generosos. As grandes corporações acumularam quase 2 trilhões de dólares, sobretudo em offshores, e apesar disso os níveis de investimento são deploráveis se comparados aos padrões históricos. As corporações preferem readquirir ações a investir ou elevar salários. Os economistas não sabem o que fazer para curar o paciente.

Descobrir a causa de nossas doenças é fundamental. A saúde da economia dos Estados Unidos não poderia estar mais ameaçada. Por que estão surgindo menos startups? Por que os salários não sobem? Por que a produtividade é baixa e não dá sinal de recuperação? Por que a desigualdade tem crescido?

Muitos políticos e economistas atribuem esse problema ao tumor da desigualdade de renda, mas a resposta, como no caso de Alvarez, é que a energia da economia estadunidense está sendo sugada por grandes parasitas que roubam seus nutrientes. Os monopólios e os oligopólios não vão matar a economia, mas podem causar sua invalidez.

Pode parecer estranho pensar que algumas empresas estão sugando nossa força econômica quando a bolsa de valores se encontra em um ápice histórico e as corporações estão acumulando dinheiro. É tão terrível assim que as empresas devorem umas às outras? Como alguém pode não gostar de lucro e de pessoas enriquecendo? Sem dúvida, todo mundo acha bom a bolsa subir. A concentração econômica é mesmo tão ruim assim para a economia?

Os danos para a economia são muito piores do que se possa imaginar. Há evidências esmagadoras de que a concentração econômica cria um coquetel tóxico de preços mais altos, menor dinamismo econômico, redução da criação de startups, baixa produtividade, arrocho salarial, desigualdade econômica crescente e danos a pequenas localidades. E os níveis de concorrência nos Estados Unidos não só caíram como deram um salto no abismo.

Os únicos que têm motivos para comemorar a nossa situação atual são os acionistas dos monopólios. Os defensores da distribuição de renda devem se alarmar com a alta desigualdade. Os conservadores que defendem o livre mercado devem se espantar com a falta de concorrência, a estagnação econômica, a baixa produtividade e a escassez de investimentos. Por fim, todos devemos nos preocupar com a concentração de poder político e econômico nas mãos de poucos.

Nas próximas páginas, vamos listar uma por uma as consequências da concentração de mercado: preços mais altos, menor índice de criação de startups, menor produtividade, arrocho salarial, crescimento da desigualdade de renda, baixo investimento e enfraquecimento da economia de pequenas cidades.

Arrocho salarial e crescimento da desigualdade de renda

O lucro, a produtividade e o grau de investimento costumam ser o foco de quase todos os estudos sobre concentração industrial, mas o principal impacto se dá sobre os salários. Os trabalhadores perderam sistematicamente seu poder de negociação, que foi parar na mão das grandes companhias que hoje dominam os setores.

Dezenas de estudos registraram que a concentração industrial tem levado ao crescimento da desigualdade de renda. Porém, o aspecto mais grave muitas vezes fica de fora das conclusões. Os pesquisadores intuíam, mas não conseguiam provar, que os monopsônios, sobretudo em nível local, afetam o salário dos consumidores.

Os *monopólios* ocorrem quando uma empresa é a única vendedora de um produto ou serviço e pode cobrar os preços que bem entender. Já o *monopsônio* é o cenário em que uma empresa é a única compradora de um produto ou serviço e, portanto, pode pagar os preços e salários que bem entender. Por exemplo, a Amazon se tornou um monopsônio do setor livreiro, pois é hoje a principal compradora das editoras. Com isso, ela é capaz de definir o preço de venda de um livro. Também existem algumas áreas em que uma única empresa tem o poder de definir os salários de todos os profissionais.

Os mercados de produção e venda de bens e serviços se concentraram em monopólios e oligopólios. Quando verificamos o mercado de compra de bens e serviços, a situação é igualmente ruim. Se um trabalhador tem poucas opções dentre as quais escolher um empregador, ele perde todo o seu poder de negociação. As gigantes corporativas têm a capacidade de arrochar seus fornecedores; e, como o que as empresas mais compram é a força de trabalho, elas também têm reprimido os trabalhadores. A mão invisível do mercado descrita por Adam Smith precisava de muitos compradores e vendedores para funcionar e estabelecer os preços ideais. Por isso, podemos dizer que ela desapareceu com a ascensão dos oligopólios.

Muitos mercados são monopsônios. Monopólios são raros, assim como monopsônios. No entanto, oligopólios são muito comuns em quase todas as indústrias dos EUA. Os consumidores podem escolher apenas entre algumas empresas quando se trata de comprar, assim como quando se trata de encontrar um emprego. Da mesma forma, os trabalhadores estão descobrindo que existem muito poucas empresas em sua área de atuação para as quais podem recorrer para emprego. Se os oligopólios se comportam da mesma maneira, então funcionam exatamente como os monopólios.

Buffett exalta o poder de precificação, em que as empresas podem impor preços maiores ao consumidor. Considerando que uma empresa tem tamanho poder de mercado em relação aos consumidores, ela não deteria também o poder de reduzir o salário dos trabalhadores? Agora, a resposta está clara.

Em tempos recentes, os economistas têm se debruçado sobre o problema dos monopsônios no mercado de trabalho, a fim de avaliar a gravidade da situação atual.

Suas conclusões são deprimentes. Os economistas Marshall Steinbaum, Ioana Marinescu e José Azar analisaram mercados de trabalho nos Estados

Unidos para averiguar a diversidade de empregadores. Eles descobriram que, na maioria das zonas urbanas, havia alto índice de concentração de empregadores e que isso causava uma redução da média salarial.[5] As consequências disso são extremamente problemáticas. Os estudiosos mostraram que a transformação de um mercado altamente competitivo em um mercado de alta concentração gera reduções salariais de 15 a 25%.

A pesquisa explica por que o trabalhador médio sente que está sendo explorado. As opções de empregadores são muito limitadas em uma vasta gama de setores, e os salários são oferecidos por monopolistas e oligopolistas. Isso justifica também a crescente disparidade entre zonas rurais e urbanas nos Estados Unidos. O mercado de bens de consumo tem alcance nacional, enquanto as oportunidades de emprego ocorrem em âmbito local. Isso ajuda a explicar por que mercados ideais, perfeitamente competitivos, são de fato um mito. O estudo de Steinbaum mostra que esse insight está correto. Ele e colegas apontam que "os mercados laborais de maior concentração, e aqueles onde os efeitos das concentrações são maiores, estão situados em zonas rurais".[6]

Se a situação está tão ruim para os trabalhadores de determinada cidade, por que eles não fazem as malas e se mudam para outra com mais oportunidades? Muitas pessoas não querem deixar para trás seus parentes e amigos de infância. Talvez elas não conheçam ninguém que possa ajudá-las a arranjar um emprego em outro lugar. Talvez não consigam manter o marido ou a esposa e os filhos enquanto procuram uma vaga. Todos esses fatores tornam os mercados de trabalho mais imperfeitos do que a descrição disponível em livros didáticos de economia. Os salários e os preços não sobem magicamente.

As empresas podem pressionar os trabalhadores de muitas formas se quiserem reduzir os salários. Os economistas Jason Furman e Alan Krueger demonstraram que muitas corporações são capazes de arrochar salários explorando as vantagens de sua postura monopsônica. Isso inclui a formação de conluios, o estabelecimento de acordos de não concorrência e a imposição de barreiras para impedir os empregados de alcançarem ações coletivas. Em 2015, Jonathan Baker e Steven Salop identificaram o poder de mercado como um dos prováveis fatores que contribuem para o aumento da desigualdade de riqueza na economia estadunidense. Lina Khan e Sandeep Vaheesan apontaram que os preços estabelecidos pelos monopólios são uma forma de taxação regressiva que converte a renda disponível de muitas pessoas em ganhos de capital, dividendos e compensações destinados a um grupo de poucos executivos. "Os dados de diversos setores-chave dos Estados Unidos indicam que o poder excessivo de mercado é um problema grave."[7]

Certos monopólios remuneram alguns poucos afortunados muito bem. Os salários tendem a crescer conforme o tamanho da empresa. O professor da Universidade de Nova York Holger M. Mueller e colegas descobriram que as diferenças salariais entre as funções de baixa e alta qualificação crescem proporcionalmente ao tamanho do negócio. Eles também demonstraram que existe forte correlação entre a mudança de tamanho de uma empresa e o aumento da desigualdade salarial na maioria dos países desenvolvidos. E apontam que o que muitos interpretam como tendência geral à maior desigualdade de renda pode ser causado pelo aumento da proporção de trabalhadores empregados pelas maiores empresas de determinada economia.[8]

Em monopólios como o Google, a estratificação é evidente. No Google, os trabalhadores atuam em um sistema de castas identificadas por cores. Os funcionários usam distintivos brancos, os estagiários distintivos verdes, e os colaboradores terceirizados distintivos vermelhos para indicar seu status inferior. (De 2007 a 2008, os terceirizados usavam distintivos amarelos. Não está claro se o Google descontinuou essas designações para os *Untermenschen** por causa da conotação histórica [os judeus usavam estrelas amarelas em suas roupas], mas os terceirizados agora usam vermelho.[9])

A tendência à formação de empresas cada vez maiores tem criado um abismo nessas instituições entre os poucos funcionários do topo da pirâmide, cujos salários são espetaculares, e a maioria dos estadunidenses, cujos salários estão estagnados. O economista David Autor e colegas concluíram em um estudo recente que a ascensão das empresas "superstar", com lucros elevados e equipes relativamente pequenas, contribuiu para reduzir a participação dos trabalhadores na renda nacional e aumentar o pagamento de lucros ao acionista na mesma proporção.

---

* Subumano, em alemão. Termo usado pelos adeptos da ideologia nazista para se referir a quem consideravam inferiores, como judeus, ciganos, sérvios, entre outros. (N.E.)

Preços mais altos

O principal motivo apresentado pelos reguladores quando permitem diversas fusões e aquisições é que as empresas que surgem delas — as "NewCos", na linguagem dos bancos de investimento — supostamente seriam mais eficientes e, portanto, ofereceriam preços mais baixos aos consumidores graças ao aumento de escala da produção. Em teoria, o bem-estar do consumidor aumentaria quando duas ou três empresas passassem a dominar um setor inteiro. As empresas reduziriam suas folhas de pagamento e alcançariam o santo graal de "sinergias", unificando suas operações contábeis, legais e trabalhistas, e todos esses cortes de gastos seriam magicamente repassados ao consumidor.

O repasse dessas economias ao consumidor é uma história fantasiosa sem nenhuma base real. Dezenas de estudos econômicos demonstraram que as empresas não se tornam mais eficientes após uma fusão. Na realidade, elas só ganham mais dinheiro porque, com a ampliação de seu poder de mercado, podem praticar preços mais altos. O professor Rodolfo Grullon constatou, em seu grande estudo sobre concentração industrial, que não existe relação clara entre concentração de mercado e uso eficiente de recursos. O aumento do poder de mercado foi o fator decisivo para aumentar o lucro das empresas.[10]

Um trabalho recente dos economistas Justin Pierce, do Conselho de Governadores do Federal Reserve, e Bruce Blonigen, da Universidade do Oregon, mostra que as fusões podem causar alta de preços, e existem poucos indícios de aumento de produtividade ou eficiência. Eles também analisaram em detalhes se havia aumento de eficiência e melhor gestão de recursos após a redução de custos administrativos subsequente a uma fusão. Novamente, não foram encontradas evidências suficientes para corroborar essas alegações grandiloquentes.[11] Os resultados validam o trabalho dos economistas Jan de Loecker e Jan Eeckhout, que observaram que o aumento de preços impostos pelas corporações saltou de 18% em 1980 para 67% atualmente.[12] Em linguagem direta, isso significa que as margens de lucro das empresas sobem porque elas ganham o poder de aumentar os preços, e não porque se tornam mais eficientes.

Durante um processo de fusão, as empresas alardeiam cortes de custo espantosos e fora de série que poderão compartilhar com seus clientes.

O objetivo dessas cifras é agradar os reguladores, que acreditam equivocadamente que a eficiência aumentará o bem-estar do consumidor. Para dar uma ideia do absurdo dessas estimativas, durante o pico do boom mais recente de fusões, em 2015, a empresa de contabilidade Deloitte calculou que o somatório total de cortes de gastos estimados por essas empresas seria de 1,9 trilhão de dólares.[13] Isso equivale ao PIB do Canadá e corresponde a 205 dólares por pessoa no planeta. Essas afirmações vão muito além de beirar o ridículo: elas adentram alegremente um mundo de fantasia repleto de elfos, unicórnios e florestas com árvores de algodão-doce.

Quando reivindicam autorização para uma fusão, as empresas anunciam cortes de custo e unificação de procedimentos. Mas será que alguma parcela dessas supostas economias é repassada aos consumidores por meio da redução de preços? Os dados, mais uma vez, sugerem o contrário.

As provas são tão abundantes que nos levam a questionar a motivação das autoridades antitruste ao permitir essas fusões. As empresas sempre praticam lobby para defender seus interesses junto a reguladores e legisladores e argumentam que serão responsáveis ao gerir seu poder de mercado. Elas arranjam economistas de aluguel para desenvolver modelos "que provam" que as fusões resultarão em preços menores para o consumidor. Tão logo as fusões se concretizam, contudo, os preços sobem misteriosamente. Parecem aquelas resoluções de Ano-Novo envolvendo dietas. Na hora, a ideia soa maravilhosa, mas tudo se desfaz quando deparamos com uma pizza ou um donut.

Quando se tortura um modelo econômico por tempo suficiente, ele é capaz de afirmar o que nós quisermos. Os modelos financeiros se amparam em pressupostos bastante questionáveis acerca de custos, demandas e o comportamento futuro das empresas. Muitos estudos indicam que esses pressupostos costumam se mostrar incorretos, e as simulações de fusões não conseguem prever a realidade de preços após a consolidação de um negócio.[14] Em termos leigos, esse problema é conhecido como "o papel aceita tudo". Se quisermos ser bonzinhos, podemos dizer que os economistas estão fazendo mal o seu trabalho. Se quisermos ser malvados, podemos comparar os economistas favoráveis às fusões a profissionais sem valores.

Independentemente do recorte temporal analisado, as evidências são muitas: setores cada vez mais concentrados e menos competitivos ocasionam preços mais altos.

Em 2007, o economista Matthew Weinberg realizou um estudo abrangente sobre fusões entre concorrentes nos 22 anos anteriores. Ele apontou o que todo consumidor já intuía: a maioria desses negócios "resultava em uma prática de preços mais altos, tanto pela empresa recém-criada como por suas concorrentes". Mas ele também descobriu que muitas empresas aumentavam seus preços *antes* mesmo de uma fusão ocorrer.[15] Talvez fosse um caso de inflação prematura: a empolgação era tanta que elas não conseguiam esperar até a concretização do negócio.

O professor Weinberg e colegas deram prosseguimento ao estudo durante sete anos e encontraram os mesmos resultados. Eles examinaram 49 trabalhos referentes a 21 setores feitos nos trinta anos anteriores. Eram setores diversos, incluindo companhias aéreas, bancos e hospitais. Dentre os estudos avaliados, 36 apresentaram evidências de que as fusões haviam causado aumento de preços. Weinberg chegou a uma conclusão devastadora: "As evidências empíricas de que as fusões podem gerar aumentos significativos de preço são incontestáveis".[16]

As fusões elevam os preços e lesam os consumidores, inclusive em setores com níveis moderados de concentração. Essa é a conclusão final de John Kwoka, especialista em políticas pró-concorrência que recentemente publicou um livro chamado *Mergers, Merger Control, and Remedies* [Fusões, controle de fusões e soluções]. Ele elaborou o estudo mais abrangente e detalhado disponível atualmente sobre fusões e a fiscalização antitruste pelo Departamento de Justiça e pela Comissão Federal de Comércio durante os vinte anos anteriores.[17] Kwoka encontrou quase cinquenta trabalhos referentes a mais de 3 mil fusões. Ao criar sua própria base de dados, pôde comparar as promessas de economistas e defensores das fusões com os resultados reais.

Sua conclusão lapidar é a de que a redução no número de concorrentes elevou os preços. Ele descobriu que as fusões que reduziram o número de concorrentes relevantes de um setor para seis ou menos causaram *aumento de preço em 95% dos casos*.[18] Em média, os preços subiram 4,3% na sequência. Apesar das evidências inquestionáveis, as autoridades antitruste não tomaram nenhuma providência enquanto as fusões e os aumentos de preço ocorriam. Os órgãos responsáveis não agiram em 60% dos casos em que esses eventos levaram a uma alta de preços. A conclusão é clara: as autoridades não são diligentes na hora de fazer cumprir as leis antitruste.

As provas são irrefutáveis. Cada estudo demonstrou que, em todos os setores, as fusões resultaram em preços mais altos. Eis alguns exemplos do efeito delas sobre os preços:

- **Hospitais.** Monopólios regionais elevam os preços para os consumidores. Um estudo demonstrou que os preços são 15% mais altos em mercados com apenas um hospital, se comparados aos mercados com quatro ou mais hospitais — uma diferença de 2 mil dólares por internação.[19] Outros estudos sugerem um desnível ainda maior, de 20%.[20] Na Califórnia, o preço médio das internações hospitalares subiu 70% entre 2004 e 2013, mas o aumento foi ainda maior nas redes hospitalares de maior concentração, onde o preço médio das internações subiu 113%.[21] As evidências são claras: a concentração é prejudicial, e no entanto a Lei Affordable Care* estimulou um número ainda maior de fusões. A esperança pesou mais que a experiência.
- **Comunicações.** Quarenta e seis milhões de domicílios nos Estados Unidos dispõem apenas de uma opção de provedor de banda larga. Com seu poder de mercado, essas empresas podem cobrar o quanto quiserem. Segundo *The Economist*, os consumidores estadunidenses economizariam 65 bilhões de dólares por ano se pagassem o mesmo que os alemães pagam por seus contratos de telefonia móvel.[22]
- **Companhias aéreas.** Nos anos 1980, o Escritório Governamental de Auditoria descobriu que as tarifas eram 27% mais altas em hubs concentrados se comparados aos hubs de menor concentração.[23] A situação é a mesma até hoje. Os dez aeroportos mais caros para viagens aéreas no país são seis "hubs-fortaleza" (ou seja, dominados por uma linha aérea) e quatro pequenas cidades onde não há muita concorrência. Não surpreende que, na maioria dos anos, as passagens mais caras dos Estados Unidos sejam as do aeroporto de Houston, onde a United detém quase 60% do market share.[24]
- **Concreto.** Um estudo de Robert Kulick descobriu que os aumentos de preço que sucedem as fusões vêm acompanhados pela redução de oferta, exatamente como seria de esperar em um cenário de maior

---

* Lei conhecida como Obamacare. (N. T.)

concentração do poder de mercado. Ele constatou aumentos significativos de preço em consequência das fusões entre concorrentes após o abrandamento das medidas antitruste em meados dos anos 1980.[25]

- **Cerveja.** Após adquirir a AB em 2008, a InBev elevou os preços e, em 2011, voltou a subi-los. A MillerCoors não demorou a equiparar o valor de seus produtos, em um caso claro de coordenação tácita.[26] Em um oligopólio, o conluio tácito é muitas vezes chamado de "liderança de preços", situação em que as maiores empresas elevam os preços e as outras seguem o exemplo. O governo acusou a AB InBev de fazer exatamente isso quando tentou impedi-la de comprar a Modelo,[27] embora mais tarde, em 2013, o próprio governo tenha autorizado essa fusão, da mesma forma que viria a permitir sua fusão com a SAB Miller. Após a concretização do negócio, o *New York Times* publicou que "o resultado imediato foi um aumento de 6% no preço das cervejas, interrompendo uma queda que já durava décadas".[28] Mesmo com a redução do volume de cerveja produzida, a AB InBev aumentou o preço dessa mercadoria e passou a se referir eufemisticamente a essas remarcações como "conversão premium" de suas cervejas.[29]

A lista de setores em que os preços subiram é inesgotável.

O principal argumento dos defensores de fusões é o de que a maior concentração industrial levaria a preços mais baixos e ampliaria a eficiência, mas nenhuma das duas coisas é constatada na prática. Em vez disso, o que vemos são preços mais altos, fornecedores sendo oprimidos ou indo à falência e setores cada vez mais concentrados.

Se o aumento de preços fosse o único efeito negativo das fusões, nosso livro seria desnecessário. Seria um imenso exagero dedicar páginas e páginas a especuladores de preço. Mas a concentração de mercado é especialmente danosa porque o número crescente de setores dominados por poucas empresas vem sufocando nossas vidas — não somente no aspecto econômico — e minando a força dos Estados Unidos. Quando a concentração aumenta, o estadunidense médio perde oportunidades para melhorar sua qualidade de vida.

Ao lerem as páginas anteriores, muitos economistas se perguntarão: se empresas maiores praticam preços mais altos, por que a taxa geral de inflação em nossa economia se mantém próxima dos 2% há anos? Se as fusões geram aumentos de preços, a inflação não deveria ser mais alta?

Nem todas as fusões levam a um aumento de preços: muitas delas têm por objetivo apenas reduzir a remuneração de trabalhadores, fornecedores e parceiros de negócios.[30] Ao prejudicarem essas contrapartes, elas transferem a riqueza para si mesmas. Isso fica especialmente claro se analisarmos a rentabilidade das gigantes agropecuárias durante um período de queda da renda dos fazendeiros e de aumento dos pedidos de falência. Em outros casos, elas são uma reação direta à fusão de outros concorrentes. As empresas participam de uma corrida armamentista, tornando-se cada vez maiores. É um jogo de destruição mútua no qual poucas empresas de pequeno porte sobrevivem.

A ascensão do Walmart como varejista desencadeou duas ondas massivas de concentração no setor no final dos anos 1990 e início dos 2000. A primeira foi uma onda de fusões entre concorrentes do Walmart, como Kroger e Fred Meyer. A segunda onda surgiu quando os processadores de carne, empresas de laticínios e industrializadoras de alimentos se fundiram para que o Walmart e os supermercados não as levassem à bancarrota. Houve um cerco intenso em torno dos fornecedores. Dos dez principais fornecedores do Walmart em 1994, quatro buscaram recuperação judicial.[31] A Tyson, por exemplo, comprou a IBP, maior processadora de carne nacional, para ganhar mais poder contra o Walmart e os grandes supermercados. Quase todos os segmentos da manufatura de alimentos apresentaram dinâmica semelhante, com empresas maiores se fundindo para se tornarem ainda maiores. Os preços podem até não subir, mas quase toda a economia resultante do processo acaba nos cofres do Walmart e de seus intermediários, enquanto o montante repassado decai continuamente.[32]

Menor índice de criação de startups e empregos

Os Estados Unidos deveriam ser uma terra de dinamismo econômico, repleta de empresas revolucionárias, mas isso não condiz absolutamente com a realidade. Todos conhecem histórias inspiradoras de empresas que começaram em garagens do Vale do Silício, como Google e Hewlett Packard. A imprensa popular enfatiza as grandes histórias de sucesso que todos conhecemos: Dropbox, AirBnB, Tinder, Nest, Fitbit e assim por diante. No entanto, os números globais contam uma história diferente. Pesquisas recentes revelam que a taxa de criação de novos negócios nos Estados Unidos vem desacelerando drasticamente desde o final dos anos 1970. O declínio pode ser visto em quase todos os setores da economia do país, inclusive o de alta tecnologia, cujo impacto sobre nossas vidas é tão potente. A falta de vitalidade econômica é bastante perturbadora.

Em uma economia saudável e em crescimento, novos negócios surgem todos os dias enquanto os antigos vão à falência e fecham as portas. Novos restaurantes, como o Chipotle, abrem, enquanto antigos, como o Chevys Fresh Mex, desaparecem. Startups como a Netflix lançam novas ofertas de mídia, e negócios mais antigos como a Blockbuster encerram suas atividades. A economia avança por meio desse processo de destruição criativa, pois os consumidores desejam e precisam de mudanças. Assim como crianças nascem todos os dias e seus avós morrem, trata-se de um processo natural e vital para a atividade econômica. Com o tempo, conforme a economia cresce, a totalidade dos empreendimentos cresce junto, gerando novas vagas de trabalho.

Infelizmente, esse processo de destruição criativa vem perdendo o ímpeto de forma constante nos últimos trinta anos, e o fenômeno se agravou ainda mais em anos mais recentes. Se os Estados Unidos fossem um filme, seria *Filhos da esperança*, que mostra um mundo obscuro e futurista cheio de pessoas idosas onde não nascem mais crianças.

O declínio da atividade empreendedora não se justifica pela recente crise financeira, nem pelos altos e baixos cíclicos da economia: é um problema estrutural. O economista Robert E. Litan, do Brookings Institute, constatou que "o dinamismo dos negócios e do empreendedorismo enfrenta um declínio profano e problemático nos Estados Unidos".[33] O mais preocupante é que a piora da saúde econômica não se restringe a um setor, mas se espalha por todas as áreas de atividade e, em termos geográficos, afeta todos os cinquenta estados do país. Do final dos anos 1970 até os dias atuais, vimos uma queda constante na criação de novas empresas (Gráfico 3.1). Na verdade, há mais instituições deixando o mercado do que entrando. Isso é prejudicial para a saúde da economia dos Estados Unidos.

O colapso das startups não deveria ser surpresa. Desde que os controles antitruste foram modificados sob o governo de Ronald Reagan no início dos anos 1980, os pequenos passaram a ser malvistos e os grandes, a serem considerados lindos. Murray Weidenbaum, presidente do Conselho de Consultores Econômicos de Reagan, argumentava que o crescimento econômico, e não a concorrência, deveria ser o objetivo primordial de um legislador. Nas palavras dele, "não são os pequenos negócios que geram empregos", "e sim o crescimento econômico". Portanto, os pequenos negócios foram sacrificados em prol de negócios maiores.[34]

Gráfico 3.1 A economia dos Estados Unidos se tornou menos empreendedora com o tempo.

Fonte: "Beyond Antitrust: The Role of Competition Policy in Promoting Inclusive Growth", Jason Furman, presidente do Conselho de Consultores Econômicos.

Ryan Decker, economista do Federal Reserve, constatou que esse declínio afeta até mesmo o setor de alta tecnologia. Ao longo dos anos, os estadunidenses se acostumaram a ver startups como PayPal e Uber e a presumir que o setor tecnológico está prosperando, mas Decker aponta que, no período posterior a 2000, houve redução de novas empresas inclusive nas áreas de grande inovação, como a tecnologia. Durante os últimos quinze anos, não só surgiram menos startups tecnológicas como as novas empresas cresceram menos do que antes. Dada a importância da tecnologia para o crescimento e a produtividade, as descobertas dele são muito problemáticas.

A redução na criação de empresas é um mistério para muitos economistas, mas a causa é clara: a crescente concentração industrial tem sufocado a economia e reduzido a criação de startups.

As empresas estão ficando maiores e mais velhas. Em um estudo abrangente, o professor Gustavo Grullon mostrou que o desaparecimento de pequenas empresas está diretamente ligado à maior concentração industrial. Em termos reais, a média de tamanho das empresas em atividade triplicou nos últimos vinte anos. A proporção de pessoas empregadas por empresas com 10 mil funcionários ou mais tem crescido em ritmo constante. Essa parcela começou a aumentar nos anos 1990 e, recentemente, superou os picos históricos anteriores. Grullon concluiu que o conjunto das evidências aponta para "uma mudança na estrutura do mercado laboral dos Estados Unidos, com a maior parte dos empregos sendo gerada por empresas grandes e estabelecidas, em detrimento da atividade empreendedora".[35] Os dados de emprego das pequenas empresas corroboram as conclusões de Grullon: de 1978 a 2011, o número de empregos criados por novas instituições caiu de 3,4% para 2% do total (Gráfico 3.2).[36]

O peso das novas empresas sobre a economia vem caindo

empresas e % de empregos das novas empresas (idade 0)

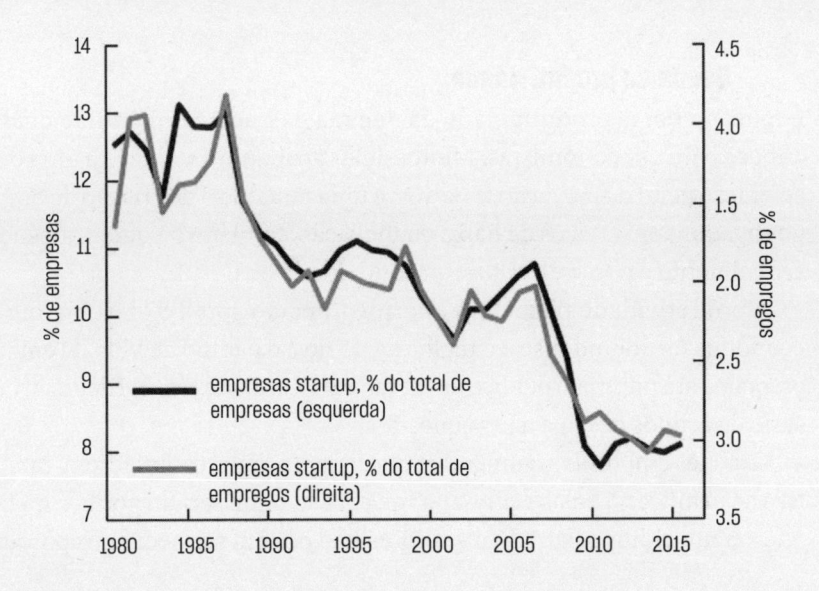

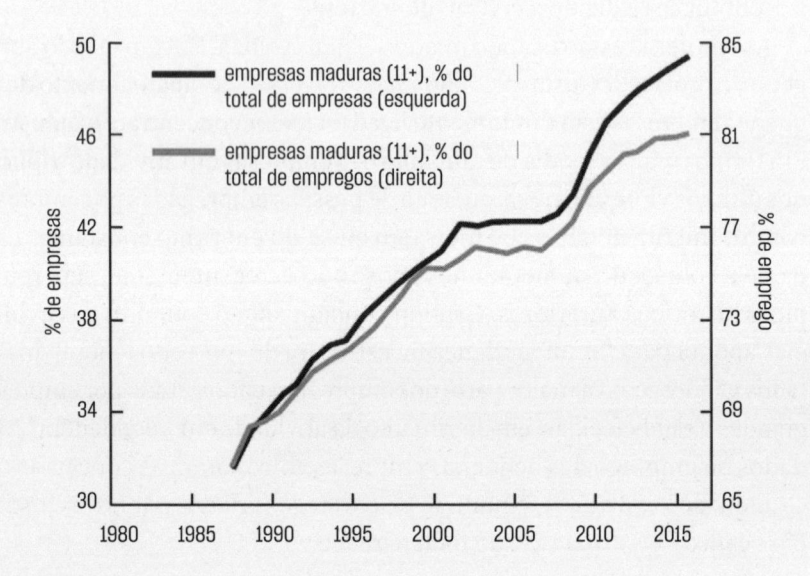

Hoje as empresas antigas correspondem a uma grande parcela das atividades

empresas e % de empregos das empresas com 11 anos ou mais

Legenda do gráfico:
- empresas maduras (11+), % do total de empresas (esquerda)
- empresas maduras (11+), % do total de empregos (direita)

Gráfico 3.2 Novas empresas têm desempenhado papel menor na economia.

Usado com permissão de Nomura.

Queda de produtividade

Explicar a baixa produtividade da década passada é um grande quebra-cabeça para os economistas. Muitos deles atribuem a redução a uma desaceleração geral da inovação, e outros, a uma tendência de criação de empregos ligados aos serviços de baixa qualificação; também há quem questione se realmente é possível medir a produtividade de forma adequada.

A produtividade baixa tem enorme impacto sobre o crescimento da economia estadunidense e a melhoria de nosso padrão de vida. O enigma preocupa até mesmo o público em geral, e o *Wall Street Journal* dedicou uma série de artigos de capa a essa questão.

Grandes empresas argumentam que, quanto maiores elas forem, melhor. Isso se justificaria pelas economias de escala, onde ser um gorila é melhor que ser um chimpanzé. Alguns setores não podem ser pequenos porque a tecnologia determina o tamanho das fábricas de manufatura. A escala do setor de aviação é tão grande que somente a Boeing e a Airbus conseguem competir em nível global. Cada uma delas, por sua vez, emprega dezenas de empresas para construir subcomponentes. Por exemplo, o último Boeing 787 custa mais de 200 milhões de dólares e conta com peças de 45 empresas diferentes.[37] Em outros setores, a pesquisa e o desenvolvimento de produtos ganharam tamanha dimensão que nenhuma startup seria capaz de competir. Por exemplo, dada a complexidade dos microchips, poucas empresas conseguem gastar o mesmo que a Intel investe. O próximo chip da Intel terá o equivalente a mais de 100 bilhões de sinapses.[38] Por fim, em alguns setores, efeitos em rede podem criar cenários onde um único vencedor fica com o mercado inteiro, e isso incentiva o aumento de tamanho das empresas. Por exemplo, todos desejam utilizar a rede social que conta com o maior número de usuários, por isso o Facebook tem mais de 2 bilhões deles. No entanto, nem todos os setores se encaixam nessas categorias.

Quando falamos em produtividade, não é raro que menor seja sinônimo de melhor. Em certos casos, a maior escala não ajuda. Há setores em que a solução não é colocar mais pessoas para trabalhar em um mesmo problema. Nove mulheres não podem ter um bebê em um mês, e oito músicos não podem tocar um quarteto de Mozart na metade do tempo.

Hollywood ama filmes como *King Kong* e *Godzilla*, mas existe um bom motivo para que essas criaturas fantásticas não existam na vida real. Como J. B. S. Haldane expôs em seu clássico ensaio "On Being the Right Size" [Sobre ter o tamanho certo], "pode-se atirar um rato em um túnel de mineração com um quilômetro de comprimento; e, ao chegar lá embaixo, ele baterá de leve e sairá andando [...], uma ratazana morreria, um homem quebraria todos os ossos, um cavalo se arrebentaria". Essa é a chave dos problemas de escala.[39]

O tamanho de um objeto determina sua estrutura. Esse princípio biológico é chamado de lei quadrático-cúbica. À medida que uma forma cresce em tamanho, seu volume cresce mais depressa que a área de superfície. Conforme o tamanho de um animal aumenta ao longo da evolução, sua estrutura precisa se fortalecer em uma taxa superior ao que seria proporcional. Isso explica por que é tão difícil construir arranha-céus cada vez maiores, e por que King Kong quebraria o osso da coxa caso tentasse caminhar. Animais grandes como os hipopótamos necessitam de patas muito mais gordas que os cães.

A lei quadrático-cúbica produz resultados estranhos quando a escala diminui. As crianças ficam maravilhadas ao ver formigas juntando migalhas de pães muitas vezes maiores que elas. A explicação é que a força dos músculos depende da área transversal, proporcional ao quadrado da altura. Se você fosse encolhido para 1/10 de sua altura, seus músculos teriam 1/100 da força, mas você pesaria apenas 1/1.000 do que pesa agora. É por isso que quase todas as criaturas conseguem saltar alturas parecidas. Acredite ou não, uma pulga pode pular quase tão alto quanto Kobe Bryant.[40]

Não existe uma lei quadrático-cúbica formalizada na economia, mas a ideia geral é a mesma. A escala das empresas funciona de modo similar à dos organismos. Negócios pequenos e de intenso crescimento são mais produtivos, e negócios gigantes têm menos agilidade que os recém-nascidos. Não deveria surpreender que, ao escrever sobre as transformações da IBM, Louis V. Gerstner Jr. tenha escrito um livro cujo título é *Who Says Elephants Can't Dance?* [Quem disse que os elefantes não dançam?]. O livro se tornou um best-seller, justamente porque os homens de negócios sabem que as empresas de grande porte são gigantes de pouca mobilidade.

Os economistas da área da teoria do crescimento descobriram que jovens empresas são como formigas, capazes de carregar muito mais do que o próprio peso. Elas são responsáveis por inovar, abrir novos mercados e gerar crescimento econômico. O trabalho de John Haltiwanger é crucial para entendermos as causas da performance econômica e da degradação de empregos. O livro de Haltiwanger *Job Creation and Destruction* [Criação e destruição de empregos] foi um marco que mostrou que eram as "startups jovens e de alto crescimento, que experimentam, inovam, criam novos produtos, novos serviços e procuram novos modelos de negócio, as responsáveis pela grande maioria dos empregos criados". Muitas jovens empresas fracassam, mas ainda assim contribuem para a vitalidade da economia com seu efeito desestabilizador.[41]

Desde os tempos de Thomas Jefferson, os estadunidenses idealizam pequenos fazendeiros e pequenos negócios. Embora os restaurantes e os comércios familiares do nosso bairro sejam parte crucial da economia, é importante traçar uma distinção entre os pequenos negócios e as startups jovens de crescimento acelerado descritas por Haltiwanger.

Negócios de pequena escala, como restaurantes, barbearias e lavanderias, criam a maioria dos empregos, mas também destroem a maioria deles.

Correspondem à maioria das aberturas de empresas, mas têm igualmente as maiores taxas de falência. São parte dinâmica da economia, entretanto não comandam a produtividade. Quem faz isso são as pequenas empresas que se tornam grandes, como Starbucks, Costco, Southwest Airlines e Celgene. Todas essas marcas começaram pequenas.

A natureza nos ensina outras lições sobre as vantagens de ser pequeno. Robin Dunbar, especialista em primatas, estudava a conexão entre o tamanho do cérebro de um primata e o tamanho de seu grupo social. Ele descobriu por acaso um objeto muito mais intrigante para sua pesquisa.[42] O cientista percebeu que esse insight valia não só para macacos, mas também para humanos, e criou o Número de Dunbar. A teoria afirma que uma pessoa pode manter relações estáveis com no máximo 150 indivíduos.[43] Claro, os usuários do Facebook têm em média 338 "amigos",[44] e no LinkedIn esse número sobe para mais de quinhentos.[45] Mas não se trata de amigos que vemos ou com quem interagimos cotidianamente. No geral, um número superior a 150 exige mais burocracia e mais regras de coesão; pense, por exemplo, em um exército ou em uma empresa de grande porte. Dunbar focou as empresas, embora tenha encontrado resultados semelhantes em outras comunidades, como os grupos nativos dos Estados Unidos, unidades militares e comunidades Amish.[46]

A má notícia para a produtividade é que, conforme as empresas antigas com mais de 10 mil empregados passaram a dominar o mercado de trabalho, começamos a ver os problemas do excesso em relação aos números de Dunbar. Empresas imensas precisam de mais regras e burocracia para se manterem coesas. Elas tendem a empregar mais pessoas para gerir o número crescente de funcionários.

Geoffrey West, em seu sagaz livro *Scale* [Escala], mostrou que as companhias são como organismos vivos, e isso tem profundas implicações sobre a rentabilidade e o crescimento. Assim como no mundo animal, muitas startups morrem ainda muito jovens, mas aquelas que sobrevivem e crescem depressa tendem a se expandir de modo exponencial, o que leva a maior rentabilidade e à economia de escala. À medida que envelhecem, o crescimento desacelera e elas perdem em inovação. Grandes empresas gastam mais em pesquisa e desenvolvimento (elas são muito maiores, afinal), mas em termos relativos a quantia dedicada a esse setor decai sistematicamente conforme o tamanho aumenta. Com a expansão das empresas, o investimento em inovação perde espaço para os gastos burocráticos e administrativos. De forma semelhante ao verificado em seres humanos, a energia limitada das empresas é utilizada para a manutenção interna de células, e não para o crescimento.

Quando West examinou os dados de grandes empresas, descobriu que elas parecem se acomodar em uma taxa lenta e constante de crescimento, mas a realidade é um pouco mais complicada. O crescimento contínuo soa maravilhoso, porém a verdade fica evidente quando o crescimento de cada empresa é medido em relação ao crescimento do mercado em geral (Gráfico 3.3). Quando ajustamos pela inflação "e descontamos o crescimento geral do mercado, vemos que *todas as grandes empresas maduras pararam de crescer*".[47]

Ao contrário dos humanos, as grandes empresas não morrem pura e simplesmente; elas usam sua máquina monopolista para comprar rivais menores e de rápido crescimento.

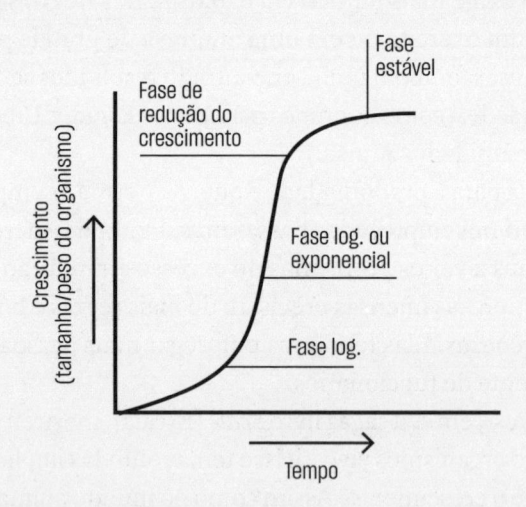

Gráfico 3.3 Fases de crescimento de empresas e organizações.

Em um artigo muito influente, Titan Alon, David Berger e Robert Dent descobriram que a idade de uma empresa tem papel fundamental na conformação das dinâmicas do crescimento de produtividade do trabalho. Se uma nova empresa consegue sobreviver à sua fase de startup, ela apresenta um crescimento cumulativo de produtividade de mais ou menos 20% nos primeiros cinco anos de atividade. Ao varrerem uma startup, os monopólios destroem a produtividade da economia. De fato, se examinarmos a queda do empreendedorismo de alto crescimento no setor high tech, ela coincide com uma diminuição do crescimento de produtividade agregada nesse segmento (Gráfico 3.4).[48]

Nos retratos da batalha da produtividade, o front é pintado como um embate das grandes empresas contra as pequenas. A verdade é muito mais interessante. Em seu livro *Big is Beautiful* [Grande é bonito], Robert Atkinson e Michael Lind mostram que as primeiras gastam a maioria de seus recursos em pesquisa e desenvolvimento. Historicamente, gigantes como AT&T ou IBM são capazes de bancar amplos centros de pesquisa, como Bell Labs ou Yorktown, mas nem todas são iguais. Hoje as grandes empresas ainda são as que mais gastam; DuPont e Google podem destinar muito dinheiro para pesquisa e desenvolvimento. Mas isso é só uma parte da história.

(A) Empresas jovens e crescimento de produtividade

A tendência de crescimento da produtividade do trabalho decai conforme a firma envelhece

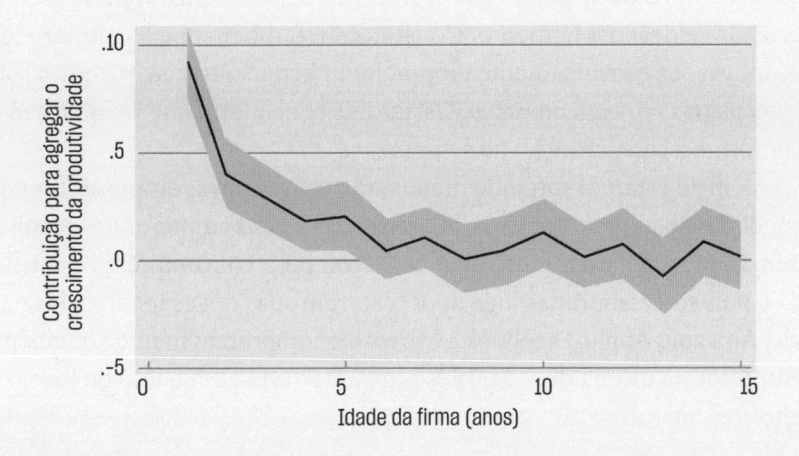

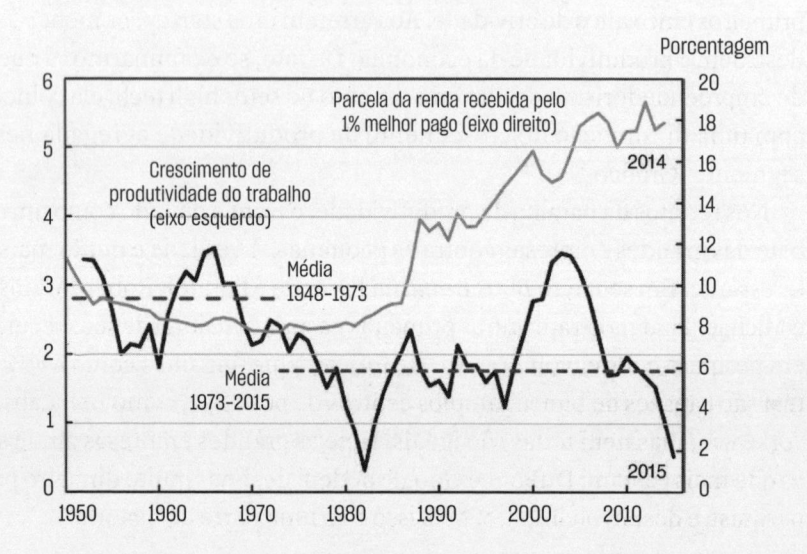

(B) Crescimento de produtividade e desigualdade de renda, 1950-2015

Mudança percentual, taxa anual (média móvel de cinco anos)

Gráfico 3.4 Menor crescimento de produtividade com a menor entrada de novas empresas.

Fonte: (a) Cortesia do dr. Titan Alon; (b) Cortesia de Jason Furman.

Nem todas as empresas grandes são iguais. Em um amplo estudo, Zoltan Acs e David Audretsch analisaram várias corporações; eles descobriram que as empresas de setores com alta concentração gastaram menos em pesquisa e desenvolvimento. Constataram também que "o número total de inovações é inversamente proporcional à concentração"[49] e que o *poder monopolista refreia a inovação*. Os autores concluíram que "a inovação cai conforme a concentração no setor cresce".[50]

Além de estarem surgindo menos startups, as novas empresas têm sido engolidas pelas grandes. Hoje, boa parte das jovens empresas de tecnologia nem sequer chega a ter uma chance de competir com empresas estabelecidas, pois são compradas logo após testarem suas novas tecnologias. Google, Amazon, Apple, Facebook e Microsoft compraram mais de quinhentas empresas na última década.[51] Essas gigantes estão em busca de jovens de alto crescimento.

Podemos ver como as grandes empresas matam a produtividade com o exemplo do Google no setor da robótica. Em 2013, o Google comprou a Boston Dynamics e outras oito empresas de robótica para criar uma divisão chamada Replicant, batizada em homenagem aos ciborgues de *Blade Runner*. O setor ficou empolgado ao ver um gorila tecnológico de 360 quilos despejando seu dinheiro em pesquisa. No entanto, o resultado foi desastroso.

Com o tempo, o Google fechou muitas dessas empresas, e vários dos principais pesquisadores fizeram as malas. Jeremy Conrado, sócio da incubadora de hardware Lemnos Labs, disse que "aquelas eram algumas das empresas de robótica mais interessantes, e simplesmente fecharam as portas".[52] No âmbito interno, o Google temia ser associado a máquinas assustadoras capazes de extinguir empregos humanos, e a Boston Dynamics não tinha nenhuma ligação com seu negócio principal de buscas.[53] Em 8 de junho de 2017, o Google anunciou a venda da empresa para o SoftBank Group, do Japão.

O fenômeno não é novo. Já vimos monopólios gigantescos jogarem inovações no lixo antes. Durante os anos 1960 e início dos 1970, a Xerox detinha o monopólio da tecnologia de cópias, protegida por patentes. O Centro de Pesquisa Palo Alto, pertencente a ela, basicamente inventou o computador moderno e a internet, mas não conseguiu lucrar com isso. A empresa não tinha nenhum interesse em nada que não envolvesse cópias.

A lista de invenções da Xerox é extraordinária: a interface gráfica de usuário, as imagens bitmap geradas por computador, editores de texto WYSIWYG (What You See Is What You Get — ou seja, a página sairá no papel do modo como você a está vendo), programação de objetos, cabos Ethernet e ferramentas de acesso à DARPAnet.[54] No entanto, a empresa encontrou pouco uso para essas inovações. O público só conheceu esses produtos depois que as ferramentas foram licenciadas por Steve Jobs e pela Apple. Do mesmo modo, a AT&T e a RCA foram extremamente inovadoras, mas foi preciso que outras companhias desenvolvessem suas principais tecnologias, como o transistor. Ambas se ativeram aos rádios e telefones, e assim se tornaram a antítese da originalidade.[55]

Há um motivo que explica por que as grandes empresas são tão ruins na implementação de novas ideias. Steve Jobs quase nunca recomendava livros, mas gostava de *O dilema da inovação*. Publicado em 1997, esse livro de Clayton Christensen foi aclamado no Vale do Silício e eleito pela *The Economist* um dos seis melhores livros de negócios já escritos.[56] Segundo a teoria desse autor, por serem incapazes de se transformar, as empresas de sucesso acabavam abandonando a crista do mercado e, assim, ficavam vulneráveis à concorrência de novas corporações. Empresas menores estão dispostas a explorar nichos de mercado e a produzir produtos mais baratos e de qualidade inferior. Com o tempo, porém, seu mercado aumenta e a qualidade melhora. No final, Davi acaba derrotando Golias — o garoto ágil munido de um estilingue derrota o gigante desajeitado.

Se você duvida da existência de uma estagnação criativa depois que um negócio se torna um monopólio, vejamos alguns exemplos. Frederic Scherer, da Universidade Harvard, examinou as patentes de monopolistas e mostrou que, quando uma firma se torna dominante, o número de patentes relevantes cai. De fato, os monopolistas muitas vezes fracassam na hora de comercializar as próprias invenções.[57] Antes de falir, a Standard Oil inventou o craqueamento para melhorar a gasolina utilizada em automóveis, mas não fez nada com essa tecnologia. Quando o monopólio faliu, a unidade de Indiana vendeu a tecnologia que tinha inventado, e o sucesso foi imenso.

Não podemos citar aqui todos os exemplos de empresas maduras que fracassam na hora de se revolucionar, pois são muitos, mas alguns dos casos mais famosos evidenciam por que ser maior nem sempre é melhor. A Kodak não raro é acusada de não ter previsto a transição para a fotografia digital, mas na verdade essa tecnologia foi *inventada* pela Kodak. A questão é que ela não se conectava de modo algum à comercialização de filmes, o carro-chefe da empresa.

O problema do tamanho é grave, e muitas vezes as empresas compram novas unidades para depois se livrarem delas em processos de desmembramento. Grandes empresas entregam suas subsidiárias a investidores e permitem que a empresa menor siga seu próprio caminho. É como mandar seu filho para a faculdade e observar o sucesso dele. O McDonald's se desfez do Chipotle, o eBay se desfez do PayPal, e Sara Lee se desfez da Coach. Todas essas iniciativas se mostraram investimentos fenomenais. Não deveria surpreender que todas as pesquisas sobre as sucursais demonstrem que elas superam em muito a performance da empresa à qual estão subordinadas, e também do mercado em geral, depois que se livram das amarras desses pais negligentes e dominadores. Muitas vezes, ser pequeno é bom.[58]

Jamais saberemos quanta produtividade e inovação se perdem pelo caminho enquanto as empresas crescem para se tornarem King Kongs.

Baixo investimento

Outro grande mistério para os economistas e bancos centrais diz respeito aos motivos pelos quais os negócios não estão fazendo investimentos maiores. Ninguém sabe ao certo por que eles entregam a quase totalidade dos lucros na mão dos acionistas em vez de gastarem mais com pesquisa e desenvolvimento ou investirem em novas fábricas e equipamentos.

Larry Summers, ex-secretário do Tesouro e professor de economia em Harvard, partilha da visão do economista Alvin Hansen, muito atuante nos anos 1930, para quem estamos passando por uma "estagnação secular". Supostamente, as economias do mundo industrializado sofrem de "um desequilíbrio resultante da crescente disposição para economizar e da minguante disposição para investir".[59] Isso significa que a desaceleração é estrutural, e não cíclica. Ele culpa a desigualdade e a tecnologia por isso. "A maior tendência a economizar é motivada pelo aumento da desigualdade e pela parcela da renda destinada aos ricos."

Summers e os demais teóricos da estagnação não associam o problema aos monopólios e oligopólios, mas a relação deveria ser óbvia. Sob condições competitivas de mercado, o investimento será maior do que sob condições de monopólio, em que o monopolista reduz o investimento de modo a manter preços e margens de lucro maiores. Os monopólios podem ser uma grande força em prol da estagnação econômica.

Uma nova pesquisa de Germán Gutiérrez, Thomas Philippon e Robin Döttling, da Universidade de Nova York, ajuda a explicar a escassez de investimentos. Em um artigo intitulado "Is There an Investment Gap in Advanced Economies? If So, Why?" [Existe um déficit de investimento nas economias desenvolvidas? Em caso afirmativo, por quê?], a equipe analisou os investimentos nos Estados Unidos durante os últimos vinte anos. Eles descobriram que o investimento passou a ser inferior às projeções por volta do ano 2000, e o déficit provém dos setores em que a concorrência decaiu ao longo do tempo. Os pesquisadores observaram o nível de investimento das corporações em relação ao retorno de seus ativos e descobriram que haviam caído de maneira mais acentuada nos setores concentrados. De acordo com seus cálculos, se as corporações líderes tivessem mantido sua participação na soma total de investimentos desde 2000, a economia estadunidense teria 4% a mais de capital hoje, montante equivalente a mais ou menos dois anos do investimento das empresas não financeiras (Gráfico 3.5).[60]

Na atualidade, as corporações acham muito mais rentável restringir a produção e esfriar a oferta do que investir na expansão da capacidade produtiva. Pensemos nas companhias aéreas que não querem maior capacidade, nas empresas cervejeiras que não desejam ampliar suas fábricas, nas companhias de comunicação que não aprimoram a infraestrutura, nas farmacêuticas que não gastam dinheiro em pesquisa e desenvolvimento, e assim por diante.

Em vez disso, as corporações acumulam lucros imensos e os direcionam à recompra de ações e à distribuição de dividendos. O dinheiro vai para acionistas ricos, cujo nível de gastos em proporção à renda é muito menor que o das pessoas pobres. Isso explica por que o baixo consumo e o baixo investimento estão atrelados.

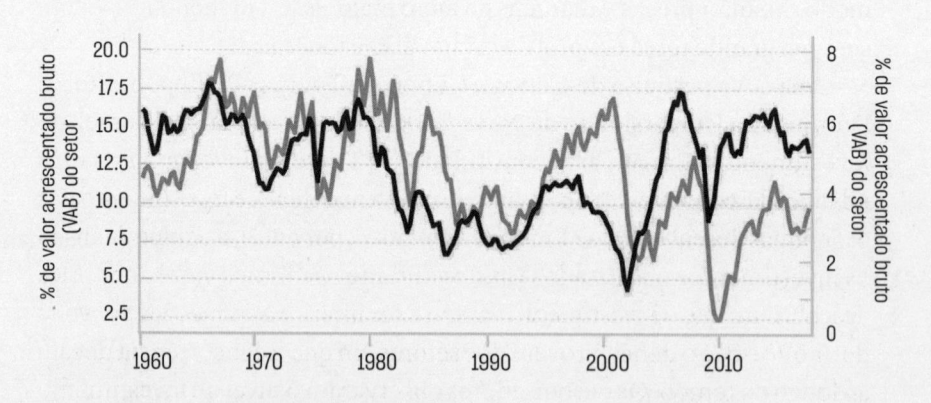

Negócios corporativos não financeiros: lucros antes dos impostos
× investimento fixo bruto

— Lucro pré-impostos em % do VAB (esquerda)
— Investimento fixo bruto em % do VAB (direita)

Gráfico 3.5 Desagregação significativa de lucro e investimento.
Fonte: Variant Perception.

Regionalismo e diversidade

Antes de os Estados Unidos passarem a ser dominados por oligopólios longínquos, a maioria das cidades abrigava negócios enraizados na comunidade local, como bancos, jornais, emissoras de TV, fábricas e farmácias. Os proprietários e os diretores desses negócios viviam na própria comunidade. O dinheiro gerado pelos empreendimentos permanecia no local, espalhando a riqueza. Os proprietários ajudavam a financiar bibliotecas, escolas, eventos artísticos e hospitais, pois moravam ali.

Hoje os monopólios controlam amplas parcelas da indústria, e os proprietários e os diretores dessas empresas quase nunca vivem perto de seus negócios. Como Christopher Lasch profetizou em seu livro de 1995, *The Revolt of the Elites* [A revolta das elites], "as novas elites estão participando de uma revolta contra 'a porção central dos Estados Unidos'", alertou, "que em sua imaginação é tecnologicamente retrógrada, politicamente reacionária, repressiva em sua moralidade sexual, medíocre em seus gostos, presunçosa e complacente, desleixada e enfadonha".[61]

No século XIX, Benjamin Disraeli escreveu sobre duas nações "entre as quais não há nenhum intercâmbio ou simpatia; que são ignorantes em relação aos hábitos, pensamentos e sentimentos uma da outra, como se vivessem em zonas distintas ou habitassem planetas diferentes; constituídas de linhagens distintas e alimentadas com alimentos de naturezas separadas, guiadas por hábitos diferentes e não governadas pelas mesmas leis".

Desde os tempos de David Ricardo, os economistas exaltam a especialização. O progresso vem da especialização. Pessoas que se opõem aos grandes negócios em razão de seu tamanho costumam ser totalmente contraproducentes. Nas sociedades pré-industriais, os vilarejos precisavam aprender a desempenhar todas as tarefas necessárias à vida, incluindo a caça, o cultivo dos próprios alimentos, a produção de suas ferramentas etc. O progresso humano depende da especialização. Embora a ideia de incentivar os negócios locais para que todas as pequenas cidades sejam autossuficientes seja interessante, a população do Maine só pode comer bananas no inverno porque elas chegam de outro lugar. Um consumidor do Texas só pode desfrutar de calçados artesanais italianos, cachecóis franceses e vinhos californianos porque cada região desenvolve sua expertise. Mas a especialização pode tornar as cidades mais vulneráveis a mudanças catastróficas.

Hoje, um número cada vez menor de empresas domina a economia. Isso reduz o localismo e a diversidade. Na biologia, a diversidade genética é crucial para a adaptação a novos ambientes. Quanto maior a variedade, maior o número de indivíduos de dada população com traços favoráveis a suportar as intempéries. Embora plantar uma única cultura geneticamente uniforme possa ampliar a safra no curto prazo, a baixa diversidade genética aumenta o risco de perda total caso novas pestes sejam introduzidas no ecossistema ou os níveis de chuva caiam.[62]

A história da Grande Fome Irlandesa causada por uma quebra da safra de batatas é um alerta para os perigos das monoculturas, a prática de cultivar um único alimento. A batata chegou à Irlanda em 1588, e no século XIX os irlandeses a utilizavam como solução para o desafio de alimentar uma população em crescimento. Eles plantavam a variedade "lumper".[63] E ela alimentou o país durante muito tempo, mas também criou as condições para um cenário de ruína humana e econômica. Todas essas batatas eram geneticamente idênticas umas às outras, e a variedade era vulnerável ao patógeno *Phytophthora infestans*. Como a Irlanda dependia muito da batata, um em cada oito irlandeses morreu de fome ao longo dos três anos da Grande Fome, na década de 1840. (Por sinal, nos Estados Unidos, a batata Russet Burbank é o equivalente da "lumper", pois é usada para produzir fritas homogêneas para centenas de milhões de clientes do McDonald's.)

Para terem estabilidade, as cidades não deveriam depender de uma única empresa ou fonte de renda. Hoje, a agricultura nos Estados Unidos está se tornando cada vez mais parecida com a da Irlanda antes da fome. Temos cada vez menos empresas em cada mercado.

As lições da natureza são catastróficas. Nos anos 1920, a banana Gros Michel quase foi extinta por um fungo conhecido como *Fusarium cubense*, e a escassez dessa fruta se tornou um problema crescente (daí a origem da canção "Yes! We Have No Bananas"). Hoje, todos comem uma variedade conhecida como Cavendish, e a mesma coisa pode se repetir em razão de um patógeno conhecido como "doença do Panamá".[64] O cultivo extensivo de uma única variedade de milho contribuiu para a perda de mais de 1 bilhão de dólares em 1970, quando um fungo atingiu as plantações estadunidenses. Nos anos 1980, a dependência de um único tipo de videira forçou os plantadores de uva da Califórnia a replantarem aproximadamente 2 milhões de acres de vinhas após um ataque da peste filoxera.

O monopólio é o último estágio do capitalismo, segundo Lênin. E, no entanto, foi na União Soviética que vimos o monopólio total nos setores. Quando a Guerra Fria cessou, os moradores de Moscou se rebelaram porque não havia cigarros disponíveis; os filtros só eram produzidos na Armênia, país devastado pela guerra, e se tornaram escassos.[65] Estamos nos aproximando do nível soviético em alguns setores, e a posse monopolista de muitos segmentos está acelerando depressa.

Os estadunidenses não estão se rebelando por causa de filtros de cigarro. Estão aceitando humildemente formas muito mais graves de escassez. Em 2017, quando o furacão Maria atingiu Porto Rico, os Estados Unidos enfrentaram um severo desabastecimento de bolsas de solução intravenosa. A Baxter e a Hospira mantêm um duopólio eficaz desse insumo hospitalar, e suas fábricas ficavam em Porto Rico.[66] (Elas haviam optado pela ilha por causa dos impostos mais baixos.) Mesmo antes do furacão, a subida de preços era um problema. Os preços nos Estados Unidos mais do que dobraram nos últimos anos. Uma bolsa de solução salina, que custava 1,77 dólar em 2012, custa hoje mais de 4 dólares, enquanto o preço subiu para apenas cerca de 2 dólares no Reino Unido.

A solução salina é feita de água e sal, e pode parecer surpreendente que algo tão simples esteja na mão de apenas duas empresas. É ainda mais espantoso que um insumo médico tão vital possa contar com tão pouca oferta. Todavia, esta é a história dos Estados Unidos: grandes lucros com produção no exterior e escassez artificial manipulada por monopólios privados.

O país precisa de crescimento, produtividade e diversidade nos negócios. Um estudo da Escola de Administração de Harvard analisou o envolvimento comunitário em 180 empresas de Boston, Cleveland e Miami e descobriu que empresas locais contribuem mais com a comunidade sob todos os parâmetros. Elas apresentavam "envolvimento mais ativo de seus diretores em organizações cívicas e culturais de proeminência na região".[67] Negócios locais são melhores para as comunidades. Eles empregam mais trabalhadores da região, compram de fornecedores locais e reciclam localmente sua receita. Hoje, porém, mesmo as maiores empresas regionais foram vendidas, com suas sedes transferidas para as principais metrópoles dos Estados Unidos.

Segundo pesquisas acerca dos efeitos das fusões sobre as comunidades, proprietários e diretores locais têm laços mais fortes com a comunidade local do que proprietários distantes. Em contraste, estudos sobre fusões mostram que "filiais são geridas ou por 'forasteiros' sem laços locais e que vão à cidade apenas para cumprir funções de curto prazo, ou por locais com baixa capacidade de beneficiar a comunidade devido à sua falta de autonomia ou prestígio, ou mesmo pela falta de incentivo, dado que precisarão mudar de cidade se progredirem profissionalmente".[68]

No presente, os proprietários e principais diretores vêm de fora das cidades. Como parasitas que sugam energia e nutrientes, eles absorvem as receitas locais e as redirecionam para dividendos e recompras de ação. Refugiam-se em bairros chiques, como Hamptons e Upper East Side, enquanto a nação sofre com a escassez de investimentos, a baixa produtividade, o arrocho salarial e a desigualdade crescente.

As pequenas cidades nos Estados Unidos têm descoberto como as monoculturas podem ser mortíferas no campo dos negócios.

No início de 2016, o Walmart anunciou que fecharia 154 lojas no país. Isso tem pouca importância para a nação como um todo, mas, para a pequena cidade costeira de Oriental, no estado da Carolina do Norte, a notícia foi devastadora. O mercado familiar de Renee Ireland-Smith acabara forçado a fechar as portas em outubro de 2016, após 45 anos de atividade, porque não conseguia concorrer com o supermercado, que acabou se tornando a única opção na cidade. No entanto, duas semanas mais tarde, o Walmart anunciou que fecharia as portas em Oriental. Ao mesmo tempo, o conglomerado anunciou uma recompra de 20 bilhões de dólares para entregar dinheiro aos seus acionistas.

"A cidade estava bem antes", disse Ireland-Smith. "Agora está falida."[69]

→ Indícios esmagadores apontam que a concentração econômica criou um coquetel tóxico.

→ A inovação cai conforme a concentração aumenta.

→ Hoje, um número cada vez menor de empresas controla a economia. Isso reduz os negócios locais e a diversidade.

→ As consequências da concentração são: preços mais altos, menor surgimento de startups, menor produtividade, redução salarial, crescimento da desigualdade de renda, baixo investimento e deterioração das cidades estadunidenses.

4

SUFOCANDO OS TRABALHADORES

Nenhuma sociedade pode florescer e ser feliz se a
maioria de seus membros for pobre e miserável.
ADAM SMITH, *A riqueza das nações*

Este livro começou como uma simples história investigativa: quem matou
seu contracheque?

Quando não estamos escrevendo livros, dedicamos nossas horas a observar as tabelas dos principais indicadores econômicos. Às vezes pensamos
nelas até mesmo durante o banho ou enquanto fazemos a barba, esperando
por um momento "eureka". Nossos clientes nos pagam para saber para onde
a economia está indo e como devem investir. Eles querem respostas para
perguntas como: os Estados Unidos entrarão em recessão? A China enfrentará uma grande crise de dívida? A Itália deixará a zona do euro? Os salários
aumentarão nos país?

Nossos clientes não são economistas. Famílias e pensionistas confiam
a eles suas economias e bonificações de seguros. Trata-se de investidores
que administram as economias das pessoas, portanto eles precisam saber
se a inflação está aumentando, se as taxas de desemprego estão caindo e se
os lucros estão crescendo. Esses fatores afetam os investimentos de fundos
de pensão, companhias seguradoras e fundos mútuos. Eles querem evitar
grandes quebras de mercado e aproveitar os momentos de alta.

A maioria das tabelas que usamos para aconselhar nossos clientes
abrange várias décadas e se baseia em relações sólidas e fundamentais, de
modo que jamais precisam ser alteradas. Se há um alto índice de emissão
de licenças de construção, o setor da construção vai prosperar e a economia
vai ganhar força. Se o Banco Popular da China está elevando as taxas de
juros, é provável que a economia chinesa desacelere. Se as taxas de desemprego estão caindo, é provável que os salários subam, pois as empresas vão
precisar disputar os trabalhadores.

De tempos em tempos, as tabelas e as ferramentas que utilizamos para
deduzir as tendências futuras parecem "dar defeito" e parar de funcionar.

Isso significa que algo no mundo mudou ou que precisamos descobrir por que estamos errados.

Uma tabela específica vinha nos intrigando. Em nossas reuniões com gestores de fundos em Manhattan, apresentávamos nossos relatórios enquanto eles espiavam nossos gráficos. Ficávamos contemplando o Central Park e dando um tempo para eles vasculharem as ascendentes ou as decrescentes dos gráficos. Eles passavam as páginas, mas sempre paravam naquela com a tabela dos salários nos Estados Unidos (Gráfico 4.1). Os salários quase não subiram nos últimos nove anos.

A função de nosso Indicador Principal de Salários nos Estados Unidos é acompanhar os salários em detalhe e nos informar se os trabalhadores do país vão ganhar aumentos ou não. Ele reúne dados sobre os postos de trabalho disponíveis, os pedidos de auxílio-desemprego e outros fatores que afetam a capacidade do trabalhador de receber um aumento. Ao longo de seis ciclos de negócios, ele nos mostrou quando os trabalhadores ganhariam mais e quando os lucros corporativos oscilariam.

Salário médio por hora

vs. projeção da VP dos salários nos EUA (com projeção de 15 meses)

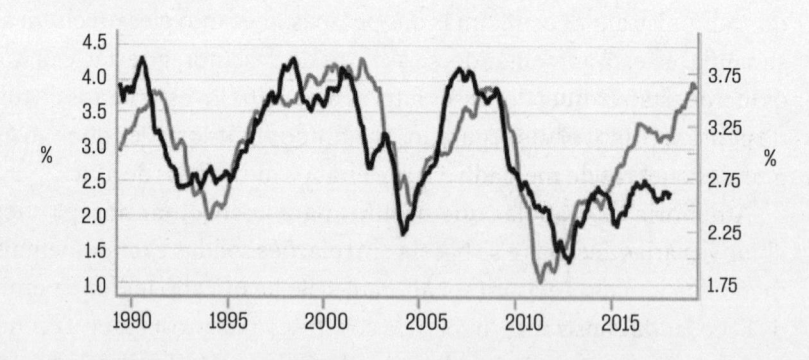

——— Salário médio por hora (esquerda)

——— Projeção da VP dos salários nos EUA (com projeção de 15 meses) (direita)

Gráfico 4.1 Indicador central de salários nos Estados Unidos da Variant Perception.
Fonte: Variant Perception.

Em Manhattan, nosso cliente questionou: "Por que, de acordo com o seu indicador, os salários deveriam subir, se não é isso que os dados mostram? Parece haver um problema", disse o nosso cliente. "Por que vocês estão errados?"

"Confie em mim, os salários vão subir. Espere só mais um pouco. O tempo de concretização da tendência é longo."

Na primeira vez que isso aconteceu, realmente achávamos que os salários aumentariam, mostrando que nosso indicador estava certo. Afinal de contas, quando o mercado de trabalho está movimentado, os empresários declaram que vão aumentar os salários. No entanto, os salários mal subiram.

Esse indicador central tinha funcionado à perfeição durante décadas, mas nos últimos anos passou a se comportar de um jeito estranho. O índice continuava subindo cada vez mais, porém a renda dos trabalhadores nunca acompanhava essa tendência. Enquanto isso, os lucros corporativos se acomodavam em seus ápices históricos. Na verdade, as corporações nunca estiveram tão bem.

Se o capitalismo fosse um jogo, o placar estaria: Trabalhadores 0 × 1 Corporações.

Conforme os meses foram passando e os dados de salários foram divulgados, ficou claro. Nosso indicador não estava funcionando. Os lucros corporativos pareciam desafiar a gravidade da concorrência. Não havíamos reparado em algum acontecimento econômico muito importante, e não tínhamos ideia do que estava mantendo os salários tão baixos.

Havia algo de muito errado. As regras do jogo tinham mudado para os trabalhadores estadunidenses. Este livro se tornou a nossa tentativa de responder por quê.

Hoje o mundo inteiro considera o Vale do Silício o berço da tecnologia, mas nos anos 1950, se você instalasse uma empresa de tecnologia na Califórnia, as pessoas pensariam que você era louco. O condado de Santa Clara era pouco mais que um pomar de macieiras.[1] A maioria das empresas renomadas de tecnologia tinha suas sedes no estado de Massachusetts, ao longo da Rota 128, perto de centros de pesquisa como Harvard e o MIT.

William Shockley era o mais próximo de uma estrela do rock que o mundo da ciência era capaz de produzir. Ele havia recebido o prêmio Nobel e era um dos inventores do transistor. Quando se mudou para Palo Alto com o intuito de fundar o Laboratório de Semicondutores Shockley, as pessoas acharam que ele tinha enlouquecido. Ficava bem longe da Rota 128, mas ele tinha seus motivos. Ele havia crescido na região e queria voltar para casa a fim de cuidar de sua mãe doente.

Shockley contratou um elenco de primeira linha para acompanhá-lo. Especialistas em física, metalurgia e matemática, todos abandonaram a Costa Leste para trabalhar com Shockley na comercialização do transistor. Robert Noyce, um dos contratados, disse que receber uma ligação de Shockley foi como tirar o telefone do gancho e conversar com Deus.

Pouco depois de chegarem, contudo, eles descobriram que Shockley era um chefe difícil e errático. Um gênio, mas também um idiota, e não um idiota-padrão. Um tremendo egocêntrico. Quando seus colegas do Bell Labs descobriram o transistor, ele tentou levar todo o crédito. Mais tarde, adotou um discurso racista e eugenista; defendia a criação de um banco de esperma de pessoas com QI elevado e rompeu definitivamente com os próprios filhos. Ele era, segundo a maioria dos relatos, um chefe terrível.

Um ano após se juntarem a Shockley, os novos funcionários sentaram-se juntos em torno de uma mesa para tomar café da manhã no Clift Hotel e tramar seu plano de fuga. Embora fossem os cientistas e engenheiros mais brilhantes dos Estados Unidos, estavam muito insatisfeitos trabalhando para Shockley. Em um ato descarado de deslealdade, eles concordaram em largar seus empregos e fundar uma nova empresa: a Fairchild Semiconductor. Apelidados mais tarde de os "Oito Traidores", todos assinaram notas de dinheiro em vez de contratos formais — um símbolo de inconformidade.

Muitos consideram esse ato de traição empregatícia o momento decisivo para a criação do Vale do Silício, embora o próprio termo só tenha sido incorporado à linguagem popular dez anos mais tarde. A deserção abriu um precedente para a viabilidade do empreendedorismo e a lealdade a ideias elevadas, em detrimento de corporações e egos individuais.[2]

O líder da turma era Noyce, que na época tinha apenas 29 anos e era especialista em transistores. Até mesmo ele abandonou "Deus". No fim das contas, Noyce e seu colega Gordon E. Moore ficaram grandes demais para a Fairchild e, novamente, partiram com alguns de seus funcionários para criar a Intel. Em 1971, apenas três anos após a fundação da empresa, Noyce fez história mais uma vez ao inventar o Intel 4004, primeiro microprocessador do mundo. Ele havia inventado o coração dos computadores modernos.

O Vale do Silício deve seu sucesso a muitas coisas — acesso ao capital, proximidade de Stanford (uma das melhores universidades do mundo) e de San Francisco, uma cidade muito vibrante. Mas pouco se discute o que levou a região a se tornar a capital mundial da inovação: a Califórnia é um dos poucos estados onde cláusulas anticoncorrência em contratos de trabalho são completamente invalidadas. Em outras palavras, os empregados têm pleno direito de trocar sua empresa por uma concorrente.

Em muitos outros estados, ao contratarem um funcionário, as instituições podem exigir a assinatura de um acordo de não concorrência como condição para assumir a vaga. Os termos variam consideravelmente, mas a ideia básica é a de que, caso você seja demitido ou peça demissão, não poderá trabalhar para uma concorrente do mesmo setor durante certo período de tempo — que pode variar de alguns meses a anos. Essas cláusulas privam os trabalhadores de seu sustento ao dificultarem pedidos de demissão e negociações por salários mais elevados em outros locais.

Em 1872, a Califórnia tornou ilegal a vinculação de empregados a um empregador específico, permitindo trânsito livre entre diferentes empregos e empresas. Essa lei segue em vigor quase 150 anos depois. A ausência de cláusulas anticoncorrência é uma das principais razões para o sucesso estrondoso do Vale do Silício. Até hoje, Boston continua atrás do Vale do Silício no que diz respeito à comercialização de novas tecnologias.

Imagine como o Vale seria hoje caso Noyce não tivesse podido se demitir para fundar uma nova firma com seus colegas. E se Wozniak jamais tivesse deixado a Hewlett Packard para se unir a Steve Jobs? Pense na história da tecnologia. Imagine onde estaríamos hoje caso Nikola Tesla não tivesse permissão para abandonar Thomas Edison.

A história do Vale do Silício demonstra que ali o respeito aos talentos de um trabalhador prevalece sobre a lealdade estrita a uma empresa. Isso resultou em um ecossistema maleável, onde as boas ideias se espalham depressa de empresa em empresa e os inovadores têm a liberdade de escolher o próprio destino. A professora AnnaLee Saxenian, autora de muitos livros sobre a indústria tecnológica, aponta que "nos tempos antigos os engenheiros diziam 'Eu trabalho para o Vale do Silício'. E a ideia era de que eles estavam desenvolvendo tecnologia para uma região, e não para uma única empresa de tecnologia. Muitas vezes, nos Estados Unidos, pensamos que o sucesso é criado por empresas ou pessoas, mas o Vale do Silício nos mostra que não raro isso é feito por toda a comunidade de uma determinada região".[3]

Assim como Noyce achava que Shockley era Deus no início dos anos 1950, Steve Jobs idolatrava Noyce nos anos 1970. Quando a Apple estava começando, Noyce já era uma lenda por causa da Intel. "Bob Noyce me colocou sob sua batuta", Jobs disse. "Ele tentou me mostrar o panorama, tentou me dar uma perspectiva que eu só consegui entender em parte". Jobs prossegue: "É impossível entender bem o que está acontecendo agora sem entender o que veio antes".[4]

Embora Jobs idolatrasse Noyce, fracassou na hora de dar aos seus funcionários da Apple as mesmas liberdades que permitiram que as inovações de Noyce desabrochassem. Em 2014, veio à tona a informação de que Jobs estava impedindo funcionários de migrarem para outras empresas. O Vale do Silício foi fundado tendo como base a liberdade e a mobilidade dos trabalhadores, mas as gigantes da tecnologia — Apple, Facebook, Google, Adobe e muitas outras — foram flagradas estabelecendo "acordos de cavalheiros" para não roubarem empregados umas das outras. Os funcionários levaram essa informação a público, alegando que o pacto dificultava a valorização de suas habilidades e resultava em salários mais baixos.

A ação judicial levou aos tribunais e-mails trocados por Steve Jobs e Eric Schmidt, CEO do Google: "Fui informado de que o grupo de desenvolvimento do novo software de celulares do Google está recrutando descaradamente membros de nosso grupo do iPod. Se isso for mesmo verdade, você poderia parar com isso? Obrigado, Steve". Em outro e-mail, Larry Page, do Google, enviou uma mensagem irritadiça informando que Steve Jobs havia ameaçado começar uma guerra caso um único membro de sua equipe fosse contratado.[5]

No fim, esse acordo para não roubar funcionários se disseminou pelo Vale do Silício. Google, Adobe e outros desenvolveram listas de *Pessoas para não contratar*. Era um conluio óbvio, e as empresas de tecnologia foram obrigadas a pagar uma multa de 324,5 milhões de dólares por seu pacto ilegal de não concorrência.[6]

Alguns leitores podem achar difícil sentir pena de engenheiros de software muito bem remunerados, mas os problemas da não concorrência não acabam aí. O mais traiçoeiro é que esses acordos contratuais estão se espalhando por todos os setores e prejudicando sobretudo os mais pobres.

As restrições de trocas se espalharam feito epidemia. Hoje, as cláusulas de não concorrência afetam quase 18% de toda a força de trabalho estadunidense.[7] Quase 40% dos trabalhadores já assinaram uma em seus empregos anteriores.[8] Apenas a Califórnia e três outros estados (Montana, Dakota do Norte e Oklahoma) baniram totalmente os acordos de não concorrência no país.

Às vezes os advogados argumentam que as cláusulas de não concorrência ajudam a proteger segredos comerciais e que isso contribuiria para que as empresas inovassem. Pode ser compreensível que corporações com a maior parte dos lucros oriundos da propriedade intelectual exijam de seus funcionários cláusulas de não concorrência, mas por que pedir o mesmo de monitores de acampamento, zeladores e cuidadores? Já existem leis federais destinadas a proteger a propriedade intelectual[9], e, hoje, mesmo os funcionários sem acesso a segredos comerciais são forçados a assiná-las, incluindo 15% dos trabalhadores sem diploma de graduação e 14% das pessoas que recebem menos de 40 mil dólares ao ano (Gráfico 4.2).[10]

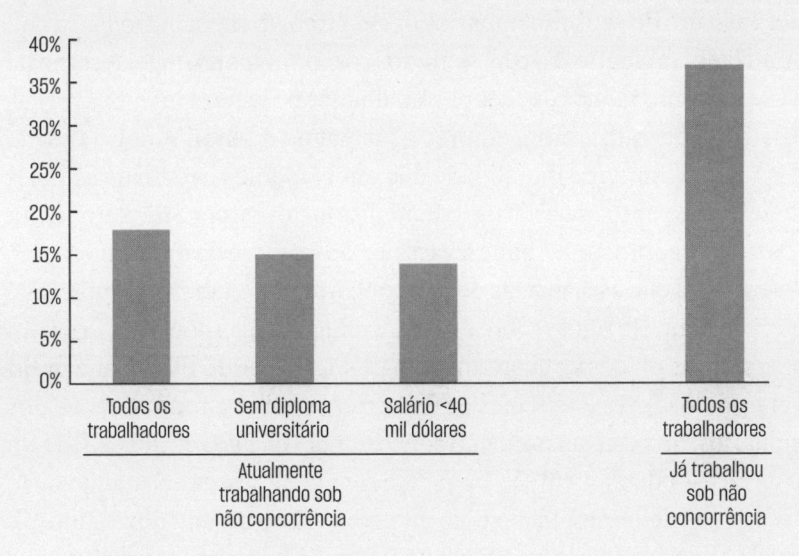

Gráfico 4.2 Porcentagem de trabalhadores com acordos de não concorrência, por estrato.

Nota: Essas estimativas são preliminares e podem divergir de versões subsequentes da página citada. Fontes: Tesouro dos EUA; Dados: Evan Starr, Norman Bishara e J. J. Prescott, "Noncompetes in the U.S. Labor Force", artigo preliminar, 10 nov. 2015.

Essas cláusulas empregatícias são encontradas em uma porcentagem espantosa das principais redes de fast-food dos Estados Unidos, cujos empregados recebem salário mínimo. São redes como Burger King, Carl's Jr., Pizza Hut e McDonald's (este último interrompeu a prática em 2017, quando foi pressionado a abandoná-la). As regras de não contratação afetam mais de 70 mil restaurantes — mais de um quarto dos estabelecimentos de fast-food do país — segundo Alan B. Krueger, economista da Universidade de Princeton.

O setor de fast-food tem sido um dos maiores responsáveis pelo crescimento das taxas de emprego desde a recessão. Hoje mais de 4,3 milhões de pessoas manuseiam fritadeiras, um aumento de 28% desde 2010. Esse crescimento no setor representa quase o dobro daquele verificado no mercado como um todo, segundo os dados mais recentes da Secretaria de Estatísticas de Trabalho.

O argumento de proteção da propriedade intelectual não se aplica aqui, pois não há muito segredo comercial envolvido no ato de virar um hambúrguer na chapa ou anotar pedidos. Além disso, o que a Pizza Hut tem a perder caso um de seus funcionários decida trabalhar em outro Pizza Hut do outro lado da cidade? Não há segredos corporativos em jogo. A resposta é simples: quanto menos opções os trabalhadores tiverem, menor será sua liberdade de encontrar uma empresa que pague melhor. A única função dessas regras é limitar a mobilidade dos trabalhadores e reduzir sua possibilidade de aumentos salariais. É o feudalismo dos tempos modernos, em que os trabalhadores se tornaram vassalos de senhores corporativos.

A verdade é que as cláusulas de não concorrência ajudam as empresas a manter um controle rígido sobre seus funcionários. Elas pouco contribuem com os setores ou com a economia em geral. O pior de tudo é que prejudicam trabalhadores e têm efeitos desastrosos sobre a remuneração dos funcionários.[11] As cláusulas de não concorrência não são exclusividade do setor de fast-food: também são frequentes nas áreas de saúde, manutenção e em serviços de alimentação com alta concentração de empregados. É possível verificar no Gráfico 4.3 que os salários são muito mais baixos nos estados com cláusulas de não concorrência e muito mais altos naqueles onde elas não existem. É fácil constatar que esse mecanismo prejudica a remuneração por hora (Gráfico 4.3).

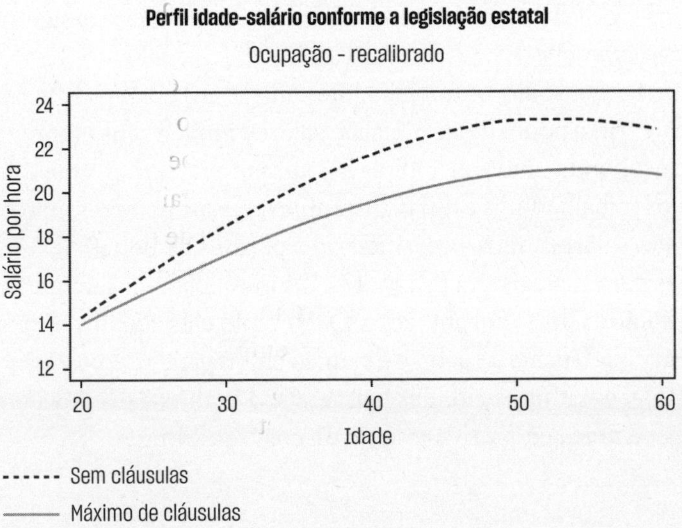

Perfil idade-salário conforme a legislação estatal

Ocupação - recalibrado

----- Sem cláusulas

——— Máximo de cláusulas

Gráfico 4.3 Estados sem cláusulas de concorrência têm salários mais altos.

Fonte: Tesouro dos EUA; Dados: Evan Starr, Norman Bishara e J. J. Prescott, "Noncompetes in the U.S. Labor Force", artigo preliminar, 10 nov. 2015.

Por que os trabalhadores assinam contratos tão ruins em um mercado supostamente livre e aberto? Muitas vezes os funcionários não entendem que estão abdicando de seu direito de trabalhar em outros lugares, pois as empresas não são obrigadas por lei em quase nenhum estado a revelar suas cláusulas de não concorrência. Segundo um estudo dos economistas Matt Marx, do MIT, e Lee Fleming, da Universidade Harvard, apenas três em cada dez trabalhadores foram informados de tais cláusulas durante a oferta de emprego, e em 70% dos casos a assinatura só foi solicitada após o aceite da oferta e a recusa de todas as alternativas. Na metade das vezes, os acordos de não concorrência foram apresentados aos empregados durante ou após o primeiro dia de trabalho.[12] Nem é preciso dizer que isso está longe de representar uma escolha real para os trabalhadores.

Impedir os funcionários de buscar oportunidades melhores de trabalho só dá certo em um ambiente em que as empresas detêm todo o poder. Devido à concentração industrial, hoje diversas delas possuem poderes monopsônicos — ou seja, são as únicas compradoras de trabalho. Um mono*pólio* significa que só há um *vendedor*, e um mono*psônio* significa que só há um *comprador*.

Em um monopsônio, os trabalhadores têm pouca escolha de locais onde trabalhar e baixo poder de negociação salarial junto a seus empregadores. Em uma economia saudável, muitas empresas competiriam em pé de igualdade pelos trabalhadores e teriam incentivo para atrair novos funcionários oferecendo salários mais altos, melhores pacotes de benefícios e poucas restrições para sua carreira futura. Mas os monopsônios facilitam a redução dos salários pelas corporações. O exemplo clássico disso é a cidade carvoeira, onde a usina de carvão é o único empregador e comprador de trabalho. Hoje, em muitas cidades pequenas, o Walmart é a nova usina de carvão — e a única empresa de varejo disposta a contratar.

Atualmente, a história dos Estados Unidos é em grande parte uma história de duas economias — a urbana e a rural. Nem sempre foi assim. O movimento antitruste dos anos 1940 não era apenas um ataque às corporações gigantescas: ele também buscava enfraquecer os centros regionais que haviam acumulado poder em demasia. Em grande medida, deu certo. Assim, em meados dos anos 1970, existia um padrão de vida bastante uniforme no país — ser de classe média no Meio-Leste significava basicamente o mesmo que ser de classe média em New England. Os Estados Unidos haviam alcançado um feito incrível: a maioria da população era de classe média e tinha estabilidade econômica, e isso era mais ou menos igual em todo o país.

Nos anos 1980, contudo, muitas das políticas que haviam ajudado a promover essa igualdade regional foram negligenciadas ou erradicadas. Formou-se um grande desnível entre as áreas rurais e as metropolitanas dos Estados Unidos. As cidades rurais foram deixadas para trás, enquanto os reluzentes centros industriais atraíam cada vez mais talentos ao oferecer empregos com melhor remuneração.

A diferença agora é alarmante. Em 1980, se você morava em Washington, sua renda per capita era em média 29% superior à média estadunidense; em 2013, seria de 68% a mais. Em Nova York, a renda estava 80% acima da média nacional em 1980 e disparou para 172% a mais em 2013.[13]

O poder e o dinheiro começaram a se concentrar nos centros urbanos do país, enquanto a zona rural enfrentou uma "fuga de cérebros".

As grandes cidades atraem diversos talentos e muitas empresas, que precisam disputar os empregados com os concorrentes. Os trabalhadores residentes nessas cidades ganham bem mais que os de outros locais (Gráfico 4.4). Os números têm poder, e os enfermeiros que podem escolher dentre cinco hospitais em uma mesma região metropolitana ganharão mais do que aqueles que trabalham em cidades com um único hospital.

Um estudo recente de Marshall Steinbaum, José Azar e Ioana Marinescu mostra que o monopsônio de trabalho, verificado em boa parte dos Estados Unidos, é especialmente comum em áreas não metropolitanas (Gráfico 4.5). Mais uma vez, isso é intuitivo — cidades menores têm menos opções de emprego. O Gráfico 4.5 representa macrorregiões com poucas empresas dominantes em cada setor e mercado de trabalho muito concentrado.[14] Apenas as grandes cidades não apresentam esse alto nível de concentração de empregadores.

O mercado de trabalho fora das grandes cidades foi atraído por poucos grandes players em cada setor. Uma pesquisa de Nathan Wilmer, da Universidade Harvard, mostra que a pressão dos grandes compradores corporativos leva os fornecedores a pagar salários menores a seus funcionários. Quando o Walmart ou outro comprador de porte exige preços mais baixos, os fornecedores acabam descontando essa diferença do contracheque de seus empregados. Wilmer descobriu que o arrocho dos fornecedores é responsável por uma estagnação salarial de cerca de 10% desde os anos 1970. O aumento da concentração industrial alterou o poder de mercado e reduziu o crescimento salarial dos trabalhadores.[15]

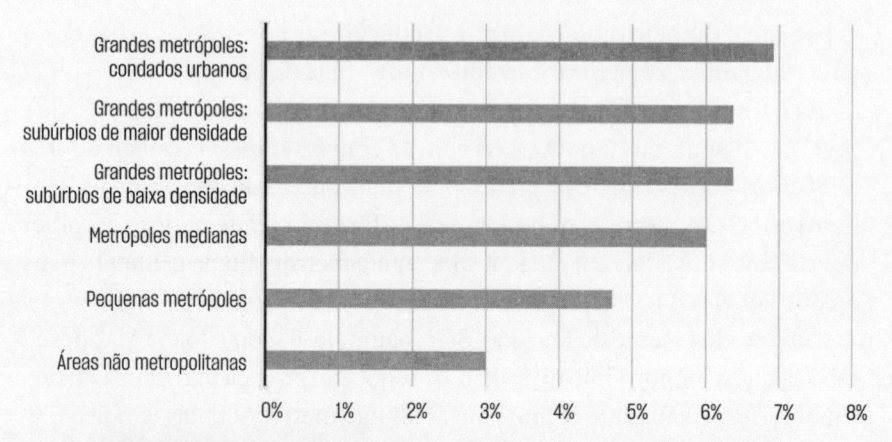

Gráfico 4.4 As zonas rurais estão ficando para trás (crescimento salarial agregado, ano a ano, terceiro trimestre de 2016).

Fonte: Indeed Analysis of BLS Data. © 2018 Indeed, Inc.

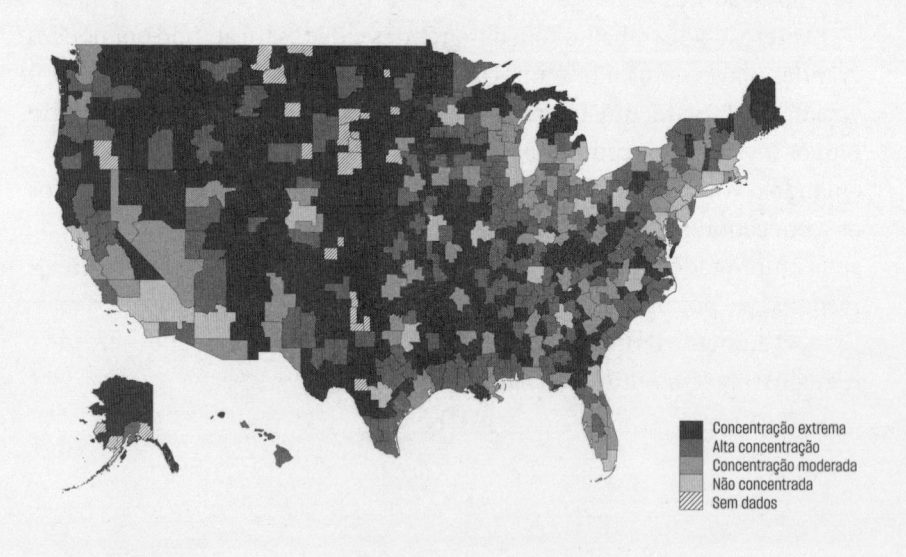

Gráfico 4.5 Monopsônios em mercados de trabalho: macrorregiões com alta concentração de trabalho.

Fonte: José Azard, Ioana Marinescu e Marshall Steinbaum, "Labor Market Concentration", 15 dez. 2017. Disponível na SSRN em: https://ssrn.com/abstract-3088767 ou http://dx.doi.org/10.2139/ssrn.3088767.

Os monopsônios de trabalhadores explicam o curioso fenômeno Trump. Quase todos os analistas políticos duvidavam que um empreiteiro e apresentador de reality show pudesse se tornar presidente, mas o sucesso parece quase inevitável quando observamos de onde vêm seus votos.

A correlação entre os votos em Trump e o índice de concentração dos condados é muito alta. Trump soube se conectar com esses eleitores ao falar em mercados viciados. Seu discurso ecoava diretamente os temores do trabalhador médio. Nas eleições de 2016, Hillary Clinton venceu em 472 condados, que representavam 64% do Produto Interno Bruto dos Estados Unidos, comparados aos 36% dos 2.584 condados que votaram em Donald Trump. Em muitas cidades pequenas, uma única empresa de processamento de carne, operação hospitalar, seguradora ou loja de departamento pertencente a uma empresa distante havia substituído os negócios locais. Trump deu vazão a uma ansiedade profunda e justificável constatada em todo o país.

O arrocho salarial é ainda maior nas pequenas cidades, onde os pequenos mercados de trabalho precisam competir com as corporações. Os monopsônios deixam os trabalhadores com pouca escolha e pouco poder. A Amazon é uma das principais empregadoras do estado de Ohio, e 10% dos trabalhadores da empresa precisam de auxílio governamental para comprar alimentos.[16] Walmart e McDonald's também figuram entre os principais culpados: mais de 10 mil funcionários de cada um também são dependentes desse auxílio, segundo o mesmo estudo feito pelo Policy Matters Ohio.[17]

O crescente desequilíbrio de poder das corporações que são compradoras únicas explica por que os tão prejudiciais contratos de não concorrência se tornaram mais comuns, e também por que os salários andam tão perigosamente baixos, por que os trabalhadores aceitam a imposição da arbitragem[18] em caso de desavença com os empregadores e abdicam do seu direito a ações judiciais coletivas. Deixados à própria sorte, eles não têm condições de negociar com monopolistas ou oligopolistas.

A fraqueza dos trabalhadores em relação a seus empregadores (empresas grandes de setores com alta concentração) fica ainda mais evidente com o crescimento do trabalho temporário. Os números são esmagadores: 40% dos trabalhadores estadunidenses podem ser enquadrados na categoria que chamamos de *precarizados*.[19] Um trabalho é considerado precarizado se qualquer uma das seguintes características se aplica a ele:

- O empregado não recebe quando não pode ir trabalhar.
- O empregado não tem vínculo empregatício padrão.
- Sua renda semanal e horas de trabalho são instáveis.
- O empregado trabalha por demanda ou não tem acesso prévio à sua grade horária.
- O empregado é pago em dinheiro vivo.
- O emprego é temporário.
- O empregado não tem direito a nenhum benefício.
- O empregado tem pouca voz ou pouco poder de negociação no trabalho.

Empregos estáveis e de turno integral com direito a benefícios estão se tornando uma relíquia histórica. Isso pode ser atribuído a diversos fatores interligados, como a globalização, a migração da produção para o exterior e a ascensão da "gig economy", ou "economia de bicos", dentre outros. Mas a compreensão desses fatores não altera o fato de que o número de trabalhadores temporários nos Estados Unidos se encontra em seu ápice histórico.[20]

O país vem criando mais postos de trabalho, mas a maioria é para vagas temporárias. Trabalhos temporários são parte normal da economia, porém os números recorde nos mostram que há algo de diferente em curso.[21] Pesquisas elaboradas pelos economistas Lawrence Katz, de Harvard, e Alan Krueger, de Princeton, mostram que quase todos os 10 milhões de empregos criados desde 2005 são temporários.[22] O número total de trabalhadores temporários (incluindo empreiteiros autônomos, freelancers e trabalhadores de empresas terceirizadas) aumentou de 10,7 para 15,8%.

O trabalho temporário pode ser empoderador quando se tem o luxo da escolha, mas é enfraquecedor quando não existe a possibilidade de negociar salários ou benefícios. Quando se pensa em trabalho sem carga horária fixa ou por demanda, o que vem à mente da maioria das pessoas são empresas como Uber, com um número estimado de 7 milhões de motoristas ao redor do mundo. A empresa figura o tempo todo nas manchetes, pois enfrenta uma torrente de processos que têm por objetivo enquadrar seus motoristas como empregados, e não como terceirizados, e forçá-la a fornecer os benefícios de empregados plenos, pagar pelas horas extras e permitir negociações coletivas.

A Uber é apenas a ponta do iceberg quando se fala em trabalho por demanda. Em muitos outros setores também existe uma tendência a buscar empregados baratos e sem vínculos. Todos os dias vemos trabalhadores vestindo uniformes coloridos e reluzentes com logos corporativos; mas as pessoas que manobram os carros, atendem na portaria ou limpam seu quarto nos hotéis não trabalham para o Hilton — em vez disso, elas são contratadas por meio de uma empresa terceirizada. A equipe de entregas da FedEx, os técnicos de cabeamento e os guardas dos prédios comerciais não têm nenhum compromisso com as empresas que parecem representar; eles são subcontratados.

Empresas de tecnologia como Apple, Google e Facebook são conhecidas pelos benefícios extravagantes e pelos cuidados que dispensam aos funcionários. Contudo, as coisas são muito diferentes na realidade. As grandes empresas de tecnologia empregam uma parcela cada vez maior de terceirizados. A Apple, com valor de mercado estimado em mais de 900 bilhões de dólares em dezembro de 2017, emprega diretamente apenas 80 mil funcionários nos Estados Unidos. Seu número de funcionários terceirizados não é informado desde 2015, mas, segundo seu próprio site de geração de empregos, a Apple seria responsável por 2 milhões de postos de trabalho nos Estados Unidos. Isso significa que apenas uma fração de sua força de trabalho é formada por empregados plenos.

As vagas terceirizadas geram déficit de estabilidade e de benefícios para os trabalhadores. Muitos empregados temporários têm dificuldade para se manter acima da linha da pobreza. Um estudo da Bloomberg examinou mudanças nas tendências laborais e mostrou que quase 50% dos trabalhadores apresentavam renda inconstante e não sabiam quanto ganhariam em determinado mês ou semana. Mesmo pequenos revezes econômicos inesperados poderiam causar problemas financeiros. Espantosos 28% dos entrevistados disseram se preocupar com um gasto imprevisto de 10 dólares, e 62% não conseguiriam dar conta de nenhuma demanda superior a 500 dólares.[23]

O apetite por trabalhadores temporários não é exclusividade dos Estados Unidos — trata-se de uma tendência disseminada pelo mundo todo. No Reino Unido, o número de pessoas empregadas sem carga horária mínima multiplicou-se cinco vezes desde 2011, e dois em cada cinco são empregados temporários, segundo a *New Economics Foundation*. Essas estatísticas ajudam a explicar por que dois terços das crianças em situação de pobreza na Grã-Bretanha vêm de famílias cujos pais têm empregos.[24]

Max Weber, autor de *A ética protestante e o espírito do capitalismo*, argumentava que salários baixos eram ruins para a economia porque impediam os trabalhadores de se orgulharem de seu trabalho. Segundo ele, "salários baixos não compensam, e seu efeito é o oposto do pretendido". Se os trabalhadores gastassem suas horas se preocupando com o salário baixo, não trabalhariam bem. "O trabalho deve, pelo contrário, ser executado como se fosse um fim em si, uma vocação."

Uma pesquisa recente da Bloomberg com trabalhadores estadunidenses descobriu que as pessoas preferiam estabilidade e segurança de renda a grandes salários ou mesmo à realização pessoal. Se observarmos a hierarquia de necessidades de Maslow, veremos que a maioria dos trabalhadores não busca encontrar no trabalho sua verdadeira vocação, como Weber sugeria, mas apenas um salário que lhes permita viver e a certeza de que ainda estarão empregados na semana seguinte. Os trabalhadores desejam saciar suas necessidades mais básicas; não querem Porsches, nem iluminação pessoal (Gráfico 4.6).

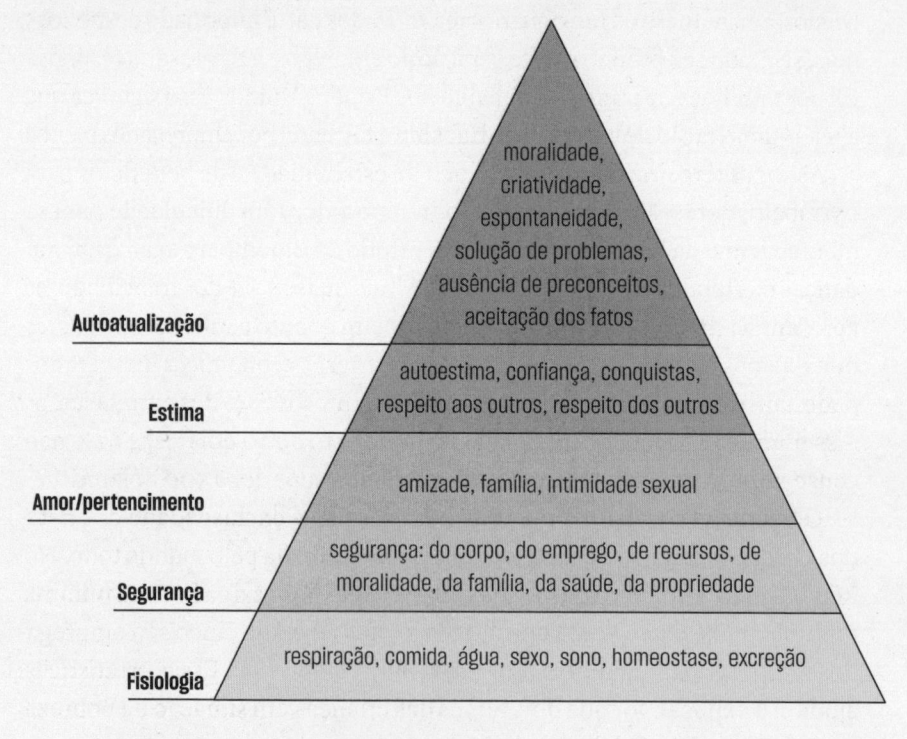

Gráfico 4.6 Pirâmide de necessidades de Maslow.

Fonte: Wikimedia Commons, https://commons.m.wikimedia.org/wiki/ File:Maslow%27s_Hierarchy_of_Needs.svg. Used under CC BY-SA 3.0.

Uma empresa que compreende as necessidades de seus empregados é a Costco. Ela figura constantemente entre as companhias mais amadas do mundo — e não é só por suas amostras grátis. E sempre apresenta desempenho superior ao dos concorrentes, paga bem os funcionários, oferece ótimos benefícios para quase 90% de seu quadro e, como resultado, tem rotatividade muito baixa. Os trabalhadores da Costco recebem acima de 20 dólares por hora, o que faz com que a rotatividade entre aqueles com mais de um ano de casa seja de apenas 5%. O CEO da Costco, Craig Jelinek, explica da seguinte forma: "Acredito apenas que as pessoas precisam receber um salário digno e ter plano de saúde. Isso também injeta mais dinheiro na economia e contribui para um país mais saudável. Simples assim".[25]

Salários estagnados e incertos são um problema para toda a sociedade. Se os empregados do seu restaurante não podem comer no local em que trabalham, ou se os funcionários de sua loja não podem comprar as roupas que você vende, toda a economia fracassa. Em alguns casos, as pessoas não têm dinheiro sequer para morar nas regiões onde trabalham.

Recentemente, o jornal *New York Times* publicou a história de Sheila James, uma mulher de 62 anos que acorda às 2h15 todos os dias e passa três horas se deslocando até o centro de San Francisco, em um trajeto que inclui duas viagens de trem e uma de ônibus. Como os preços astronômicos do aluguel a impedem de morar mais perto de seu emprego no Departamento de Serviços Humanos e de Saúde dos Estados Unidos, ela perde seis horas diárias com o deslocamento.[26] As pessoas não conseguem sequer morar perto de onde a nova economia cria postos de trabalho. Há algo de muito errado aí.

No mundo profissional desprovido de laços, os trabalhadores lidam com um nível de responsabilidade pessoal desproporcional para serem bem-sucedidos: os empregados são forçados a pagar pelo próprio aprimoramento (em detrimento de um treinamento pago pelas empresas) e precisam gerir sozinhos os próprios planos de aposentadoria, esquemas de benefícios (se estiverem disponíveis) e planos de saúde. Isso faz com que as pessoas tenham imensa dificuldade para progredir em suas carreiras — às vezes isso é impossível. Um problema de saúde, um acidente de carro, o funeral de um ente querido ou qualquer outra surpresa normal em nossas vidas pode ter um efeito devastador, agravando uma situação econômica que já não era boa.

Os trabalhadores não só ganham pouco como, às vezes, nem sequer chegam a receber. É comum que trabalhadores de baixa remuneração tenham seus salários roubados, problema que vem se tornando cada vez mais recorrente. Algumas empresas deixam de pagar horas extras, descumprem o salário mínimo vigente ou não pagam os funcionários pelas horas trabalhadas. As reclamações de trabalhadores que não receberam o pagamento devido quadruplicaram na década passada. Uma pesquisa de 2009 realizada junto a mais de 4 mil pessoas com baixa remuneração em três grandes cidades dos Estados Unidos revelou que 76% dos trabalhadores de turno integral não foram pagos ou receberam menos que o devido por suas horas extras, e 26% deles receberam abaixo do salário mínimo.[27]

Em Seattle, terra de dois dos homens mais ricos do mundo — Bill Gates e Jeff Bezos —, algumas empresas não se incomodam em pagar o salário mínimo a seus funcionários. A SkyChefs, empresa produtora de bandejas de comida para aviões, foi multada em 335 mil dólares em 2017 por violar as leis do estado de Washington, que estabelece o salário mínimo de US$ 13,50 por hora.[28] Mais tarde, a cidade assinou um acordo privado com a empresa no valor de 190 mil dólares, uma redução de 40% da multa original. No momento em que escrevemos este livro, os empregados ainda se queixam de não terem recebido a compensação pelos salários perdidos. Alguns trabalhadores tinham até 7 mil dólares em salários roubados. Isso acontece com muita frequência. Um estudo do Economic Policy Institute averiguou que 2,4 milhões de trabalhadores perdem 8 bilhões de dólares todos os anos (uma média de 3.300 dólares/ano por trabalhador) somente pelo não cumprimento do salário mínimo estabelecido por lei. Isso representa um quarto de sua remuneração.

Quais os mecanismos disponíveis para um trabalhador que teve seus direitos violados e deseja enfrentar seus empregadores? Para entendermos as dinâmicas atuais de poder, vale a pena examinar a história. Após a Grande Depressão no início dos anos 1930, a deterioração das condições de trabalho ampliou as tensões entre empresas e trabalhadores. Entra em cena o *New Deal* de Roosevelt. Ele incluiu uma gama de reformas transformadoras cujo objetivo era fortalecer a economia combalida e estabelecer diretrizes básicas de condições de trabalho. O *New Deal* ajudou a restituir a força dos sindicatos, que havia se esvaído durante os anos 1920. Os sindicatos geram conflito e hoje são considerados um palavrão em determinados círculos. Mas, naquele momento da história, eles eram vistos como uma força necessária para equilibrar as dinâmicas de poder entre empregados e empregadores.

Os sindicatos foram parte importante da vida laboral estadunidense durante décadas, mas depois voltaram a entrar em declínio. Em 1983, um em cada cinco trabalhadores do país estava atrelado a um sindicato; hoje, menos de 11% deles são sindicalizados, e entre os funcionários do setor privado o número cai para apenas 6,4%.[29] Isso representa uma perda considerável de capacidade organizacional dos trabalhadores. Os sindicatos, embora controversos, criam um ambiente necessário para que eles se unam e defendam seus direitos coletivos.

A desigualdade está inversamente ligada ao número de sindicalizados. Se estudarmos a porcentagem da renda nacional destinada aos 10% mais ricos, como indicado no Gráfico 4.7, veremos uma sobreposição quase perfeita. Quando a sindicalização está em baixa, uma porcentagem maior da renda acaba no bolso dos 10% mais ricos. Isso pode explicar em parte as tendências recentes de desigualdade de renda.

Um gestor representa milhares, ou mesmo milhões, de acionistas. Da mesma forma, os líderes sindicais podem representar milhares, ou mesmo milhões, de trabalhadores. O poder dos sindicatos, contudo, não vem apenas da concentração de forças, mas da ameaça real de greve. Existe uma correlação histórica extremamente elevada entre o número de greves nos Estados Unidos e o crescimento salarial dos trabalhadores (Gráfico 4.8). Hoje as greves são extremamente raras, e isso explica em parte por que os salários são tão baixos.

No clima atual de participação sindical mínima, as empresas exploram o isolamento e a dispersão dos trabalhadores. Isso nos leva a outra força oculta, amplamente ignorada quando se fala no declínio do poder dos trabalhadores — a imposição de arbitragens.

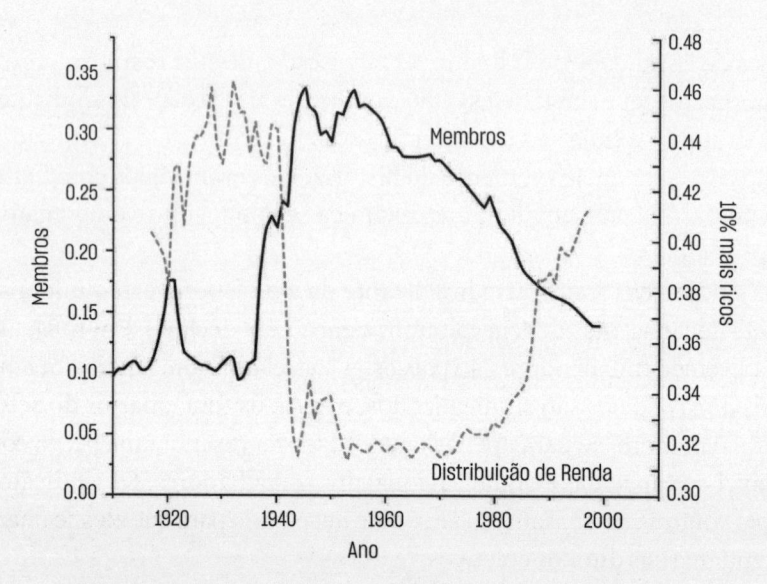

Gráfico 4.7 Membros dos sindicatos × Renda destinada aos 10% mais ricos

Fonte: Emin M. Dinlersoz e Jeremy Greenwood.[30]

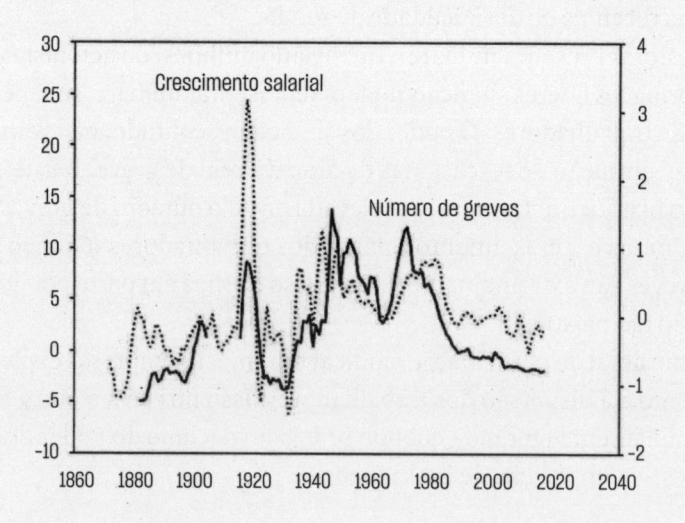

Gráfico 4.8 Crescimento salarial tem grande correlação com as greves.

Fonte: Taylor Mann, Pine Capital.

Cada vez mais os trabalhadores estão se tornando incapazes de processar seus empregadores por causa de cláusulas ocultas em seus contratos iniciais de trabalho. A Lei de Arbitragem Federal concede às empresas o direito de evitar a Justiça quando seus funcionários apresentam queixas. Se alguém foi vítima de assédio sexual no trabalho, deixou de receber o salário integral ou acredita ter sofrido discriminação racial, a renúncia às ações de classe impede a abertura de um processo em uma corte estadual ou federal. Em vez disso, o trabalhador é obrigado a negociar uma arbitragem privada com a empresa.

Tomemos o exemplo das 69 mil mulheres que, desde 2008, registraram reclamações contra a Sterling Jewelers, conglomerado multibilionário por trás da Kay Jewelers e Jared the Galleria of Jewelry. As funcionárias afirmam que eram frequentemente coagidas a terem relações sexuais com os gerentes para serem promovidas, além de serem obrigadas a comparecer a encontros anuais com gerentes — eventos que, na prática, nada mais eram que festas de caráter lascivo às quais os cônjuges não podiam comparecer.[31] Isso dá um novo significado a "every kiss begins with Kay".* Somente em 2015, sete anos após a denúncia e com um processo ainda em curso, as mulheres foram autorizadas a levar à Justiça sua queixa na forma de uma ação de classe coletiva.

Quando os trabalhadores perdem a capacidade de mover processos em grupo, também perdem seu poder de buscar um desfecho melhor. A imposição de arbitragem já foi chamada de "melhor amiga do assediador", pois garante que este não seja exposto publicamente nos tribunais e, muitas vezes, obriga as vítimas a sofrer em silêncio. Além disso, quando uma empresa trata mal seus empregados só um pouquinho — roubando uma pequena quantia de seu contracheque a cada mês, digamos —, é pouco provável que um único indivíduo gaste centenas de milhares de dólares em custos legais em um processo individual. Este é o propósito das ações coletivas de classe: as pessoas comuns podem reunir suas pequenas reivindicações e, juntas, confrontar a empresa.

A prática da arbitragem tem algumas vantagens em relação aos processos jurídicos. Além de trazer soluções mais rápidas e baratas para alguns

* "Todo beijo começa com Kay", slogan da empresa de joias. Há um trocadilho entre o nome da loja (Kay) e a sonoridade da letra K em inglês – primeira letra da palavra "kiss", beijo. (N.T.)

impasses, ela garante às empresas que afirmações caluniosas fiquem longe dos holofotes da mídia. No entanto, os trabalhadores acabam perdendo direitos importantes. O processo de apresentação das provas é muito limitado, e não é possível apelar em caso de derrota.

O motivo para que as empresas imponham a arbitragem aos seus funcionários não é economizar os elevados custos judiciais. Não surpreende que as corporações tenham mais vitórias nas arbitragens do que em processos judiciais, nem que as indenizações por danos tendam a ser mais baixas em arbitragens.[32] Os juízes de arbitragem se sentem pressionados a tomar decisões em prol da empresa quando existe boa probabilidade de que eles voltem a ser contratados pela mesma instituição no futuro.[33]

Não são apenas os trabalhadores que saem perdendo: os consumidores muitas vezes aceitam a arbitragem sem sequer terem consciência disso. Mais de 50% dos contratos de cartão de crédito e 99% dos contratos de telefonia móvel incluem cláusulas de arbitragem obrigatória que impedem o cliente de processar a empresa caso não receba os serviços. Você pode ser submetido à arbitragem forçada antes mesmo de ter a chance de ler as cláusulas. Ao comprar um produto (como um telefone) cujo contrato está dentro da embalagem, você já terá um laço legal com os termos contidos nele.

O pior exemplo disso — e também o mais sordidamente cômico — foi a brecha de segurança da Equifax em julho de 2017. A Equifax é uma empresa de monitoramento de crédito que coleta dados de consumidores e julga a confiabilidade destes na hora de comprar uma casa, contratar um seguro ou abrir uma linha de crédito. Levando em conta que o negócio da empresa consiste em coletar e proteger os dados de consumidores, seria de esperar que eles tomassem todas as precauções de cibersegurança. Não, isso seria pedir demais. A Equifax admitiu que foi hackeada, e mais de 143 milhões de pessoas foram prejudicadas. Isso é quase metade do país. O pior é que era uma situação totalmente evitável: bastaria que a empresa tivesse se dado ao trabalho de atualizar sua plataforma de software. Quando um cliente interessado em saber se seus dados haviam sido roubados fazia login no sistema on-line da empresa, a Equifax exigia em contrapartida sua renúncia ao direito de mover uma ação de classe.[34]

Não precisaríamos soar o alarme para a imposição de arbitragens se poucas empresas utilizassem essa tática. Em 1992, logo após a Suprema

Corte autorizar as arbitragens com a Lei Federal de Arbitragem, apenas 2% das empresas faziam uso desse recurso. Hoje, 56% dos trabalhadores não sindicalizados do setor privado são forçados a aceitar a arbitragem, e 23% deles não podem mover ações de classe. Isso significa que quase um quarto dos estadunidenses que trabalham no setor privado não têm o direito legal básico de processar seu empregador.[35] Outro estudo constatou que 80% das cem maiores empresas adotam cláusulas de imposição de arbitragem em seus contratos de emprego.[36] Se as corporações precisassem competir pelo trabalho e os trabalhadores tivessem maior poder de negociação, esse tipo de ação legal seria altamente improvável.

Foi uma cena de filme. Em 21 de agosto de 2010, após mais de um mês de planejamento, equipes da delegacia de polícia do Condado de Orange se dirigiram a diversos locais-alvo. Elas bloquearam entradas e saídas de estacionamentos enquanto policiais vestidos com coletes e máscaras à prova de bala entraram correndo nos prédios de armas em punho — e exigiram ver as licenças das barbearias.[37]

Novas incursões ocorreram em setembro e outubro. A polícia varreu um total de nove estabelecimentos e prendeu 37 pessoas. Supostamente, eram ações da SWAT para apreensão de drogas. No entanto, como a polícia não conseguiu encontrá-las, 34 das 37 prisões foram justificadas pela "prática não licenciada de barbearia", que é uma infração na Flórida.[38]

A maioria dos empregados não precisa encarar equipes da SWAT quando exerce seu trabalho sem licença, mas isso não significa que não estejam violando a lei. As leis de licenças profissionais têm se disseminado por todo o país, mesmo para as profissões mais mundanas. Os trabalhadores precisam pagar taxas, passar por provas e ter uma idade mínima e/ou certo nível de experiência para poder trabalhar. Basicamente, você precisa de autorização do governo para poder desempenhar sua função.

Em alguns setores em que os consumidores precisam ser protegidos, como a educação e a saúde, essa fiscalização é importante. Mas, no estado da Louisiana, cabeleireiras têm de passar por quinhentas horas de treinamento para obter uma licença de trançadeira. Em média, exige-se que esteticistas comprovem mais de um ano de formação ou experiência, enquanto os socorristas só necessitam de um mês de treinamento. Na verdade, segundo um estudo de abrangência nacional conduzido por Dick M. Carpenter II, Lisa Knepper, Kyle Sweetland e Jennifer McDonald, existem 73 ocupações com carga horária de treinamento exigida superior à dos socorristas (os exemplos incluem balconistas de bar, massoterapeutas e podadores de árvores[39]). É mais difícil se tornar barbeiro que socorrista. A licença de designer de interiores é a mais exigente de todas — a regulação desses profissionais é mais intensa que a dos professores de ensino básico ou a das parteiras.

Setenta anos atrás, na década de 1950, aproximadamente um em cada vinte trabalhadores estadunidenses precisava de licença profissional. Hoje, o número é de um a cada quatro. E as exigências de formação e treinamento para obtê-la variam muito de um estado para outro. Isso dificulta muito a vida das famílias que mudam de cidade. E não existe uma ligação clara entre a exigência de licenças e a melhoria dos serviços — ou seja, os trabalhadores são impedidos de trabalhar e os consumidores não recebem nenhuma melhoria perceptível nos serviços prestados.

A exigência excessiva de licenças profissionais tende a afetar as pessoas em pior situação econômica, tornando extremamente difícil começar na profissão de sua escolha. Mesmo para profissionais mais bem remunerados, como advogados ou médicos, as instituições que regulam os setores e concedem as licenças se apresentam como barreiras, impedindo o ingresso de novos trabalhadores no mercado. Elas determinam quantos podem ser aceitos em seus círculos de elite e detêm o monopólio de autorizações para que um trabalhador exerça sua profissão.

Maureen K. Ohlhausen, presidente em exercício da Comissão Federal de Comércio, ao tratar do problema, afirmou que "é muito comum que os membros de uma profissão ganhem o controle prático das instituições semipúblicas que a regulam. Depois que isso acontece, agentes privados exercem o poder, concedido pelo governo, de impedir possíveis concorrentes de ingressar no 'seu' mercado".

Com esse acirramento da burocracia, os trabalhadores precisam percorrer sozinhos vias legais muito confusas. Os níveis de sindicalização despencaram, ao passo que a exigência de licenças profissionais cresceu exponencialmente (ver Gráfico 4.9). Embora os sindicatos sejam imperfeitos e possam se tornar barreiras poderosas para o ingresso de pessoas de fora, sem eles resta aos trabalhadores pouco ou nenhum poder coletivo de negociação.

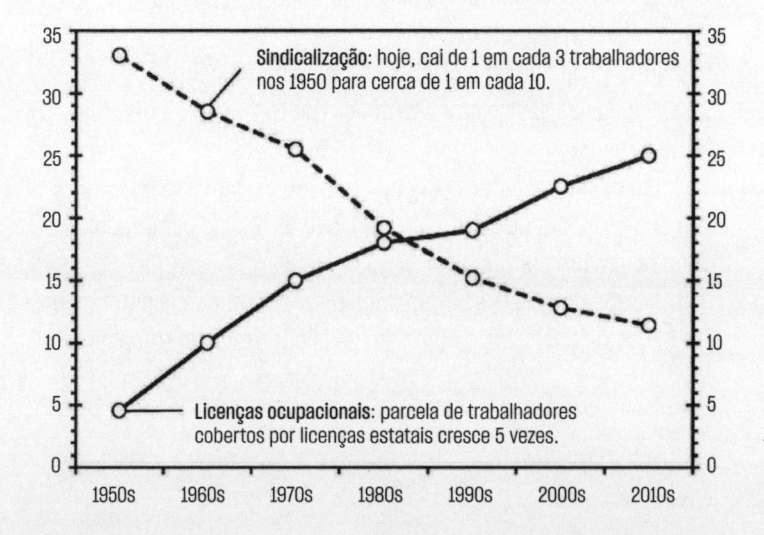

Gráfico 4.9 A grande supressão: declínio dos sindicatos e exigência de licenças, de 1950 até hoje.

Fonte: Taylor Mann, Pine Capital.

Atualmente, os trabalhadores enfrentam pressões de todos os lados — o governo exige um sem-número de licenças para que eles possam atuar, e as corporações requerem o aceite de condições onerosas para ajudá-los. Essas condições incluem acordos de não concorrência, imposição de arbitragem, estagnação salarial e licenças profissionais de alto custo.

Sem nenhum poder para se contrapor a isso, os trabalhadores estadunidenses estão sozinhos em sua luta. É uma combinação tóxica para o trabalhador médio. A ressaca do poder corporativo exacerbado é real e obriga muitos a enfrentarem obstáculos a fim de saciar suas necessidades básicas. Não é esse o capitalismo livre de que precisamos e pelo qual ansiamos, aquele que motivou os "Oito Traidores" do Vale do Silício décadas atrás. Os trabalhadores merecem coisa melhor.

IDEIAS-CHAVE DO CAPÍTULO

→ Em um monopsônio, os trabalhadores têm pouca escolha de lugares onde trabalhar e pouco poder de negociação salarial perante os empregadores.

→ As cláusulas de não concorrência se espalharam feito praga. Essas cláusulas limitadoras afetam quase 18% da força de trabalho estadunidense.

→ Devido à maior concentração industrial, hoje diversas empresas têm poder de monopsônio – ou seja, são as únicas compradoras de trabalho em um mercado.

→ Muitos trabalhadores são impedidos de processar seus empregadores por causa de cláusulas ocultas em seus contratos de trabalho.

5

A SOMBRA DO VALE DO SILÍCIO

Quem vigia os vigilantes?
JUVENAL, *Sátira VI*, versos 347-8.

Adam Raff e Shivaun Moeran foram os fundadores da startup mais promissora da qual você já ouviu falar.

No final dos anos 1980, Raff estudava programação na Universidade de Edimburgo, enquanto Moeran cursava física e ciência da computação no King's College de Londres. Embora tenham crescido a menos de um quilômetro um do outro, os dois não se conheciam. Alguns amigos acharam que eles se dariam bem, por causa de seu interesse em ciência e engenharia. E tinham razão; os dois se conheceram e se casaram pouco depois.

A dupla dedicou suas carreiras à tecnologia. Shivaun geria projetos de software para a Boots e a General Motors, e Adam cuidava dos supercomputadores do serviço europeu de previsão do tempo.

Certo dia, Adam teve uma ideia enquanto fumava um cigarro em frente ao escritório: e se ele criasse uma ferramenta para encontrar o melhor preço de um determinado produto? Em 2006, o casal criou o Foundem, site para encontrar preços baixos on-line. A tecnologia de Adam e Shivaun era muito boa e conseguia detectar sites que cobravam taxas ocultas de frete para definir quais tinham os menores preços reais. Os Raff largaram seus empregos e lançaram o Foundem.com para usuários-teste. Eles achavam que seria um imenso sucesso.

Quando a Foundem.com ficou disponível para o mundo todo, a empolgação logo desapareceu. No início, os usuários correram para acessá-lo, mas já a partir do segundo dia os visitantes foram embora para nunca mais voltar.[1]

Os Raff ficaram perplexos. Eles repassaram todos os possíveis motivos para a queda de tráfego, tentando descobrir o que havia acontecido. A resposta foi clara: eles simplesmente haviam desaparecido do Google. Durante a etapa de *beta testing*, a Foundem aparecia entre os primeiros resultados nas buscas do Google, porém de repente o site sumiu. Era como se alguém o tivesse banido.

A maioria das pessoas que faz buscas no Google clica somente nos quatro primeiros resultados. Elas dificilmente rolam a página, tampouco passam para a seguinte. Se o seu site não está no topo da primeira página, você não tem chance. A Foundem havia deixado a primeira página do Google, mas não estava na segunda, nem mesmo na terceira ou quarta. Ela estava posicionada na décima quinta, e chegou a ser listada na 170ª posição. Na prática, era o mesmo que não estar no Google.

Em outras ferramentas de busca, como Yahoo, a Foundem figurava muito bem nas listas, mas pouco importava. Como o Google tem um market share internacional de mais de 85% das buscas, essa foi uma sentença de morte que determinou o desaparecimento da empresa.

Não havia dúvida de que eles tinham sido realocados pelo Google. Além de serem removidos dos resultados de buscas orgânicas, foram impedidos de comprar anúncios no Google AdWords. Como na União Soviética stalinista, o rosto da Foundem havia sido apagado das fotografias. Sua incômoda existência fora removida da memória.

Não era difícil entender por que o Google se comportava de modo diferente do Yahoo e de outras ferramentas de busca menores. A plataforma suprimiu a Foundem em suas buscas porque desejava promover o próprio comparador de preços. Ao mesmo tempo que ninguém conseguia encontrar a Foundem, o Google Product Search figurava no topo, acima de todos os resultados.

O Google estava fazendo o mesmo com diversos outros sites tidos como potenciais concorrentes. Embora o Google seja conhecido como um site de buscas universal, a empresa também queria explorar os chamados "verticais": ferramentas de busca em áreas muito especializadas, como listas de imóveis, catálogos de empreendimentos regionais, ações judiciais, comparações de preços, imagens, e assim por diante.

Quando o Google começou a favorecer o próprio buscador de produtos, o serviço de comparação de compras da empresa aumentou seu tráfego em 45 vezes no Reino Unido, 35 vezes na Alemanha, 19 vezes na França, 29 vezes nos Países Baixos, 17 vezes na Espanha e 14 vezes na Itália. Enquanto isso, o tráfego dos sites de busca vertical concorrentes despencou 85% nos Estados Unidos, 92% na Alemanha e 80% na França.[2] O problema, porém, não se limitava à Europa.

Durante muitos anos, o Yelp foi o site mais popular na hora de dar notas para serviços nos Estados Unidos. E ele era tão bom que o Google tentou ajudá-lo, mas o Yelp rejeitou a proposta. Então o Google se vingou. O buscador passou a exibir informações do Yelp diretamente no resultado de buscas, sem que os usuários precisassem acessar o site. O Google copiava quase 386 mil imagens do Yelp por hora e usou algumas dessas fotos em listas de negócios no Google Maps.[3] Depois, começou a oferecer suas próprias avaliações de estabelecimentos locais, competindo com o Yelp.

A lista de sites que levaram um "sumiço" do Google é extensa. O Getty Images era o principal acervo de fotografias do mundo, e os designers e as editoras costumavam recorrer a ele quando precisavam de um banco de imagens. Até que, em 2013, o Google decidiu oferecer ele mesmo as imagens e copiou-as do Getty para exibi-las no Google Images. Assim como no caso da Foundem, o tráfego da Getty caiu 85%.[4]

O CelebrityNetWorth foi lançado em 2008 porque Brian Warner, antes especialista em finanças de uma empresa de mídia digital, se perguntou qual seria o valor de Larry David. Os resultados que encontrou eram "um lixo", por isso ele decidiu criar o próprio site. As pessoas que navegam na internet tinham um desejo insaciável de saber o valor de suas estrelas favoritas. O site se tornou o local mais popular para quem desejava saber quanto determinado ator ou atriz valia. Ele contratou uma equipe, e o dinheiro dos anúncios começou a chegar.[5]

Então o Google foi para cima deles. Em 2014, Warner recebeu um e-mail em que lhe perguntavam se ele estaria interessado em permitir que o Google acessasse gratuitamente seus dados. Ele recusou. Não entendeu por que deveria praticamente dar de graça algo que havia levado anos para criar a um custo de milhões de dólares. O Google pegou os dados mesmo assim.

Em fevereiro de 2016, o Google passou a apresentar um Resumo em Destaque para cada uma das 25 mil celebridades do banco de dados da CelebrityNetWorth. As pessoas viam os números e os valores no Google e pararam de visitar o site. Como aconteceu com a Getty Images e a Foundem, o tráfego despencou — nesse caso, 65%.[6] Warner precisou demitir a maior parte de sua equipe.

Ao dar um sumiço na Foundem, o Google fez uso abusivo de sua posição de mercado para esmagar um concorrente; mas, ao exibir recortes de informação, ele atacou a própria internet, ampliando sua dominância sobre o mercado de buscas e anúncios direcionados à custa de criadores de conteúdo.

Como o Google serve de porta de entrada quando as pessoas acessam a internet, a ferramenta de busca pode praticamente barrar seus concorrentes, seja rebaixando-os nas listas de resultados, seja roubando seus dados. O Google está explorando sua posição dominante em um setor de produtos — as buscas — para adentrar outros mercados. Os economistas chamam isso de *bundling*, e historicamente a prática é ilegal.

O poder do Google sobre o que os consumidores veem na internet é amplo e vai muito além de sua função de busca. Seu sistema operacional de celulares Android é utilizado na maioria dos smartphones do mundo, com um market share colossal de 85%.[7] Ele atrelou os sistemas operacionais do Android à sua própria ferramenta de busca, e atrelou o Android à sua própria loja de aplicativos, tornando-se na prática o guardião responsável por decidir os aplicativos e as empresas aos quais os consumidores terão acesso.

A empresa também explora sua dominância nas buscas em computadores. O navegador Chrome tem 60% de market share global.[8] O Google Chrome bloqueia determinados tipos de anúncios on-line. E a empresa também controla os tipos de anúncio que um consumidor pode ver. Misteriosamente, os anúncios bloqueados são todos de um tipo usado apenas pela concorrência.

O Google alega que seu bloqueador de anúncios é resultado de um esforço conjunto do setor para se livrar de anúncios incômodos. Contudo, graças à dominância do Chrome no setor de navegadores, o Google pode bloquear anúncios dos concorrentes e permitir os seus. A empresa está criando um padrão que não vale para ela mesma.[9]

No momento em que escrevemos este livro, as principais empresas de tecnologia dos Estados Unidos somam um valor de mercado superior ao Produto Interno Bruto da Alemanha, França e Itália. O patamar de 4 trilhões de dólares as coloca entre as mais valiosas da história, ao lado da Standard Oil, que controlou o mercado do petróleo nos Estados Unidos. Talvez apenas a Companhia das Índias Orientais, que tinha seu próprio exército e controlava metade do mundo, tenha sido um monopólio maior.

Hoje o Google controla quase 90% dos anúncios de buscas, e o Facebook, quase 80% do tráfego em redes sociais. Juntas, as duas empresas foram responsáveis por quase 90% do crescimento no mercado de anúncios digitais em 2018. Espantosamente, 45% dos estadunidenses se informam pelo Facebook. Se incluirmos o Google, 70% acessam notícias através das duas empresas.[10] As duas corporações têm mais informações sobre as curtidas, preferências, crenças políticas e relações pessoais de seus usuários que qualquer agência de espionagem governamental e monitoram os caminhos dos usuários pela rede mantendo um histórico completo de suas buscas e acessos.

No e-commerce, a Amazon é de longe o maior player, com uma parcela de mercado estimada em 43%. Em 2018, ela foi responsável por 53% do crescimento incremental nas vendas on-line. Um estudo indica que mais da metade de todas as buscas por produtos se inicia na Amazon.[11] A empresa já ocupa uma posição de monopólio na venda de livros. E responde por cerca de 75% das vendas de e-books.

Google, Facebook e Amazon têm excelentes tecnologias, mas boa parte de seu status e sucesso financeiro atuais deriva de falhas regulatórias e antitruste. A Amazon foi autorizada a comprar dezenas de livrarias on-line rivais para alcançar sua posição de monopsônio no setor livreiro. O Google conseguiu comprar seu principal concorrente, o DoubleClick, e integrou verticalmente o mercado de anúncios on-line ao adquirir empresas de anúncios. O Facebook comprou o Instagram e o WhatsApp sem enfrentar nenhuma resistência regulatória.[12] A inexistência de fiscalização antitruste contribuiu muito para que eles consolidassem seu domínio.

A escala das plataformas digitais situa essas empresas em um patamar muito distinto do de seus concorrentes. Frank Pasquale, professor de direito e especialista em plataformas digitais, apontou que hoje as gigantes da tecnologia atuam praticamente como governos. "Elas não são mais participantes do mercado. Na verdade, elas criam os próprios mercados de seus campos e são capazes de exercer o controle regulatório definindo os termos pelos quais os outros podem vender bens e serviços. Além disso, essas empresas pretendem assumir mais papéis de governo ao longo do tempo."[13]

Apple e Google determinam quais aplicativos podem ser vendidos nas lojas de aplicativos dos iPhones e Android, regulando na prática bilhões de telefones. O Facebook tem mais de 2 bilhões de usuários, e seu algoritmo totalmente obscuro determina quais postagens serão ou não vistas. O YouTube, do Google, restringiu o alcance do discurso de conservadores proeminentes, censurando ou desmonetizando suas falas. Na maioria dos casos, essas plataformas nem sequer apresentam seus critérios ou meios de punição.[14] O projeto de Padrões da Comunidade do Facebook dá à empresa o direito de decidir arbitrariamente quais discursos são ou não aceitáveis.[15]

Podemos nos iludir e pensar que Facebook e Google usam algoritmos justos e impessoais para monitorar os discursos. Mas os algoritmos são programados por pessoas, e pessoas são imperfeitas e tendenciosas. A esquerda pode ficar contente por ver conservadores sendo censurados hoje, mas quem controlará essas plataformas daqui a cinco ou dez anos? E quem impedirá essas gigantes de cooperar com países que censuram seus próprios cidadãos?

A censura explícita tampouco está fora de questão. Segundo o jornal *New York Times*, Mark Zuckerberg está estudando chinês. Ainda mais importante, a rede social desenvolveu sem alarde um software para impedir que postagens apareçam no feed de pessoas em regiões geográficas específicas. "Esse recurso foi criado para ajudar o Facebook a entrar no mercado chinês, onde as redes sociais haviam sido bloqueadas."[16] Zuckerberg apoiou e defendeu a iniciativa. Em 2014, o Facebook atendeu a uma demanda do governo russo e bloqueou o acesso a uma página de apoio ao líder oposicionista Alexei Navalny.[17]

Na prática, essas empresas são governos em si. Nos círculos jurídicos, o termo "governo privado" é associado na maioria das vezes a Robert Lee Hale. "Existe governo", ele escreveu, "sempre que uma pessoa ou grupo pode dizer aos outros o que devem fazer e quando esses outros precisam obedecer para evitar uma penalidade."[18] Pela definição de Hale, na prática as gigantes da tecnologia são governos em si.

No que diz respeito a questões tributárias, as empresas se colocam acima das leis dos governos nacionais, jogando um país contra o outro em uma guerra fiscal. Seus acordos são um escárnio contra tais governos. Facebook, Google e outras empresas de tecnologia utilizaram acordos conhecidos como "Duplo Irlandês" e "Sanduíche Holandês" para blindar a maior parte de seus lucros internacionais de qualquer taxação. Elas transferem as receitas de uma subsidiária irlandesa para uma empresa holandesa sem funcionários, e então para uma caixa postal nas Bermudas pertencente a outra empresa registrada na Irlanda.[19] É uma farsa, em perfeita conformidade com a lei.

A perda final em impostos não pagos é estimada em 60 bilhões de euros por ano, no caso dos membros mais fracos da União Europeia.[20] Enquanto pessoas físicas e pequenos negócios pagam alta carga tributária, a parcela dos lucros corporativos declarados pelas multinacionais em paraísos fiscais aumentou dez vezes desde os anos 1980 — e as grandes empresas de tecnologia são responsáveis por boa parte disso.[21]

As gigantes da tecnologia aumentam a desigualdade de renda, pois quem sai perdendo são as pessoas e os pequenos negócios pagadores de impostos. Os vencedores são os acionistas das empresas, que as utilizam para a evasão de impostos.[22]

Elas também pregam a solidariedade social e dizem não ser más (o Google decidiu aposentar seu bordão "Não seja mau" recentemente, pois, ao que tudo indica, isso saiu de moda) enquanto encaminham bilhões a paraísos fiscais no exterior e canalizam suas operações europeias para aproveitar as benesses oferecidas pela Irlanda. Ao mesmo tempo que pregam valores como liberdade e independência, coletam quantidades inauditas de informação de seus usuários em grandes operações de espionagem. Elas não só fogem do pagamento de impostos nos Estados democráticos onde mantêm suas sedes como permitem sua própria instrumentalização contra esses mesmos Estados.

Hoje, os colossos tecnológicos são, em muitos sentidos, mais poderosos que a maioria das nações desenvolvidas e detêm muito mais poder de regulação e controle de mercado que os próprios governos. E, no entanto, nenhum governo exerce seu poder de enquadrá-los.

Ninguém está vigiando os vigilantes.

Não é a primeira vez que vemos uma empresa dominante explorar seu peso em dado setor para controlar outro. O Google usa as buscas universais para dominar as buscas verticais em áreas como comparação de preços; também usa seu navegador para controlar ainda mais o setor de anúncios.

Vinte anos atrás, a Microsoft tinha o monopólio total dos sistemas operacionais graças ao Windows. Quando a pequena Netscape apresentou seu navegador Mosaic, a Microsoft temeu ficar para trás no boom da internet.

Ela pré-instalou seu próprio navegador, o Internet Explorer, em seu sistema operacional Windows para esmagar o Netscape, muito embora este fosse melhor em muitos sentidos e tivesse 80% de market share.

A briga não deu nem para o começo. Como 90% dos novos computadores rodavam com o sistema Windows, quase todos tinham o Explorer como padrão. Por intermédio do sistema operacional, a Microsoft tornava-se proprietária dos usuários. Para piorar, eles embutiram o Explorer no Windows de forma tal que, caso você tentasse desinstalá-lo, acabaria bagunçando todo o Windows. Em termos financeiros, a briga também não foi justa. A receita total do Netscape jamais superou os juros recebidos pelo dinheiro em caixa da Microsoft. Em poucos anos, a Microsoft esmagou o Netscape e conquistou mais de 90% de market share.

Em rara demonstração de apreço pela concorrência, em 18 de maio de 1998, o Departamento de Justiça dos Estados Unidos e os procuradores-gerais de vinte estados ingressaram com uma ação antitruste contra a Microsoft. O governo mostrou registros de e-mails da Microsoft com expressões como "cortar o oxigênio deles" e "esmagá-los".

Pouco mais de um ano depois, o juiz Thomas Penfield Jackson decidiu que a Microsoft havia utilizado seu poder de monopólio para prejudicar consumidores e concorrentes. O juiz acatou a recomendação do governo para que a empresa fosse dividida em duas. Uma seria especializada no "sistema operacional" e a outra em aplicativos, incluindo o navegador ou o conjunto de ferramentas Office.

A Microsoft quase foi à falência, mas isso teve um efeito poderoso para a concorrência. Brad Smith, consultor geral da companhia, reconheceu a importância da decisão. "Estava claro que a indústria, o governo e o mundo em geral esperavam que a nossa empresa desse a cara a tapa e assumisse maior responsabilidade, sem negarmos as responsabilidades que nos eram exigidas pela própria lei."[23]

Em uma das maiores ironias da história, o Google e outras gigantes tecnológicas só existem porque a Microsoft sofreu intervenção e não pôde mais explorar seu monopólio nos computadores de mesa após esse acordo. Na Microsoft, circulou informalmente a ideia de programar o popular navegador Internet Explorer para direcionar os usuários ao MSN Search sempre que digitassem "Google", segundo pessoas de dentro da empresa.[24]

"É graças às leis antitruste que temos o Google hoje", diz Gary Reback, advogado que representou o Netscape nos anos 1990. "Não existe outra razão."[25]

Hoje, a Comissão Federal de Comércio (FTC, na sigla em inglês) e o Departamento de Justiça pouco lembram suas versões de décadas atrás. Quando se reuniram com agentes da FTC, os Raff descobriram que seus funcionários estavam muito interessados nos efeitos do Google sobre a concorrência. Mas, conforme o tempo passou, não tiveram mais notícias da FTC e ficaram com a sensação de que nada aconteceria.

Quando indicados políticos dentro da FTC examinaram as reclamações dos Raff e de outros concorrentes do Google, eles decidiram não fazer nada.

No início de 2013, após o Google se dispor voluntariamente a alterar algumas de suas práticas, o comissariado da FTC deu voto unânime para encerrar a investigação. Jon Leibowitz, diretor da FTC, anunciou que, "embora nem tudo o que o Google fez seja benéfico, no cômputo final não acreditamos que as evidências justifiquem uma ação da FTC".

As razões pelas quais a FTC não tratou o Google da mesma forma como havia tratado a Microsoft permanecem um mistério. A peça que faltava do quebra-cabeça finalmente veio à tona em 2015, em um relatório que foi parar por acidente nas mãos do *Wall Street Journal* por meio da Lei de Liberdade de Informação. O relatório de 160 páginas do FTC concluiu em 2012 que o Google usou táticas anticoncorrenciais e praticou abuso de poder monopolista. Os autores argumentavam que a "conduta [do Google] resultou — e resultará — em danos reais aos consumidores e à inovação nos mercados de buscas e anúncios on-line". O relatório recomendava que a comissão abrisse um processo contra a empresa.

Quando os concorrentes pediam que o Google parasse de roubar seu conteúdo, a empresa ameaçava removê-los por completo de seus resultados de busca. "Não há dúvida de que a ameaça do Google pretendia causar, como de fato causou, o efeito desejado", diz o relatório, "ou seja, coagir Yelp e TripAdvisor a recuarem." A empresa também sinalizou que iria "usar seu poder de monopólio sobre as buscas para colher os frutos das inovações de suas rivais".[26]

Se as provas eram tão claras para a equipe da FTC, então por que o comissariado votou contra processar o Google como fizera com a Microsoft?

A resposta é simples: política.

Embora em certos aspectos Google, Facebook e Amazon se comportem de forma muito semelhante à Microsoft, o trio dedica muito mais tempo ao lobby preventivo e a doações a partidos políticos. Não havia nenhuma chance de o governo Obama ir atrás do Google. É fácil entender por quê: a empresa monopolista era a segunda maior fonte corporativa de doações para a campanha de reeleição do presidente Barack Obama.

Havia um nível sem precedentes de contato entre o Google e a Casa Branca. Representantes do Google participaram, em média, de mais de uma reunião por semana na Casa Branca entre o início do mandato de Obama e outubro de 2015. Quase 250 pessoas trocaram o serviço público por empregos no Google, ou vice-versa, durante a sua gestão.[27] A Casa Branca escolheu dois funcionários do Google para os cargos de diretor-chefe de Tecnologia e vice-diretor-chefe de Tecnologia dos Estados Unidos, e ambos mantiveram correspondência regular com seu antigo empregador.

Apple, Amazon, Facebook e Google gastaram quase 50 milhões de dólares em lobby em 2017. O Google foi o maior investidor, destinando 18 milhões para lobby junto ao governo estadunidense. É mais que os seus pares da tecnologia, sem falar em boa parte das corporações de outros setores. A Amazon quadruplicou seus gastos com esse fim, enquanto o Facebook gastou uma quantia recorde.[28]

Não faltam motivos ao Google para se defender. Hoje, estima-se que sua ferramenta seja responsável por 87% das buscas on-line ao redor do mundo. Essencialmente, é um serviço de infraestrutura básica de posse privada. Dada sua dominância esmagadora no ramo das buscas, a empresa sabe que está na mira dos reguladores. Quando perguntado em 2011 se o Google era ou não um monopólio, Eric Schmidt, CEO da companhia, cometeu um deslize e admitiu: "Concordo, senhor, que nesta área somos, sim". Então se deu conta e começou com evasivas: "Não sou advogado, mas entendo que a identificação de um monopólio depende de um procedimento judicial".[29]

Além de praticar lobby, o Google conta com uma extensa rede de acadêmicos que redigem relatórios por encomenda. Alguns desses documentos são risíveis. Em um, Geoffrey Manne argumentou que o motivo real para o fracasso da Foundem foi confiar seu tráfego ao Google: "O fato de o Google criar oportunidades para as empresas não significa que a decisão de uma empresa de aproveitá-la — e de fazer isso sem um plano alternativo viável — faça sentido do ponto de vista administrativo".[30] Para Manne, a culpa era da Foundem, como se algum site pudesse optar por não depender do Google quando este detém quase 90% do market share em nível global. A esta altura, o Google é basicamente um serviço de infraestrutura.

Não deveria surpreender que tantos advogados e acadêmicos apoiem o Google. O pai de Manne, Henry Manne, criou o Centro Internacional de Direito e Economia da Universidade George Mason, e ambos receberam apoio financeiro do Google. Como o jornalista David Dayen descobriu, entre 2009 e 2015, foram publicados 66 estudos cujos autores eram "comissionados pelo Google", "patrocinados pelo Google" ou "financiados por uma doação do Google, Inc.".[31]

Quando *think tanks* e acadêmicos fazem algo que o Google não quer, as consequências podem ser graves. O pesquisador Barry Lynn escreveu um artigo crítico ao Google e foi demitido da New America Foundation. A fundação tinha recebido mais de 21 milhões de dólares do diretor executivo do Google, Eric Schmidt.[32]

Bill Gates alertou as novas gigantes do Vale do Silício para que não se tornassem a nova Microsoft. Ele disse que era importante para as empresas de tecnologia "tomar cuidado para não acharem que sua visão é mais importante que a visão do governo".[33]

Nos anos seguintes ao processo da Microsoft, as gigantes da tecnologia tiraram somente lições erradas da guerra de navegadores entre Netscape e Microsoft. Elas não aprenderam a não abusar de monopólios. Em vez disso, aprenderam o poder do lobby.

A grande reviravolta para a Foundem não veio dos Estados Unidos, mas da Europa, onde o Google tinha poucos amigos.

Em agosto de 2014, Margrethe Vestager se tornou comissária europeia para a Concorrência. Superestrela da política holandesa, a televisão daquele país até criou uma série, *Borgen*, baseada nela. Seu principal interesse era o meio ambiente, e ela nem sequer queria liderar a Comissão de Concorrência. No entanto, embora esta fosse sua segunda opção, Vestager acabou se tornando a agente de políticas concorrenciais mais conhecida do mundo.

Após analisar as queixas apresentadas pelos Raff e por outros, Vestager anunciou que iria processar o Google formalmente por violar políticas de concorrência. A Comissão acabaria condenando e multando a empresa em quase 3 bilhões de dólares, em razão da "duração e gravidade da infração".[34] Os Estados Unidos haviam abandonado suas tradições antitruste, e os europeus mostraram aos estadunidenses como era o caminho que eles deixaram de percorrer.

Em sua decisão, a União Europeia apontou a natureza básica das plataformas. Quanto mais pessoas fazem buscas no Google, melhor a empresa se torna em compreender o que os usuários estão procurando, e melhores se tornam as buscas. Quanto mais pessoas buscam, maior a probabilidade de o Google atrair anunciantes, e maior o lucro gerado. Quanto mais anunciantes, mais eficientes se tornam os leilões de anúncios.

A maioria dos monopólios tecnológicos é conhecida como "plataforma" com efeitos sólidos de rede: Google, Facebook, Amazon e Uber. Essas empresas têm um ponto em comum: todas elas conectam membros de um grupo, como veranistas em busca de um lugar para dormir, com outro grupo, como proprietários de imóveis com quartos à disposição. Os negócios tradicionais de manufatura, por exemplo, compram matéria-prima, criam produtos e os vendem para os consumidores. As empresas de plataforma, por outro lado, ajudam a fazer a ponte entre grupos distintos de consumidores. Quanto mais turistas utilizarem o AirBnB, maior será o incentivo para que os proprietários cadastrem seus imóveis no site. Quanto mais imóveis no AirBnB, menos provável que alguém faça buscas em outro site.

Qual seria o valor da Uber se você fosse a única pessoa a utilizá-la? Zero. Você precisa de um comprador e de um vendedor. Com duas pessoas, o valor não seria muito alto. Com cem, começa a ficar interessante. Com 1 milhão, fica difícil competir com a Uber. Os vendedores querem estar onde os clientes estão, e os compradores querem estar onde os vendedores estão. Quanto mais compradores e vendedores ela tiver, maior será o valor da Uber como plataforma. O mesmo vale para o Skype. Se quase ninguém estiver no Skype, não será possível telefonar para ninguém, mas, quanto mais pessoas estiverem lá, maior será o número de ligações possíveis. O PayPal não funcionaria bem se só um punhado de pessoas o utilizasse, porém se todos o aceitarem, ele passará a ser usado para pagar praticamente qualquer coisa.

Quanto mais pessoas usarem eBay, PayPal, Skype, Twitter ou Facebook, menor será a probabilidade de que eles precisem encarar concorrentes.

Diversos matemáticos elaboraram fórmulas matemáticas para determinar o valor das redes, como a Lei de Sarnoff, a Lei de Metcalfe e a Lei de Reed. Todas elas demonstram que o valor das redes é uma função de seus usuários. Segundo a regra para analisar redes, para cada pessoa a mais em uma rede, o número de conexões possíveis dentro dela cresce de forma exponencial. O valor não é aritmético ($3 + 3 = 6$), mas muito mais exponencial ($3 \times 3 = 9$).

Ser maior não significa ser um pouco melhor; significa tudo. Para os investidores, na prática, um "efeito de rede" significa um monopólio.

Como as plataformas tendem a se retroalimentar, é muito provável que cada setor acabe abrigando um vencedor solitário. Quanto maior for uma plataforma, menor será a probabilidade de alguém desafiar sua hegemonia. Não surpreende que nenhuma ferramenta de busca confiável tenha surgido em muitos anos e que as ferramentas existentes, como Ask e Yahoo, simplesmente tenham terceirizado suas buscas para o Google ou o Bing. O Google é irrestritamente hegemônico nas buscas on-line e em dispositivos móveis.[35]

Em razão do poder das plataformas, essas empresas pertencem a uma categoria distinta. Elas determinam as regras que governam seu mundo. Nós apenas vivemos nele.

A rentabilidade fabulosa do Google e do Facebook e seu total poder sobre a internet se devem à maior arbitragem da história das mídias. A mídia tradicional e os editores on-line arcam com o custo financeiro de analisar, apurar, checar, escrever e publicar notícias. Músicos e compositores arcam com os custos de compor, gravar e produzir sua música, porém não recebem um centavo dos monopólios tecnológicos. Quase toda a economia flui em direção às duas empresas.

Embora o Google e o Facebook aleguem não ser empresas de mídia, elas atuam como o filtro on-line de bilhões de pessoas e coletam quantidades incontáveis de informações pessoais durante o processo. Em decorrência de seu papel de intermediárias, elas tomam conta de toda a economia e se tornaram as empresas mais valiosas do planeta.

Na prática, Facebook e Google são editores, embora não gostem de admitir isso. Isso implicaria responsabilidade pelo que ocorre em suas plataformas, bem como a necessidade de remunerar os criadores de conteúdo.

Músicos registram denúncias de violação de direitos no YouTube o tempo todo, mas, assim que um link é derrubado, a música ressurge em outro endereço. No primeiro trimestre de 2016, o Google recebeu denúncias referentes a mais de *200 milhões* de links. Google e Facebook não se dão ao trabalho de criar conteúdo ou compensar os criadores de conteúdo, limitando-se a monetizar o tráfego e os dados de seus usuários.[36]

A relação do Facebook com a mídia funciona como um pacto com o diabo. As agências de notícias estavam salivando para abocanhar os 2 bilhões de usuários do Facebook, por isso disponibilizaram a maior parte possível de seu conteúdo na rede social. No início elas estimulavam os leitores a postar links que redirecionassem para seus próprios sites de notícias.[37] O Facebook gerava tanto tráfego que conseguiu convencer os editores a postar notícias instantâneas diretamente em sua plataforma, para que o carregamento fosse mais rápido e os conteúdos fossem feitos sob medida para o seu público. Gradualmente, a empresa começou a exercer maior controle sobre o que estava sendo visto, chegando ao ponto de se tornar o principal editor do conteúdo de todos.

Mark Zuckerberg afirma que seu site é uma "comunidade", mas ele não é cooperativo. O Facebook decide o que será e o que não será visto, e fica com todo o lucro.

À medida que o feed de notícias do Facebook foi se transformando em uma enxurrada de jogos de beisebol infantil, memes de gatinhos, vídeos de trapalhadas e notícias, o site passou a restringir o conteúdo que de fato chegava ao feed das pessoas. Apenas os memes mais populares viam a luz do dia. Se os editores jornalísticos quisessem que suas matérias chegassem a seus leitores, precisariam pagar o Facebook para divulgar os textos.

Hoje o Facebook é na prática um esquema em que você precisa pagar para que seus fãs vejam seu conteúdo. A rede social decide quais artigos podem ser publicados e quais chegarão aos usuários. Segundo Matti Littunen, especialista em mídias, o Facebook "oferece em um primeiro momento um grande alcance orgânico a um tipo de conteúdo; depois, é preciso pagar para ter o mesmo alcance; no último estágio, sem pagar você não chega mais a ninguém".[38]

Pagar pelo alcance já poderia ser muito humilhante para a maioria dos editores, mas a situação é muito pior. Editores já processaram o Facebook por adulteração de dezenas de suas métricas de anúncios.[39] A empresa superestimou o alcance orgânico do conteúdo de postagens e o tempo que as pessoas dedicam à leitura dos artigos.[40] O Facebook admitiu que, devido a um erro de cálculo na forma como determina a audiência de anúncios em vídeo, inflou artificialmente o tempo de audiência dos vídeos de 60 a 80% entre 2014 e 2016.[41] Misteriosamente, todos os erros nos relatórios de anúncios favoreceram o Facebook, e nenhum beneficiou os clientes.

Para citarmos Oscar Wilde, "perder um pai ou uma mãe pode ser considerado um infortúnio; perder ambos parece descuido". Informações equivocadas sobre a métrica de anúncios é infortúnio; informações equivocadas sobre dezenas delas é um padrão.

As fraudes de anúncio correm soltas. Os anunciantes têm se tornado cada vez mais cautelosos em relação ao alcance relatado pelas gigantes digitais. O Google também lucrou com métricas infladas. Um estudo recente da comScore descobriu que 54% dos anúncios pagos jamais apareceram diante de um ser humano.[42] O Google foi obrigado a compensar seus clientes por essa fraude.

Na televisão e no rádio, a Nielsen fornecia um pente-fino nos números inflados de visualização de anúncios fornecidos por ABC, CBS e NBC. Hoje há pouca vigilância sobre Google e Facebook. Essas plataformas são suas próprias legisladoras. Somente após dezenas de erros o Facebook, enfim, permitiu uma auditoria externa de seus números referentes a anúncios.[43]

O problema não se limita ao Facebook exagerar o número de pessoas que veem os anúncios: a plataforma também maquiou seu número de usuários. A australiana AdNews descobriu que o Facebook alega atingir um número de usuários entre 16 e 39 anos que excede em 1,7 milhão a população dessa idade naquele país, segundo o censo mais recente. Uma situação semelhante ocorre nos Estados Unidos, onde se proclama um alcance potencial de 41 milhões de pessoas entre 18 e 24 anos, 60 milhões entre 25 e 34 e 61 milhões entre 35 e 49. Todos esses números são superiores aos apresentados pelo censo dos Estados Unidos.[44]

Não é só o jornalismo que está morrendo. Tim Berners Lee, criador da internet, acha que *a própria internet está morrendo*.[45] Em 2014 houve uma guinada muito sombria. Antes disso, o tráfego dos websites provinha de diversos locais, e a rede era um ecossistema vigoroso. Contudo, a partir de 2014, mais da metade de todo o tráfego passou a ser proveniente do Google ou do Facebook. Hoje, mais de 70% do tráfego está sob domínio dessas duas fontes.[46]

Há casos como o do portal de humor Funny or Die, que viu o Facebook sequestrar toda a renda oriunda de seu conteúdo. No fim, o Funny or Die demitiu toda a sua equipe editorial, seguindo a tendência dos sites de humor de reduzir seu tamanho. Quando a maior parte da sua equipe foi demitida, o funcionário Matt Klinman postou no Twitter: "Mark Zuckerberg acaba de entrar no Funny or Die e demitir todos os meus amigos". Ele explicou: "É simples, o humor on-line não dá mais dinheiro. O Facebook destruiu completamente o humor digital, e precisamos pra caralho discutir esse assunto".[47]

Hoje não há nenhuma razão para acessar um site de comédia com vídeos se o mesmo vídeo estiver disponível no Facebook. E não haveria problema nisso, contanto que o Facebook remunerasse as empresas com o lucro obtido mediante seus anúncios, mas a empresa não reparte seu faturamento com quem publica o conteúdo.

A internet foi pensada para ser aberta, anárquica, descentralizada e, acima de tudo, livre. Nos anos 1990, o America On-line ajudou as pessoas a se conectarem e encontrarem conteúdo, mas acabou indo à falência por restringir esse acesso. O AOL determinava e fazia a curadoria da experiência dos usuários, e isso contrariava o espírito da rede. Assim que os usuários começaram a se conectar por meio de seus provedores locais de internet, com o Google disponível para ajudá-los a encontrar qualquer coisa, as pessoas nunca mais retornaram ao AOL.

O Facebook se tornou o AOL 2.0, uma internet com controle central dos usuários. Você só descobre o que a empresa quiser que você descubra. O Facebook é tão ruim quanto o American On-line, mas não terá o mesmo fim porque possui a história de vida, as fotos, os amigos e as conexões familiares de seus usuários. Inúmeros artigos e vídeos só ficam disponíveis na zona murada do Facebook. A plataforma se tornou um passaporte digital, e muitos aplicativos e sites, como Tinder e Bumble, nem sequer aceitam usuários sem conta no Facebook.

Até mesmo o Google tem devorado a rede com suas novas tecnologias. As páginas carregam mais rápido com ferramentas como Accelerated Mobile Pages ou Firebase. Essas tecnologias são como os Artigos Instantâneos do Facebook. Parecem uma ótima ideia, até você perceber que as páginas mais rápidas são aquelas instaladas nos servidores do Google e do Facebook, excluindo redes de anúncios de terceiros e atrelando toda a internet ao ecossistema deles, onde os dois possuem controle total.[48]

Existe hoje imenso desequilíbrio de poder entre os indivíduos e as empresas privadas. A internet deixa de ser livre quando duas empresas controlam a maior parte do tráfego. André Staltz, programador computacional, observou que as gigantes tech podem banir usuários e "não precisam garantir a ninguém acesso a suas redes. Você não tem direito legal a uma conta em seus servidores, e nós enquanto sociedade não estamos cobrando esses direitos".[49]

Confrontados com uma rede fechada e controlada por duas empresas particulares, os usuários têm solicitado que o Facebook e o Google corrijam a si mesmos. Como Matt Taibbi afirmou sucintamente, "o fato de Google e Facebook serem a causa e a solução de problemas nos mostra o quanto os governos e os reguladores se tornaram irrelevantes".[50]

Helena Steele fundou a empresa de utensílios de cozinha Jessie Steele em 2002 e começou a vender pela Amazon em 2009. No entanto, em 2014 ela abandonou a prática. As falsificações disponíveis na Amazon a estavam levando à falência.

Os produtos da marca disponíveis na Amazon não são genuínos: são produzidos em fábricas na China que roubaram a marca dela. Steele monitora seu inventário de perto e exige que vendedores terceirizados assinem documentos declarando que não disponibilizarão os produtos dela na Amazon. Ainda assim, seus produtos seguem à venda no site, listados como "vendido e enviado por Amazon.com". Ela afirma que suas vendas caíram 90%. "A Amazon nos deixou de joelhos", Helena me disse. "Ela nos vampirizou financeiramente."[51]

Os pequenos empreendedores não são os únicos a terem suas marcas roubadas. Em 2016, Daimler AG, empresa vinculada à Mercedes-Benz, abriu um processo contra a Amazon no tribunal distrital do estado de Washington, nos Estados Unidos, alegando que esta havia "obtido lucros" com a venda de volantes que violavam as patentes da Daimler. Os consumidores confiam em itens com os dizeres "vendido e enviado por Amazon.com", afirma a Daimler, portanto a Amazon deveria trabalhar mais para "identificar e impedir" violações de patentes.

Em 2018, o executivo-chefe da Birkenstock acusou a Amazon de praticar "o equivalente moderno da pirataria" ao permitir a venda de falsificações em seu site. Ele acabou removendo sua marca da Amazon. Mais importante, a Birkenstock não autoriza mais vendedores terceirizados a realizar vendas no site. Apesar de a disputa entre as duas empresas ter sido muito divulgada, hoje ainda é possível encontrar produtos falsificados da Birkenstock na Amazon após uma busca de poucos segundos.

Em geral, as leis protegem os sites de e-commerce de qualquer responsabilidade pelos produtos que terceiros vendem em sua página. Em 1998, com a Lei de Direitos Autorais Digitais do Milênio, o Congresso concedeu imunidade às empresas prestadoras de serviços on-line pela violação de direitos autorais, garantindo um "porto seguro" contra os próprios usuários.[52] Assim como as métricas falsas de anúncios do Facebook, os erros da Amazon não são mero infortúnio. A empresa parece ser totalmente conivente com o alto índice de falsificações, pois seu modelo de negócios prevê a maior variedade possível de produtos.

O e-commerce representa cerca de 10% de todo o varejo estadunidense, e a Amazon é de longe o player mais relevante, com uma parcela de mercado estimada em 43%. Em 2018, a Amazon foi responsável por 53% do crescimento incremental em vendas on-line, o que significa que seu domínio de mercado está crescendo. Um estudo indica que mais da metade de todas as buscas por produtos começam nela. Hoje metade dos lares estadunidenses é membro do Amazon Prime pela comodidade de receber encomendas por intermédio da infraestrutura da Amazon. Pesquisas recentes descobriram que apenas 1% das pessoas que pagam o programa de fidelidade da Amazon tende a comparar preços ao fazer compras on-line.

Metade dos domicílios nos Estados Unidos já são membros do Amazon Prime. E 55% de todas as buscas de produtos on-line começaram pela Amazon em 2018, contra 30% em 2012. Em meses recentes, Nike e Sears jogaram a toalha e concordaram em começar a vender seus tênis esportivos e utensílios da Kenmore na Amazon.[53]

Os efeitos anticoncorrenciais da Amazon são resultados inerentes de uma empresa que é ao mesmo tempo vendedora e operadora de uma plataforma disponível para outros vendedores. Sua dominância demonstrou como os efeitos de rede podem se retroalimentar. Quanto mais comerciantes vendem na Amazon, maior a certeza dos consumidores de que estão pesquisando junto a todos os fornecedores possíveis. Quanto mais compradores houver, mais os comerciantes julgarão fundamental estar na Amazon. Como escreveu Lina Khan, crítica da Amazon, "a empresa ocupou a posição central do comércio virtual e hoje atua como infraestrutura essencial ao hospedar outras empresas que dependem dela".[54]

Em 2000, os executivos da Amazon estavam receosos de abrir seus depósitos e redes de distribuição para o uso de terceiros, pois temiam que, assim, estariam ajudando possíveis concorrentes. Bezos, porém, percebeu que os dispendiosos depósitos e redes de distribuição só dariam certo se o volume de vendas crescesse; logo, disponibilizar essa infraestrutura lhes daria uma vantagem crucial. Além disso, se os concorrentes vendessem por intermédio da Amazon, ele poderia vislumbrar cada uma de suas vendas.

Hoje, os vendedores independentes são responsáveis por 44% de todos os itens vendidos na Amazon ao redor do mundo, e suas vendas vêm crescendo mais depressa que as do site hospedeiro. Na prática, a empresa se tornou a equivalente da UPS ou da FedEx no ramo do e-commerce. No entanto, ao contrário da FedEx e da UPS, suas atividades não são reguladas por nenhuma das regras ou diretrizes que regem as transportadoras. Para alguns críticos, "não há nenhuma garantia de que eles não tirarão vantagem disso, e é provável que já o tenham feito em alguns casos. A empresa pode vender por conta própria e monitorar quais produtos têm boa saída, e isso a situa [a Amazon] em uma situação de poder".[55]

De acordo com uma nova pesquisa da Upstream Commerce, a Amazon monitora as vendas dos terceirizados em seu site e utiliza esses dados para vender os itens mais populares em competição direta com os usuários do marketplace. A Upstream analisou mais de 850 produtos de vestuário feminino vendidos inicialmente por terceirizados para verificar se a Amazon começaria a vendê-los. Em doze semanas, a Amazon começou a vender 25% por cento dos itens mais vendidos pelos comerciantes que utilizavam a plataforma.[56]

A Amazon recebe grandes descontos do Federal Express e da UPS devido ao grande volume de utilização. A companhia repassa esses descontos às empresas independentes que utilizam seus serviços de logística. Enquanto os consumidores exaltam a conveniência e os baixos preços, as empresas podem não ter alternativa senão utilizar os serviços da Amazon para poder oferecer fretes competitivos e ter boa visibilidade no site.

Há um claro conflito de interesse na hora de vetar falsificações e concorrer com os próprios parceiros. Como plataforma, ela deseja ter o maior número possível de pessoas vendendo em seu site, assim como Google e Facebook querem a atenção do maior número de olhos possíveis para vender seus anúncios. Se isso for proveniente de conteúdos pirateados, pouco importa.

É fato notório que Jeff Bezos, fundador da Amazon, coloca uma cadeira vazia nas reuniões para que os funcionários se lembrem da necessidade de priorizar o consumidor. Mas a Amazon prioriza a si mesma nas buscas em seu site. Um estudo recente da ProPublica descobriu que a empresa está "usando seu poder de mercado e seu algoritmo para se aproveitar dos vendedores e de muitos clientes".[57] Eles buscaram centenas de itens no site e constataram que, em cerca de três quartos dos casos, a Amazon posicionava os próprios produtos acima dos vendidos por terceiros usuários de sua plataforma, mesmo quando os preços da concorrência eram mais baixos. Para uma plataforma, é bom negócio poder regular o próprio marketplace.

Com amigos assim, quem precisa de inimigos?

É normal que a sombra das grandes empresas paire sobre suas concorrentes, e isso também se aplica ao Vale do Silício.

Enquanto estávamos realizando pesquisas para este livro, um investidor de capital nos disse que a economia tech se tornou uma selva. A metáfora de presas e predadores fez sentido para nós, mas ele foi bem mais específico. O Vale do Silício de hoje lembra a parte mais profunda da selva, o "dossel triplo", onde as copas das árvores barram toda a luz e nada consegue crescer ao nível do solo. Hoje há pouquíssimos raios de sol chegando até os novos empreendimentos.

A maioria dos citadinos acha que é impossível caminhar pela selva porque ela é muito densa, mas isso só é verdade em alguns casos. Nas entranhas das florestas tropicais existe uma estrutura singular composta de diversas camadas verticais de árvores, cada uma delas formando um dossel.

O dossel superior fica até quarenta metros acima do solo. Quase todos os animais selvagens vivem ali; muitos deles vivem no topo das árvores e não chegam a encostar o pé no chão durante sua vida inteira. Quando chegamos ao coração da selva, no dossel triplo, não há quase nada crescendo no chão. Só 2% da luz solar consegue passar pelas folhas e atingir o chão, onde há apenas uma fina camada de folhas e galhos caídos que se decompõem muito rápido.[58]

Os soldados estadunidenses conheciam muito bem o dossel triplo das selvas do Vietnã. A umidade lá embaixo era sufocante, de 95%, deixando os homens exaustos e as roupas em estado de putrefação. Quase nada conseguia sobreviver muito tempo ali. A trilha Ho Chi Minh era uma selva de dossel triplo, por isso era quase impossível para os aviões e helicópteros visualizar e apoiar as tropas dos Estados Unidos em terra.[59] A resposta do Departamento de Defesa foi despejar no local 86 milhões de litros de herbicidas, que envenenaram aquelas áreas.[60]

Somados, Google, Amazon, Apple, Facebook e Microsoft compraram mais de 436 empresas e startups nos últimos dez anos sem que nenhuma dessas aquisições fosse questionada pelas agências reguladoras. Só em 2017, essas corporações gastaram mais de 31,6 bilhões de dólares em aquisições. Hoje a maioria dos pequenos empreendimentos não espera ter sucesso por conta própria; sua única meta é vender seu espaço para uma dessas grandes empresas de tecnologia antes de serem esmagados.

A ameaça de perda total contra um grande player é razão suficiente para convencer as startups a se venderem para a concorrência. A varejista de fraldas Diapers.com rejeitou as primeiras ofertas de aquisição da Amazon, que reagiu derrubando os próprios preços de fraldas, em um claro ato de dumping predatório. Os executivos da Diapers.com estimaram que, tendo como base os custos de fraldas da marca Procter & Gamble e os custos de frete, a Amazon perderia 100 milhões de dólares em um trimestre só com a venda de fraldas. Como a Diapers era uma startup e dependia do dinheiro de investidores, era impossível para a empresa levantar o capital necessário para competir com a Amazon. No fim, a Amazon fez uma oferta que eles não puderam recusar.[61]

Pode parecer irracional que a Amazon venda fraldas tendo prejuízo, mas não estamos falando de uma empresa normal. Em seu livro *Matchmakers: The New Economics of Multisided Platforms* [Matchmakers: A nova economia das plataformas multifacetadas], David Evans e Richard Schmalensee apontaram que "a economia tradicional alega, por exemplo, que jamais é lucrativo vender produtos a um preço inferior ao custo de produção. A nova economia multifacetada mostra que às vezes até mesmo pagar certos clientes ao invés de cobrá-los pelo que quer que seja pode ser lucrativo em teoria, e muitas vezes também na prática".[62] Na dinâmica das empresas de plataforma, que favorecem um único vencedor, a Amazon está alegremente disposta a ter prejuízo na venda de fraldas, contanto que isso leve mais compradores e vendedores a interagir em sua plataforma.

Quando não são vendidos para empresas maiores, os novos empreendimentos acabam brutalmente esmagados. A maioria dos fundadores tem pouca escolha senão vender sua empresa a players maiores. Alguns fazem isso, como no caso das vendas de Instagram e WhatsApp ao Facebook. Os que não aceitam a oferta que não podem recusar precisam encarar a concorrência desleal, enfrentando processos judiciais de patente após terem suas inovações plagiadas e seus principais talentos roubados no meio do caminho.

As gigantes da tecnologia amam startups, tanto quanto os leões amam se esbaldar nas carcaças de gazelas mortas. As startups fornecem inovações que as gigantes não conseguem desenvolver internamente, ou pagam uma tarifa às grandes empresas de tecnologia para ter o prazer de utilizar sua infraestrutura.

Talvez o melhor exemplo dessa dinâmica seja o que aconteceu com a Snap, empresa criadora do aplicativo em extinção Snapchat. Embora tenha sido uma das empresas de foco no consumidor mais inovadoras da internet, ela foi atacada pelas gigantes. A Snap levantou US$ 3,4 bilhões em uma das maiores IPOs em anos. Depois de não conseguir comprá-la enquanto ela ainda era uma startup em franco crescimento, o Facebook copiou e clonou reiteradamente suas principais inovações no Instagram — outra startup adquirida pela empresa. Hoje as ações da Snap estão mofando a preços inferiores aos da IPO, e a empresa é só mais uma na longa lista de iniciativas sufocadas pelas gigantes da tecnologia. Com isso, pode ser que o próximo Davi tenha ainda mais dificuldade para conseguir financiamento quando quiser desafiar um Golias.

Mas o Facebook não foi o único gigante a se alimentar da carcaça da Snap. Em janeiro, a empresa assinou um acordo de armazenamento em nuvem com o Google, para quem aceitou pagar 400 milhões de dólares anuais pelo próximo quinquênio, o que representa mais ou menos metade de seu faturamento anual.[63]

As startups com investimento das gigantes da tecnologia aprendem da maneira mais difícil. Jonathan Frankel ficou extasiado quando o grupo de investimentos da Amazon injetou 5,6 milhões de dólares em sua empresa Nucleus, focada em vídeo e comunicações. Um ano mais tarde, porém, Frankel estava furioso. A Amazon lançou seu dispositivo por controle de voz, o Echo Show, um clone do produto da Nucleus.[64] Segundo ele disse à Recode, "eles querem vender mais detergente; nós queremos de fato ajudar as famílias a se comunicar com maior facilidade".[65]

Enquanto os custos técnicos de construir um serviço on-line estão mais baixos do que nunca, jamais foi tão difícil para uma startup alcançar sucesso. As plataformas on-line controlam a infraestrutura essencial da qual suas rivais dependem. As grandes empresas tech operam os servidores de nuvem, as lojas de aplicativos e as redes de anúncios, além de terem corporações de investimento e controlarem a espinha dorsal da internet.

Startups gastam centenas de milhões de dólares com anúncios no Facebook e no Google para mostrar seus produtos a possíveis clientes. Elas precisam da aprovação de Google e Apple para aparecerem nas lojas de aplicativos. Elas pagam o Google e a Amazon por seus servidores e pelo uso da infraestrutura essencial. De maneira semelhante ao que acontecia com os camponeses na Europa medieval, as jovens empresas pagam barões gatunos para usar suas estradas e cruzam os dedos para não serem atacadas durante o caminho.

O Google está tão à frente de seus concorrentes que nenhuma nova empresa sequer ingressou no mercado de busca desde 2008. Nenhum grupo de investimentos jamais financiará uma ferramenta de busca.

É impossível compreender o espantoso tamanho do Google, pois boa parte de sua tecnologia permanece um segredo muito bem guardado. Para colocarmos as coisas em perspectiva, mesmo que não fosse uma ferramenta de busca, o Google seria um das três maiores provedores de internet do mundo devido à sua rede de cabos de fibra óptica.[66] A empresa possui dezenas de centros de dados espalhados ao redor do mundo, e ao menos doze deles estão situados nos Estados Unidos.[67] Um dos maiores centros de dados do Google, no estado do Oregon, tem o tamanho aproximado de dois campos de futebol americano, e as torres de resfriamento têm quatro andares de altura. O Google investiu 30 bilhões de dólares em infraestrutura nos últimos três anos e adquiriu cabos para conectar seus centros de dados em nuvem.[68] Simplesmente não há como uma startup competir com esse nível de gasto de capital.

Não é só o Google que controla as lendárias autoestradas informacionais pelas quais passam os dados de todo mundo. Os grandes monopólios da internet estão construindo e adquirindo uma porcentagem cada vez maior dos cabos de fibra óptica ao redor do planeta. Google e Facebook firmaram uma parceria para construir o primeiro cabo a estabelecer uma ligação direta entre Los Angeles e Hong Kong, com quase 13 mil quilômetros de extensão. Facebook e Microsoft anunciaram a construção do cabo Marea, que oferecerá a velocidade de 160 terabytes por segundo em conexões através do Atlântico.[69] Eles controlam a rede de infraestrutura que todos os outros precisarão pagar para usar.

Se você não acha que as empresas de hoje são maléficas, pergunte aos investidores de capital. Nas palavras do investidor Benedict Evans, Google, Facebook e Amazon são "lutadores de rua agressivos. Todas essas empresas se beneficiaram dos vinte anos extra de história a que tiveram acesso — elas viram o que aconteceu com a Microsoft" e não deixarão que o mesmo aconteça com elas.[70]

"Se você fornecer um ótimo conteúdo em uma das categorias que o Google considera lucrativas e for considerado uma ameaça em potencial, eles darão um jeito em você", disse Jeremy Stoppelman, cofundador e CEO da Yelp. "Eles farão você desaparecer. Vão enterrá-lo."

É uma situação muito semelhante à do final dos anos 1990, quando era fato notório que os fundos de investimento não financiavam empresas interessadas em explorar os setores em que a Microsoft estava presente.[71] Se um novo produto ou programa interferisse em seus objetivos, os funcionários diziam coisas como "vamos lá 'esfaquear o bebê'", uma metáfora para acabar com pequenos concorrentes.[72]

Hoje está acontecendo a mesma coisa. Albert Wenger, sócio administrativo da investidora Union Square Ventures, diz que "o tamanho dessas empresas é imenso, assim como seu impacto na visão do que pode ou não dar certo ou receber financiamento". Wenger constatou que muitos investidores se recusam a patrocinar negócios situados nas "zonas de morte".[73]

Como saber quantos bons negócios deixam de ser financiados em razão do medo dos monopólios tecnológicos? Como Stoppelman declarou em entrevista ao *60 Minutes*, "se eu estivesse começando hoje, não teria nem chance de construir a Yelp".

As gigantes da atualidade criaram um ecossistema para enriquecer, mesmo quando elas não são as primeiras a ter as melhores ideias. Para as maiores empresas de tecnologia, a concorrência com as startups se tornou um jogo de cartas marcadas.

- → As principais empresas de tecnologia dos Estados Unidos têm hoje valor de mercado superior ao PIB de todos os países da Europa ocidental.
- → Para os maiores negócios de tecnologia, a concorrência com as startups se tornou um jogo de cartas marcadas.
- → Na hora de pagar impostos, as empresas se escondem atrás de leis nacionais e empurram os países uns contra os outros em um jogo de evasão fiscal.
- → O poder das plataformas faz delas um tipo particular de empresa. Elas determinam as regras que governam seu mundo. Nós meramente vivemos nele.

6

PEDÁGIOS E BARÕES GATUNOS

Prefiro receber 1% do esforço de cem pessoas
a receber 100% do meu próprio esforço.
JOHN D. ROCKEFELLER

Já imaginou um mundo onde uma corporação gigantesca observasse seus hábitos diários e soubesse de tudo o que você gosta e desgosta, com quem você conversou, o que comprou, se pagou suas contas em dia e sobre o que conversa com seus amigos? E onde essa empresa pudesse lhe dar uma pontuação, e, quanto mais alta ela fosse, melhores seriam a sua casa, o seu carro e até a sua vida?

Soa como um episódio de *Black Mirror* da Netflix. Em um episódio recente, uma plataforma fictícia de rede social permitia que os usuários dessem notas uns para os outros do mesmo modo que as pessoas resenham hotéis no TripAdvisor ou restaurantes no Yelp. A pontuação determinava sua confiabilidade e seu valor como ser humano. Quanto mais bem situado você estivesse no ranking, mais alta seria sua classe social. Uma pontuação baixa poderia mantê-lo longe de bens, empregos e amigos.

Essa perspectiva sombria já é realidade na China. Em 14 de junho de 2014, o Conselho de Estado chinês publicou um documento chamado "Diretriz de Planejamento para a Construção de um Sistema de Crédito Social". O título em si parece enfadonho, mas o documento propôs uma nova ferramenta revolucionária para monitorar e controlar a população. Todos na China teriam uma pontuação para determinar sua confiabilidade.[1] Gigantes privadas da tecnologia estão ajudando o governo a monitorar e atribuir pontuações a seu 1,3 bilhão de cidadãos. Essas pontuações de crédito estão sendo usadas para quase qualquer fim e monitoram tudo o que os usuários fazem na internet, quem são seus amigos e o que eles dizem. O governo chinês está testando o sistema como forma de melhoria porque, segundo diz a propaganda, "manter a confiança é glorioso".

A China está se tornando um laboratório onde Big Data e Big Brother andam de mãos dadas. Os grandes monopólios tecnológicos trabalham com o governo. Se as encarnações originais do comunismo com Lênin, Stálin e Mao fracassaram porque o planejamento centralizado era um desastre, o Big Data surgiu para salvar o dia. Em 2017, Jack Ma, fundador da Alibaba, plataforma digital com mais de meio bilhão de usuários, argumentou que "o Big Data tornará o mercado mais inteligente e possibilitará o planejamento e a antecipação de forças de mercado para finalmente viabilizar uma economia planejada".[2]

As revelações de Edward Snowden em 2013 levaram a público o envolvimento de empresas e agências de inteligência estadunidenses em programas que davam ao governo acesso a dados pessoais. As pessoas ficaram revoltadas por um tempo, depois continuaram vivendo como antes. Na verdade, os consumidores estavam convidando o Big Brother a entrar em suas casas. Milhões de consumidores têm hoje dispositivos "inteligentes", como o Amazon Echo ou o Google Home, que podem reconhecer vozes com precisão e ficam ligados o tempo todo.

O Facebook e suas subsidiárias Instagram e WhatsApp sabem o seu e-mail, número de telefone, curtidas e não curtidas e quem são seus amigos e sua família, além de conhecerem boa parte de seu histórico de buscas e de registrarem os locais onde você esteve e as coisas que fez por lá. O Google tem todo o seu histórico de busca e registra silenciosamente suas viagens por meio de seu endereço de IP e Google Maps.

As gigantes da tecnologia também querem rastrear as pessoas no mundo offline com o reconhecimento facial. Por meio de um aplicativo engenhoso para fazer as pessoas escanearem o rosto e o compararem com obras de arte, o Google captou milhões de *scans* faciais. A tecnologia de reconhecimento facial é um aspecto central do X Phone da Apple. O Facebook é capaz de identificar uma pessoa com precisão em 98% dos casos.[3] Você pode mudar de senha, mas não de rosto.

Quase ninguém se importou com os monopólios tecnológicos e seu controle sobre nossas vidas até surgirem indícios de que a inteligência russa influenciou as eleições nos Estados Unidos e os votos favoráveis ao Brexit na Grã-Bretanha. A dimensão e o escopo do Facebook e do Google como fontes de "notícias" e "informação" vieram à tona. O público finalmente deu atenção aos textos indignados, e muitas vezes falsos, que circulam no Facebook. Seus algoritmos premiam postagens controversas que geram cliques e desprezam a precisão. Até mesmo antigos investidores se voltaram contra a empresa.

Roger McNamee conhece Mark Zuckerberg, do Facebook, há muitos anos e já foi seu consultor estratégico. Ainda assim, hoje ele acredita que as gigantes da tecnologia receberam autorização do governo para fazer o que bem entenderem: "Ninguém as impediu de roubar a receita dos criadores de conteúdo. Ninguém as impediu de reunir dados de todos os aspectos da vida on-line de todos os usuários. Ninguém as impediu de acumular uma concentração de mercado não vista desde a época da Standard Oil".[4] McNamee passou de divulgador do Facebook a defensor da quebra dos monopólios digitais.

Investidores como George Soros se deram conta do perigo e alertaram que o grande poder dos monopólios ricos em dados pode resultar em uma "aliança profana" com Estados autoritários. No fim das contas, isso "pode muito bem resultar em uma rede de controle totalitário em moldes que nem mesmo Aldous Huxley ou George Orwell poderiam ter imaginado".[5]

Uma década atrás, as maiores empresas dos Estados Unidos davam uma ideia razoável do cenário econômico do país: General Electric, Exxon Mobil, Microsoft, Citigroup e Bank of America. Hoje, porém, todas as cinco maiores são do ramo da tecnologia: Amazon, Facebook, Google, Apple e Microsoft. Elas têm mais poder sobre nossas vidas do que Western Union, Standard Oil ou AT&T jamais tiveram em sua condição de monopólio.

As gigantes tech estão tomando conta dos Estados Unidos, e também do mundo. Em 2018, Amazon, Apple, Google e Microsoft ganharam 825 bilhões de dólares em capitalização de mercado. Isso é mais do que o valor de *todas* as empresas listadas no Brasil, na Itália ou na Espanha. O número de usuários do Facebook é maior que o de fiéis do Islã, e logo deverá ultrapassar a quantidade de cristãos no mundo. Não é de surpreender que Zuckerberg tenha comparado o Facebook a uma igreja.

Enquanto os monopólios da tecnologia se tornam as maiores empresas da história, seus executivos vivem em outro mundo. Hoje os subúrbios de Atherton, no Vale do Silício, são a região mais cara dos Estados Unidos. É quase impossível enxergar da estrada alguma casa ou propriedade dos titãs da tecnologia. As casas mais caras são vendidas por valores em torno de 30 milhões de dólares, enquanto o preço médio de uma casa é de 9 milhões. Os bilionários da tecnologia Eric Schmidt, Meg Whitman e Sheryl Sandberg têm casas lá.[6]

Durante mais de um século, a Califórnia representou a materialização do progresso tecnológico e econômico. Hoje o estado apresenta o maior índice de pobreza dos Estados Unidos, superando até mesmo o Mississippi e o Alabama. Ele também abriga um terço das pessoas que recebem auxílio governamental no país, superando em três vezes a proporção populacional.[7]

Nos velhos tempos, o setor de tecnologia do estado gerava trabalhos industriais que garantiram a prosperidade não só do Vale do Silício como também de cidades proletárias, como San Jose. O iPhone é uma metáfora do Vale do Silício. Hoje, quando você compra um iPhone, está escrito "desenvolvido na Califórnia", mas ele é manufaturado na China. Os trabalhos de manufatura para a classe trabalhadora deixaram de existir há muito tempo.

Os monopólios da tecnologia faturam bilhões de dólares em lucros, mas o motor de crescimento do Vale do Silício parece estar andando de ré. Em 2017, a geração de empregos começou a encolher, e a Bay Area perdeu mais trabalhos do que criou em vários meses do ano.[8] Os custos de habitação se tornaram proibitivos, e o deslocamento para as zonas mais baratas está mais demorado. Os trabalhadores têm percebido isso e estão mudando de região. Segundo um estudo, a emigração no Vale foi maior em 2016 do que em qualquer outro ano desde 2006.

Como os servos medievais, os senhores da terra vivem entre quatro paredes enquanto um número cada vez maior de californianos regride economicamente e ganha menos do que seus pais ganhavam.[9] A Califórnia está se tornando cada vez mais parecida com uma sociedade medieval de estamentos sociais, e a riqueza do topo não se estende para o resto da pirâmide. Esse é o estado mais desigual do país, segundo o relatório da Measure of America.[10] Cerca de 30% dos domicílios no Vale do Silício não têm renda suficiente para suprir suas necessidades básicas sem assistência pública ou informal vinda do setor privado, e essa parcela salta para 59% dentre os domicílios de origem hispânica ou latina.[11]

As pessoas finalmente estão se dando conta dos perigos causados pelos monopólios digitais e do grande abismo entre os bilionários monopolistas e os servos abaixo deles. O problema dos monopólios, todavia, não se restringe às empresas de tecnologia do Vale do Silício. Elas são apenas a ponta do iceberg.

O termo "barões gatunos" provém originalmente de senhores de terra alemães, os *Rauberitter*, que cobravam taxas ilegais nas estradas que cruzavam suas terras sem fornecer nenhuma melhoria em troca. As taxas serviam como impostos, transferindo dinheiro dos homens comuns para a nobreza.

Os estadunidenses seguem sua vida cotidiana com a ilusão da escolha, mas passam seus dias pagando taxas para umas poucas empresas sem nenhuma concorrência real.

Em termos de escolha do consumidor, o capitalismo tardio tem uma lógica semelhante à soviética. Todos os dias os estadunidenses acordam e podem escolher entre cereais da Kellogg's, da General Mills ou da Post, que, juntas, detêm 85% do mercado de cereais. Nas pausas do trabalho, talvez queiram beber um refrigerante. As três maiores empresas concentram mais de 85% do mercado.[12] A Coca-Cola lidera, seguida pela PepsiCo e a Dr. Pepper Snapple. Caso não gostem muito de açúcar, podem comprar água engarrafada, e assim descobrirão que Nestlé, Coca-Cola e PepsiCo são proprietárias de nove das dez maiores marcas. Se quiserem uma cerveja depois do trabalho, podem escolher entre Budweiser, Corona, Stella ou Coors Light. Contudo, a Molson Coors e a AB InBev controlam cerca de 90% do mercado cervejeiro no país, incluindo muitas cervejas supostamente "artesanais", desde que o Departamento de Justiça autorizou a criação de um novo duopólio.[13]

Os consumidores podem muito bem querer Coca, ou Perrier, ou Budweiser, então quem se importa se umas poucas empresas dominam o setor de refrigerantes? Se fosse simples assim... As prateleiras de supermercado são um bem imobiliário muito cobiçado. É comum que as marcas fortes estabeleçam acordos de reserva de mercado que excluem suas concorrentes, e muitos supermercados se envolvem com a "gestão de categorias", na qual os "capitães", ou seja, as marcas fortes, ajudam a ditar quais marcas aparecerão em quais lugares.[14] Na prática, isso é uma forma de cartel, e misteriosamente as marcas mais fracas sempre acabam fagocitadas.[15] Não é possível encontrar pequenas marcas nas prateleiras das principais redes varejistas.

Quando você liga o seu telefone, é bem provável que esteja utilizando o ios da Apple em um iPhone ou Android. Seja bem-vindo ao duopólio de Apple e Google. Sua operadora de telefonia celular integra um oligopólio. Você pode não pensar nisso todos os dias, mas é bem provável que seu provedor de internet seja a empresa local que, no caso de 75% dos estadunidenses, detém o monopólio regional na totalidade.

Se falar tanto em concentração de mercado está deixando você com dor de cabeça, não tenha medo. Você pode comprar uma aspirina da CVS ou da Walgreen Boots, que, juntas, mantêm um duopólio no mercado de farmácias e venda de medicamentos aos planos de saúde. A Walgreen tentou comprar a RiteAid para aumentar ainda mais seu market share, mas o Departamento de Justiça fez uma demonstração atípica de coragem. Eles deixaram a Walgreen comprar apenas metade das lojas da RiteAid.[16] A analogia apropriada para esse caso são pais que condenam o uso de drogas pelo filho e dizem para ele se contentar com meia dose.

Se você sente que está próximo de um ataque cardíaco ao ler isso, há boas chances de que tenha contratado seu plano de saúde de um duopólio local. Segundo um estudo de 2014 feito pela Secretaria de Prestação de Contas do Governo estadunidense, em 37 estados as três maiores seguradoras representam 80% ou mais do mercado.[17] Se conseguir chegar ao hospital, talvez você se incomode ao descobrir que 90% das regiões metropolitanas do país têm um setor hospitalar altamente concentrado por causa das fusões.[18]

O cidadão médio sabe que está sendo passado para trás e sente que o sistema armou um complô contra ele. Esperamos que as próximas páginas consigam mostrar exatamente por que sentimos isso em nossa vida cotidiana.

O nível de concentração em dezenas de setores é tão descarado que é impossível não nos perguntarmos o que as autoridades fazem em seu período de trabalho. Não sabemos responder a isso. Sabemos com certeza que os funcionários da Comissão de Operação de Seguradoras dedicaram seu tempo a assistir televisão enquanto a economia entrava em colapso durante a Crise Financeira.[19] Detestaríamos especular o que acontece no Departamento de Justiça e na Comissão Federal de Comércio.

Para início de conversa, vamos analisar os monopólios escancarados. Eles muitas vezes surgem em setores que aparentam ser competitivos, mas na prática são monopólios locais. Depois, analisaremos os duopólios, e, por fim, os oligopólios. Para não deixar o leitor entediado, apresentamos apenas alguns exemplos. Há dezenas de outros. Se você não estiver revoltado no final do capítulo, é porque não leu com atenção. A maioria dos setores esquartejou o território dos Estados Unidos com o único propósito de prejudicar o consumidor.

Monopólios (e monopólios locais)

Internet a cabo/de alta velocidade

Três empresas controlam 65% do mercado nacional de telecomunicações, mas esse número não significa nada. Em nível local, as empresas não enfrentam nenhuma competição real. Isso é muito problemático, pois a internet a cabo é a única opção para quem deseja ter acesso à internet de alta velocidade (apenas 25% dos locais têm fibra óptica, e as linhas telefônicas DSL são muito mais lentas).[20] Em 2011, John Malone, diretor da Liberty Global, declarou abertamente que, quando se trata de conexão de dados de alta capacidade nos Estados Unidos, "o mercado de internet a cabo é em grande parte um monopólio". Ele tem razão. O território do país foi retalhado.

Sistemas operacionais de computadores

A Microsoft tem mais de 90% do market share de sistemas operacionais de computadores e domínio semelhante no setor de softwares de escritório graças ao Microsoft Office (estamos digitando este livro no Word). A Microsoft sempre utilizou seus produtos para alavancar lançamentos. WordPerfect, Lotus e outros não têm acesso a certos APIs (ferramenta de integração de sistemas) presentes no Windows, pois a Microsoft não os compartilhou com o restante da indústria. Enquanto o Windows seguia evoluindo de uma versão para a seguinte, a Microsoft conhecia os novos APIs muito antes dos outros desenvolvedores. Ela usou esse grau profundo de integração entre o Microsoft Office e o Windows para se livrar do Lotus Notes e do WordPerfect.[21]

Redes sociais

O Facebook tem mais de 75% de market share de todas as redes sociais globais, ultrapassando em muito rivais como Twitter e Pinterest.[22] Ele também concentra quase 45% de todos os anúncios on-line.[23] Mark Zuckerberg é o imperador dos dados privados de 2 bilhões de pessoas que entregaram a ele suas informações pessoais, visões políticas, curtidas e preferências.

Os usuários deveriam estar com muito medo. Quando Zuckerberg criou o Facebook, ele escreveu em seu e-mail da Harvard: "Abri o facebook [livro de rostos] do dormitório Kirkland em meu computador, e as fotos de algumas pessoas são horrorosas. Quase fico com vontade de colocar alguns desses rostos ao lado de animais e pedir que as pessoas votem no que acham mais atraente... Que comece o *hacking*".[24] E assim nasceu o Facebook. Enquanto o Facebook crescia, ele mal podia acreditar em como os usuários eram burros de entregar a ele todas as suas informações pessoais. "Eles confiam em mim... otários."[25] Não saberíamos escolher palavras melhores.

No setor das redes sociais, a tendência é a de que uma única empresa abocanhe o mercado inteiro. Todo mundo quer usar a rede com o maior número de usuários. Quanto valeria o PayPal se você fosse o único a utilizá-lo? Nada. São necessários um comprador e um vendedor. Com duas pessoas, o valor não seria muito alto. Com cem, as possibilidades ficam interessantes. Com 1 milhão de pessoas, fica difícil concorrer com o PayPal. Com alguns bilhões, as redes se tornam gigantes, mesmo se comparadas a Estados nacionais ou a quase qualquer religião.

Buscas

O Google tem um market share de quase 90% nos anúncios de buscas. Todo o modelo de negócio da empresa se retroalimenta. Quanto mais as pessoas buscam, melhor a busca se torna. Quanto mais as pessoas buscam, mais anunciantes surgem. Quanto mais anunciantes surgem, mais eficiente é a venda de anúncios. As barreiras de entrada são consideráveis. Construir uma ferramenta de busca é caro e requer muito tempo. Não temos nenhum novo ingresso relevante no mercado em mais de uma década. O Google abusou de seu poder de mercado para promover os próprios sites e resultados de busca, segundo a União Europeia, e foi multado em 2,7 bilhões de dólares.[26] Incrivelmente, foi autorizado a comprar concorrentes como o DoubleClick, reduzindo ainda mais a concorrência.[27]

Na prática, Google e Facebook dividem um duopólio dos anúncios digitais on-line — o Facebook domina os anúncios de exibição e o Google, os anúncios de busca. Juntos, eles absorvem todo o crescimento do setor em detrimento dos outros players.[28]

Leite

O mercado de leite nos Estados Unidos parece fragmentado, mas a maioria dos produtores de laticínios vende seu leite para um comprador local que atua como um monopsônio. Se você for um produtor de laticínios, muitas vezes não terá escolha na hora de vender seu leite. A Dean Food é o player dominante, com cerca de 40% do mercado, e cresceu graças a uma série de aquisições.[29] A firma precisou pagar milhões de dólares após ser condenada por tabelamento de preços e práticas monopolistas.[30] Ela também foi forçada a pagar um acordo para ser inocentada de um grande processo no qual era acusada de tabelar preços em conluio com a National Dairy Holdings e a Dairy Farmers of America. As três empresas, que juntas controlavam 77% da produção de laticínios na região Sudeste, tinham um acordo de não concorrência.[31]

Ferrovias

Embora as ferrovias possam parecer um oligopólio com poucos atores principais, na realidade elas são monopólios locais e regionais. O setor de frete ferroviário nos Estados Unidos é altamente concentrado, e poucas instituições controlam o mercado inteiro: BNSF Railway, de propriedade de Warren Buffett, CSX Transportation, Norfolk Southern Railway, Union Pacific Railroad e Kansas City Southern Railway, esta última a de menor porte.

Cerca de uma dúzia das companhias ferroviárias do país passaram por processos de falência ou reestruturação com financiamento governamental durante os anos 1970, e boa parte da infraestrutura ferroviária estava mergulhada no caos quando o Congresso aprovou a Lei Staggers Rail, em 1980. Hoje as ferrovias movimentam o dobro de toneladas/milha do que o registrado em 1980, e fazem isso com muito menos recursos de todos os tipos.[32] Após a Lei Staggers, o número de companhias Classe I encolheu drasticamente, de trinta para apenas quatro. Em termos gerais, a desregulação foi um sucesso. Todavia, depois dessa redução, os preços subiram 40% em valores reais e a concorrência desapareceu.[33]

O setor ferroviário parece um oligopólio, mas é um monopólio para muitos dos que dependem dos trilhos para despachar seus produtos, pois muitos lugares só contam com a presença de uma empresa.[34] Hoje existem dois duopólios principais para o transporte de grãos: a BNSF Railway e a Union Pacific Railroad atendem o oeste dos Estados Unidos, e a CSX Transportation e a Norfolk Southern, o leste (Gráfico 6.1).[35]

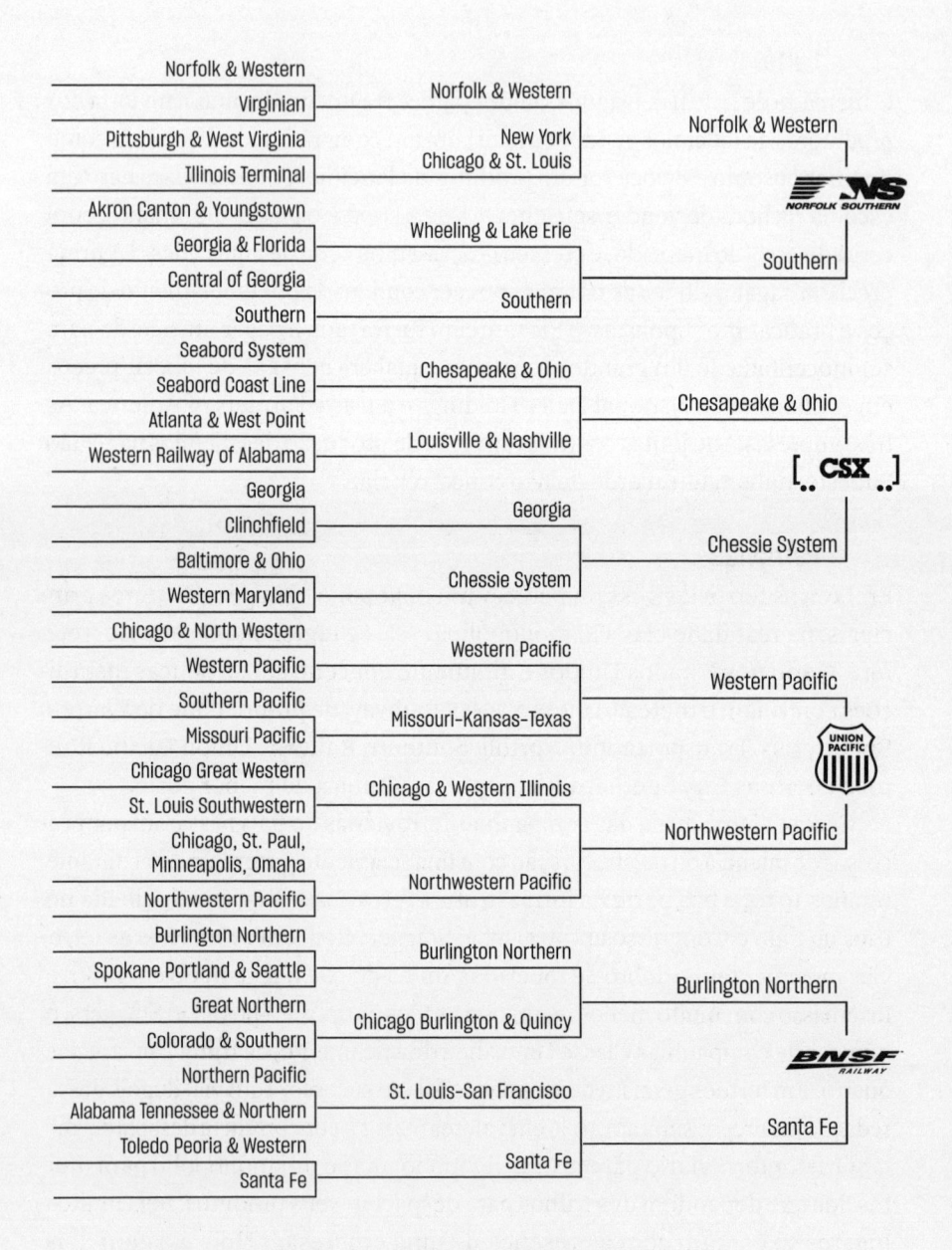

Gráfico 6.1 Fusões ferroviárias: formação das quatro grandes.

Fonte: Depoimento de David Cleavinger, presidente da Associação Nacional de Plantadores de Trigo, Comitê Parlamentar de Pequenos Negócios, *Hearing to Review Rail Competition and Service*, 1º maio 2008, p. 2.

Sementes

As sementes geneticamente modificadas tomaram conta do mercado. A Monsanto é responsável hoje por 80% das sementes de milho e por mais de 90% das sementes de soja[36] plantadas nos Estados Unidos. A Bayer, uma empresa alemã, ofereceu uma proposta para comprar a Monsanto enquanto escrevíamos este livro.* A maior rival da Monsanto em nível internacional é a suíça Syngenta, que acaba de se fundir com a ChemChina, empresa estatal chinesa. Ao mesmo tempo, as gigantes químicas estadunidenses Dow Chemical Co. e DuPont se fundiram e vão desmembrar suas operações agrícolas. Se todos esses negócios se concretizarem, três empresas controlarão cerca de 70% do mercado de pesticidas e 80% do mercado de sementes de milho do país.[37] O controle de todo o nosso suprimento de alimentos ficará na mão de poucas empresas. Os estadunidenses não precisam assistir a filmes distópicos. Em muitos sentidos, já vivemos em um.

Microprocessadores

A Intel domina o mercado, com participação de cerca de 80%, e a AMD controla cerca de 20%.[38] Contudo, durante boa parte das últimas duas décadas, a Intel esteve mais próxima dos 90% de market share e atuou como monopólio. Se existe uma regra sobre o comportamento dos monopólios, essa regra é: monopolistas monopolizarão. A Intel foi forçada a pagar multas consideráveis por abusar de sua posição de mercado. A Comissão Europeia descobriu em 2009 que a empresa tinha oferecido descontos e incentivos para que as fábricas de computadores favorecessem seus produtos em detrimento de uma rival, a Advanced Micro Devices (AMD).[39] Isso ocorreu depois de a AMD alegar que a Intel havia praticado concorrência injusta, ao oferecer descontos a manufatureiros japoneses de computadores que concordassem em encerrar ou limitar a compra de microprocessadores feitos pela AMD. Em novembro de 2009, a Intel concordou em pagar 1,25 bilhão de dólares à AMD como parte de um acordo para encerrar as principais disputas legais entre as duas empresas.[40]

---

* Em 7 jun. 2018, a Bayer concluiu com êxito a aquisição da Monsanto, tornando-se a única proprietária. (N.E.)

Funerárias

O setor funerário parece ser muito fragmentado, mas em muitas pequenas e grandes cidades existe um monopólio local. A maioria das pessoas só procura funerárias dentro de um raio de 75 quilômetros. Diante da angústia de perder um ente querido, os familiares não estão dispostos a comparar preços; as oportunidades para praticar preços abusivos afloram.

O gorila de quatrocentos quilos do setor funerário é a Service Corporation International (SCI). Ela opera mais de 2 mil casas funerárias e cemitérios, e seu valor de mercado é superior a 7 bilhões de dólares. Em 2013, a Comissão Federal de Comércio permitiu que a SCI adquirisse sua maior rival, a Stewart Enterprises, apesar dos protestos intensos de consumidores.

Em 1960, quando a maioria das funerárias era de negócios pequenos e independentes, os custos médios de um funeral eram de setecentos dólares por pessoa. Hoje eles superam os 8 mil, e só o caixão pode custar mais de 10 mil dólares.[41] Os funerais da Service Corporation são de 30 a 40% mais caros do que os funerais independentes.[42] Muitos estados aprovaram leis para proteger as funerárias da concorrência; o Alabama até decidiu processar monges que vendiam caixões de madeira feitos à mão.[43] Nos Estados Unidos, os consumidores literalmente pagam preços abusivos do berço até o túmulo, pois precisam lidar com o monopólio local dos hospitais ao nascerem e dependem de funerárias sem concorrentes quando morrem.

Duopólios

Sistemas de pagamento

Mastercard e Visa controlam quase todo o mercado e na prática constituem um duopólio. A American Express vem em terceiro lugar. Essa concentração existe porque, por trás das cortinas, os comerciantes deparam com um monopólio de infraestrutura na hora de receber. Não importa o terminal ou a maquininha que você utilize, a base de sua infraestrutura sempre passará pelas "vias" geridas pelo duopólio MasterCard e Visa. As duas empresas operam um imenso pedágio sobre todas as transações de crédito dos Estados Unidos, com a cobrança de uma taxa invisível sobre o comércio. Eles vêm intimidando os comerciantes há anos, forçando-os a pagar taxas onerosas sobre suas transações. Em 2012, Visa, MasterCard e os grandes bancos do país aceitaram pagar 7,3 bilhões de dólares a milhões de comerciantes para encerrar uma disputa judicial que já se estendia havia sete anos, motivada pelas taxas de *swipe* sobre as transações utilizando cartões de crédito.[44]

Cerveja

As grandes fusões do ramo cervejeiro escaparam à atenção das autoridades antitruste do Departamento de Justiça. Talvez elas estivessem ocupadas com alguma partida épica de paciência, ou assistindo televisão. Espantosamente, o governo dos Estados Unidos permitiu que todo o mercado cervejeiro do país ficasse nas mãos de duas empresas. O mercado cervejeiro estadunidense é um duopólio em que duas corporações controlam mais de 90% da cerveja. Pense nisso sempre que beber uma gelada.

As movimentações recentes foram como um rearranjo de cadeiras no convés do *Titanic*, e a concorrência foi parar no fundo do oceano. Vimos um grau de concentração sem precedentes no setor cervejeiro em anos recentes. O primeiro passo rumo à concentração ocorreu em 2008, quando o Departamento de Justiça aprovou o duopólio de uma joint venture entre a Molson Coors e a SABMiller para a criação da MillerCoors; alguns meses depois, também foi autorizada a união entre Anheuser Busch e InBev. Imediatamente, cerca de 90% da produção nacional de cerveja ficou nas mãos de duas empresas. Então veio a fusão da SABMiller com a AB InBev em 2016. Nesse episódio, a SABMiller revendeu suas ações para a MillerCoors, criando um novo duopólio entre a Molson Coors e a AB InBev. Os negócios foram aprovados porque supostamente os consumidores se beneficiariam disso, mas o resultado foi um aumento de 6% no preço da cerveja.[45]

Se você for a um bar ou supermercado, pode até achar que tem escolha, porém não poderia estar mais enganado. Quer uma Budweiser? Ou prefere uma cerveja artesanal como Keith's IPA ou Blue Point? Elas são da mesma empresa. Quem sabe uma Hoegaarden ou Leffe Blonde, ou uma alemã como a Löwenbräu? Dito e feito. Todas pertencem à AB InBev. Eles possuem 250 marcas: Stella, Rolling Rock, Corona, Michelob, e assim por diante. Seria mais simples mandar parte de seu dinheiro para eles diretamente sempre que pedir uma cerveja.

Sistemas operacionais de telefonia

Apple e Google têm um duopólio: quase 99% de todos os telefones do mundo utilizam o iOS da Apple ou o Android do Google. O Android tem cerca de 80% do mercado, e o restante é da Apple. No entanto, Apple e Google não controlam apenas o seu telefone: também exercem controle e cobram taxas nas lojas de aplicativos, um negócio de mais de 1 bilhão de dólares. Como aponta Frank Pasquale, professor de direito e especialista em tecnologia, as gigantes tech "não são mais participantes do mercado. Na verdade, elas são as criadoras do mercado de seus setores e podem exercer controle regulatório e impor os termos sob os quais os outros vendem bens e serviços".[46] Se elas não gostarem de um aplicativo, podem impedir que esse produto chegue aos celulares dos consumidores.

Anúncios on-line

Google e Facebook dominam o mercado, e cada um detém o monopólio em seu próprio campo. Cada um tem seu nicho. Em 2018, o Google ficou com 76% do mercado de anúncios por busca.[47] Em 2017, Google e Facebook devem ter recebido 84% dos gastos em anúncios digitais, se excluirmos a China da conta.[48] Em 2016, o Facebook somou 78% dos gastos com anúncios em redes sociais nos Estados Unidos.[49]

Diálise renal

O mercado de diálise nos Estados Unidos se tornou um duopólio após uma série de fusões capitaneadas por DaVita e Fresenius. (Warren Buffett era proprietário da DaVita, pois é apoiador dos duopólios.) Aproximadamente 490 mil estadunidenses precisam de tratamento de diálise, e cada empresa tem quase 30% de market share. Em um fenômeno muito parecido com o que se vê no restante do setor de saúde no país, a DaVita engana o governo e os pacientes. Em 2014 e 2015, a empresa pagou 895 milhões de dólares para encerrar uma ação movida com base em denúncias internas de que havia conspirado para cobrar mais do que o devido do governo do país.[50] Em 2017, foi intimada após ser acusada de encaminhar pacientes pobres que precisavam fazer diálise a seguradoras privadas e inflar seus lucros, pois a DaVita recebia dez vezes mais das seguradoras do que do Medicaid ou do Medicare.[51]

Óculos

Comprar óculos novos é extremamente oneroso, embora produzi-los não seja caro. Isso acontece porque uma única empresa, a Luxottica, domina completamente o setor. A Luxottica controla 80% das principais marcas do setor de óculos nos Estados Unidos, que movimenta 28 bilhões de dólares.[52] Eles são donos da LensCrafters, Sunglass Hut, Bright Eyes, Sunglass Icon, Cole National (proprietária da Pearle Vision), além dos departamentos de ótica da Sears, Target, JC Penney e Macy's. A Luxottica também é dona da EyeMed Vision Care, segunda maior empresa de exames oculares no país. Esta direciona as pessoas que precisam de óculos às lojas de varejo da Luxottica, irritando os produtoras rivais de lentes e armações, segundo fontes do setor.

Em 2017, eles propuseram uma fusão com a Essilor, uma fabricante de lentes francesa.* A empresa resultante controlará um quarto do mercado mundial — a Luxottica tem 14% do market share e a Essilor, 13%. Nos Estados Unidos, a primeira detém de 40 a 50% de todo o mercado de armações, enquanto a última é responsável por cerca de 40% das lentes. A fusão criará a maior varejista de óculos do país. A Essilor também lidera outro setor com a Vision Source, rede de 3.300 práticas optométricas. Esse acordo pode não ser aprovado, mas, caso seja, restringirá ainda mais as escolhas dos consumidores.[53]

Oligopólios

Escritórios de relatórios de crédito

Atualmente, após muitas fusões, apenas três empresas — Experian, Equifax e Transunion — controlam todo o mercado de relatórios de crédito.[54]

Não sabemos ao certo se essas organizações são mesmo necessárias. As financeiras poderiam fazer seu próprio trabalho e acessar os dados subjacentes, e a fórmula de pontuação de crédito da Fair Isaac Corporation (FICO) bastaria para embasar seus cálculos. Essas três empresas têm grande poder. Elas cometem rotineiramente milhões de erros em seus relatórios, prejudicando inocentes, e, quando uma pessoa é vítima de um erro desses, enfrenta muitas dificuldades para arrumar seu histórico de crédito. No entanto, elas

---

* A fusão da italiana Luxottica com a francesa Essilor se deu em 1 out. 2018. (N.E.)

seguem atrapalhando os consumidores e lucrando com esses erros, pois cobram os consumidores pelos serviços de monitoração e congelamento de crédito.[55]

A maioria dos estadunidenses só tomou conhecimento dos escritórios de crédito quando hackers roubaram da Equifax números de seguridade social, datas de nascimento, endereços e números dos cartões de crédito e carteiras de motorista de 143 milhões de pessoas. Antes de o vazamento vir a público, porém, os executivos corporativos arranjaram tempo para vender milhões de dólares em ações e enriquecerem antes que os preços caíssem. Depois de anunciar o vazamento, a empresa convidou as pessoas a conferirem sua situação no site, e assim as enganou outra vez: ao fazer login, o usuário abria mão de seus direitos apenas para descobrir se suas informações haviam sido roubadas.[56] Isso se tornou uma metáfora para o modo como os oligopólios tratam os consumidores, prejudicando-os a cada etapa.

Declaração de impostos

Os contribuintes gastam em média treze horas preparando e preenchendo sua restituição e pagam 200 dólares por serviços de contadores, o que representa cerca de 10% da restituição média de impostos. H&R Block, TaxAct e a líder de mercado, Intuit, criadora do TurboTax, têm juntas 90% do market share de preenchimento on-line de declarações. A Intuit sozinha detém 65%.[57] A H&R Block tentou comprar a TaxAct para transformar o oligopólio em duopólio; contudo, em uma rara demonstração de coragem, o Departamento de Justiça impediu essa fusão.[58]

Trata-se de um grande setor totalmente desnecessário. Em 1998, o Congresso aprovou a Lei de Reforma e Reestruturação da Receita Federal, exigindo que a Secretaria de Tesouro desenvolvesse, até 2008, procedimentos para a implementação de um sistema para a emissão de declarações sem risco de recusa, capaz de calcular o imposto devido pelo cidadão com base em informações já relatadas anualmente à Receita. Ainda assim, o lobby do setor de declarações consegue barrar as reformas.[59] Lembre-se disso todos os anos quando estiver preenchendo sua declaração.

Companhias aéreas

O Congresso desregulamentou o setor aéreo em 1978. Isso aumentou a lucratividade, mas o setor passou por ciclos de altos e baixos, sobretudo em razão do preço dos combustíveis e dos elevados custos fixos. Nas palavras do *New*

York Times, "um setor que não é competitivo por natureza deixou de ser um cartel regulado para, após um breve período de concorrência devastadora, se tornar um cartel não regulado — com o impacto esperado sobre a qualidade do serviço prestado".[60] As companhias aéreas elaboraram programas para clientes frequentes e "hubs-fortaleza" para maximizar seu poder de cobrança.

As empresas sabem se manter longe dos hubs umas das outras. Companhias poderosas também compram slots em aeroportos para barrar a entrada de novas empresas, assim como John D. Rockefeller comprava pedaços de terra estratégicos na Pensilvânia para impedir petroleiras independentes de construir dutos e escapar das ferrovias controladas pela Standard Oil.[61]

Como dispomos de poucas opções quando se trata de escolher uma companhia aérea, elas podem nos explorar até o último centavo a cada voo. As cobranças "opcionais" ultrapassariam os 82 bilhões de dólares até o final de 2017, segundo um estudo de transportadoras feito pela Idea-Works e a CarTrawler. Isso significa um aumento de 264% em relação ao montante de 2010, de 22,6 bilhões de dólares (Gráfico 6.2).[62]

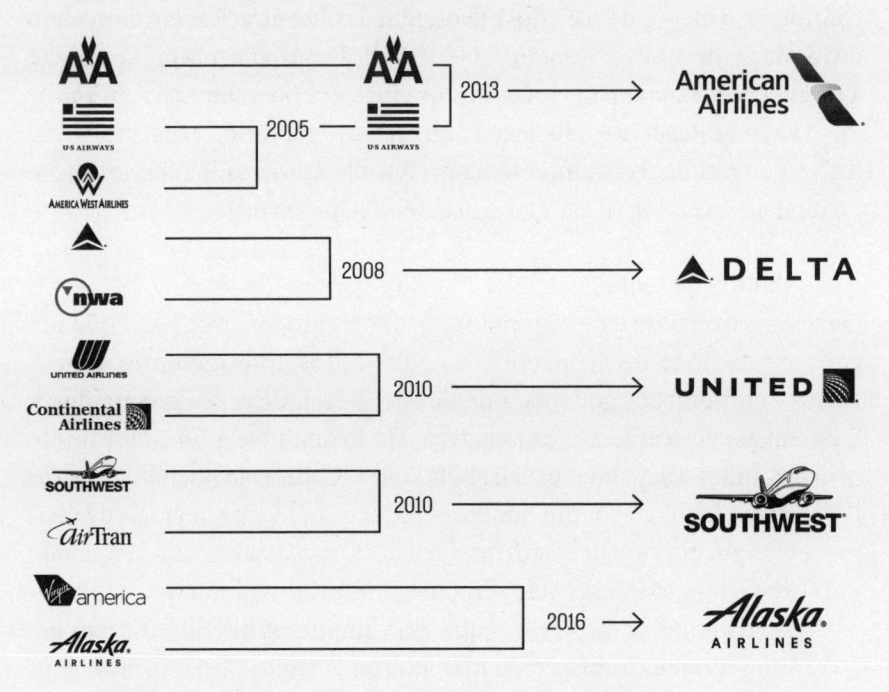

Gráfico 6.2 Fusões de companhias aéreas que formaram oligopólios.

Companhias telefônicas

O mercado de telefonia celular nos Estados Unidos é dominado por quatro corporações: Verizon, Sprint, AT&T e T-Mobile.[63] Você recebe um único aparelho, que precisa ser pré-aprovado pela operadora, e ele quase sempre fica bloqueado. Se quiser usar sua conexão 3G como modem para seu laptop, prepare-se para pagar 30 dólares a mais por mês. Se quiser trocar de celular, geralmente será forçado a aderir a um plano mais caro, mesmo que o seu plano atual ofereça dados ilimitados.[64] Na maioria dos casos, não temos muitas opções para os nossos telefones.

Bancos

Uma década após a implosão do sistema bancário, as cinco maiores instituições controlam 44% dos 15,3 trilhões de dólares em ativos nos bancos dos Estados Unidos, segundo dados compilados pela SNL Financial. Esses bancos — JPMorgan Chase, Bank of America, Citigroup e UBS — controlam juntos quase 7 trilhões de dólares. Em 1990, os cinco maiores bancos do país controlavam menos de 10% dos ativos, mas a concentração vem crescendo de forma contínua desde então. Hoje, a Wells Fargo controla praticamente a mesma porcentagem de ativos que os cinco maiores somados em 1990.

O Federal Reserve estabeleceu regras, em vigor desde 2015, proibindo fusões que resultem em empresas com controle de mercado superior a 10% do total do setor. Mas o estrago já está feito (Gráfico 6.3).

Planos de saúde

Os setores de saúde e de seguradoras estão muito interligados, e são um caso impressionante de incentivos equivocados, intermediários gananciosos e corporações poderosas dedicados a prejudicar os consumidores. E há um aspecto ainda mais negativo. Dado que esse é um setor muito opaco, fraudes e ilegalidades são abundantes. Conforme relatado pela *The Economist*, só em 2013 os procuradores federais lidavam com mais de 2 mil processos em aberto por fraude na saúde.[65] É isso o que acontece quando um sistema inteiro é desenvolvido com o intuito de explorar o consumidor.

Neste capítulo, já mostramos que as seguradoras dividiram o país em territórios como a Comissão da Máfia fazia. É muito raro que uma seguradora invada o terreno de outra. O setor é extremamente concentrado, e

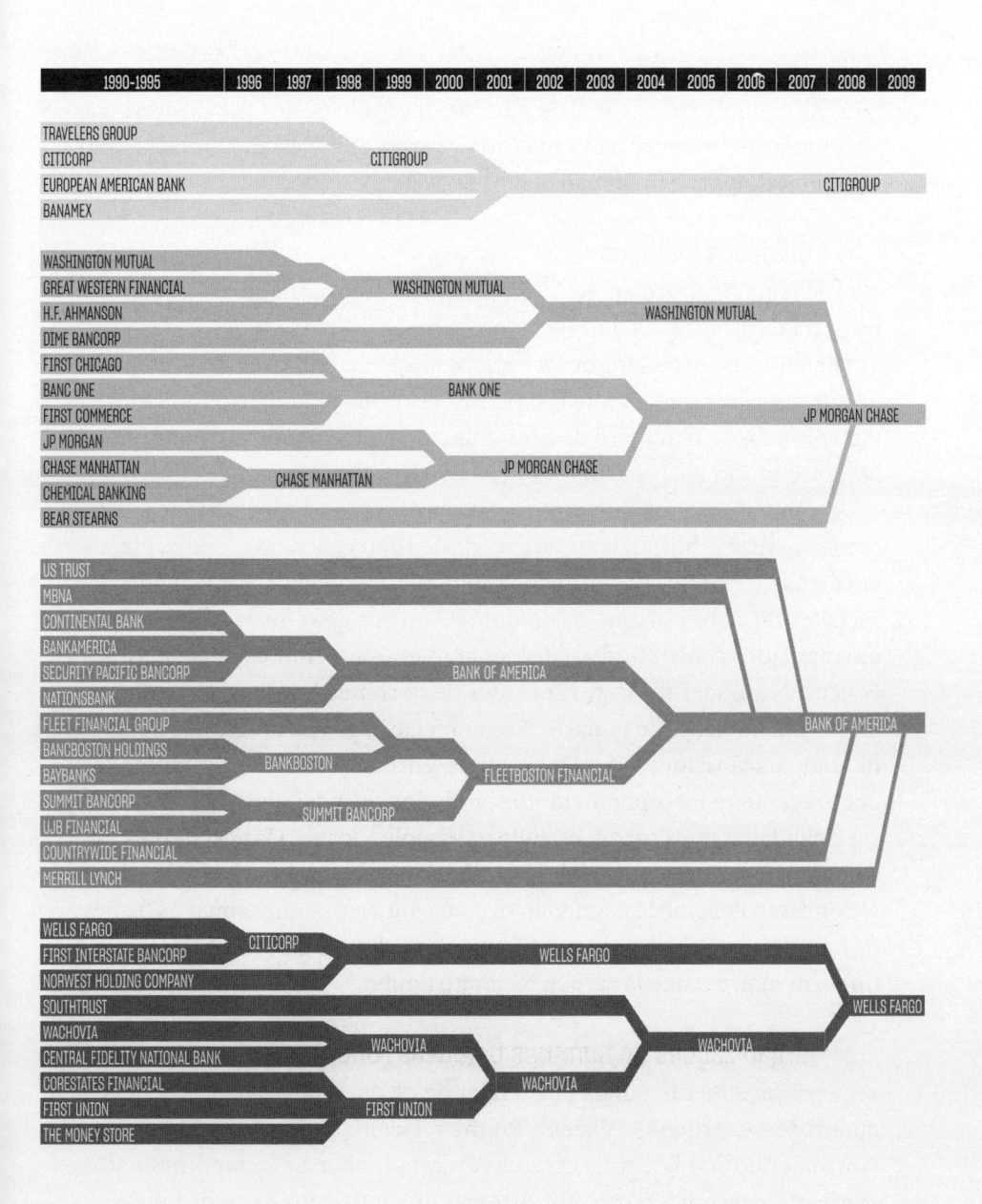

Gráfico 6.3 Fusões bancárias nos Estados Unidos.

Fonte: M. Martineau, K. Knox e P. Combs, "Learning, Lending, and Laws: Banks as Learning Organizations in a Regulated Environment", *American Journal of Industrial and Business Management* 4, pp. 141-54, 2014.

não existe concorrência real. Segundo um estudo de 2014 realizado pela Secretaria de Prestação de Contas do Governo, em 37 estados as três maiores seguradoras controlam ao menos 80% do mercado.[66]

Cuidados médicos

A lei de regulamento do preço dos planos de saúde (LAC) desencadeou um frenesi de fusões, mas outras ondas de fusões já haviam ocorrido antes. Atualmente, quase metade dos mercados hospitalares no país é considerada de alta concentração.[67] Houve 1.412 fusões de hospitais entre 1998 e 2015. Por conta disso, o número de hospitais caiu de 6.100 em 1997 para 5.564 hoje, segundo a Associação Americana de Hospitais.[68]

A compra de concorrentes resulta em preços mais altos para todos. Estudos sobre fusões hospitalares na década de 1990 concluíram que os preços em áreas de grande concentração subiram 40% ou mais. Trabalhos mais recentes descobriram que o aumento de preços após fusões de hospitais em mercados concentrados é frequentemente superior a 20%.[69] O ritmo vem acelerando. Em 2015, 112 fusões de hospitais foram anunciadas no país; é um aumento de mais de 18% em relação ao ano anterior, e de 70% na comparação com 2010.[70] Os hospitais têm comprado muitas clínicas em anos recentes e incorporam tantos profissionais independentes de certas especialidades que acabam criando monopólios locais. Os hospitais foram responsáveis por 26% das clínicas médicas em 2015, quase o dobro de 2012.[71] A Comissão Federal de Comércio só começou a agir e questionar as fusões de hospitais na Pensilvânia, em Illinois e em West Virginia recentemente.[72] Infelizmente, o barco já zarpou há muito tempo.

Organizações de Compras Coletivas (OCCs)

Você provavelmente nunca ouviu falar de OCCs. Embora não as conheça, quatro desses grupos — Vizient, Premier, HealthTrust e Intaler — controlam mais de 300 bilhões de dólares em compras anuais de medicamentos, aparelhos e insumos para 5 mil sistemas de saúde e milhares de outros estabelecimentos de cuidados não intensivos.[73] Essas organizações discretas são mais um exemplo de como o sistema de saúde dos estadunidense é problemático e de como cada passo do caminho foi desenvolvido para explorar os consumidores.

A história das OCCs parece cômica demais para ser verdade, mas é real. As OCCs foram criadas com a ideia de somar o poder de compra dos hospitais a fim de reduzir os preços. Elas podem ter sido boas no início, mas com o tempo elevaram os preços e se tornaram sanguessugas do sistema de saúde. Por incrível que pareça, em 1986 o Congresso aprovou uma lei blindando as OCCs de leis antipropina. Em vez de cobrar a parcela dos hospitais integrantes do grupo, as OCCs podiam coletar "taxas", ou seja, propina dos fornecedores na forma de porcentagem das compras. Isso ampliou os incentivos para inflar preços ao invés de reduzi-los. Se você acha que eximir alguém de leis antipropina já é ruim, as coisas se tornaram muito piores em 1996, quando o Departamento de Justiça e a Comissão Federal de Comércio atualizaram suas regras antitruste e concederam a essas organizações proteção contra ações antitruste, exceto sob "circunstâncias extraordinárias".[74] Na hora de prejudicar o consumidor, sempre se pode contar com a ajuda do governo.

Gestores de benefícios farmacêuticos (PBMs, na sigla em inglês)

Se você tem um plano de saúde nos Estados Unidos que reembolsa a compra de medicamentos, é provável que em seu cartão esteja escrito PBM. Essas organizações são intermediárias gigantescas: em 2016, os PBMs geriam benefícios farmacêuticos para 266 milhões de estadunidenses.[75] Hoje, as "três grandes" PBMs — Express Scripts, CVS Caremaker e OptumRx, divisão da grande seguradora UnitedHealth Group — controlam de 75 a 80% do mercado.

Os estadunidenses pagam os planos de saúde mais caros do mundo, e isso vale também para medicamentos, equipamentos médicos e outros serviços e produtos da prática médica. Os PBMs extraem grandes somas de dinheiro do sistema de saúde sem que o público tenha noção de sua atividade.

Os PBMs surgiram no final dos anos 1960 e supostamente deveriam ajudar a enfrentar a burocracia e a reduzir custos ao combinar pedidos farmacêuticos. No entanto, o efeito foi contrário. De modo semelhante às OCCs, eles recebem propina de empresas farmacêuticas para incluir seus medicamentos nos "formulários", ou seja, as listas dos medicamentos que terão a compra aprovada. Eles também cresceram muito elevando preços e cobrando comissões por seu papel de intermediário. Entre 1987 e 2014, os gastos com medicamentos nos Estados Unidos cresceram 1.100%. Os PBMs são um dos principais responsáveis pelo problema. Por exemplo, o lucro da Express Scripts por prescrição cresceu 500% desde 2003, e sua arrecadação por pedido ajustado saltou de 3,87 dólares em 2012 para 5,16 dólares em 2016.[76]

Atacadistas de medicamentos

As três grandes atacadistas de medicamentos nos Estados Unidos — AmerisourceBergen, McKesson e Cardinal Health — lidam com mais de 90% dos remédios vendidos no país, em grande parte devido a dezenas de aquisições.[77] Quatro de cada cinco remédios vendidos passam pelas Três Grandes.[78]

O poder corrompe, e o poder absoluto corrompe de forma absoluta. Quando você tem tanto poder quanto os atacadistas, acaba abusando dele. Recentemente, os procuradores-chefes de 45 estados acusaram a McKesson, a Cardinal Health e a AmerisourceBergen de praticarem tabelamento de preços.[79]

Não bastasse inflacionarem os preços, os atacadistas também passaram a cometer crimes. Desde 2000, quase 250 mil estadunidenses morreram por overdose de opioides.[80] Os atacadistas contribuíram ativamente para esses óbitos. Em 2014, a Administração de Fiscalização de Drogas (DEA, na sigla em inglês) descobriu uma pequena farmácia de uma cidadezinha com 38 mil pessoas a 50 quilômetros de Denver que prescrevia 2 mil pílulas por dia. Quando o estabelecimento percebeu que excederia o limite a partir do qual esse volume seria classificado como suspeito, a McKesson simplesmente aumentou os limites — diversas vezes. A DEA descobriu que a McKesson fornecia um número imenso de pílulas para farmácias, que, por sua vez, abasteciam mercados de drogas ilegais. Quando as farmácias atingiam os limites, a McKesson os aumentava. Essa prática foi utilizada em todos os doze centros de distribuição da empresa, os quais, juntos, atendiam quase todo o território dos Estados Unidos.[81] Devido ao lobby no Congresso, o trabalho da DEA não deu em nada. A McKesson pagou uma multa de 150 milhões de dólares, uma ninharia para uma empresa de seu porte.

A predominância de monopólios e oligopólios no sistema de saúde e seguros diferencia os Estados Unidos de todos os outros países — pois a nossa situação é pior. Poderíamos até dizer que os monopólios do setor de saúde são uma grande conspiração para arrancar dinheiro do consumidor. Os Estados Unidos gastam muito mais do que outros países desenvolvidos, e não há aumento da expectativa de vida para servir de justificativa (ver Gráfico 6.4).

O gasto com saúde mede o consumo de bens e serviços de saúde, incluindo cuidados pessoais (tratamentos, reabilitação, cuidados de longo prazo, serviços de auxílio e insumos médicos) e serviços coletivos (serviços de prevenção e saúde pública, bem como gestão de saúde), mas excluindo os gastos com investimentos. Aqui mostramos o gasto total com saúde (financiado por fontes públicas e privadas).

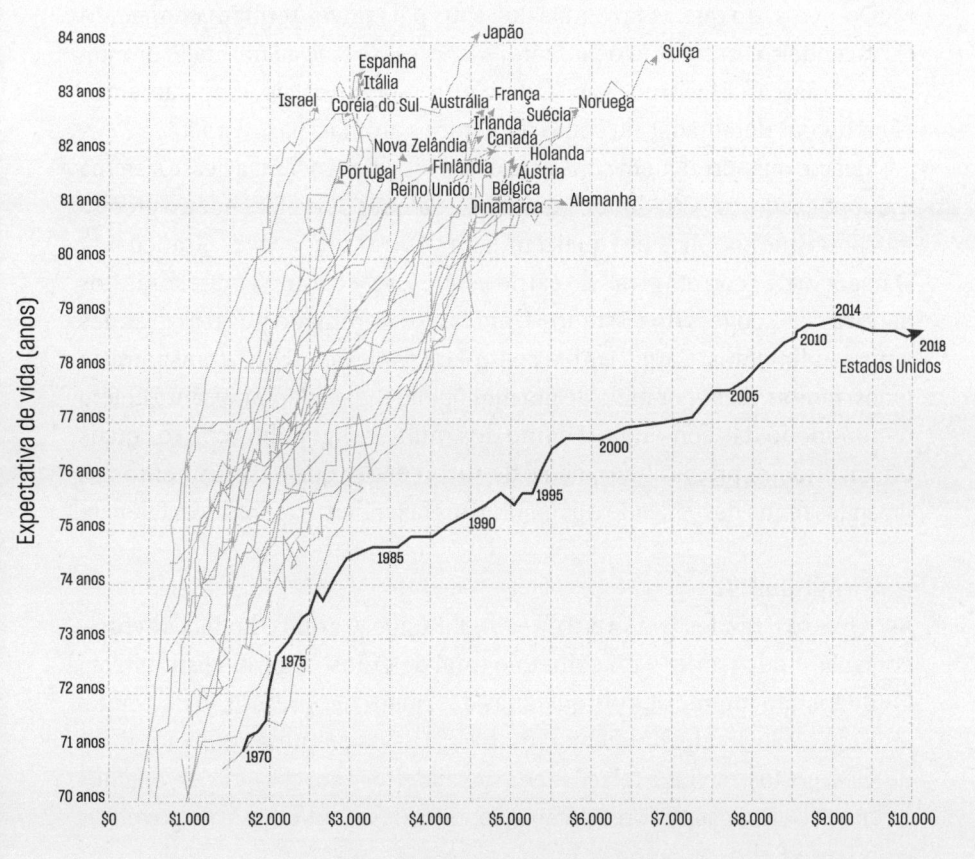

Gráfico 6.4 Expectativa de vida × Gastos com saúde ao longo do tempo (1970-2014).

Fonte dos dados: Gastos de saúde da OCDE, expectativa de vida do Banco Mundial. Licença sob CC-BY-AS pelo autor Max Roser. A visualização interativa dos dados está disponível em OurWorldinData.org. Lá você encontra os dados brutos e mais gráficos sobre o tema.

Carne e aves

O mercado de suínos nos Estados Unidos vem se concentrando em ritmo acelerado. Em 1979, havia 650 mil fazendas de suínos no país. Em 2004, o número havia caído para 70 mil, e hoje está mais próximo dos 65 mil. Atualmente, o setor se assemelha muito mais a uma rede de franquias, como o McDonald's, do que às fazendas que seus pais talvez tenham conhecido. O "fazendeiro" entra com o dinheiro, e empresas como a Smithfield entram com a "marca". Ela fornece ao "fazendeiro" porcos, ração, medicamentos e instruções detalhadas de como preparar os animais para o abate.

Mesmo quando alguém consegue escapar da dependência desse sistema monopolizado, um criador de porcos ou qualquer outro fazendeiro precisa enfrentar monopólios em quase todas as outras etapas (ver Gráfico 6.5). O negócio de "corretagem" de carne — que leva a carne às prateleiras dos Safeways e Krogers dos Estados Unidos — é dominado por três grandes empreendimentos. Cargill e ADM controlam os elevadores e o transporte de grãos, muitas vezes por meio de um monopólio regional. A Monsanto detém o monopólio das sementes. Diante dos muitos oligopólios com os quais um fazendeiro precisa lidar, não é de surpreender que o faturamento das fazendas tenha despencado e a maioria dos fazendeiros tenha ido à falência.

Agricultura

As "Quatro Grandes" ou "ABCD" — ADM, Bunge, Cargill e Louis Dreyfus — controlam de 75 a 90% do comércio total de grãos, segundo estimativas. Os dados são imprecisos porque duas das quatro empresas são de capital fechado e não divulgam seu market share.[82] Essas empresas utilizam redes de silos, portos, navios e relações com fazendeiros para comprar excedentes e vendê-los a consumidores do mundo todo, desde a Kellog's até governos como o do Egito.

Mídia

Os meios de comunicação em massa e agências de notícia do país são um grande exemplo de oligopólio, pois 90% do mercado pertence a seis corporações: Walt Disney, Time Warner, CBS Corporation, Viacom, NBC Universal e Rupert Murdoch's News Corporation. Quase todas as empresas de mídia têm sede em Nova York — no pior cenário, isso estimula o

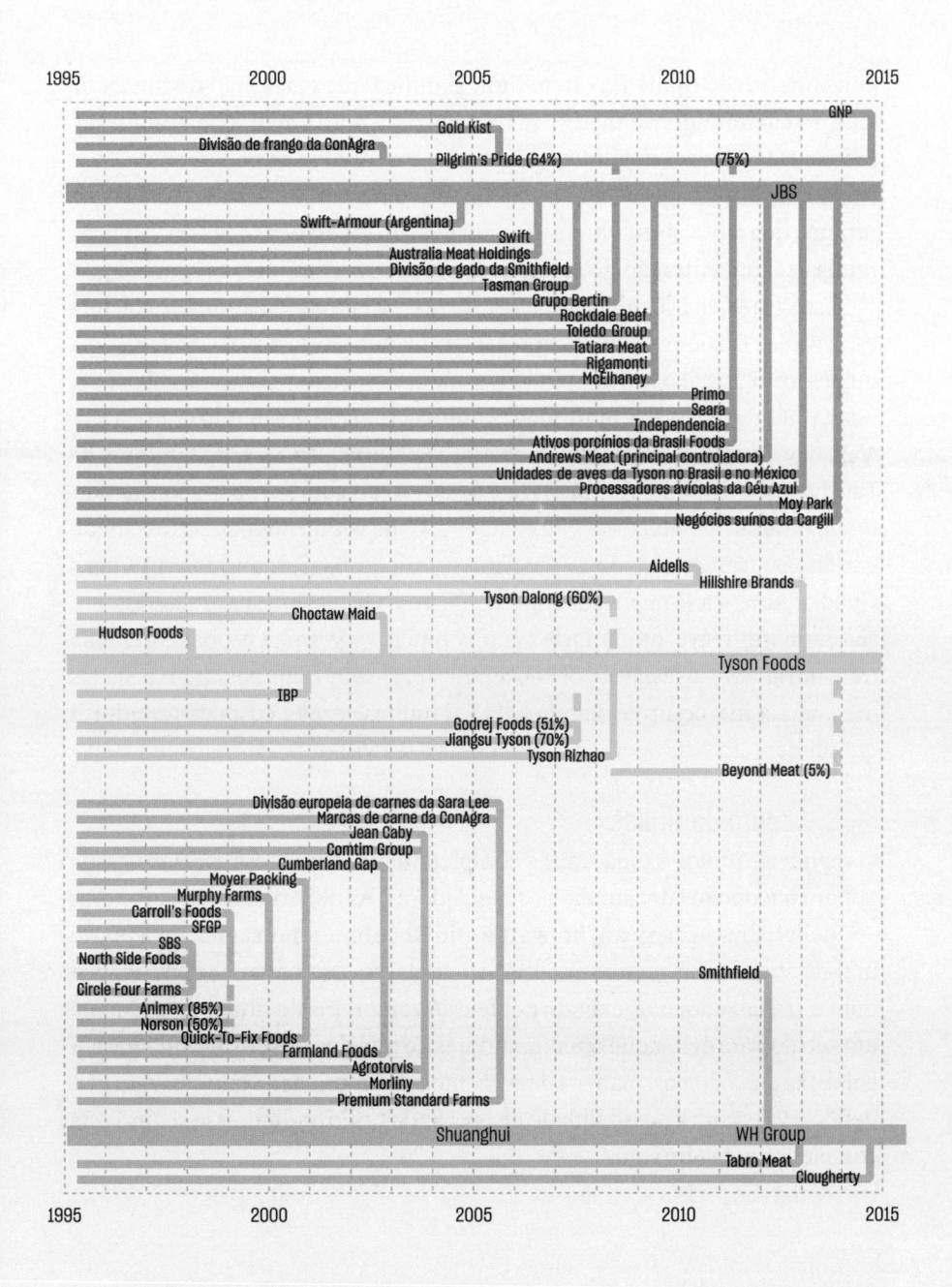

Gráfico 6.5 Histórico de posse das principais processadoras de carne do mundo, 1996-2016.

Fonte: Cortesia de Philip Howard.

pensamento de manada; no melhor, significa que elas estão distantes da vida do estadunidense médio. A confiança na mídia de massa atingiu seu ápice em 1976, com um índice de 72%, e vem caindo continuamente desde os anos 1980, atingindo sua baixa histórica de 32% em 2016. Durante os últimos quarenta anos, viu-se uma correlação inversa entre a confiança na mídia e a concentração do setor, hoje nas mãos de grandes corporações.

Como se o cenário midiático já não fosse concentrado o bastante, enquanto escrevemos Disney e Comcast apresentaram uma oferta de 52 bilhões de dólares pelos ativos da Fox, incluindo seus estúdios de cinema e televisão.* Por quê? Bem, por que não, se as autoridades antitruste estão dormindo em serviço? A Disney é proprietária da Pixar, da ABC, da Marvel, da A&E, da Lifetime, da Touchstone e de muitas outras. A fusão não prejudicará apenas os consumidores, mas também os criadores de conteúdo. Cada vez menos pessoas decidirão que filmes ou programas de TV são feitos e quais acabam produzidos. A Writer's Guild of America se opôs veementemente a essa fusão. Em suas palavras, "em sua ânsia irrefreável de eliminar a concorrência, os grandes negócios demonstram um apetite insaciável por concentração. Disney e Fox passaram décadas lucrando com o controle oligopolista [...] muitas vezes à custa dos criadores que alimentam suas operações de cinema e televisão".[83]

Seguro de títulos

O seguro de títulos é uma fraude completamente desnecessária perpetrada por um oligopólio com auxílio dos reguladores. As quatro maiores corretoras — Fidelity, First American, Stewart e Old Republic — têm cerca de 87% do market share.[84] Elas faturam bilhões de dólares todos os anos com um produto ultrapassado, mas exigido por lei.[85] As empresas de títulos surgiram há um século para evitar que os compradores de imóveis fossem ludibriados por golpistas que não possuíam os documentos da propriedade que estavam vendendo. Hoje, com a possibilidade de buscas de título on-line, esse seguro está completamente obsoleto.

---

* A fusão entre a Walt Disney Company e a 21st Century Fox foi formalmente concluída em 20 mar. 2019, passando a Disney a ser proprietária dos estúdios de TV e cinema da Fox, bem como dos canais FX, FXX, National Geographic e parcialmente do Hulu. (N.E.)

Em 2007, a Secretaria de Prestação de Contas do Governo alertou que o preço dos seguros de títulos estava inflado em razão da baixa concorrência no mercado e do pagamento corriqueiro — e ilegal — de propina a corretores, fornecedores de empréstimos e outros profissionais que redirecionavam seus clientes para as empresas.[86] O *New York Times* classificou esse setor como uma arapuca.[87] Em quase todos os estados, a legislação barra gigantes de outros campos, como a AIG ou a State Farm, de oferecer seguros de títulos e preços mais baixos.

Quando, em seu dia a dia, você compra cereais, cerveja, carne, leite, celular ou refrigerantes, quando contrata um serviço médico ou faz uma busca na internet, lembre-se de que está enviando parte de seus ganhos a um oligopolista ou monopolista. Trata-se de uma prática robusta de taxação regressiva, uma transferência de dinheiro dos pobres para os ricos.

Se você está se perguntando por que a desigualdade de renda e riqueza é tão alta, a resposta é que os ricos levam quase toda a arrecadação dos pedágios na estrada da vida estadunidense. Hoje os 10% de domicílios mais ricos dos Estados Unidos detêm 84% de todas as ações, segundo um trabalho recente do economista da Universidade de Nova York, Edward N. Wolff. Embora a riqueza média dos estadunidenses tenha ultrapassado seu pico anterior, de 2007, hoje a mediana de riqueza ainda está 34% abaixo desse patamar. Existe uma explicação para essa disparidade: enquanto quase 95% dos muito ricos afirmaram possuir quantias significativas de ações e títulos, esse número despenca para 27% na classe média. Já os pobres não têm nada — na verdade, seu patrimônio líquido é negativo, pois seu endividamento é considerável.[88]

Os ricos controlam os pedágios da estrada, e a população comum paga para usá-la.

→ Os estadunidenses têm a ilusão da escolha em sua vida cotidiana, mas pagam pedágio todos os dias para poucas empresas sem concorrentes reais.

→ Há dezenas de setores tão concentrados que não podemos deixar de nos perguntar o que as autoridades antitruste fazem com seu tempo.

→ Se você está se questionando por que a desigualdade de renda e riqueza é tão alta, a resposta é: porque os ricos têm controle quase total dos pedágios nas estradas da vida estadunidense.

7

O QUE OS TRUSTES E OS NAZISTAS TÊM EM COMUM

Assim como, do ponto de vista político, precisamos
convencer os alemães da concessão irrevogável de
poder a um ditador [...], também precisamos
convencê-los, do ponto de vista econômico,
de que é insanidade permitir que um
empreendimento privado adquira poder
ditatorial sobre qualquer setor da economia.
A Year of Potsdam: German Economy Since Surrender,
DEPARTAMENTO DE GUERRA DOS ESTADOS UNIDOS

Cornelius Vanderbilt foi a personificação do monopolista estadunidense do século XIX. Ele representa a ideia de corporações que atuavam como Golias, embora tivessem começado como Davi. Em 1808, o estado de Nova York criou um monopólio sobre as viagens de balsa para os vinte anos seguintes. O ex-governador de Nova Jersey, Aaron Ogden, comprou esses direitos de monopólio e estabeleceu sociedade com Thomas Gibbons, um advogado rico. Quando a sociedade deu errado, os dois começaram a competir nos estados de Nova York e Nova Jersey. Os sócios acabaram se enfrentando nos tribunais de Nova York.

Gibbons decidiu recorrer em todas as instâncias em sua ação contra os monopólios, até chegar à Suprema Corte. Conta-se que ele havia contratado um barqueiro de vinte e poucos anos chamado Cornelius Vanderbilt para pilotar suas balsas. Vanderbilt capitaneava as barcas, correndo o risco de ir preso, e cobrava menos que os grandes monopolistas.

O caso *Gibbons versus Ogden*, de 1824, tornou-se um marco legal em prol do livre-comércio. A Suprema Corte decidiu que o poder do Congresso para regular o comércio interestadual se aplicava também aos transportes. As águas de Nova York ficaram livres para o comércio após essa decisão, e nenhuma empresa poderia ter um monopólio legal entre os estados. Foi mais uma vitória na longa batalha dos estadunidenses contra os monopólios. Gibbons e Vanderbilt poderiam tocar seu negócio com liberdade.

Em poucos anos, Vanderbilt já administrava as próprias balsas na região de Nova York e começou a estender seu domínio às ferrovias. Negociante voraz, no fim dos anos 1840 quase todo mundo que viajava entre Boston e Nova York o fazia em um barco ou trem pertencente a Vanderbilt. Alguns anos depois, ele dominaria também as rotas entre Nova York e Chicago.

A concentração das ferrovias nas mãos de Vanderbilt ajudou a criar uma das maiores riquezas da história dos Estados Unidos. Ele comprou a New York & Harlem e a Hudson Line e foi atrás da New York Central Railroad por todos os meios disponíveis. Não raro, Vanderbilt assumia o controle de empresas manipulando ações, acuando o mercado e usando o que hoje chamaríamos de informação privilegiada.

Quando queria, Vanderbilt era inclemente. Em um inverno rigoroso, quando o canal Erie estava congelado, ele se recusou a aceitar os passageiros e as cargas da Central, impedindo-os de fazer conexões. A Central Railroad ficou sem alternativa senão se render e lhe vender o controle da empresa. Não demorou para que assumisse o controle sobre todo o tráfego ferroviário entre a cidade de Nova York e Chicago. O poder advindo da posse da Central, como sua empresa ficou conhecida, era tão grande que, nas palavras da *The Atlantic*, ele construiu "um reinado dentro da república".[1]

Os outros empresários aprenderam a não cruzar seu caminho. Em uma ocasião, quando alguns sócios conspiraram para roubar uma de suas propriedades, ele os informou friamente por meio da imprensa: "Cavalheiros: vocês tentaram me passar para trás. Não vou processá-los, pois os tribunais são muito lentos. Vou arruiná-los".[2]

Seu biógrafo, T. J. Stiles, era fascinado pelo estudo da vida de Vanderbilt, mas precisou reconhecer que ele havia agravado "problemas que jamais seriam totalmente resolvidos: uma imensa disparidade entre pobres e ricos, a concentração de muito poder nas mãos de particulares e as fraudes e trapaças gananciosas que prosperam em ambientes sem regulação".[3]

O Comodoro Vanderbilt disse que apenas um homem poderia lhe dar ordens, e esse homem era John D. Rockefeller.[4] Quando morreu, Vanderbilt era o homem mais rico dos Estados Unidos. O próprio Rockefeller não demoraria a concentrar em suas mãos a indústria petrolífera, como Vanderbilt havia feito com o setor ferroviário. No ápice do poder de Rockefeller, sua empresa, a Standard Oil, controlava 90% do petróleo refinado dos Estados Unidos. A riqueza de Rockefeller logo superaria a de Vanderbilt.

Hoje, quando ouvimos o termo "barão gatuno", pensamos em industrialistas do século XIX como Vanderbilt e Rockefeller, que dominavam seus setores. Seus nomes costumam figurar em universidades como Stanford, batizada em homenagem ao magnata ferroviário Leland Stanford, ou na Universidade Vanderbilt, cujo nome vem do Comodoro. Carnegie Mellon se chama assim por causa de Andrew Carnegie, que controlava a US Steel.

Embora sejam lembrados como grandes filantropos, esses homens também tinham um lado sombrio. Muitos barões gatunos subornavam representantes eleitos para conseguir o que queriam. Rockefeller e seus sócios esmagaram inúmeros pequenos concorrentes, conspirando em segredo com companhias ferroviárias e outras empresas. Ele conseguia condições de negócios melhores que aquelas oferecidas aos comerciantes de menor porte, pois recebia descontos de até 75% no preço do frete.[5] Quando as outras empresas desistiam de enfrentá-lo, Rockefeller se oferecia para comprá-las, ou então as levava à falência.

Pequenos fazendeiros, petroleiros e homens de negócios se ressentiam dos magnatas, porque estes controlavam as vias principais do tráfego industrial, os meios de produção e todos os caminhos por onde o fluxo de commodities passava dos produtores para os consumidores. Os grandes podiam acabar com os pequenos.

Como Vanderbilt havia descoberto após adquirir uma companhia ferroviária, sendo o dono das artérias do comércio, ele podia exibir ainda mais suas garras. Naqueles tempos, o desejo de explorar o poder era insaciável. Nas palavras de Matthew Josephson em seu clássico livro *The Robber Barons* [Os barões gatunos]:

> Portanto, as companhias ferroviárias levavam a melhor sobre os gestores de minas de carvão; e, como os havia dominado, podiam explorar também os setores que dependiam do fornecimento de carvão. Ou os consórcios de elevadores de grãos e abatedouros entravam em conluio com as companhias ferroviárias para explorar os produtores de gado e grãos; as refinadoras de petróleo exploravam os perfuradores de petróleo, para então incorporarem ou somarem forças com seus antigos oponentes para, todos juntos, explorarem os consumidores.[6]

À medida que as companhias ferroviárias se expandiam para Oeste interligando os Estados Unidos com trilhos de aço, o poder dos barões gatunos foi crescendo. Assim como hoje, o controle de um setor permitia aos empresários extorquir os fornecedores de outros.

Os fazendeiros do Oeste se ressentiam com o controle das companhias ferroviárias sobre o transporte de trigo. Eles não conseguiam chegar a seus consumidores e precisavam pagar as taxas impostas pelos donos dos trilhos. Os fazendeiros se organizaram, e candidatos políticos aderiram à sua causa. Assim se espalhou aquele que seria chamado de movimento progressista, que clamava pela regulação dos negócios para garantir a concorrência e a livre-iniciativa.

O Congresso respondeu à pressão política de seus eleitores e aprovou uma lei de regulação das companhias ferroviárias, a Lei de Comércio Interestadual, em 1887. Em seguida, voltou-se para os monopólios.

Em 1890, o Congresso aprovou a revolucionária Lei Sherman, que se tornou a base para leis antitruste no mundo. Essa lei tinha duas seções. A Seção 1 impedia ações coletivas, proibindo "todo acordo, conluio com base na palavra ou não, e conspiração" que restringisse o livre-comércio interestadual. A Seção 2 impedia que indivíduos ou empresas tentassem monopolizar o comércio. Os termos eram extremamente amplos, e não havia uma fórmula para garantir o cumprimento de seus objetivos. Nada mudou até os dias de hoje, e esse ainda é um fator central para nossos problemas. Atualmente, quase todos os países têm leis parecidas. A União Europeia barra "o abuso de posição dominante", enquanto as leis antitruste do Reino Unido proíbem ações contrárias ao "interesse público".

A Lei Sherman foi celebrada como expressiva vitória política à época de sua aprovação. O senador John Sherman, que apresentou o projeto, chamou-a de uma "carta de direitos, um estatuto da liberdade". Havia muitos motivos para a aprovação dessa lei. Durante os debates, alguns senadores enfatizaram os preços proibitivos para os fazendeiros. Outros não gostavam da coordenação oriunda dos trustes e acordos entre produtores e companhias ferroviárias, enquanto outro grupo lamentava que setores inteiros da economia estivessem nas mãos de um único magnata. O fato é que o propósito da lei não era apenas econômico. A limitação da prática de preços abusivos por parte dos monopolistas era um dos objetivos, mas os propósitos políticos e sociais tinham igual — ou até maior — importância.

Evitar a concentração de poder em qualquer setor era o principal objetivo por trás da Lei Sherman. O senador Sherman via os magnatas industriais como monarcas dos tempos modernos. Nas discussões no Senado durante 1890, ele declarou: "Se não toleramos um rei como força política, não deveríamos tolerar um rei ditando a produção, o transporte ou a venda de qualquer artigo necessário para nossas vidas. Se não nos submetemos a um imperador, não devemos nos submeter a um autocrata do comércio com o poder de barrar a concorrência e de tabelar os preços de qualquer produto".

A era antitruste começou com grandes esperanças, que foram logo frustradas. Devido à reticência dos tribunais em fazer a lei valer, a década seguinte testemunhou a primeira onda significativa de fusões da história dos Estados Unidos. O período entre a década de 1890 e 1904 foi palco de diversas fusões monopolísticas em todos os setores, e a economia do país deixou de ser composta de várias pequenas empresas para abrigar companhias maiores que dominavam ramos inteiros.

As empresas continuaram atuando como se nada tivesse mudado. E, de fato, nada tinha mudado. Mais de uma década após sua aprovação, a Lei Sherman quase não foi usada contra os monopólios. Mais tarde, Theodore Roosevelt declararia em um discurso: "Quando assumi a presidência, a lei antitruste era praticamente letra morta, e a lei de comércio interestadual estava em más condições".[7]

Havia muitos motivos para a falta de fiscalização antitruste. As leis voltadas a essa finalidade eram uma área totalmente nova do direito, e os tribunais tinham dificuldade para interpretar a linguagem pouco específica da lei. Mas talvez o maior problema fosse a falta de recursos para que o Departamento de Justiça enfrentasse a maioria das fusões.[8] A primeira grande onda de fusões só terminou com a desaceleração da economia, em 1903, e com a quebra do mercado de ações.

Como hoje, os tribunais enfrentavam um problema central para implementar a ideia geral da Lei Sherman. Geralmente era neles que os processos contra os trustes fracassavam, pois a definição de comércio prevista em lei era muito estrita. Por exemplo, meros cinco anos após a aprovação da Lei Sherman, no caso *Estados Unidos versus E. C. Knight Co.*, os tribunais rejeitaram completamente uma ação contra o truste que controlava mais de 98% do refinamento de açúcar. O tribunal causou espanto ao alegar que a manufatura não constituía uma forma de comércio interestadual. Isso serviu de sinal verde para que os monopolistas tomassem conta de mercados inteiros.[9]

A Lei Sherman representava um ideal elevado, mas estava muito distante da cruel realidade dos anos 1890. Como escreveu certa vez G. K. Chesterton, grande defensor da ortodoxia cristã, "o ideal cristão não foi testado nem considerado problemático. Ele foi considerado difícil, portanto jamais foi tentado".

Espantosamente, embora o objetivo das leis antitruste fosse limitar os monopólios, no início elas foram usadas sobretudo contra sindicatos de comércio, que os tribunais viam como conluios ilegais. Em *Loewe versus Lawlor*, a Suprema Corte decretou que os sindicatos trabalhistas não estavam imunes à regulação antitruste, e depois disso as atividades sindicais passaram a ser vistas como limitadoras do comércio.[10]

Nos primeiros anos, a Lei Sherman foi um fracasso retumbante, mas houve alguns avanços importantes na luta contra os trustes.

Em 1911, a Suprema Corte dos Estados Unidos dividiu a Standard Oil Company e a American Tobacco Company, e a derrota de dois dos trustes mais poderosos do país estabeleceu um novo paradigma. A American Tobacco foi repartida em quatro empresas. A Standard Oil foi dividida em 33 companhias. O presidente Theodore Roosevelt classificou isso como "um dos maiores triunfos da decência já vistos em nosso país".[11]

Criar trustes era fácil; dividi-los era uma tarefa muito mais complexa. Como desfazer uma omelete para ter um ovo? Esse é o abacaxi que hoje precisaremos descascar mais uma vez para desmembrar os monopólios modernos.

A American Tobacco Company foi fundada em 1890 e incorporou mais de duzentas empresas para controlar o mercado de cigarros. A empresa teve sucesso logo de início, pois era muito mais eficiente que a concorrência. Enquanto outras companhias enrolavam manualmente seus cigarros, James Buchanan Duke comprou uma máquina capaz de enrolá-los a baixo custo e com grande precisão. A Tobacco oferecia cigarros mais baratos e angariou clientes felizes — uma história de sucesso do capitalismo. No entanto, houve uma mudança de escala após ela se fundir com cinco de suas maiores concorrentes, conquistando 90% do market share. A instituição resultante era conhecida como "Truste do Tabaco". Os preços eram baixos, mas uma única empresa dominava todo o mercado. Não contente em se tornar proprietária de todas as manufaturas de cigarro, a American Tobacco começou uma integração vertical e passou a controlar todas as etapas de produção do cigarro, chegando a contar com plantações de tabaco próprias.

Retornar ao modelo inicial às fusões não era tarefa fácil, pois essas marcas já haviam sido totalmente integradas em uma única máquina. Mesmo assim, a American Tobacco acabou repartida em um oligopólio formado por American Tobacco Company, R. J. Raynolds, Liggett & Myers e Lorillard.

A Standard Oil era um problema diferente. Ela também havia crescido como resultado de muitas aquisições, mas grande parte de seu tamanho se devia à integração vertical. Existe uma longa cadeia de produção entre a retirada do petróleo do solo e a combustão da gasolina nos carros. A Standard Oil controlava cada etapa desse caminho. Seria mais fácil separar cada uma das fases da exploração e produção de petróleo, desde o refinamento até a venda final, passando pelo marketing. Cada departamento da empresa tinha uma função completamente distinta.

Rockefeller estava jogando golfe quando ficou sabendo da notícia. "Compre ações da Standard Oil", ele recomendou ao homem que jogava com ele. Era uma dica excelente. Como aprendemos antes, ser maior nem sempre significa ser melhor. As partes da Standard Oil valiam muito mais separadas do que juntas. Rockefeller se tornou muito mais rico após essa divisão.

A maioria dos outros trustes escapou da fiscalização, e o problema dos monopólios não foi resolvido. Os eleitores exigiram ações mais contundentes contra os magnatas, que se tornavam cada vez mais poderosos e dominavam a indústria estadunidense.

Em 1912, Theodore Roosevelt concorreu para presidente com uma plataforma progressista de combate aos trustes, defendendo a necessidade de controlar o poder corporativo e erradicar os monopólios. Embora tivesse discursado bastante sobre os perigos envolvidos, como presidente ele não abriu muitos processos contra monopólios. Na verdade, sua Divisão Antitruste contava apenas com cinco advogados para enfrentar os homens mais ricos da história dos Estados Unidos — Rockefeller, J. P. Morgan e Carnegie.

O poder corporativo ilimitado dominou a campanha. Um mês antes das eleições, o candidato democrata Woodrow Wilson falou a seus apoiadores em Lincoln, no estado do Nebraska, em um discurso que se tornou clássico por sua reivindicação de liberdade econômica e política:

> O que vocês querem? Querem viver em uma cidade dominada por grandes capitalistas, que vejam nela um local adequado para implementar seus negócios e coloquem vocês para trabalhar para eles? Ou querem ver seus filhos e irmãos abrindo os próprios negócios sob a proteção de leis que impeçam qualquer gigante, por maior que seja, de levá-los à falência, de modo que seja possível enfrentar aqui, em um país livre, a qualquer capitão de indústria ou financista... de qualquer lugar do mundo?
>
> Ora, cavalheiros, os Estados Unidos jamais se submeterão aos monopólios. Os Estados Unidos jamais escolherão a servidão ao invés da liberdade.[12]

Repare que não há nenhuma palavra referente à redução de preços, ao bem-estar do consumidor ou à eficiência.

Após as eleições de 1914, o Congresso aprovou duas medidas para tornar a Lei Sherman mais robusta. A primeira foi a Lei Antitruste Clayton. A segunda foi a criação da Comissão Federal de Comércio (CFC), que criou uma agência governamental com poder de investigar violações da lei antitruste e coibir práticas de concorrência desleal.

Mesmo após a Lei Clayton e a criação da CFC, havia pouca fiscalização das leis antitruste. Somente alguns anos mais tarde, na década de 1920, os Estados Unidos testemunharam uma de suas maiores ondas de fusões da história. Essa segunda grande onda coincidiu com o aumento do mercado de ações em 1920. Não é motivo de surpresa que as altas do mercado de ações tenham coincidido com as ondas de fusões. Os economistas descobriram mais tarde que, quando o preço das ações sobe, os CEOs podem usar sua participação inflada para ampliar seus impérios.[13]

Em vários sentidos, o cenário da época lembra o atual. Por causa das leis antitruste, as empresas não tentaram mais tomar 90% de um setor, pois sabiam que, caso o fizessem, acabariam repartidas como a Standard Oil. Em vez disso, elas desistiram de monopólios no sentido estrito e apostaram no que passou a ser chamado de "fusões de oligopólio". Os setores se reorganizaram, e cada nicho passou a ter alguns líderes que podiam entrar em conluio tácito e ocupar o espaço antes dominado por um único monopolista.[14]

De modo semelhante ao ocorrido na primeira onda, a segunda teve fim com a Grande Depressão de 1929. Não foram os reguladores que encerraram a febre de fusões, mas o colapso dos mercados. No entanto, quando a Grande Depressão ocorreu, muitos setores já haviam se tornado oligopólios (Gráfico 7.1).

Se os anos 1920 foram uma época de excessos e especulação, a década de 1930 foi palco de reforma e reversão. Após a onda épica de fusões, a política se voltou contra os monopólios. Em processo semelhante ao de hoje, os economistas dirigiram sua atenção para os monopólios. O clássico *The Decline of Competition* [O declínio da competição], de Arthur Robert Burns, publicado em 1936, analisava os oligopólios emergentes. Mas a fiscalização antitruste ainda era indulgente.

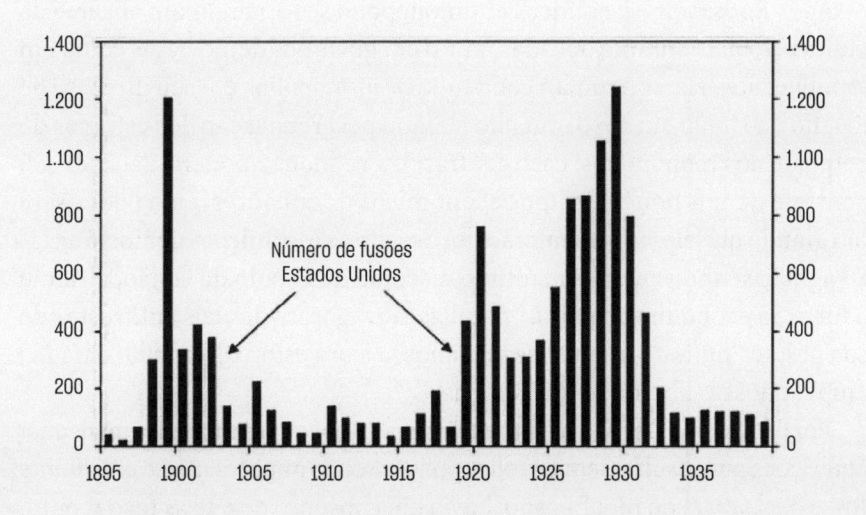

Gráfico 7.1 Primeira e segunda ondas de fusão (1890-1903, 1920-1930).
Fonte: Cortesia de Taylor Mann.

Quando Franklin D. Roosevelt assumiu a presidência, em 1933, a Divisão Antitruste era formada por quinze advogados e não havia crescido muito em relação a vinte anos antes. Isso mudou de forma decisiva em março de 1938, quando o presidente Roosevelt designou o professor de direito de Yale Thurman Arnold para chefiar a Divisão Antitruste. Ele expandiu muito a fiscalização antitruste e começou a desenvolver uma política consistente.

Arnold elevou bastante o número de advogados do departamento, que chegou a 583 profissionais em 1942. Sua agência empreendeu um trabalho monumental, e em cinco anos no cargo ele resolveu quase metade das ações antitruste apresentadas nos primeiros 53 anos de existência dessa regulação.[15] Além disso, a gestão Roosevelt realizou audiências referentes à concentração econômica. Entre 1938 e 1941, ela produziu 45 volumes sobre o problema dos monopólios.

A mudança de postura perdurou por muito tempo após Roosevelt, mostrando que a máquina regulatória e os tribunais se movem como um navio petroleiro. Truman, Roosevelt, Eisenhower, Nixon, Ford e Carter seguiram todos uma linha mais dura no combate aos trustes.

Após Roosevelt, as políticas antimonopólio se tornaram um alicerce da política do país durante décadas, tanto em governos democratas como em republicanos. Harry Truman condenou os monopólios em seu discurso de Estado da União em 1950, quando clamou pela renovação dos esforços de combate aos monopólios; caso contrário, a economia poderia "acabar sob controle de uns poucos grupos econômicos dominantes, cujo poder será tão grande que eles representarão um desafio às instituições democráticas". Dwight Eisenhower, em seu último discurso de Estado da União, atribuiu a força da economia do país à "fiscalização vigorosa das leis antitruste" de sua gestão "durante os últimos oito anos, e a um esforço contínuo para [...] ampliar nossas liberdades econômicas".[16]

Por décadas, o Departamento de Justiça se opôs com firmeza a quaisquer aquisições que resultassem em oligopólios. Pouco importava se o presidente fosse democrata ou republicano: havia um consenso de que as fusões entre grandes concorrentes não eram boas.

Era uma vitória incontestável sobre a concentração de mercado.

Carl Duisberg, CEO da empresa alemã Bayer, viajou para os Estados Unidos em 1903 para visitar indústrias químicas. Ele não ficou impressionado com o que viu, mas voltou para casa com um insight muito maior: o poder dos trustes nesse país.

As fábricas dos Estados Unidos não se pareciam em nada com as da Alemanha. Eram mal equipadas e, ao seu ver, os gerentes não eram profissionais. Além disso, os trabalhadores pareciam ter direitos sindicais em excesso. Mas, embora não tenha se impressionado com as fábricas, ele ficou maravilhado com a Standard Oil de John D. Rockefeller. Duisberg passou a viagem de regresso à Alemanha pensando em como poderia aplicar as lições dos trustes estadunidenses.

Seis meses mais tarde, ele entregou um relatório de 58 páginas a seus principais concorrentes: Hoechst, BASF e Agfa. Sua grande sacada foi replicar os trustes dos Estados Unidos e coordenar totalmente a produção, o preço e a concorrência.[17] Com esse relatório, ele criou o grande conglomerado IG Farben.

Duisberg é uma das principais figuras da história da saúde e da indústria química alemã.[18] Após a primeira aula de química que teve quando criança, ele já sabia o que desejava fazer pelo resto da vida. "Quero ser um químico", disse o aluno da quarta série à sua mãe. E foi exatamente a isso que dedicou sua existência. Quando morreu, em março de 1935, ele era uma figura respeitada na Alemanha e no mundo. *The Times of London* resumiu os feitos de Carl Duisberg em seu obituário: "Seu país perde um homem que, no final das contas, acredito podermos considerar o maior industrialista que o mundo já conheceu".[19]

De todo modo, Duisberg havia realizado seu sonho: a IG Farben era um titã corporativo capaz de rivalizar com a Standard Oil dos Estados Unidos. Segundo Diarmuid Jeffreys, autor de um livro sobre a empresa chamado *Hell's Cartel* [Cartel do inferno], a IG Farben era "um colosso corporativo, um imenso polvo [...] cujos tentáculos alcançavam todos os grandes países do mundo". Ela tinha um poder econômico impressionante e era conhecida como "um Estado dentro de um Estado".[20] A empresa teve vários vencedores do prêmio Nobel em seu rol de funcionários e inventou medicamentos incríveis, como a aspirina. Em seu ápice, chegou a empregar diversas centenas de milhares de trabalhadores.

Todavia, pouco mais de uma década após a morte de Duisberg, sua criação foi desmembrada, e todos os principais executivos da IG Farben foram julgados por crimes de guerra em Nuremberg.

Os executivos da IG Farben foram indiciados em 3 de maio de 1947. Eles foram acusados de planejar, preparar, iniciar e executar agressões de guerra e invasões de outros países, e de cometer crimes de guerra e crimes contra a humanidade. A IG Farben havia produzido o gás Zyklon B, utilizado no genocídio de milhões de judeus.[21]

Os acusados foram absolvidos da maioria das alegações, mas o tribunal concluiu que os treze réus poderiam ser considerados responsáveis por seus crimes em Auschwitz.[22] Eles foram condenados a penas de um a oito anos de prisão, incluindo o tempo já cumprido na provisória.[23]

A IG Farben, porém, já não existia mais.

Em 5 de julho de 1945, o Exército estadunidense havia dividido a empresa em três outras: BASF, Bayer e Hoechst. O general Dwight D. Eisenhower ordenou a quebra do monopólio. Alguns meses antes, um relatório comissionado por Eisenhower concluiu que a empresa havia sido crucial para os esforços de guerra alemães. Sem sua capacidade produtiva e sua engenhosidade científica, Hitler jamais teria conseguido fazer o que fez.[24] É difícil exagerar a importância da concentração industrial para a ascensão dos nazistas.

Vinte dias após chegarem ao poder, os nazistas incluíram vinte dos principais industrialistas alemães em um programa secreto de rearmamento. Dentre eles estavam Krupp von Bohlen, da fabricante de armamentos Krupp, e representantes da IG Farben, dentre outros industriários. Adolf Hitler e Hermann Göring explicaram seu programa aos industrialistas, que ajudaram a levantar 3 milhões de reichsmark para o partido nazista.[25]

A Alemanha nunca teve um programa de massa antimonopólio como os Estados Unidos. Os líderes industriais e financeiros estavam convencidos de que "os trustes e os cartéis representavam as formas mais elevadas de organização econômica".[26] Muitas pessoas dentro do governo e da academia acreditavam que os cartéis eram uma forma "mais elevada" de organização econômica, capaz de substituir o ambiente brutal da concorrência por um sistema de cooperação e cartéis.[27]

O desejo da indústria alemã de limitar a concorrência ia muito além das fronteiras do país. Em 1939, os industrialistas alemães assinaram o Acordo de Düsseldorf com a Federação da Indústria Britânica. "É essencial substituir a concorrência destrutiva sempre que a cooperação construtiva se mostrar viável", declararam. Se a Segunda Guerra Mundial não tivesse começado algumas semanas depois, talvez o acordo tivesse conseguido eliminar a concorrência internacional dos setores de aço, químicos e carvão.

No regime nazista havia trustes, conluios e cartéis em todos os setores da economia. O tabelamento de preços monopolista era a norma na maior parte da economia. Os cartéis determinavam os preços, limitavam a produção e combinavam a divisão dos mercados.[28]

Os nazistas tinham seus motivos para preferir monopólios e cartéis. O economista Arthur Schweitzer escreveu sobre a estrutura de poder existente entre o Partido Nazista, as grandes corporações e os generais em 1936. Em seu livro *Big Business and the Third Reich* [Grandes negócios e o Terceiro Reich], ele escreveu que, alguns anos após Hitler chegar ao poder, "o socialismo de classe média" havia sido derrotado, as negociações coletivas estavam banidas e os sindicatos eram proibidos. Os sindicatos foram esmagados, tachados de centros alternativos de poder. Grandes empresas eram priorizadas em relação às menores porque, como apontou Schweitzer, "é mais fácil para as autoridades lidar com um número restrito de grandes empresas do que com um sem-número de pequenas".[29] Consequentemente, o regime nazista estimulou o processo de concentração monopolística, reforçando o poder dos magnatas industriais e enfraquecendo a situação das classes média e trabalhadora.[30]

Os nazistas queriam que quase todos os setores se tornassem cartéis. Em 1936, foi aprovada uma lei de cartéis para forçar as indústrias a formá-los nos setores onde ainda não existiam.[31] A consolidação dos cartéis sob o governo nazista integrava a política geral de redução do número de negócios privados com os quais o governo precisava lidar.[32]

Talvez os Estados Unidos não tivessem se concentrado na IG Farben caso a empresa não tivesse firmado um acordo secreto com a Standard Oil para repartir o mundo. Em 1929, o "casamento", como era chamado pela IG Farben, foi concretizado. O acordo declarava que a Standard Oil se manteria longe do setor químico, inclusive da produção de borracha sintética.[33] Em troca, a Farben não poria os pés na indústria petrolífera, exceto no mercado doméstico da Alemanha.[34]

Foi somente após o bombardeio de Pearl Harbor que os Estados Unidos acordaram e perceberam que eram reféns dos grandes trustes industriais. Quando perdeu o acesso à maior cadeia de borracha natural do mundo, o país precisou contar com recursos próprios. Os estadunidenses acabaram dando um jeito de produzir borracha sintética, mas com grandes custos e atrasos.[35]

Dada a escassez de borracha nos Estados Unidos, o Departamento de Justiça começou a destrinchar as relações da gigante do petróleo com a IG Farben. Não demorou para que todas as facetas da parceria entre a Standard Oil e os alemães viessem à tona. Como resultado, a Standard Oil e seis subsidiárias, bem como muitos de seus executivos, foram indiciados e condenados por conspiração criminosa com a IG Farben, por terem restringido o comércio de óleo e borracha sintéticos no mundo todo.[36]

O caso da Standard Oil foi o ponto de partida para que o governo planejasse o que fazer com os monopólios e cartéis internacionais após a guerra. Desfazer os cartéis globais se tornou um objetivo de guerra essencial para os Estados Unidos.[37] Essa história esquecida é contada no livro de Wyatt Wells *Antitrust and the Formation of the Postwar World* [Antitruste e a formação do mundo pós-guerra], mas acabou negligenciada pela maioria dos historiadores e dos estadunidenses.

Em uma carta de setembro de 1944 dirigida ao secretário de Estado Cordell Hull, mas elaborada para leitura do público, o presidente declarou: "Infelizmente, certos países estrangeiros, sobretudo na Europa continental, não possuem [...] uma tradição contra os cartéis. Pelo contrário, os cartéis receberam estímulos de alguns desses governos. Isso é especialmente perceptível no caso da Alemanha. Além disso, os nazistas os utilizaram como instrumentos de governo para atingir fins políticos [...]". Os cartéis, segundo ele acreditava, precisariam ser contidos.[38]

Enquanto os Aliados planejavam um mundo pós-guerra, o Departamento de Justiça mantinha sua atenção nos cartéis alemães. Wendell Berge, líder antitruste dos Estados Unidos, escreveu em 1944 um livro potente chamado *Cartels: A Challenge to a Free World* [Cartéis: um desafio para o mundo livre], denunciando a influência da IG Farben e de outros conluios industriais alemães. Berge escreveu: "Parece haver indícios abundantes de que os Estados Unidos jamais poderão ter uma política externa baseada nos princípios da democracia, da boa vontade internacional e do livre empreendimento enquanto o comércio internacional for dominado por governos industriais privados".[39]

A paz duradoura, contudo, exigiu mais do que a eliminação dos cartéis internacionais, que representavam apenas uma faceta da indústria alemã. O problema real era a concentração de poder na economia da Alemanha, que também se manifestava em cartéis domésticos e em grandes empresas como a IG Farben, que dominavam setores inteiros da economia. O Exército estadunidense concluiu que os grandes cartéis e monopólios foram fundamentais para o rearmamento militar de Hitler. É improvável que a máquina de guerra de Hitler tivesse se rearmado tão depressa caso o poder político e econômico não estivesse tão centralizado. A paz duradoura exigia uma política de "descartelização e desconcentração".

As Forças Aliadas se reuniram em Potsdam após a guerra para combinar a reconstrução da Alemanha e a estratégia em relação ao Japão, que ainda estava em guerra. Também teriam de decidir como administrar a Alemanha nazista, que se rendera de modo incondicional nove semanas antes, após ser derrotada. Embora a maioria das questões fosse de natureza militar, o acordo final incluiu uma forte alusão aos cartéis e monopólios da Alemanha.

O Artigo 12 do Tratado de Potsdam, de 2 de agosto de 1945, afirmava: "Tão logo seja viável, a economia alemã deverá ser descentralizada com o propósito de eliminar a atual concentração excessiva de poderes econômicos, conforme exemplificado em particular pelos cartéis, sindicatos, trustes e outros acordos monopolísticos".[40]

Em abril de 1945, o general Eisenhower já havia emitido uma ordem a seus soldados: "Vocês proibirão todos os cartéis e demais arranjos setoriais privados, além de qualquer organização nos moldes de um cartel". Ele prosseguia: "Essa é a política de seu governo para promover a dispersão da propriedade e do controle na indústria alemã".[41] Mais tarde, quando se tornou presidente, ele continuou dando grande importância às ações antitruste.

Após a rendição alemã em 1945, os Estados Unidos obedeciam a três princípios para sua ocupação da Alemanha: desnazificar, desmilitarizar e descartelizar. Os legisladores estadunidenses buscavam uma causa econômica que pudesse explicar como algo tão horrível como o Terceiro Reich havia ocorrido. Os cartéis pareciam ser a resposta. O alcance dos cartéis era maior na Alemanha do que em qualquer outro país, e os estadunidenses achavam que eles teriam contribuído de forma singular para o Terceiro Reich.[42]

Os Estados Unidos chegaram a condicionar seu auxílio econômico à redução das barreiras competitivas da indústria. Um empréstimo de 100 milhões de dólares à Comunidade Europeia do Aço e do Carvão deveria ser usado "de modo consonante com a operação de um mercado comum livre de barreiras nacionais e de obstruções privadas à concorrência".[43]

O Exército estadunidense tinha plena intenção de fazer do antitruste um alicerce para a reconstrução alemã e, em 1946, um ano após Potsdam, elaborou um relatório sobre o progresso da economia e da reconstrução pós-guerra na Alemanha. Na longa história da luta antitruste, essa é provavelmente a declaração mais clara da filosofia e do raciocínio por trás da oposição à concentração de poder político e econômico. Vale a pena citar o trecho inteiro:

> A Divisão de Descartelização [...] está fazendo todos os esforços para descentralizar e descartelizar toda a concentração excessiva de poder econômico na Alemanha. *Levado adiante, o programa trabalhará para convencer o povo alemão de que a democracia econômica é uma base necessária para a democracia política* (grifo nosso).
>
> Em alguns aspectos, a reorganização da economia alemã baseada em diretrizes democráticas é mais importante que a mera descentralização mecânica. É preciso ensinar ao povo alemão que uma economia democrática é o meio mais favorável para o pleno desenvolvimento de um indivíduo, e que em um ambiente assim o sucesso material do indivíduo dependerá sobretudo de sua própria capacidade de satisfazer as necessidades econômicas dos outros. Em um sistema como esse, o indivíduo exercerá um controle atento e eficaz sobre seu governo e cobrará seus representantes para que ajam em prol do bem-estar geral, e não dos interesses de alguma classe especial. Assim como, do ponto de vista político, precisamos convencer os alemães de que a concessão irrevogável de poder a um ditador ou grupo de agentes autoritários é uma insanidade, também precisamos convencê-los, do ponto de vista econômico, de que é insanidade permitir que um empreendimento privado exerça poder ditatorial sobre qualquer setor da economia.
>
> A Divisão baseará em grande parte suas ações na experiência adquirida ao longo do desenvolvimento da democracia econômica nos Estados Unidos, e se empenhará para convencer o povo alemão de que o desenvolvimento de mercados livres, a prevenção da discriminação entre industriários e empresários, a eliminação de pedágios econômicos e a proteção do consumidor são as bases para a reconstituição de uma nova economia democrática alemã.[44]

O Departamento de Guerra dos Estados Unidos não mencionou a eficiência ou o bem-estar do consumidor. Mais do que as metas econômicas, o texto evidenciava o propósito político do país.

Os estadunidenses ajudaram a aprovar a lei de descartelização alemã de 1947 para evitar a concentração do poder econômico. Eles acreditavam que a concorrência era o instrumento mais apropriado para fiscalizar e evitar a concentração de poder político e econômico na Alemanha reconstruída.[45]

Não só os Estados Unidos influenciaram a Alemanha como a pressão efetuada fez sucessivos governos restringirem os cartéis. Durante as duas décadas seguintes, mais de vinte países industrializados adotaram medidas voltadas ao combate de cartéis.

Seria injusto atribuir aos estadunidenses toda a ênfase em medidas antitruste na Europa. A preocupação europeia com a concentração industrial tem raízes próprias no pensamento intelectual alemão, sobretudo no ordoliberalismo.

O ordoliberalismo europeu foi uma ramificação do liberalismo clássico que surgiu durante o período nazista, quando dissidentes se agruparam em torno de Walter Eucken, economista de Freiburg. Eles reagiram às planificações econômicas da Alemanha nazista e da União Soviética. O economista austríaco Friedrich Hayek acreditava nos livres mercados e protestou contra a concentração de poder. Ele acreditava que, após a consolidação do poder econômico, os monopólios e os cartéis inevitavelmente se tornariam "instrumentalidades governamentais para alcançar fins políticos".[46]

Para os defensores do ordoliberalismo, o capitalismo precisava de um governo forte para criar um conjunto de regras a fim de promover a ordem (*ordo*, em latim) necessária para que os mercados livres funcionassem adequadamente.

Os ordoliberais acreditavam que a intervenção estatal mediante mecanismos antitruste era um ingrediente essencial para o funcionamento dos mercados. O governo devia manter o equilíbrio do ecossistema para que a concorrência florescesse. Para os ordoliberais, o desaparecimento de qualquer concorrente pode prejudicar os consumidores, porque reduz seu espectro de escolhas e fortalece as empresas dominantes. Para eles, a concorrência seria a melhor forma de evitar a concentração excessiva de poder público ou privado. Além disso, era a melhor garantia de liberdade política, além de propiciar um mecanismo econômico superior.

Entre os adeptos estava Ludwig Erhard, o primeiro-ministro da Economia e segundo chanceler da história da Alemanha Ocidental. Por meio dos altos postos de seus adeptos, o ordoliberalismo acabou influenciando fortemente as políticas econômicas do pós-guerra. A política concorrencial alemã foi orientada pelo propósito de evitar a concentração de poder, fosse ele político ou econômico, e assim impedir o retorno a uma ditadura.[47] A Alemanha, por sua vez, transmitiu seu vigor na luta antitruste para a União Europeia quando esta foi criada.[48]

Os militares dos Estados Unidos responsáveis pela reconstrução da Europa e os intelectuais ordoliberais concordavam em uma coisa: a liberdade econômica anda de mãos dadas com a liberdade política, e cabe ao governo evitar a concentração do poderio econômico.[49]

Como qualquer outra revolução, o movimento contra monopólios e oligopólios foi longe demais em algumas ocasiões. Os dois casos paradigmáticos, que se tornaram argumentos frequentes para os opositores das regulações antitruste, foram os da Brown Shoe e da Von's. Ambos se destacaram por serem más decisões que acabariam justificando a contrarrevolução subsequente.

Em 1962, a Suprema Corte estadunidense proibiu a fusão da Brown, uma fabricante de sapatos, com a varejista G. R. Kinney Co. As empresas eram peixes pequenos, responsáveis por apenas 2,3% das vendas de calçados no varejo. O setor ainda não estava concentrado: com mais de oitocentos fabricantes no mercado, era o mais próximo que poderíamos encontrar de um exemplo de perfeito funcionamento da concorrência.[50]

Quatro anos mais tarde, a Suprema Corte também proibiu a fusão entre dois mercados de Los Angeles. Von's Grocery e Shopping Bag eram, respectivamente, a terceira e a sexta maiores cadeias de supermercado na região de Los Angeles, e seu market share somado não chegava a 10%. O tribunal não gostou da ideia de aumentar a concentração, embora houvesse milhares de mercados em Los Angeles. Em sua arguição de contrariedade, o magistrado Stewart concluiu que não havia barreiras consideráveis de entrada nos mercados de varejo. Ele escreveu: "A única consistência que consigo detectar é que, nas litigâncias sob a Seção 7, o Governo sempre ganha".[51]

Como quase nenhuma fusão dentro do mesmo setor era possível, os CEOs dos anos 1960 iniciaram a terceira onda de fusões, dando origem a conglomerados de negócios sem nenhuma relação, pertencentes a setores muito distintos. Empresas como ITT, Tenneco e Gulf & Western compraram empreendimentos totalmente díspares. A Gulf & Western, por exemplo, era dona de um balaio de gato que incluía a editora de livros Simon & Schuster, a produtora cinematográfica Paramount, a fabricante de peças automotivas APS e a Consolidated Cigars, do ramo do tabaco. Não havia nenhuma razão para que uma editora tivesse qualquer conexão com uma fábrica de peças automotivas, mas a ideia era de que departamentos sem nenhuma relação contrabalanceassem os altos e baixos dos ciclos de negócios.

Os conglomerados aproveitaram a supervalorização de suas ações para comprar pequenas empresas, e cada aquisição os tornava maiores e mais inchados. Conforme os conglomerados cresciam, o preço de suas ações subia ainda mais em Wall Street, viabilizando novas compras. No fim, quando o mercado caiu, ficou claro que a justaposição de um estúdio em Hollywood com uma empresa tabagista e uma manufaturadora de peças era uma péssima ideia.

Ser maior não significa ser melhor, mas ainda assim os CEOs tinham saudade da época em que podiam comprar seus concorrentes. No entanto, eles não precisariam esperar muito.

O economista John Maynard Keynes disse certa vez: "Os homens práticos que se julgam a salvo de qualquer influência intelectual geralmente são escravos de algum economista morto". Ele deveria ter mencionado também professores de direito mortos.

A situação em que nos encontramos hoje pode ser analisada pelos economistas da Escola de Chicago. Não teríamos setores de concentração extrema se não fosse por Robert Bork e a Escola de Chicago.

Como em todas as revoluções, um grupo organizado de ideólogos desenvolveu as ideias e as divulgou com entusiasmo. A Escola de Chicago, chefiada por Milton Friedman e George Stigler, foi a vanguarda do ataque às leis antitruste. A grande ironia é que eles denunciaram os monopólios e a concentração de poder, mas, na prática, criaram todas as condições necessárias para que eles existissem.

Friedman e Stigler começaram como defensores de medidas antitruste, mas passaram a desprezar qualquer forma de regulação estatal. Segundo

Friedman, "ao invés de promoverem a concorrência, as leis antitruste tendem a fazer o exato oposto [...]. E, portanto, cheguei à conclusão de que tais medidas causam mais danos que benefícios, e seria melhor se não existissem, se pudéssemos nos livrar delas".[52] De fato, a Escola de Chicago passou décadas tentando se livrar dessa regulação.

Sua antipatia pelo Estado e sua crença em mercados perfeitos eram tamanhas que defendiam a não regulação do comércio pelo Estado em praticamente nenhuma circunstância. Eles presumiram um mundo perfeito onde as barreiras de entrada não existiam. Onde não havia concorrentes, eles presumiam que existiam. Todos os mercados poderiam, em teoria, ser "desafiados" por empresas não especificadas... que não existiam. Mesmo que uma empresa tivesse 100% de market share, isso não seria um problema, porque novos concorrentes surgiriam em um futuro distante para mudar as coisas. Com uma canetada e alguns contos de fada econômicos, ambos descartaram décadas de experiência e avaliação empírica.

Para Friedman e Stigler, os monopólios eram como dragões: criaturas terríveis e perigosas, mas irreais e, por isso, indignas de preocupação. O único motivo para que um setor acabasse dominado por algo semelhante a um monopólio seria a sua maior "eficiência". Mesmo que monopólios parecessem existir, não deveríamos nos preocupar com isso, pois o cenário não perduraria em razão da competição. Além disso, manter um monopólio era difícil e caro, portanto impossível.

Para a Escola de Chicago, se algo tem cara de monopólio, cheiro de monopólio e soa como um monopólio, você deve estar imaginando coisas.

A Escola de Chicago não apenas não acreditava em monopólios como não acreditava em quase nada. Conluio entre empresas? Impossível. Havia incentivos demais para que elas trapaceassem e evitassem a cooperação. Mesmo que porventura isso acontecesse, não duraria muito. Os cartéis eram muito instáveis e acabariam desmoronando. Eles só funcionavam quando havia pouquíssimos participantes. E, mesmo que durassem, novas corporações iriam querer entrar no mercado e competir. Era melhor deixar as coisas seguirem seu caminho por conta própria. Você acha que é muito difícil para uma nova empresa entrar no mercado? Não é, as barreiras de entrada são um mito. Não existem novos concorrentes hoje? O mercado vai conjurá-los. A Escola eliminava todas as suas discordâncias teóricas com experimentos de pensamento ou afirmações assertivas.

Se você acha que esse é um retrato caricatural, estamos simplesmente traduzindo as ideias centrais deles para a língua corrente. Experimente ler "The Chicago School of Antitrust Analysis" [A Escola de Chicago da análise antitruste], escrito pelo advogado e economista Richard Posner, membro da Escola de Chicago.[53] Ele era um professor muito articulado que acabou atuando como juiz e conseguiu colocar suas visões em prática.

Após a crise financeira global de 2007-2008, Posner escreveu *A Crisis of Capitalism* [Uma crise do capitalismo], onde revelou a possível existência de falhas nas teorias capitalistas de escolha racional e *laissez-faire*. No entanto, suas visões já haviam causado muito estrago.

A economia talvez seja a única profissão em que os fatos não importam e a teoria prevalece. As ciências contam com o método científico e os experimentos. Na economia, homens como Friedman, Bork e Posner podem fazer alegações baseadas apenas na teoria.

Os monopólios não são tão raros como os dragões, por isso Friedman e Stigler precisavam explicar sua teórica inexistência. Eles deram palestras e se envolveram em uma reescrita da história, tentando negar quaisquer práticas condenáveis por trás da ascensão da Standard Oil. Ao mesmo tempo, os historiadores começaram a limpar a imagem dos barões gatunos de antigamente. O historiador de negócios Allan Nevins, em seu livro *John D. Rockefeller: The Heroic Age of American Enterprise* [John D. Rockefeller: a era heroica do empreendimento estadunidense], argumentou que, embora Rockefeller pudesse ter se envolvido com algumas práticas ilegais de negócios, isso não deveria manchar o fato de que ele criou uma indústria organizada.

Essa linha de pensamento começou a contaminar outros economistas. Em seu discurso em uma conferência antitruste no início dos anos 1960, um economista pouco conhecido chamado Alan Greenspan queixou-se do desaparecimento de monopólios. Fazendo eco a Schumpeter, ele argumentou: "Ninguém jamais saberá que novos produtos, processos, máquinas e fusões para redução de gastos foram perdidos, mortos pela Lei Sherman antes mesmo de nascerem. Ninguém pode sequer calcular o preço que todos nós pagamos por essa lei, que, ao incentivar usos menos eficientes de capital, manteve o nosso padrão de vida em um patamar mais baixo do que seria possível sem ela".[54] Pouco importa se, quando ele disse isso, a economia dos Estados Unidos estivesse decolando, a produtividade fosse alta, o índice de investimentos também e os salários da classe média estivessem crescendo.

Talvez o leitor se lembre de Greenspan porque mais tarde ele se tornou chefe do Federal Reserve e criou o conceito de empresas "grandes demais para falir" e a crise financeira. Para ele, quanto maior, melhor, e os mercados sempre funcionavam perfeitamente. Após a crise, ele também escreveu um livro declarando que talvez houvesse erros em sua visão do funcionamento perfeito dos mercados. Jamais saberemos quanto dano ele causou.

Porém, se formos apontar um homem como responsável pela revolução no pensamento antitruste, esse homem é Robert Bork. A maioria dos estadunidenses nascidos entre os anos 1940 e 1960 deve se lembrar dele por causa das conturbadas audiências após sua nomeação para a Suprema Corte em 1987. Outros podem se lembrar dele como o único homem disposto a demitir o procurador especial Archibald Cox, cumprindo ordens do presidente Richard Nixon no Massacre de Sábado à Noite.

Nos anos 1960, Robert Bork publicou uma série de artigos muito influentes que tiveram o efeito de uma granada. Sua escrita era brilhante, original e totalmente equivocada. Ele atacou as políticas antitruste da época. O mais marcante é que ele iniciou seu artigo "The Goals of Antitrust Policy" [Os objetivos da política antitruste] com uma frase que se tornou um clássico: "O que dá vida às leis antitruste [...] não é [...] nem a lógica, nem a experiência, mas um mau entendimento da economia e uma jurisprudência ainda pior".[55] Para corrigir essa abordagem equivocada das leis antitruste, Bork alegava que a única coisa a ser levada em conta seria o "bem-estar do consumidor". E o bem-estar do consumidor só pode ser medido em preços baixos. Todo o resto seria demagogia.

Com Bork, o interesse em manter os mercados abertos para todos os novos ingressantes, a prevenção de conluios, a dispersão do poder econômico e político e a proteção de pequenos fornecedores contra os preços predatórios desapareceram. Só os preços importavam.

Bork argumentava que a concentração de market share nas mãos de uma única empresa provavelmente se devia aos benefícios da economia de escala e à maior eficiência das grandes corporações. A seu ver, as políticas antitruste só serviam para proteger pequenas empresas da concorrência, mantendo os setores fragmentados à custa da eficiência de preço.[56]

Durante décadas, os legisladores protegeram empresários, empreendedores e trabalhadores estadunidenses, mas Bork liderou uma revolução intelectual que sacrificou os cidadãos no altar da eficiência e dos produtos de baixo custo. *The Antitrust Paradox* [O paradoxo antitruste] reduziu as pessoas a meros consumidores.

A visão de Bork teve influência extraordinária entre economistas e advogados, e, quando o presidente Ronald Reagan assumiu o cargo, designou para o Departamento de Justiça homens que colocaram as ideias da Escola de Chicago em prática. O professor William F. Baxter liderou a Divisão Antitruste e mudou imediatamente todas as Diretrizes de Fusão. O ex-assessor do procurador-geral Antitruste, J. Paul McGrath, alegou que a meta principal da Divisão era "reforçar a ideia de que a única base das ações antitruste deveria ser a tomada de decisões baseadas em noções de eficiência econômica".[57] O procurador-geral William French Smith declarou que "grande porte nem sempre é ruim".[58] Se dependesse do antigo Secretário do Comércio Baldridge, a gestão tentaria enterrar para sempre a lei de antifusões.[59]

A mudança das regulações antitruste representou nada menos que uma revolução executada por burocratas não eleitos. O Departamento de Justiça ignorou a vontade manifesta do Congresso e alterou a natureza das medidas antitruste sem aprovar uma nova lei, promover o debate público ou realizar uma votação. Os pacientes assumiram o controle do asilo. O tipo de provas exigidas em casos antitruste mudou completamente, o que tornou ainda mais difícil impedir qualquer fusão.

O Departamento de Justiça de Reagan mudou radicalmente o modo como lidamos com os monopólios. Ao levar em conta somente o preço dos produtos e excluir todos os outros fatores, o governo criou um sistema que podia ser burlado por qualquer empresa. Bastava prometer que a fusão reduziria os preços, e as empresas ganhavam um cheque em branco. Independentemente de seu market share, você podia alegar que os mercados eram "disputáveis" e que novos ingressantes poderiam competir. A decisão de autorizar ou não fusões foi tirada da mão dos reguladores e entregue aos economistas. Desde então, todo o debate antitruste se dá nos termos de Bork.

É de suprema ironia que Bork tenha apelado ao "bem-estar do consumidor". Fora do âmbito antitruste, ele é mais lembrado pela doutrina da intenção original. Basicamente, ela diz que os juízes precisam entender a intenção dos autores da Constituição antes de julgar seus casos. E, no entanto, se analisarmos as visões antitruste de Bork, veremos que elas são *contrárias* à intenção original do Congresso. Elas ignoram a história e são de uma cegueira ideológica impressionante. Segundo Bork, o Congresso só aprovou as leis Clayton, Sherman e da Comissão Federal de Comércio para promover preços mais baixos e o "bem-estar do consumidor". Quaisquer fusões que prometessem eficiência e preços mais baixos deveriam ser autorizadas, independentemente dos efeitos para consumidores, produtores ou concorrentes.

Muitos historiadores estudaram os debates em torno da aprovação das leis Sherman e Clayton, bem como a criação da CFC. Nenhum — *absolutamente nenhum* — deles encontrou a expressão "bem-estar do consumidor" nas atas. As visões de Bork contrariam tanto a intenção original das leis que é difícil aceitarmos que estamos lidando há décadas com leis antitruste construídas com base em suas ideias. Cada Diretriz de Fusão elaborada desde então facilitou ainda mais a vida das empresas que dominam completamente seus setores e aumentam sua participação no mercado por meio de aquisições.

A Revolução Antitruste sob Reagan desencadeou uma das maiores ondas de fusões da história do país. Os anos 1980 deram vazão a todo o desejo reprimido de compra de concorrentes acumulado durante as décadas anteriores. O mercado de ações expandiu como não se via desde os anos 1920, e nem mesmo a quebra da Bolsa em 1987 foi capaz de conter o entusiasmo por esses negócios.

A gestão Reagan despertou o espírito animal dos mercados. Diana Vreeland, estilosa editora da *Harper's Bazaar* e amiga de Nancy Reagan, afirmou sobre aquela época: "Tudo é poder, dinheiro e modos de usar as duas coisas [...]. Não devemos ter medo do luxo e do esnobismo".[60] Por volta da época da quebra da Bolsa, o filme *Wall Street: Poder e cobiça* captou o sentimento reinante. Em uma cena memorável, Gordon Gekko discursa para os acionistas de uma empresa que deseja comprar:

> A questão, senhoras e senhores, é que a ganância — por falta de palavra melhor — é boa.
>
> A ganância é correta. A ganância funciona. A ganância esclarece, abre caminhos e captura a essência do espírito evolucionário.

A ganância, em todas as suas formas — ganância pela vida, por dinheiro, por amor, sabedoria — marcou a ascensão da espécie humana.

E a ganância — anotem minhas palavras — não apenas salvará a Teldar Paper, mas também outra empresa que se encontra em apuros e que se chama Estados Unidos.

O mercado de ações voltou a prosperar, e Wall Street financiou os caçadores corporativos que compravam empresas. A especulação em torno das fusões podia gerar grandes riquezas, e a intermediação de fusões se tornou uma das estratégias financeiras mais lucrativas de Wall Street. Ela deu origem a uma pequena indústria de compra e venda de informações privilegiadas referentes a fusões. Homens como Ivan Boesky foram reis em Wall Street, até acabarem presos pela Comissão de Valores Mobiliários pelo uso de informações privilegiadas.

Os reguladores não se importavam mais com as fusões, e somente a recessão de 1990-1991, com sua consequente queda do mercado de ações, foi capaz de encerrar a onda de aquisições. As autoridades não tentaram impedir quase nenhuma fusão (Gráfico 7.2).

Desde Reagan, nenhum presidente fez valer o espírito dos textos das leis Sherman e Clayton. As políticas em relação à concentração industrial permaneceram as mesmas, independentemente do partido que controlava o Congresso ou a presidência. Na verdade, o orçamento destinado às ações antitruste encolheu a cada mudança de presidente. Os dois partidos obtiveram o apoio dos eleitores como resultado de suas diferenças relativas a questões sociais, mas, quando se trata de corporações, eles são iguais. (Se não gostamos de duopólios nos mercados, não deveríamos gostar do duopólio entre democratas e republicanos. A evidência de um conluio tácito relativo à questão antitruste é deprimente.)

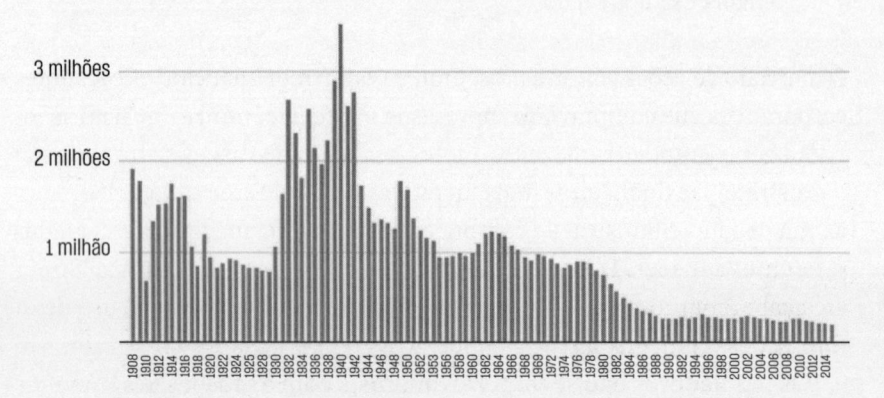

Declínio das ações antitruste

O gráfico mostra o montante de dinheiro gasto pelo Departamento de Justiça e pela Comissão Federal de Comércio em ações antitruste, corrigido por inflação, PIB e produtividade. Os valores estão em dólares de 2009.

Gráfico 7.2 Queda do orçamento antitruste.

Fonte: The Conversation, Ramsi Woodcock, professor de Estudos Legais da Universidade Georgia State.

Embora as ondas de fusões fossem historicamente raras, a partir de Reagan vimos uma onda de fusões *por década*. Como em um efeito irreversível, as empresas ficaram cada vez maiores e mais inchadas. A onda de fusões dos anos 1990 foi ainda maior que a dos anos 1980. Reagan foi o responsável por enterrar as leis Sherman e Clayton, e o presidente Bill Clinton incentivou fusões com ainda mais entusiasmo. Na gestão Clinton, o número de grandes fornecedores do setor militar caiu de cem para cinco, e muitos deles não têm nenhum concorrente em seus respectivos setores armamentistas (Gráfico 7.3).[61]

George W. Bush e Barack Obama podem ter sido diferentes no que diz respeito a questões sociais, e a retórica de cada um ao tratar das corporações pode ser muito distinta, mas suas políticas para monopólios e oligopólios não destoaram em absolutamente nada. Por exemplo, a administração Bush permitiu que a Whirlpool adquirisse a Maytag, muito embora juntas elas controlassem 75% do mercado de diversos eletrodomésticos. O número de operadoras de telefonia móvel caiu de seis para quatro, concentrando ainda mais o mercado. Hoje, as duas maiores controlam 70% de todo o mercado do país.

Obama tinha uma retórica dura em relação a Wall Street e aos grandes negócios, mas recebeu todas as doações de campanha que eles ofereceram, e pode-se argumentar que favoreceu as fusões até mais do que Bush. Seu Departamento de Justiça aprovou todas as fusões de companhias aéreas, criando um oligopólio de quatro empresas sem jamais contestar os "hubs-fortaleza" pertencentes aos monopólios. A agência também permitiu as grandes aquisições do Google, que acabaram integrando verticalmente diferentes partes do setor de anúncios.

A situação se tornou extrema sob o governo Obama. Seu chefe de medidas antitruste disse em uma audiência no Congresso: "Falou-se em uma onda de fusões. Para nós, ela parece mais um tsunami". E, a despeito do tsunami, o Instituto Antitruste publicou um relatório em que se constatava: "o controle de fusões em setores moderadamente concentrados parece ter praticamente cessado"[62] (ver Gráfico 7.4).

Os indícios confirmam a morte do antitruste. Ao pesquisar os desafios de fusões, Grullon descobriu que a frequência com que a segunda seção da Lei Sherman é evocada em processos caiu de uma média de 15,7 casos por ano entre 1970 e 1999 para menos de três no período entre 2000 e 2014. *Inacreditavelmente, nenhum caso foi aberto em 2014.*[63] O fracasso recente das ações antitruste é aterrorizante, se levarmos em conta que a concentração aumenta em todos os setores ano após ano.

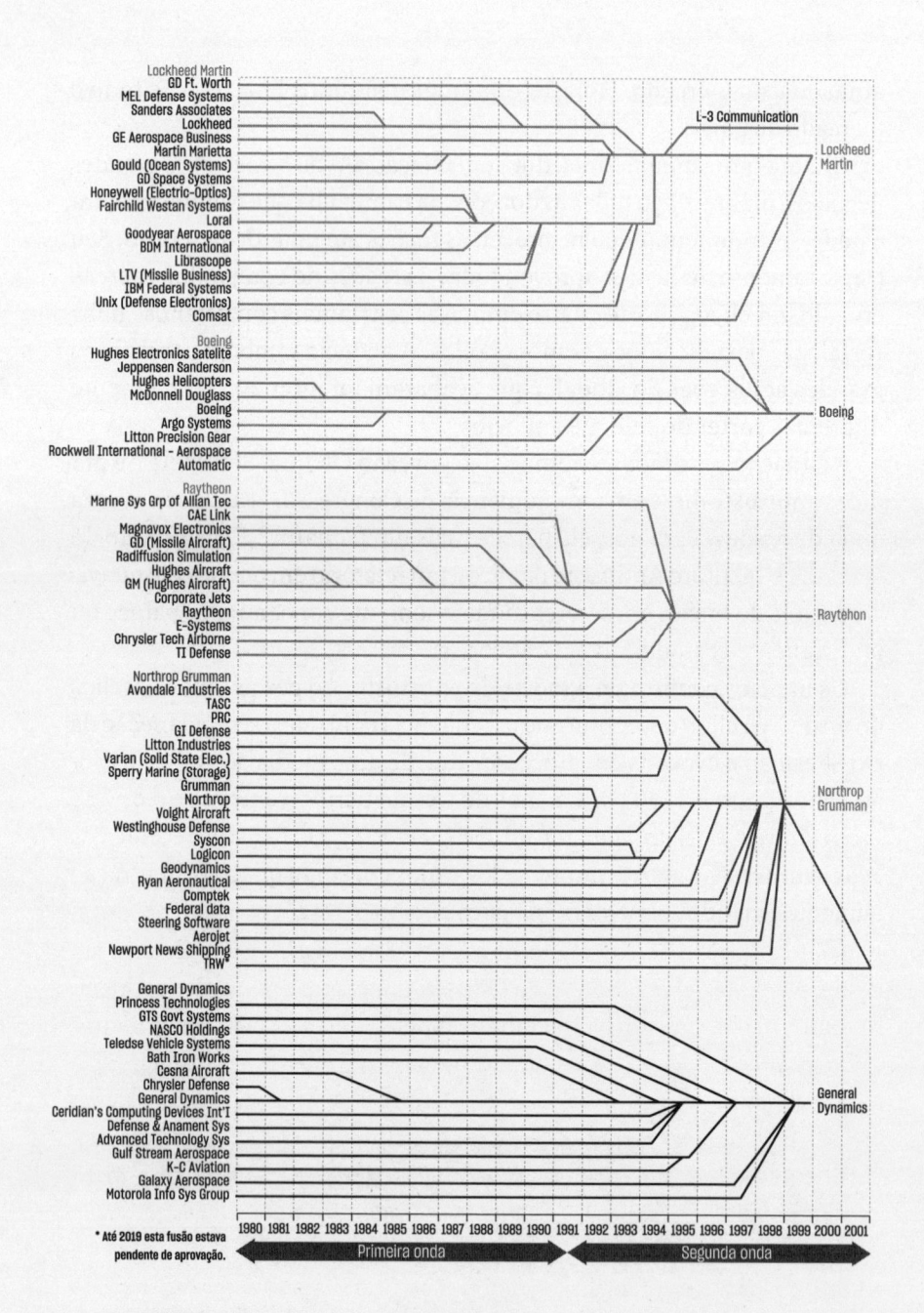

Gráfico 7.3 Vinte anos de concentração setorial.

Fonte: Relatório Final sobre o Futuro da Indústria Aeroespacial nos Estados Unidos.

Cada presidente foi mais displicente que seu antecessor, e hoje o Departamento de Justiça atua basicamente para servir aos interesses das empresas. Os principais economistas da área alternam empregos em empresas de consultoria com cargos de alto escalão no Departamento de Justiça e na Comissão Federal de Comércio.

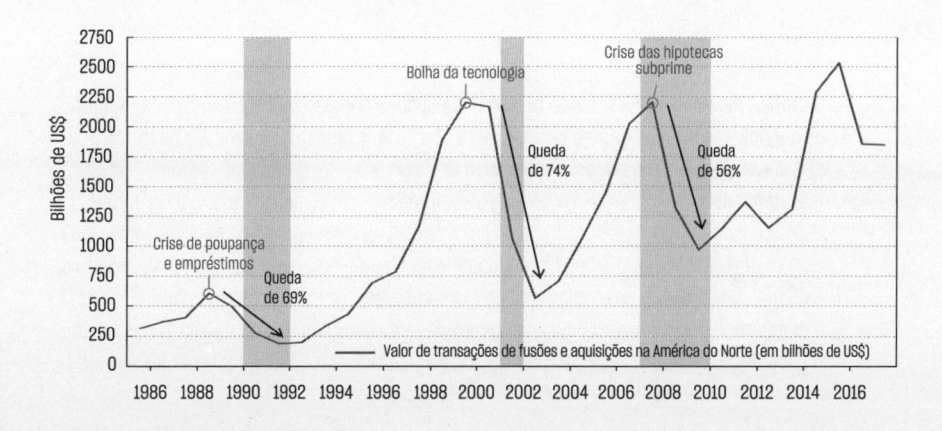

Gráfico 7.4 Três megaondas de fusões nas últimas três décadas.

Fonte: Variant Perception.

Para dar uma ideia de como pode ser lucrativo afirmar que as fusões beneficiam a sociedade, pensemos no caso de Dennis Carlton, economista da Escola de Negócios Booth, da Universidade de Chicago. Ele cobra no mínimo 1.350 dólares por hora. Em sua longa carreira, faturou mais de 100 milhões alternando cargos públicos e funções na iniciativa privada.[64] Ele e outras dezenas de economistas recebem milhões de dólares para escrever artigos argumentando que as fusões não têm efeitos danosos. Trata-se, essencialmente, de uma forma de prostituição intelectual de alta remuneração. Eles apoiaram aquisições enquanto os preços aumentavam e a situação dos trabalhadores piorava.

A fiscalização das fusões morreu. A essa altura, a CFC é uma agência de empregos de alta remuneração para advogados e economistas que entram e saem dos quadros do governo. O professor Gustavo Grullon descobriu que cerca de 90% das fusões acabam se concretizando[65] (ver Gráfico 7.5). Em geral, os negócios só não se concretizam quando o panorama de mercado é ruim (como durante a crise financeira) ou quando as empresas dão para trás. A fiscalização antitruste não é um fator.

O gráfico mostra a proporção de fusões e aquisições concretizadas como fração de todos os negócios realizados entre o período de 1979 a 2014. A amostra inclui todas as transações disponíveis no banco de dados de fusões e aquisições da Securities Data Corporation (SDC) que atendem às seguintes condições: (I) o comprador possuía menos de 50% da propriedade antes do evento; (II) o comprador possuía mais de 50% da propriedade após o evento; (III) tanto o comprador como o objeto são identificados como empresas de capital aberto (pois estamos interessados na reação total do mercado, para o público e as empresas-alvo); (IV) o comprador e a firma-alvo possuem identificadores distintos; (V) o negócio foi concluído; (VI) as datas de retorno acerca do anúncio estão disponíveis no CRSP (Center for Research in Security Prices); e (VII) o preço de oferta está disponível na SDC.

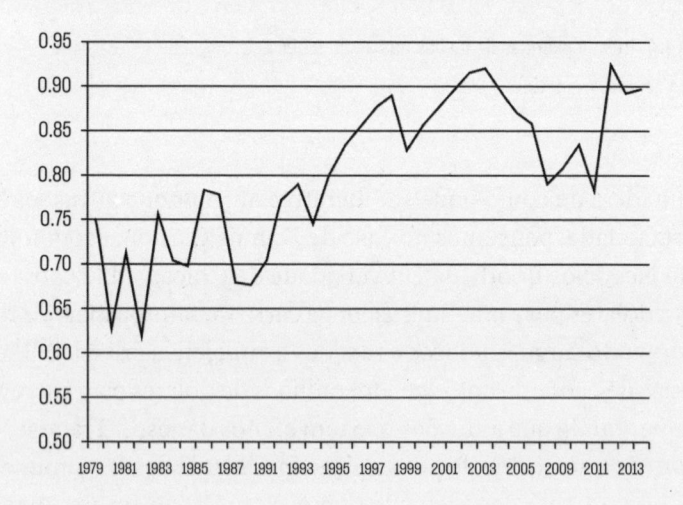

Gráfico 7.5 Proporção de fusões e aquisições concretizadas.

Fonte: Gustavo Grullon, Yelena Larkin e Roni Michaely, "Are U.S. Industries Becoming More Concentrated?" (31 ago. 2017). Disponível em SSRN: https://ssrn.com/abstract=2612047.

O processo de análise das fusões é uma encenação em que economistas e advogados debatem com seus futuros colegas, em um sistema de trocas financeiras e tráfico de influência que funciona como uma porta giratória.

O Departamento de Justiça permitiu muitas fusões em setores com apenas quatro, ou mesmo três, grandes competidores, que resultaram em oligopólios altamente concentrados ou em duopólios. Segundo o professor John Kwoka, "as agências que deveriam fiscalizar as fusões perderam parte de sua visão, como está documentado. Os dados mostram que, nos setores onde restarão cinco ou mais corporações após uma fusão, tornou-se praticamente impossível encontrar alguma resistência às aquisições, e isso levou a um grande aumento de concentração".[66] Seus estudos abrangentes demonstraram que, mesmo após o escrutínio por parte das agências, as fusões levaram a um aumento de preços.

Os presidentes poderiam utilizar o Departamento de Justiça para barrar as fusões, mas falta vontade. Nas raras ocasiões em que o governo agiu, ele venceu. A Comissão Federal de Comunicações impediu a Comcast de comprar a Time Warner Cable em 2015, e a AT&T de adquirir a T-Mobile em 2011. Essas foram as únicas fusões de peso bloqueadas pelo Departamento de Justiça de Obama.

A fiscalização é extremamente rara e seletiva. Um estudo recente descobriu que as empresas ligadas a políticos que negligenciam a regulação antitruste têm maior probabilidade de receber um parecer favorável para suas fusões.[67] Hoje, a não ser em situações extremas, como um monopólio evidente, os tribunais tendem a não barrar fusões em razão de uma eventual concentração de mercado.[68] A Suprema Corte pende, na atualidade, para o outro lado, preferindo o excesso à escassez de concentração. Ela deixou isso claro na decisão do caso *Verizon Communications Inc. versus Law Offices of Curtis V. Trinko* LLP. A Corte demonstrou que sua prioridade é evitar as ações indevidas de combate à concentração, e não combater o excesso de concentração. Os loucos não apenas assumiram o comando do Departamento de Justiça como também tomaram conta de todas as cortes.

O professor John Kwoka examinou ações de fusão ocorridas ao longo de décadas e concluiu que "o controle de fusões não tem sido incisivo o suficiente no momento de questioná-las". A consequência disso foi "a aprovação de um número significativamente maior de aquisições que se mostraram anticoncorrenciais".

O estrago já estava feito.

Max Planck disse certa vez que "a ciência avança um funeral por vez". É bem provável que a reforma das leis antitruste só ocorra depois que a geração influenciada por Bork morrer. O direito não avança em linha reta, em direção à justiça plena. Em 1962, Thomas Kuhn escreveu *A estrutura das revoluções científicas*, que se tornou um dos livros mais citados de todos os tempos. Nele, o autor rejeita a ideia de que o progresso científico consiste na "inclusão de novas verdades em um estoque de verdades antigas" ou na mera correção de erros passados. Kuhn via a ciência como uma série de mudanças radicais de paradigma, na qual fases normais se intercalavam com fases revolucionárias.

A legislação antitruste passou por suas próprias revoluções a cada mudança de geração. Chegou a hora de retomarmos as lições que os Estados Unidos ensinaram à Alemanha após a Segunda Guerra Mundial.

→ A intenção por trás da Lei Sherman era evitar a concentração de poder em qualquer setor.

→ Depois de Franklin Roosevelt, as políticas antimonopólio foram um alicerce da política estadunidense por décadas, tanto nos governos democratas como nos republicanos.

→ Podemos atribuir nossa atual situação aos economistas da Escola de Chicago.

→ Desde Reagan, nenhum presidente agiu de acordo com as intenções das leis Sherman e Clayton.

→ Se não gostamos de duopólios nos mercados, tampouco deveríamos gostar do duopólio entre democratas e republicanos. Os indícios de conluio tácito entre os dois partidos no que diz respeito ao combate antitruste são deprimentes.

8

REGULAÇÃO E QUIMIOTERAPIA

Não sei se a idosa morreu de câncer ou de sua cura.
DR. SIDDHARTHA MUKHERJEE, *O imperador de todos os males*

Jeff Dirlam foi ao optometrista em uma visita de rotina para obter lentes de contato, mas durante a consulta o profissional identificou estranhos anéis acobreados em torno de sua íris. Ele recomendou que Jeff fosse ver um médico imediatamente. De início, ele foi diagnosticado com a doença de Wilson, mas uma segunda opinião condenou-o a claudicar no escuro em busca de pistas pelos dois anos seguintes.

A doença de Wilson é uma enfermidade extremamente rara causada por uma disfunção genética do fígado. Ela faz com que o fígado armazene cobre em excesso até o ponto de saturação; no fim, o cobre acumulado começa a destruir o fígado e também invade os olhos e o cérebro. Apenas uma em cada 30 mil pessoas tem essa condição. Os sintomas incluem danos neurológicos, vômitos, fraqueza, acúmulo de fluidos no abdome, falência renal e morte.

A segunda opinião descartou a doença de Wilson, e assim Jeff foi de médico em médico. Enquanto os profissionais se desdobravam para tentar encontrar a causa dos problemas de Jeff, sua situação clínica se deteriorou em ritmo acelerado. Ele começou a babar e a enrolar a língua ao falar, e os colegas de trabalho faziam troça. Ele tinha dificuldade para engolir e problemas para caminhar. Acabou perdendo o emprego por excesso de faltas.

Jeff voltou a morar com o pai, que o levou de médico em médico e acabou mencionando de passagem o diagnóstico de Wilson para um deles. Por fim, o diagnóstico original — e correto — de doença de Wilson foi resgatado.

Era tarde demais. Jeff apresentou sintomas neurológicos graves durante os nove meses que viveu após o diagnóstico final. Não conseguia mais comer, engolir, caminhar, falar ou usar os braços. Nos últimos três meses de vida, sua boca ficou paralisada com uma abertura do tamanho de uma bola de beisebol 24 horas por dia, mesmo quando ele dormia.

Ele morreu em 30 de agosto de 2002, aos 25 anos de idade.[1]

Se identificada cedo e tratada devidamente, a doença de Wilson não é um grande problema. Durante anos, a solução foram as pílulas de Syprine ou Cuprimine. Elas custam em torno de 1 dólar na maioria dos países. As pílulas sempre foram baratas por um bom motivo: a produção é pouco dispendiosa.

A Merck, proprietária original das patentes de Cuprimine e Syprine, havia mantido os preços baixos. Mas, em 2006, vendeu os medicamentos a uma pequena empresa chamada Aton, que começou a elevar os preços. Então, em 2010, a Aton os vendeu para a Valeant Pharmaceuticals. Foi quando os preços dispararam.

A Valeant elevou o custo do suprimento anual para cerca de 300 mil dólares nos Estados Unidos, cerca de 25 mil dólares mensais. Não existia genérico de nenhuma das duas drogas, devido à lentidão da FDA para aprovar medicamentos.[2] A maioria dos pacientes não consegue pagar esses preços e, assim como Jeff Dirlam, morrerá se não tomar os remédios.

O roteiro se repetia sempre que a Valeant adquiria uma nova empresa. Ela demitia quase todos os cientistas, cortava a verba de pesquisa e desenvolvimento e começava a subir os preços. A Valeant realizou mais de 34 aquisições após o CEO Michael Pearson assumir seu comando.[3] A firma subiu o preço de quase todos os seus medicamentos. Em 2015, por exemplo, foi a vez do Glumetza, sua droga para diabéticos, de 572 para 5.148 dólares. Fez o mesmo para o preço do Zegerid, usado para tratamento de refluxo ácido e outros problemas estomacais, de 421 para 3.034 dólares.[4]

Não há paciente que a Valeant não tenha extorquido. A empresa aumentou o preço de um tratamento para contaminação com chumbo em mais de 2.700% em um único ano.[5] A Organização Mundial de Saúde havia incluído o remédio em sua lista de medicamentos essenciais.[6] Quando a Valeant adquiriu essa patente com a compra da Medicis em 2013, o preço era de 950 dólares.[7] Desde a disparada de preços, os centros de tratamento de envenenamento dos Estados Unidos precisam pagar cerca de 5 mil dólares por grama da substância — os canadenses, em comparação, pagam 15 dólares pela mesma quantidade, uma diferença de 33.300%.[8] Os componentes não são caros. Os ingredientes da fórmula podem ser comprados a preços irrisórios para uso laboratorial. Se forem encomendados em um catálogo de laboratório, o custo é de mais ou menos 33 centavos de dólar por grama.

As empresas rivais não podem competir e oferecer alternativas mais baratas devido à regulação e à lentidão da burocracia. As políticas da Administração de Drogas e Alimentos* tornam quase impossível fugir dos preços altos nos Estados Unidos.[9] As farmácias de manipulação são proibidas por lei de oferecer certos produtos, tampouco podem criar medicamentos que seriam basicamente cópias daqueles disponíveis comercialmente.[10]

"Esse medicamento é adotado como padrão de tratamento e, até recentemente, era de fácil acesso a um preço razoável", disse o dr. Michael Kosnett, professor de clínica da divisão de farmacologia e toxicologia clínica da Escola de Medicina da Universidade do Colorado. "Não há justificativa para a subida de preços da Valeant, que limita a disponibilidade de drogas para crianças que sofrem com envenenamento por chumbo e podem até morrer."[11]

Enquanto os pacientes viam suas faturas e coparticipações dispararem, o CEO da Valeant, Michael Pearson, faturou 143,1 milhões de dólares em 2015.[12] Ele acabou demitido por acusações de fraude de cobrança, mas o preço da maioria dos remédios nunca mais baixou.

Seria tentador tachar a Valeant de grande vilã da indústria farmacêutica, mas uma pesquisa com 3 mil prescrições de medicamentos não genéricos descobriu que o preço de sessenta deles mais do que dobrou e o de outros vinte mais do que quadruplicou desde dezembro de 2014.[13] O aumento médio de preços dos produtos criados por empresas farmacêuticas especializadas foi de 16% em 2012, 29% em 2013, 22% em 2014 e 19% em 2015.[14]

A elevação constante dos preços praticados pelas maiores empresas farmacêuticas recebe menos atenção da imprensa do que os preços abusivos da Valeant, mas isso não muda o fato de que os custos em geral estão subindo. As receitas com os dez medicamentos mais vendidos cresceram 44% em 2014 na comparação com 2011, chegando ao montante de 54 bilhões de dólares, muito embora a prescrição de cada um deles tenha *caído* em 22%, segundo dados da IMS Health.[15] O gasto com medicamentos vem crescendo de maneira mais acelerada que a inflação, as consultas médicas ou as taxas de hospitalização.

Nas palavras de Scott Knoer, diretor do setor farmacêutico da Cleveland Clinic, "as manufatureiras de medicamentos sobem os preços muito acima da inflação porque podem fazer isso". Para ele, "como não há regulação

---

* Do inglês Food and Drug Administration (FDA). (N. T.)

nem consciência dos consumidores — pois em geral eles não veem os preços, dado que as compras são mediadas pelos planos —, o céu é o limite".[16]

Hoje *Blade Runner* é considerado um clássico da ficção científica, mas ele foi um desastre na época de seu primeiro lançamento. Atualmente é visto como uma obra-prima, com seu panorama de uma Los Angeles de 2019 repleta de painéis marcantes e anúncios brilhantes em neon. Ridley Scott, o diretor, havia trabalhado com publicidade e conhecia o poder das marcas.

Na versão original de *Blade Runner*, Harrison Ford transita por um futuro escuro e chuvoso enquanto anúncios gigantescos tremeluzem ao fundo. Scott evocava o medo bastante arraigado de que as corporações viessem a controlar nossas vidas. Esse tema perpassa a ficção científica há gerações. *O exterminador do futuro* tinha a Cyberdyne Systems, *Robocop* tinha a Omni Consumer Products e *Blade Runner*, a corporação Tyrel. Enquanto o personagem de Ford passa o filme lidando com sua terrível tarefa de matar replicantes, podemos ver anúncios da RCA, Bell Telephone, Coca-Cola, Atari, TsingTao e Koss Corp., dentre outras.

Muitas das empresas vistas no filme desapareceram não muito depois de ele ter sido lançado. Muitas foram à falência ou acabaram varridas do mercado pela concorrência após figurarem no longa-metragem. A menção em *Blade Runner* acabou se tornando um prenúncio de fracasso. Os críticos até começaram a se referir à "Maldição Comercial de *Blade Runner*".[17]

As empresas retratadas por Scott eram totalmente dominantes em seus setores — algumas, inclusive, eram monopólios. A Atari tinha 80% de participação no mercado de videogames domésticos em 1982. Passado um ano da estreia do filme, a empresa estava enterrando jogos encalhados em um lixão no estado do Novo México após a quebra geral do mercado de videogames, e acabou sendo desmembrada antes de ir à falência. A fabricante de fones de ouvido Koss Corp. entrou com um pedido de reestruturação em 1984. A pioneira dos processadores de alimentos Cuisinart decretou falência logo depois. A RCA Corp. desapareceu. A Bell Telephone era um grande monopólio dos telefones, e o governo a dividiu em empresas menores.

Nem todas as marcas desapareceram. O personagem de Harrison Ford tomava um gole de Johnnie Walker na versão de 1982, e a empresa envelheceu tão bem quanto um bom uísque. A Coca-Cola sobreviveu. A cerveja TsingTao ainda é a mais popular da China.

Na sequência recente *Blade Runner 2049*, muitas corporações pagaram pela inclusão de seus anúncios: Johnny Walker, Sony, Peugeot e Coca-Cola.[18] O tempo dirá quais dessas marcas sobreviverão.

A única certeza é que não existe uma maldição *Blade Runner*. O filme mostra que, embora as corporações deem ótimas vilãs de filmes, elas muitas vezes são totalmente incapazes de garantir a própria sobrevivência. Por exemplo, apenas 67 das empresas da Fortune 500 de 1955 ainda existiam em 2011.[19] Menos de 10% dos quatrocentos estadunidenses mais ricos que figuravam na lista da *Forbes* de 1982, quando *Blade Runner* foi lançado, continuavam na lista de 2012.[20]

O capitalismo é por essência dinâmico, fluido e ousado. Jovens empresas sempre inventam produtos novos e inovadores que desafiam as marcas mais antigas. A derrota do Atari foi a vitória da Nintendo e da Sega. A derrota da Koss foi a vitória da Sony. A inovação e o desejo de riqueza movem as startups. Historicamente, as marcas surgem e desaparecem seguindo mudanças de gosto e de tecnologia.

Se algo é capaz de tornar um monopólio permanente, é o governo, pois somente ele pode impedir a inovação e a concorrência que perturbam as gigantes corporativas. Como reconheceu o economista austríaco Friedrich Hayek, "é raro que os monopólios privados sejam totais, e ainda mais raro que durem muito ou possam desprezar totalmente possíveis concorrentes. Mas um monopólio estatal é sempre um monopólio protegido pelo Estado — protegido contra possíveis concorrentes e críticas reais".[21]

Quando as pessoas imaginam um monopólio, pensam na posse do sistema de comunicações pela Comcast, no market share de mais de 90% da Microsoft sobre os programas operacionais de computadores, nos quase 90% do mercado de busca pertencentes ao Google. Mas não raro os monopólios de mercado podem vir de patentes e propriedades intelectuais. No caso das farmacêuticas, eles muitas vezes ocorrem em relação a um medicamento específico.

As patentes garantem aos produtores de medicamentos um período de tempo livre de concorrência para que estes sejam recompensados por sua inovação. Isso estimula as empresas farmacêuticas a investir em pesquisa e desenvolvimento de alto custo que podem levar anos para se pagarem. A lógica por trás das patentes faz sentido, e as empresas farmacêuticas destinam bilhões de dólares à descoberta de curas extraordinárias que prolongam nossa vida.

A história das patentes é longa, e em geral elas foram instituídas nos países mais prósperos e avançados de sua época. A cidade-Estado de Veneza instituiu a primeira lei de patentes em 1474, próximo de seu auge de riqueza. A lei garantia uma proteção de dez anos a "qualquer pessoa nesta cidade que criar uma invenção nova e engenhosa, jamais antes feita em nossos domínios[22] [...]". Sempre que viajavam pela Europa, os mercadores venezianos exigiam condições semelhantes para proteger suas inovações.

Na Inglaterra, as cartas de patente já existiam desde o século XIII, e por meio delas o monarca podia conceder privilégios econômicos muito semelhantes ao monopólio sobre determinado ofício ou invenção. A Inglaterra estava muito atrasada em relação ao continente em muitos setores e tecnologias, e as patentes estimularam artesãos a se mudarem para lá levando novas tecnologias consigo.

Sob o reinado da rainha Elizabeth durante o século XVI, a concessão de patentes se tornou tão comum que elas começaram a surgir em quase qualquer setor de escolha do monarca. Concessões de patentes cobriam setores inteiros, inclusive artigos tão básicos como sal, ferro, cartas, copos, e assim por diante. David Hume, em sua história da Inglaterra, diz: "Esses monopolistas tinham demandas tão exorbitantes que, em alguns lugares, elevaram o preço do sal de dezesseis pence o alqueire para catorze ou quinze xelins".[23] Conforme a prática foi se tornando mais abusiva, os ingleses protestaram e solicitaram a intervenção do Parlamento.

A Inglaterra aprovou um Estatuto de Monopólios em 1624, encerrando todos os monopólios, mas permitiu a isenção para que as patentes protegessem os direitos dos inventores sobre seu trabalho durante um período de catorze anos. Quando os Estados Unidos se tornaram uma república independente, a seção 8 do artigo 1º da Constituição entregou ao Congresso o poder de "promover o progresso da ciência e dos ofícios úteis, garantindo a autores e inventores, por tempo limitado, o direito exclusivo sobre seus respectivos escritos e descobertas", e o Congresso aprovou o Ato de Patentes em 1790. Ele previu um período de dez anos para explorar as novas invenções. A França revolucionária aprovou uma lei de patentes no ano seguinte.

As patentes têm um lado negativo — como os ingleses descobriram ao conceder patentes à indústria do sal — e muitas vezes são usadas como ferramenta para abusar dos consumidores. No caso das empresas farmacêuticas, as patentes permitem que suguem cada gota de sangue dos pacientes. Quanto maior o tempo que um remédio fica sem concorrência, maior o período em que as empresas podem cobrar preços extorsivos.

A guinada que fez a lei de propriedade intelectual passar a ser explorada em prejuízo da sociedade começou no início dos anos 1980. Não é coincidência que a desigualdade tenha começado a aumentar quando as concessões de monopólio cresceram.

Até os anos 1970, a propriedade intelectual era uma área pouco lembrada do direito. De 1900 a 1982, o número de patentes cresceu em torno de 138%. Após 1982, aumentou incríveis 416% até 2014.[24] Não só o número de patentes explodiu como o universo coberto por elas se expandiu de forma nunca cogitada pelos Pais Fundadores. Durante as últimas décadas, a proteção de direitos autorais passou a valer para trabalhos não publicados, as exigências para registro de direitos autorais foram extintas e a vigência dos direitos autorais subiu de 28 para 70 anos depois da morte do autor.[25]

Quase metade do crescimento das patentes está atrelada a patentes de baixa qualidade e de softwares que provavelmente nem podem ser cobradas pela lei atual. Não obstante, elas barram a inovação e impõem custos imensos à sociedade.[26] (Ver Gráfico 8.1.)

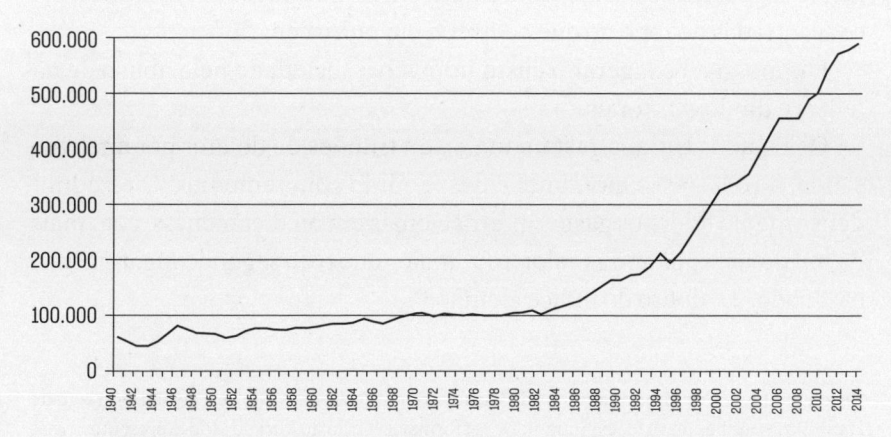

Gráfico 8.1 Total de patentes emitidas anualmente nos EUA, 1940-2014.

Em parte, devemos agradecer a Walt Disney pelo estado lamentável das leis de patente dos Estados Unidos. Embora Mickey Mouse já tenha quase nove décadas e devesse ter caído em domínio público há muitos anos, sempre que os direitos sobre Mickey estão prestes a vencer a Disney gasta milhões com lobby no Congresso para ampliá-los. Ao longo dos anos, a vida útil dos direitos autorais foi se tornando cada vez maior. O último julgamento ocorreu em 1998, quando o Congresso apoiou a Lei de Extensão de Vigência dos Direitos Autorais, aumentando a propriedade de 75 para 95 anos. A lei ficou conhecida como Lei de Proteção ao Mickey Mouse.*

A ironia suprema é que, enquanto a Disney ganha ampliações perpétuas da legislação de direitos autorais, mais de cinquenta de seus próprios filmes vêm de contos e histórias em domínio público: *Alice no País das Maravilhas*, *Aladim*, *Frozen* e *O Rei Leão*. Se Hans Christian Andersen pudesse fazer lobby no Congresso, ele também teria ganhado extensões infinitas sobre seus direitos.[27]

As extensões intermináveis de patentes e direitos autorais impõem um fardo à sociedade. Nas palavras de Brink Lindsey e Steven M. Teles, que escreveram muito a respeito dos efeitos da lei de direitos autorais, "o atual estado da lei de propriedade intelectual pode ser ruim para o crescimento da economia como um todo, mas é muito eficiente em canalizar riqueza para uns poucos favorecidos". Eles apontam que, "nos setores farmacêutico, de softwares e de entretenimento, o poder de monopólio criado pelas proteções de patentes e direitos autorais estimula a concentração e infla os lucros corporativos. Como resultado, a renda e a riqueza ficam ainda mais concentradas no topo do que ocorreria em outro cenário".

É impossível exagerar o custo imposto à sociedade pelo abuso de patentes e direitos autorais.

Os Estados Unidos gastam mais de 3 trilhões de dólares por ano com saúde, e 10% desse montante é despendido com remédios. O estadunidense médio lidera os gastos internacionais em medicamentos, com mais de mil dólares por ano — valor 40% maior que o do segundo lugar na lista, o Canadá, e o dobro do índice alemão.[28]

---

* Em 1º jan. 2024, os direitos autorais da Disney sobre "O Vapor Willie" e a versão sem som de *Plane Crazy*, ambos de 1928, expiraram. Dessa forma, a versão de Mickey Mouse presente nessas obras entra em domínio público pela primeira vez. (N.E.)

O estudo mais amplo já realizado sobre os motivos para os preços inflados foi publicado no *Journal of the American Medical Association*. "O fator mais importante que permite aos manufatureiros cobrar preços altos por seus medicamentos é a exclusividade de mercado, protegida por direitos de monopólio provenientes da aprovação da Administração de Drogas e Alimentos (Food and Drug Administration — FDA) e de patentes."[29] Os medicamentos genéricos são a principal razão para a queda do preço de remédios, mas o acesso a eles geralmente é retardado por diversas estratégias legais e de negócios.

A indústria farmacêutica já foi chamada de indústria das patentes médicas, e essa seria uma descrição mais precisa de seu verdadeiro negócio. Assim como a Disney faz, quando suas patentes estão perto de vencer, os fabricantes de remédios buscam ampliações intermináveis recorrendo à "reformulação" de seus medicamentos ou de pequenas modificações no modo de apresentação.[30] As reformulações envolvem alterações mínimas nas drogas apenas para obter uma nova proteção de patente, sem alterar muito as características para que os resultados de testagem clínica anteriores ainda sirvam para garantir a aprovação da FDA. Não há inovação, novas descobertas nem nenhum benefício maior para os pacientes, e ainda assim as empresas podem continuar praticando preços altos.[31]

Por exemplo, a Lei de Medicamentos Órfãos de 1983 regulamentou a aprovação de remédios para doenças raras e garantiu às empresas farmacêuticas exclusividade de mercado ainda maior. Em teoria, isso deveria estimulá-las a encontrar curas para doenças que poderiam não ter um grande mercado. O problema é que os medicamentos órfãos são recorrentes. Eles representam 20% de todas as vendas de medicamentos por prescrição. Incrivelmente, 44% dos remédios aprovados em 2014 tinham status de órfão e, devido a seu preço, eles representam quase toda a lista de medicamentos mais caros.[32] Hoje, as empresas farmacêuticas se aproveitam desses incentivos para extorquir os pacientes, as seguradoras e o governo.

As patentes são um dos principais obstáculos para a concorrência, mas as regulamentações e a burocracia são uma barreira ainda maior para a entrada de concorrentes que possam oferecer novos remédios no mercado. Todas as novas drogas são aprovadas pela FDA para garantir que serão eficazes e não prejudiciais. Esse é um trabalho essencial. Os medicamentos genéricos, contudo, não são novos ou desconhecidos. Eles são idênticos aos remédios de marca em termos de dosagem, segurança, eficácia, modo de administrar, qualidade, características de performance e uso pretendido. Ainda assim, o processo atual de aprovação de genéricos da FDA é extremamente oneroso.

Os fabricantes de remédios podem cobrar o valor que o mercado estiver disposto a pagar, pois nesse setor não existe a mágica da concorrência. Em média, um genérico leva de três a quatro anos para ser aprovado. Dado o tempo necessário para o processo, não é de surpreender que a fila de genéricos para aprovação na FDA esteja hoje em seu ápice histórico. Em 2014, quase 1.600 pedidos de aprovação de drogas genéricas foram apresentados à instituição. No final do ano, nenhum deles havia sido atendido, pois a fila prévia de anos anteriores incluía 4.700 medicamentos. Em julho de 2016, havia 4.036 medicamentos genéricos esperando aprovação, mas poucos desses pedidos haviam sido processados.[33]

Foi apresentada ao Congresso uma lei bipartidária chamada Lei de Criação e Restauração do Acesso Igualitário a Amostras Equivalentes (CREATES, na sigla em inglês). A lei removeria os empecilhos para a aprovação de drogas genéricas de baixo custo.[34] No entanto, é quase impossível que ela seja aprovada em razão do lobby da indústria farmacêutica, e sua discussão foi barrada todas as vezes em que foi levada ao plenário.[35] Os dois partidos no Congresso e o presidente discursam a favor de medicamentos mais baratos, mas até agora não fizeram nada a respeito do problema. O motivo é que a indústria farmacêutica gasta centenas de milhões de dólares todos os anos em lobby para proteger seu status quo.[36]

Existem soluções simples, porém a indústria farmacêutica recorre ao lobby para manter as regulações. Uma solução seria permitir que medicamentos aprovados no Canadá ou na Europa recebessem aprovação imediata para uso nos Estados Unidos. No caso de novos medicamentos, isso pode não ser uma boa ideia, pois serviria de estímulo para que as empresas farmacêuticas comprassem reguladores em troca de aprovações. Para remédios antigos, no entanto, esse sistema faria sentido.[37]

Quando a TEVA Pharmaceuticals anunciou o lançamento de medicamentos genéricos para o Syprine e o Cuprimine, os pacientes da doença de Wilson ficaram empolgados. Mal sabiam eles que, na prática, a introdução de um genérico no mercado significa apenas a migração de um monopólio para um duopólio. Um frasco de cem pílulas custaria 18.375 dólares.

Os acometidos pela doença de Wilson ficaram desapontados. "Pessoalmente, eu tinha a esperança de um desconto maior", disse Mary Graper, da Associação da Doença de Wilson.[38]

A TEVA é apenas uma das muitas companhias que espoliam os pacientes, pois a maioria cobra preços exorbitantes pelos genéricos. E faz isso porque pode.

Emil Freireich (1927-2021) é um nome lendário na pesquisa do câncer. Ele ajudou a descobrir a cura para a leucemia infantil no início dos anos 1960 e seguiu trabalhando até o fim da vida. Freireich dizia: "Tenho pique demais para ficar perambulando pela casa feito um velho caquético".

Em seu primeiro dia no Instituto Nacional do Câncer, em 1955, Freireich foi designado para um trabalho difícil e recusado pelos demais. Ele deveria cuidar das crianças na ala de leucemia. Na época, a leucemia era uma doença temida. Equivalia a uma sentença de morte: a maioria das crianças sobrevivia apenas oito semanas após o diagnóstico, e 99% morriam no primeiro ano.

"As crianças sangravam até morrer. A ala de leucemia parecia um abatedouro. Havia sangue nas fronhas, no chão, nas paredes... era terrível."[39] Freireich descobriu que o sangramento de seus pacientes era causado pela insuficiência de plaquetas que faziam o sangue coagular.

Após resolver o problema do sangramento, ele passou a buscar uma forma de eliminar o câncer. Começou por ministrar aos pacientes dois medicamentos tóxicos, e então incluiu um terceiro. A cada acréscimo as crianças adoeciam mais, e algumas chegavam à beira da morte. A questão era: quanto dano ele poderia causar no câncer sem matá-las?

Os especialistas internacionais em câncer hepático achavam que a abordagem mais humana era não usar nenhum medicamento. Freireich queria usar quatro remédios, todos ao mesmo tempo. Quando o regime experimental foi aprovado, alguns dos médicos mais jovens que trabalhavam na ala como assistentes se recusaram a participar. Acharam que Freireich estivesse louco. No entanto, o médico seguiu em frente. As crianças continuavam morrendo. Ele ajustou os protocolos e foi aprendendo e fazendo ajustes.[40]

Matar uma célula cancerígena em um tubo de ensaio não é lá muito difícil. Existe um número interminável de compostos químicos capazes de matar o câncer depressa e em definitivo. A parte difícil é encontrar um veneno seletivo que elimine todo o câncer sem matar o paciente. Essa distinção fundamental é conhecida como toxicidade seletiva, e significa que o paciente tomará a dose exata de veneno que garantirá sua sobrevivência e a morte do parasita. A toxicidade seletiva é a base da quimioterapia e da eficácia do tratamento.

Freireich registrou a importância de utilizar o nível adequado de toxicidade. Com uma das primeiras pacientes, ele descobriu que "as doses que demos a ela eram muito altas, e por pouco ela não morreu de intoxicação [...]. Por não sabermos o momento de parar, a primeira paciente foi submetida a dois dias a mais de quimioterapia, e quase morreu por isso".[41]

As descobertas de Freireich se tornaram a base para a cura de leucemia em crianças. Hoje a taxa de cura é superior a 90%, e estima-se que a equipe do cientista tenha salvado a vida de ao menos 100 mil crianças com leucemia infantil nos Estados Unidos.[42]

A noção de toxicidade seletiva tem outras aplicações além da luta contra o câncer. As grandes empresas veem as jovens empresas como um terrível câncer pronto para atacá-las, e estão dispostas a lidar com qualquer prática dolorosa capaz de matar as startups.

Isso nos leva a uma triste verdade sobre a regulação: embora os grandes negócios se queixem da lei, o fato é que, ainda que ela seja incômoda e dolorosa, eles não estão nem aí; na verdade, chegam inclusive a defendê-la. Para eles, o ideal é uma regulação rígida o suficiente para matar as pequenas empresas, mas não forte o bastante para derrubar as grandes.

A quimioterapia é capaz de matar quase qualquer célula, seja ela normal ou tumoral. Ela mata mediante diversos mecanismos, mas o mais comum é danificar o DNA, o diagrama genético da célula. As células danificadas não morrem de imediato — apenas quando tentam se replicar com DNA defeituoso. Às vezes essa replicação desencadeia o suicídio celular, chamado de apoptose. Essa é uma forma altamente controlada de morte celular. As outras maneiras pelas quais as células morrem são variantes da necrose — na qual elas passam por um evento catastrófico desencadeado pelo veneno e jamais se recuperam. Geralmente isso acontece quando a célula tenta se dividir e crescer.

Os tecidos normais do corpo podem consertar a si mesmos de modo mais eficiente que os tumores, enquanto os cânceres crescem desenfreadamente. Sua programação genética muda o direcionamento dos recursos energéticos limitados das células, desviando-os da manutenção básica para o crescimento. Uma dessas atividades de manutenção é o reparo de DNA. Nossas células são danificadas todos os dias (pela exposição normal à radiação ultravioleta e aos carcinógenos da dieta), e é fundamental que elas consigam reparar qualquer dano. Após a quimioterapia, o DNA do tumor e dos tecidos saudáveis ao redor dele fica imensamente danificado.

Os tecidos saudáveis são capazes de consertar a si mesmos porque têm os recursos e o diagrama do DNA para compensar eventuais danos, mesmo que isso signifique retardar o crescimento. Os cânceres, por sua vez, crescem à custa de qualquer reparo de DNA. Quando eles tentam crescer com o DNA danificado, isso desencadeia a morte celular por meio da apoptose ou da necrose. Essa é a base da seletividade da quimioterapia.

As empresas de maior porte são a favor das regulações por serem semelhantes a tecidos normais, grandes o bastante para direcionarem sua energia aos consertos e à manutenção. Elas não estão em fase de crescimento exponencial como muitas das startups. (O interessante é que muitos cânceres em tecidos normais vêm de tecidos de rápido crescimento: intestino, pele, cabelo, medula óssea.) As empresas menores precisam crescer e não têm os recursos para se recuperarem desse "dano de DNA" excessivo das regulações, portanto são mais vulneráveis.

As grandes empresas gostam da regulação opressiva, pois contam com equipes de advogados, profissionais de compliance e lobistas para cuidar disso. As startups, por outro lado, não têm orçamento para contratar um exército de advogados e profissionais de compliance. Esses custos fixos pesam mais sobre a rentabilidade das pequenas corporações que das grandes. A regulação excessiva mata os jovens negócios que ameaçam as corporações de porte. É uma imensa barreira de entrada para qualquer setor.

Bruce Greenwald, professor da Escola de Administração de Columbia, observou que a regulação é um dos principais obstáculos para a concorrência. "Além disso, há vantagens advindas das intervenções governamentais, como licenças, cotas e tarifas, monopólios autorizados, patentes, subsídios diretos e vários tipos de regulação".[43]

Greenwald, em certo sentido, ecoa Milton Friedman, para quem na maioria dos casos a concorrência acabaria com os monopólios, e, nas situações em que isso não acontecesse, a culpa seria da lei. "Na prática, há alguns casos — talvez até a maioria deles — em que os monopólios surgem do apoio governamental", segundo Milton Friedman.[44]

Hoje as pequenas empresas sentem a pressão avassaladora da quimioterapia regulatória. Em 2016, uma pesquisa da Federação Nacional de Empresas Independentes revelou que as "regulamentações injustificadas do governo" representam a segunda maior preocupação dos pequenos empresários — apenas quatro anos atrás, elas ocupavam a quinta posição. Só os custos de planos de saúde preocupam mais.[45]

Dustin Chambers, Patrick A. McLaughlin e Tyler Richards, da Universidade George Mason, descobriram que um aumento de 10% das restrições regulatórias em um setor específico pode ser associado a uma queda de cerca de 0,5% no número total de pequenas empresas nesse mesmo setor. As grandes corporações não são afetadas por mudanças na regulação.[46] O problema não é aumentar as restrições de uma regulação específica, mas o impacto cumulativo disso. Esses resultados acabam ampliados em razão dos diversos anos de aumento da regulação, que afeta os pequenos negócios de maneira desproporcional e em um nível cada vez maior. São as pessoas pobres que saem perdendo, pois os pequenos negócios são mais comuns em zonas de baixa renda.

O número de regulações explodiu nos Estados Unidos. A fonte mais abrangente de dados sobre o tema é o Banco de Dados Federal de Regras, mantido pela Secretaria de Prestação de Contas do Governo (GAO, na sigla em inglês). Durante os últimos sessenta anos, a população cresceu 98%, enquanto as regulações federais aumentaram 850%.[47] Nos últimos 22 anos, as agências federais publicaram mais de 88 mil regras definitivas.[48] Em 2016, as regulações já contabilizavam um total de 104,6 milhões de palavras. A Bíblia King James tem 783.137 palavras.[49]

O Congresso aprova as leis, mas boa parte do aumento de regulações vem das secretarias. Para cada lei aprovada pelo Congresso, o governo federal publica dezesseis novas regulações. Entre os anos fiscais de 2005 e 2014, as agências federais publicaram 36.457 regras definitivas. Enquanto isso, os pedidos de auxílio para lidar com as agências reguladoras federais registrados na Secretaria de Administração de Pequenos Negócios cresceram 65% entre 2012 e 2014. Se levarmos em conta as regulações de mais de 90 mil governos estaduais e regionais, veremos que cada camada do governo dificulta as operações de um negócio.

Não é possível medir o peso das regulações tendo apenas o número de páginas como base. Nem todas as páginas do Registro Federal se destinam a descrever regras. Para resolver esse problema, pesquisadores da Universidade George Mason reuniram uma base de dados chamada RegData. Ela analisa o texto do Registro e encontra imperativos como "deve", "precisa", "não pode" e "requer-se" para estimar o grau de regulação de setores específicos. A base de dados confirma o peso crescente das regulações.

A regulação excessiva pode sufocar o crescimento, criar barreiras de entrada e eliminar possíveis competidores. James Bailey e Diana Thomas, da Universidade Creighton, analisaram a base de dados RegData e informações sobre as datas de abertura de empresas e geração de empregos das Estatísticas de Negócios dos Estados Unidos (ver Gráfico 8.2). E descobriram que "os setores mais regulados registraram menos aberturas de corporações e crescimento mais lento de geração de empregos no período de 1998 a 2011. As grandes corporações podem até conseguir impor seu lobby junto a membros do governo para ampliar as regulações e elevar os custos de suas rivais menores"[50]. Eles também descobriram que a regulação inibe a geração de empregos em pequenas empresas mais do que nas grandes.

A correlação entre regulação e lucros mais altos se sustenta em todos os países. O economista Fabio Schiantarelli analisou os países da OCDE e descobriu que as altas barreiras de entrada contribuíam para o aumento de preços. Isso também explica a perda de dinamismo econômico com um número menor de startups.[51] É exatamente o que tem acontecido nos Estados Unidos com a maior concentração dos setores.

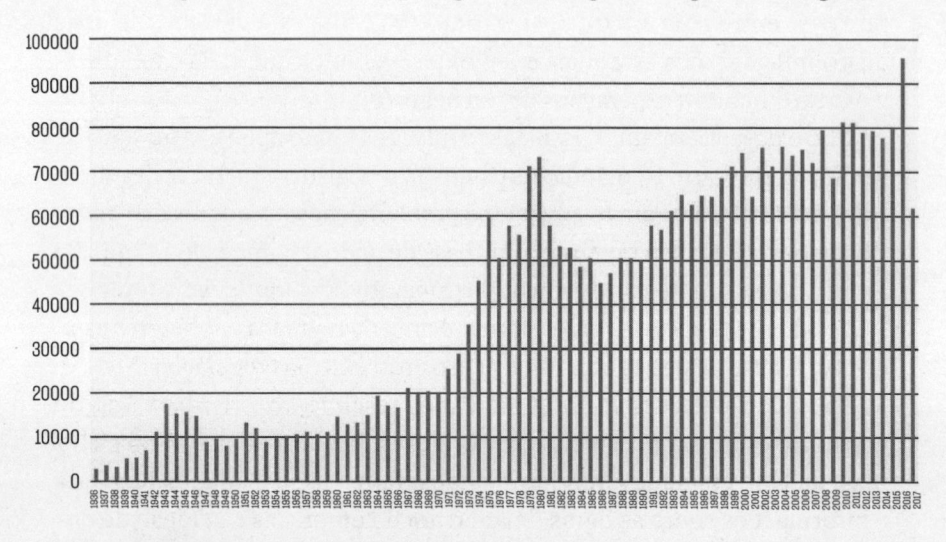

Gráfico 8.2 Páginas no Registro Federal (1936-2015).

Fonte: GW Regulatory Studies Center.

Se você duvida que as regulações possam matar de fato os novos concorrentes, pense no que aconteceu com o setor bancário. Segundo o Federal Reserve, entre 2009 e 2013, apenas sete novos bancos foram abertos.[52]

O principal motivo para a quase inexistência de novos concorrentes é o grande número de regulações recém-criadas. Uma pesquisa do Instituto Manhattan concluiu que a Lei Dodd-Frank criou uma casta de empresas financeiras protegidas cujos ativos superam os 50 bilhões de dólares. A lei não fez nada para dividir os principais bancos do país ou acabar com a ideia de bancos "grandes demais para falir". Ela só serviu para desestimular novos concorrentes.[53]

Assim como a descoberta de Freireich, a Dodd-Frank é seletivamente tóxica e ataca os bancos menores. É por isso que a escolha e a dosagem cuidadosa dos medicamentos são essenciais no tratamento do câncer, embora nem sequer sejam levadas em conta quando se fala em regulação.

Nos últimos quinze anos, se comparadas aos grandes bancos, as instituições comunitárias e cooperativas de crédito praticaram taxas de empréstimo mais baixas em quase todas as categorias comerciais e individuais.

Embora as uniões de crédito e os bancos de pequeno e médio porte sejam responsáveis por apenas 24% dos ativos bancários, eles fornecem 60% dos empréstimos para pequenos negócios.[54]

O desaparecimento dos bancos menores foi um grande golpe para o consumidor. Mesmo setores sem quase nenhuma economia de escala acabaram mais concentrados. Com o fechamento ou a venda dos pequenos bancos, os menores negócios que dependem de seus empréstimos também estão desaparecendo. Segundo o Federal Reserve Bank of Atlanta, em 2005 as dez maiores empresas de construção tinham apenas 25% do market share. No entanto, após a recessão, quando os empréstimos para pequenas construtoras secaram, o market share aumentou nas regiões onde os pequenos bancos fecharam as portas.

A Lei Dodd-Frank já foi chamada de Lei de 2010 para o Pleno Emprego de Advogados, Contadores e Consultores.[55] Para os grandes bancos que já contavam com exércitos de profissionais de prestação de contas, a lei impôs custos, mas não foi letal. Para os pequenos bancos, ela representou uma barreira de entrada intransponível.

Jamie Dimon, CEO do JPMorgan, disse que a Dodd-Frank cria um "fosso" em torno dos grandes bancos.[56] Em 2015, em uma conferência de investidores, Lloyd Blankfein, então CEO do Goldman Sachs, explicou que os custos regulatórios mais elevados estavam acabando com a competição. "A regulação mais rigorosa e as exigências tecnológicas criaram barreiras de entrada mais altas do que em qualquer outro momento da história moderna", disse Blankfein. "É muito caro atuar nesse ramo quando não se tem um market share expressivo."[57]

Os grandes bancos nunca estiveram melhor. Os CEOs desses bancos estão rindo à toa. "Vocês acharam que eu estava brincando quando disse alguns anos atrás que poderíamos ter uma era de ouro dos bancos", disse Jamie Dimon, executivo-chefe do JPMorgan Chase, em junho de 2018. "Quer dizer, teremos uma era de ouro dos bancos. Já temos uma era de ouro dos bancos."[58]

Não é de surpreender que um lobista do Goldman Sachs tenha sido mencionado no portal *Politico* por ter dito em abril de 2010 que "não somos contra a regulação. Somos a favor da regulação. Somos parceiros dos reguladores".[59]

Uma década após terem classificado empréstimos subprime tóxicos com a nota máxima (AAA) e terem ajudado a causar a maior crise financeira desde a Grande Depressão, a Moody's e a Standard & Poor's ainda dominam totalmente o mercado de classificação de crédito.

As duas agências controlam 80% do mercado de classificação de papéis nos Estados Unidos e 93% na Europa. E não estão no topo por serem as melhores. Durante a crise financeira, ambas esconderam o lixo subprime dentro de papéis com nota AAA, mas isso não teve importância. Elas não foram à falência, e não houve mais ingressos no mercado desde a crise financeira, apesar da necessidade urgente de novas agências de rating.

A regulação é a barreira de entrada. Em 1975, a Comissão de Valores Mobiliários criou uma casta protegida de agências de classificação de crédito conhecida como Organização das Classificações Estatísticas Nacionalmente Reconhecidas (NRSRO, na sigla em inglês). O governo estadunidense criou um duopólio com apenas uma assinatura. Desde então, as duas grandes agências de classificação contam com uma proteção legal e burocrática para seu negócio. Essa cerca ficou ainda mais alta, porque os reguladores usam as classificações delas como fonte primária para medir riscos.

Os emissores de títulos são forçados a pagar por classificações se quiserem que seus títulos sejam certificados. Eles também precisam do serviço porque a maioria das corporações requer uma classificação NRSRO em seus papéis. Qualquer título municipal emitido no país deve, por lei, ser classificado pelos dois players. Isso faz com que os condados em apuros tenham que pagar taxas muito altas para esse cômodo duopólio em troca de uma classificação. Muitas vezes isso implica a demissão de professores e o fechamento de escolas para mandar dinheiro à Moody's e à S&P.[60]

Uma barreira de entrada garantida pelo governo resulta em negócios impressionantes. Escrever um relatório de classificação de crédito não exige quase nenhum capital ou investimento, e ainda assim qualquer emissor de títulos precisa pagar as agências de classificação. É um pedágio perfeito que só existe por causa da regulação. Essas empresas têm imenso poder de preço e podem aumentar suas tarifas acima da inflação. A Moody's apresentou uma média estratosférica de 77% de retorno sobre capital investido nos últimos três anos, enquanto o desempenho da S&P foi ainda melhor, de 84%, contra 11% do Walmart ou 12% da Tiffany. Mesmo um monopólio como o Google tem retorno sobre capital investido de apenas 24%.

"É mais fácil treinar uma milícia com rifles de assalto no Michigan do que se tornar uma NRSRO", disse Gleen Reynolds, CEO de pesquisa da firma de pesquisa de crédito CreditSights.

A Moody's e a S&P defendem as obstruções regulatórias alegando que elas garantem a qualidade das agências de classificação de crédito. Essas agências também gastaram milhões de dólares durante a última década em lobbies para conservar o fosso regulatório que protege seu negócio. É difícil entender como elas justificam sua existência. Após conceder a designação para a NRSRO, a Comissão de Valores Mobiliários não mantém nenhuma forma de fiscalização continuada ou controle de qualidade. O título de classificação é apenas uma licença concedida pelo governo para imprimir dinheiro.

Outras empresas que classificam dívidas já realizaram trabalhos melhores em muitas ocasiões, mesmo assim é quase impossível para elas competir. Uma nova agência de classificação precisa atribuir pontuação a produtos financeiros durante ao menos três anos antes de poder se candidatar a uma vaga. Não obstante, o processo de escrutínio leva muito mais tempo. Egan-Jones, a inclusão mais recente na NRSRO, foi aceita em 2007, nove anos após entrar com o pedido.

Não deveria caber ao governo o papel de determinar quais agências são ou não confiáveis, e a regulamentação das agências de classificação é completamente desnecessária. Lawrence White, professor da Escola de Administração Stern da Universidade de Nova York, apontou que mais de 80% dos investimentos em títulos vêm de grandes instituições, como bancos de investimento ou fundos de investimento com ampla capacidade própria de pesquisa. Essas instituições têm a reputação de saber em quem confiar ou não. Para ele, "isso gera mais competição e benefícios duradouros".[61]

Embora muitos críticos tenham pedido o fim das classificações da NRSRO, o selo de aprovação regulatório ainda protege os negócios da Moody's e da S&P. Mesmo passada uma década da crise financeira, os emissores de título ainda são obrigados a pagar as duas em troca de classificações.

A solução óbvia seria fazer o governo parar de regular as classificações e, em vez disso, estimular a concorrência entre diversas agências. Até o momento, a resposta foi a criação de novas regulações, consolidando ainda mais o duopólio de S&P e Moody's. Quando foi aprovada, a Lei Dodd-Frank implementou diversas medidas para melhorar o controle interno e a precisão das classificações. A lei entrincheirou ainda mais o domínio de mercado das agências em decorrência das regras impostas pela Comissão de Valores Mobiliários em detrimento de níveis saudáveis de concorrência no mercado.[62]

Muitas pessoas já ouviram falar da lendária compra de martelos pelo Pentágono em que cada um saiu pelo valor de 435 dólares, devido às práticas atípicas de contabilidade do governo.[63] Hoje, porém, o Pentágono está sendo alvo de extorsões ainda maiores.

A TransDigm é a Valeant do ramo aeroespacial. Ela segue a mesma cartilha e adquiriu mais de trinta empresas nos últimos dez anos.[64] Sempre que compra uma empresa, eleva os preços. Por exemplo, ela comprou da GE em 2013 uma produtora de rotores de motores e subiu o preço dos rotores imediatamente, de 654 para 5.474 dólares. Quando comprou a Harco, o preço dos conectores de cabos saltou de 1.737 para 7.863 dólares.

Assim como a Valeant, depois que adquire uma empresa a TransDigm demite parte da equipe, corta gastos com pesquisa e desenvolvimento e eleva os preços até o máximo que o mercado for capaz de tolerar. A motivação dos funcionários desaba — quase todas as avaliações de lá são negativas no Glassdoor, um site de recursos humanos. Em uma resenha on-line, os funcionários fazem alertas sobre a cultura tóxica. "Desde que fomos comprados, o estresse está em alta e o ânimo está em baixa. Eliminaram 25% da equipe, e é provável que mais gente vá embora. Se a sua empresa tiver o azar de ser comprada pela TransDigm, vão sugar tudo dela. Ninguém escapa."[65]

A TransDigm é altamente lucrativa. Ela opera com margens de 40%, algo extraordinário para um setor que produz peças relativamente baratas. Em comparação, até mesmo a Microsoft, conhecida por seu poder de preço, opera com margem de 25%; no caso da Apple, a margem é de 27%.

É provável que você esteja se perguntando: como a TransDigm consegue evitar a concorrência com margens tão altas? Mais uma vez, a resposta é a regulação.

A TransDigm fornece às fabricantes de aeronaves como Boeing e Airbus peças que vão direto para novos aviões.[66] A manufatura aeroespacial é um setor muito regulado. A Administração Federal de Aviação (FAA, na sigla em inglês) precisa aprovar cada peça usada em um avião. Devido ao tempo e ao custo exigidos pela agência para aprovação, as manufatureiras costumam escolher um único fornecedor para cada peça específica. Com base nos últimos relatórios trimestrais, quase 90% dos produtos da empresa são de fornecimento único, o que lhe confere o status legal de monopólio. Como todas as peças são fundamentais para que uma aeronave consiga voar, a TransDigm tem total poder de preços e pode adotar práticas extorsivas.

A FAA, assim como a FDA, recebe incentivos para tornar o processo de aprovação extremamente oneroso, pois seu risco de carreira é alto caso um avião caia ou um medicamento mate alguém. A segurança é sem dúvida um objetivo louvável, mas as regulações são uma tremenda barreira de entrada para quaisquer companhias interessadas em fornecer drogas ou painéis de avião mais baratos.

A TransDigm está plenamente ciente da maneira como a regulação funciona e se compromete a contorná-la quando vende peças para o Departamento de Defesa. Revendedores a acusam de atividade ilegal, destacando que doze de suas subsidiárias deixaram de relatar a existência de um proprietário comum nos formulários federais, cometendo perjúrio para escapar dos custos do controle federal de aquisições.[67] A empresa organizava reuniões trimestrais em que ensinava dezenas de técnicas para sonegar as informações solicitadas pelos fiscais de aquisições.[68]

Quando as táticas da TransDigm vieram à tona, Ro Khanna, deputado federal pelo 17º distrito da Califórnia, solicitou que a empresa fosse investigada. Em carta enviada ao inspetor-geral do Departamento de Defesa dos Estados Unidos, general Glenn Fine, Khanna disse que a TransDigm podia estar envolvida em "possíveis desperdícios, fraudes e abusos no setor de base de defesa".

De modo muito semelhante ao verificado na Valeant, o CEO da TransDigm foi um dos executivos mais bem remunerados do país. Só nos últimos cinco anos ele embolsou 278 milhões de dólares. Na Boeing, uma empresa trinta vezes maior, o pagamento do CEO foi menos da metade desse valor.[69]

A TransDigm, como a Valeant, baseia cada movimento nas regulações. Não é de impressionar que o CEO Nick Howley e sua esposa tenham doado mais de 126 mil dólares a candidatos políticos desde 2008. Metade dessa quantia — 63 mil dólares — foi para sete atuais integrantes do Congresso envolvidos na elaboração do orçamento de defesa. Para surpresa de ninguém, eles integram os comitês de alocações, orçamentos e serviços armados.[70]

Como Valeant, Moody's, TransDigm e tantas outras empresas fazem a lei trabalhar a seu favor, impedindo qualquer concorrência? A resposta é simples: elas gastam muito dinheiro em lobby.

O lobby é uma parte fundamental da estratégia de negócios da maioria dos monopólios e oligopólios nos Estados Unidos. Eles sabem que leis e regulações podem ser úteis para sufocar startups e blindar sua atividade contra a concorrência, engordando suas receitas.

Um estudo abrangente com 6 mil empresas que anunciaram publicamente gastos com lobby entre 1999 e 2006 encontrou correlação entre esses gastos e o porte dos empreendimentos. Eles descobriram que "as corporações que praticam lobby são maiores, têm menos oportunidades de investimentos e integram setores de maior concentração".[71]

O lobby e os gastos com campanhas políticas podem resultar em mudanças regulatórias favoráveis, e diversos estudos constataram que esses investimentos dão retornos espetaculares. Por exemplo, um estudo descobriu que, para cada dólar gasto em lobby a favor de cortes de impostos, as empresas receberam uma receita adicional de 220 dólares.[72] Isso significa um retorno de 22.000%.

Com um retorno assim, é claro que os gastos em lobby explodiram. Nos últimos quinze anos, o valor alocado pelas empresas em campanhas políticas aumentou trinta vezes, enquanto o índice RegData de regulação aumentou quase 50% para as corporações de capital aberto.

Para dar uma ideia da dimensão de tais práticas, em 2017 os produtores de remédios pagaram 882 lobistas e gastaram mais de 171,5 milhões de dólares em um esforço para barrar a redução de preços dos medicamentos vendidos sob prescrição.[73] O departamento de lobby do setor farmacêutico, a Pharmaceutical Research and Manufacturers of America, gastou cerca de 10 milhões de dólares no primeiro trimestre do ano em lobby, valor que inclui sua tentativa de retardar o ritmo de aprovação de medicamentos genéricos.[74]

Os retornos astronômicos de lobbies refletem no mercado de ações. Mais de dez anos atrás, a firma de consultoria Strategas criou um índice para verificar se essa prática garantia maior retorno sobre ações. Eles descobriram que o investimento em um portfólio de empresas que investem mais em lobby e em ações para influenciar reguladores trazia retornos consistentemente superiores à média do mercado. As empresas que praticam lobby podem deturpar as regras do jogo a seu favor. Bajular legisladores e reguladores em troca de favores vale muito a pena. Nos últimos dez anos, o Portfólio de Lobistas da Strategas superou o índice Standard & Poor's 500 em 5% *todos os anos*.

"Washington é um fator que os investidores não levam em conta, mas deveriam, porque uma porção cada vez maior de seus ganhos é determinada no Capitólio", afirmou Daniel Clifton, chefe de pesquisa de políticas da Strategas (Gráfico 8.3).[75]

Essa é uma relação muito cômoda, que também beneficia Washington. Seis dos dez condados de maior renda média nos Estados Unidos estão dentro ou ao redor do distrito federal estadunidense.[76]

──── Retorno total do portfólio de lobistas da Strategas
──── Retorno total da S&P 500

Gráfico 8.3 Empresas que praticam bastante lobby dão mais retorno.
Fonte: Barron's.

James Bessen, da Escola de Direito da Universidade de Boston, usou a Reg-Data para verificar se a regulação estava atrelada a maiores margens de renda. Ele descobriu que, desde 2000, a atividade política e a regulação explicam a maioria dos ganhos em lucros e valor de mercado. No passado, o lucro vinha de investimentos em maquinário, pesquisa e desenvolvimento, sobretudo durante os anos 1990.[77] Esses gastos aprimoravam os produtos das empresas, criavam novas tecnologias e guiavam a economia real. Hoje a maior parte do aumento de lucratividade vem da manipulação de condições e do tráfico de influência.

A correlação entre lobby, regulação e lucro está concentrada em um pequeno número de setores com grande influência política. A pesquisa de Bessen descobriu que a maior parte desse fenômeno corresponde a meia dúzia de setores: químico/farmacêutico, refinamento de petróleo, transporte de equipamentos/defesa, infraestrutura e comunicação. Quando o poder político fica concentrado em um pequeno número de empresas, elas podem distorcer a distribuição de riqueza da economia como um todo.[78]

Nem todos os setores são altamente regulados, e isso explica por que alguns são concentrados e outros não. Existe um motivo para que o mercado cervejeiro dos Estados Unidos seja um duopólio e o setor de restaurantes seja altamente fragmentado. A AB InBev e a Molson Coors controlam 90% do mercado de cerveja, mas é inconcebível que McDonald's e Burger King controlem o setor de restaurantes. Isso acontece porque a indústria do álcool é uma das mais reguladas nos Estados Unidos. Apesar do frenesi de novas cervejarias artesanais, ainda é difícil distribuir bebidas de um estado ou condado para outro em razão de complexas diferenças de regulações estatais e regionais. As grandes produtoras de bebidas alcoólicas se beneficiam das diversas barreiras de distribuição que restringem severamente o crescimento de pequenos players.

O lobby cria um perverso círculo vicioso. Quanto mais distorcida a economia se torna, maior será o incentivo das empresas para reinvestir seus lucros nessa prática. Como Brink Lindsey e Steven Teles descrevem em seu livro *The Captured Economy: How the Powerful Enrich Themselves, Slow Down Growth, and Increase Inequality* [A economia sequestrada: como os poderosos enriquecem, retardam o crescimento e aumentam a desigualdade], "a escassez de concorrência é especialmente problemática, pois a riqueza oriunda de mercados distorcidos é convertida em influência junto ao governo. Os gestores podem decidir investir na proteção contra a concorrência, em vez de inventarem produtos e métodos de produção ou melhorar aqueles já existentes".[79]

Quanto maior o incentivo ao lobby, mais disfuncional se torna o sistema político e mais desiludidos os eleitores se sentem. Não é de surpreender que uma pesquisa da Marketplace and Edison Research tenha constatado que 70,9% dos estadunidenses considerem que "o sistema econômico do país é manipulado em favor de certos grupos".[80] Dados o aumento explosivo de gastos com lobby e as grandes recompensas para a prática, a maioria dos estadunidenses está coberta de razão.

Vale a pena lembrar que, quando escreveu sobre "a mão invisível" em *A riqueza das nações*, Adam Smith não estava apenas exaltando o livre mercado, mas também condenando a atuação do governo em prol dos grandes mercadores que consolidavam seus próprios interesses.

Até que a prática do lobby seja reformada, há pouca esperança de reduzirmos as barreiras de entrada para que empresas menores possam disputar o mercado. Há poucas chances de que a mão invisível possa funcionar.

Nos últimos dias da campanha eleitoral de 2016, Donald Trump veiculou um anúncio publicitário mostrando o rosto do CEO do Goldman Sachs, Lloyd Blankfein. O narrador não mencionava seu nome, mas o texto descrevia "uma estrutura de poder global responsável pelas decisões econômicas que roubaram nossa classe trabalhadora, despiram nosso país de sua riqueza e encheram de dinheiro os bolsos de um punhado de grandes corporações e entidades políticas".[81]

Mesmo enquanto transmitia uma campanha denunciando as ligações de Hillary Clinton com Goldman Sachs, Trump manteve em atividade sua porta giratória com a instituição e entregou na mão de diversos ex-banqueiros o controle da política financeira estadunidense. Gary Cohn se tornou o segundo executivo do Goldman Sachs a chefiar o Conselho Econômico Nacional. O ex-banqueiro de investimentos do grupo, Stephen Bannon, foi designado estrategista-chefe de Trump, e Steven Mnuchin, sócio, foi nomeado para a Secretaria do Tesouro. O conselheiro econômico de Trump

Anthony Scaramucci trabalhou para o Goldman Sachs como vice-presidente de gestão de valores.[82]

O Goldman Sachs foi de longe o maior vencedor da porta giratória com Washington. Durante a crise financeira e os planos de resgate financeiro, ao menos 48 ex-funcionários do grupo atuavam como empregados, lobistas ou consultores e ocupavam os mais elevados cargos de poder em Washington e ao redor do mundo. Não colocamos nessa conta os cargos de menor escalão, que também estavam repletos de funcionários da instituição.[83]

Henry Paulson entrou no Goldman Sachs em 1974 e se tornou diretor e CEO em 1999. Quando a crise financeira de 2007-2008 ocorreu, Paulson decidiu quais bancos seriam resgatados e quais não seriam. Naturalmente, o Goldman Sachs sobreviveu. Ele tomou uma decisão determinante ao aprovar um resgate de 85 bilhões de dólares para salvar a imensa seguradora AIG. Em resposta, a AIG pagou ao Goldman os 13 bilhões de dólares que lhe devia por *credit default swaps*.*[84] A porta giratória gerou lucros espetaculares para o Goldman Sachs (ver Gráfico 8.4).

Mesmo após a crise, quando Timothy Geithner se tornou secretário do Tesouro na gestão Obama, ele conversava todos os dias com o CEO do Goldman Sachs, conforme registros obtidos por meio da Lei de Liberdade de Informação. Segundo seu calendário oficial, ele teve mais reuniões com Lloyd Blankfein do que com os líderes congressistas, incluindo a presidente da Câmara e o líder da maioria no Senado.[85]

Não é de surpreender que o Goldman Sachs consiga o que quer e quase nunca enfrente ações de fiscalização. Carmen Segarra é ex-analista do Federal Reserve de Nova York e foi colocada no Goldman Sachs para supervisionar suas práticas. Durante o tempo que passou lá, ela registrou quarenta horas de gravação de áudio que revelam atitudes inapropriadas de outros empregados do Federal Reserve, que optaram por não relatar as más práticas que constataram para proteger o banco.

---

* *Credit Default Swap* é um contrato que garante ao portador do título o seu pagamento, que será feito pelo emissor caso a instituição financeira obrigada não o faça. (N.E.)

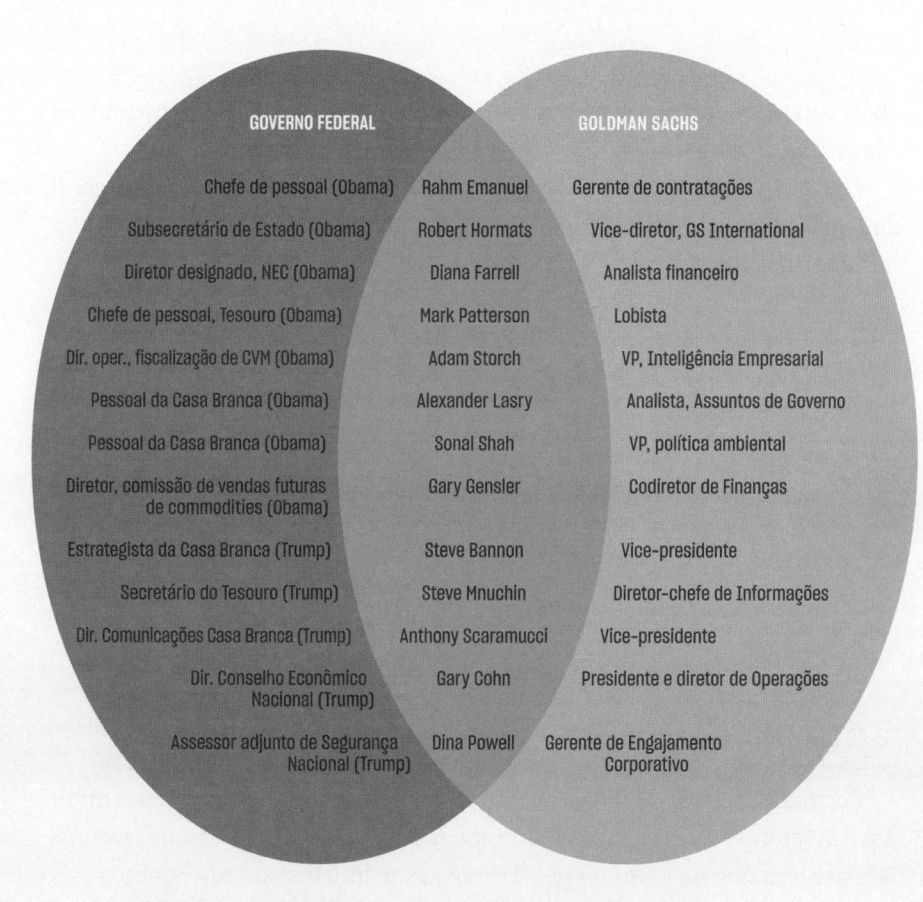

GOVERNO FEDERAL / **GOLDMAN SACHS**

Governo Federal	Nome	Goldman Sachs
Chefe de pessoal (Obama)	Rahm Emanuel	Gerente de contratações
Subsecretário de Estado (Obama)	Robert Hormats	Vice-diretor, GS International
Diretor designado, NEC (Obama)	Diana Farrell	Analista financeiro
Chefe de pessoal, Tesouro (Obama)	Mark Patterson	Lobista
Dir. oper., fiscalização de CVM (Obama)	Adam Storch	VP, Inteligência Empresarial
Pessoal da Casa Branca (Obama)	Alexander Lasry	Analista, Assuntos de Governo
Pessoal da Casa Branca (Obama)	Sonal Shah	VP, política ambiental
Diretor, comissão de vendas futuras de commodities (Obama)	Gary Gensler	Codiretor de Finanças
Estrategista da Casa Branca (Trump)	Steve Bannon	Vice-presidente
Secretário do Tesouro (Trump)	Steve Mnuchin	Diretor-chefe de Informações
Dir. Comunicações Casa Branca (Trump)	Anthony Scaramucci	Vice-presidente
Dir. Conselho Econômico Nacional (Trump)	Gary Cohn	Presidente e diretor de Operações
Assessor adjunto de Segurança Nacional (Trump)	Dina Powell	Gerente de Engajamento Corporativo

Gráfico 8.4 Porta giratória entre o Goldman Sachs e o governo federal.
Fonte: https://steemit.com/corporatism/@geke/gekevenn-goldman-sachs-updated.

Como o Goldman Sachs conseguiu deixar para trás a imagem de encarnação do mal, conquistada na época em que foi alvo de processos, para se tornar parte central do governo?

Economistas e cientistas políticos usam o termo "sequestro regulatório" para descrever o processo pelo qual as empresas tomam conta das instituições do governo que deveriam regulá-las. Mais de dois séculos atrás, Adam Smith reconheceu a existência desse problema em *A riqueza das nações*: "O governo civil, instituído para garantir a segurança da propriedade, é, na realidade, instituído para defender os ricos dos pobres, ou aqueles que têm alguma propriedade de quem não tem nenhuma". Ele observou que "ampliar o mercado e reduzir a concorrência são interesses constantes dos agentes".

Em 1892, Richard Olney, advogado corporativo e futuro procurador-geral da União, aconselhou Charles E. Perkins, presidente de uma companhia ferroviária, a não se opor à Lei de Comércio Interestadual:

> A Comissão, que agora teve suas funções limitadas pelas cortes, é, ou é possível fazer que seja, de grande utilidade para as companhias ferroviárias. Ela satisfaz o clamor popular por supervisão governamental das ferrovias, ao mesmo tempo que essa supervisão existirá quase só no papel. Além disso, quanto mais uma Comissão envelhece, maior sua propensão a assumir a visão dos negócios e das empresas. Assim, ela se torna uma espécie de barreira entre as corporações ferroviárias e o povo, e uma proteção contra legislações impetuosas e rudimentares que possam ser hostis aos interesses das companhias [...]. O mais sábio não é destruir a Comissão, mas fazer uso dela.[86]

As observações de Olney foram pressagiosas e descrevem o destino de quase todas as instituições regulatórias formadas desde então.

Segundo o relatório Public Citizen, Obama designou 56 profissionais oriundos dos setores que deveriam supervisionar. Bill Clinton designou 64, e George W. Bush nomeou 91.[87] Depois que Trump jurou drenar o pântano, muitos estadunidenses votaram nele com a esperança de extinguir a porta giratória entre Washington e as grandes empresas. Em vez disso, tiveram mais do mesmo. Mais da metade dos nomeados por Trump para agências de regulação federais eram CEOs, lobistas e advogados que deveriam regular os próprios cargos.[88]

Quando falamos em sequestro regulatório, o Goldman Sachs é só a ponta do iceberg. Após a crise financeira, os estadunidenses ficaram chocados porque ninguém em Wall Street foi processado. Havia um bom motivo para isso: a maioria dos altos cargos regulatórios está nas mãos de antigos banqueiros de Wall Street.

Muitos dos maiores bancos de Wall Street, incluindo Goldman Sachs, JP-Morgan e Citigroup, forneceram "paraquedas de ouro" para que seus executivos passassem à administração pública. O paraquedas de ouro é um *quid pro quo* pouco comentado que estimula a corrupção em Washington. Por exemplo, o secretário do Tesouro Jack Lew recebeu um bônus rescisório de mais de 1 milhão de dólares do Citigroup pouco antes de se juntar à administração Obama. O pacote indicava explicitamente que esse pagamento dependia de sua realocação em uma posição de alto escalão em alguma instituição regulatória do governo. Quando Antonio Weiss, ex-banqueiro de investimentos da Lazard, foi nomeado para o Tesouro, a análise de suas finanças revelou que ele receberia 21 milhões de dólares ao trocar a Lazard por um trabalho de tempo integral no governo.[89]

Não importa para onde olhemos: seja para a indústria farmacêutica, seja para o setor de sementes geneticamente modificadas, para os serviços financeiros ou para as telecomunicações, o governo foi sequestrado pelas empresas que deveria regular.

Bayer e Monsanto são as duas empresas que mais gastam com lobby em Washington. Em 2017, a Bayer gastou 10,5 milhões de dólares, enquanto na Monsanto o valor foi de cerca de 6,5 milhões.[90] (Ver Gráfico 8.5.)

Todas as agências do governo sofrem com o sequestro regulatório. Mesmo a concessão de monopólios se dá por meio de uma porta giratória com o mercado; basta pensar no caso do Escritório de Marcas e Patentes dos Estados Unidos (USPTO, na sigla em inglês), que concede monopólios aos detentores de patentes. Uma pesquisa de Haris Tabakovic, do Brattle Group, e Thomas Wollman, da Universidade de Chicago, mostra que os examinadores de patentes que depois migraram para a iniciativa privada se comportavam de maneira muito distinta daqueles com outras origens. Esses examinadores concederam mais patentes que seus colegas, sobretudo para as empresas que acabariam por contratá-los.[91]

O governo não assiste passivamente ao crescimento da desigualdade: é um participante ativo que concede favores aos ricos e poderosos e cuida dos interesses de pessoas bem relacionadas. Ele tem ampliado a desigualdade social. Em vez de estimular a concorrência e a inovação, o governo está freando o crescimento. O aumento da desigualdade não é produto da mão invisível de Adam Smith, mas das mãos do governo.

Vale a pena relembrar as palavras de Theodore Roosevelt, que se opunha aos trustes e monopólios: "Não poderemos ter um controle eficaz das corporações enquanto elas continuarem com sua atividade política. Acabar com isso não é tarefa rápida ou fácil, mas é possível...".[92] Embora ele tenha dito isso mais de cem anos atrás, pouca coisa mudou.

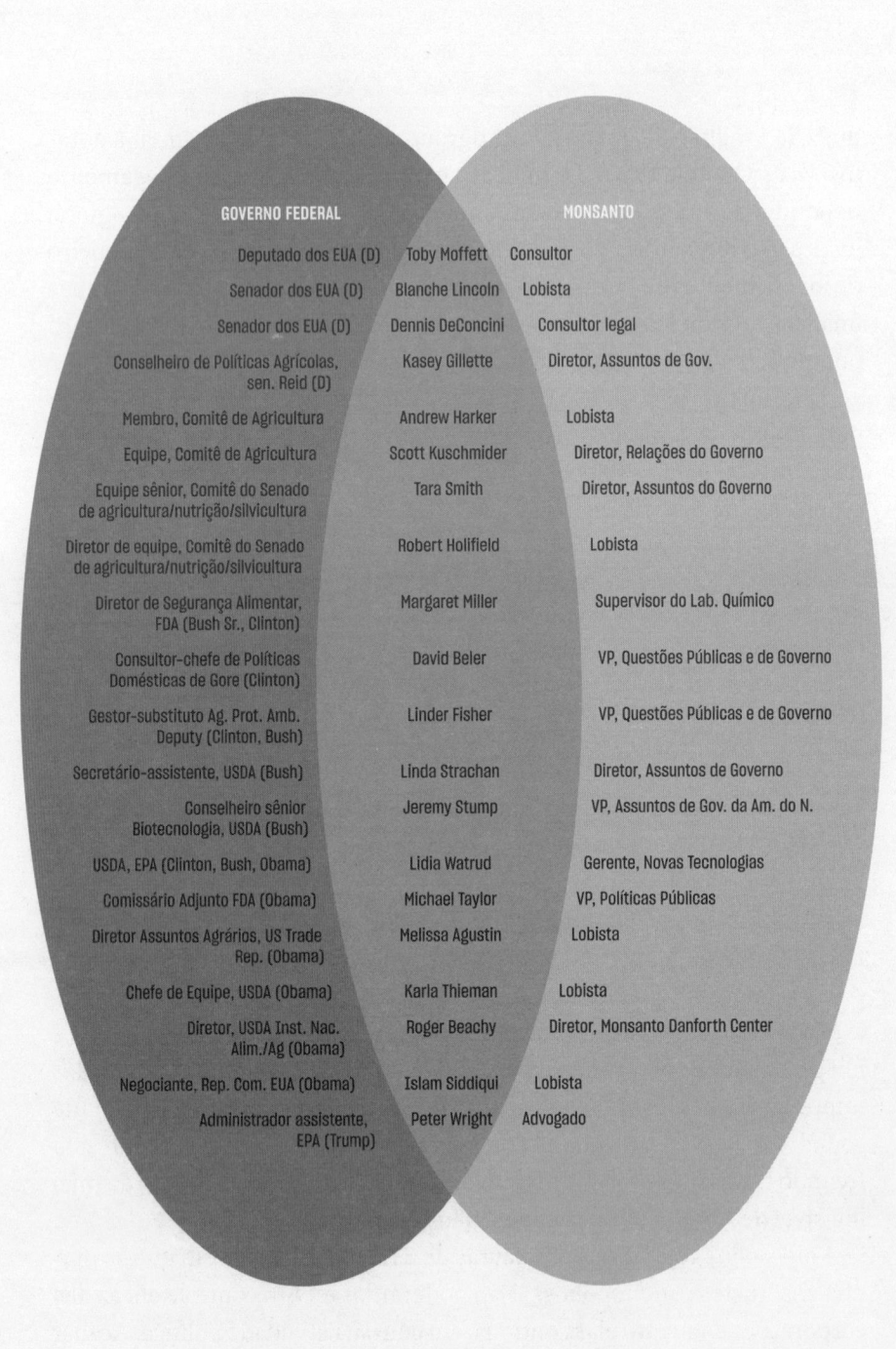

GOVERNO FEDERAL		MONSANTO
Deputado dos EUA (D)	Toby Moffett	Consultor
Senador dos EUA (D)	Blanche Lincoln	Lobista
Senador dos EUA (D)	Dennis DeConcini	Consultor legal
Conselheiro de Políticas Agrícolas, sen. Reid (D)	Kasey Gillette	Diretor, Assuntos de Gov.
Membro, Comitê de Agricultura	Andrew Harker	Lobista
Equipe, Comitê de Agricultura	Scott Kuschmider	Diretor, Relações do Governo
Equipe sênior, Comitê do Senado de agricultura/nutrição/silvicultura	Tara Smith	Diretor, Assuntos do Governo
Diretor de equipe, Comitê do Senado de agricultura/nutrição/silvicultura	Robert Holifield	Lobista
Diretor de Segurança Alimentar, FDA (Bush Sr., Clinton)	Margaret Miller	Supervisor do Lab. Químico
Consultor-chefe de Políticas Domésticas de Gore (Clinton)	David Beler	VP, Questões Públicas e de Governo
Gestor-substituto Ag. Prot. Amb. Deputy (Clinton, Bush)	Linder Fisher	VP, Questões Públicas e de Governo
Secretário-assistente, USDA (Bush)	Linda Strachan	Diretor, Assuntos de Governo
Conselheiro sênior Biotecnologia, USDA (Bush)	Jeremy Stump	VP, Assuntos de Gov. da Am. do N.
USDA, EPA (Clinton, Bush, Obama)	Lidia Watrud	Gerente, Novas Tecnologias
Comissário Adjunto FDA (Obama)	Michael Taylor	VP, Políticas Públicas
Diretor Assuntos Agrários, US Trade Rep. (Obama)	Melissa Agustin	Lobista
Chefe de Equipe, USDA (Obama)	Karla Thieman	Lobista
Diretor, USDA Inst. Nac. Alim./Ag (Obama)	Roger Beachy	Diretor, Monsanto Danforth Center
Negociante, Rep. Com. EUA (Obama)	Islam Siddiqui	Lobista
Administrador assistente, EPA (Trump)	Peter Wright	Advogado

Gráfico 8.5 Porta giratória entre a Monsanto e o governo federal.

Fonte: https://steemit.com/corporatism/@geke/gekevenn-monsanto-updated.

→ Os monopólios de mercado muitas vezes provêm de patentes e de propriedade intelectual.

→ A regulação excessiva mata seletivamente as pequenas startups que ameaçam as grandes corporações. Trata-se de uma imensa barreira de entrada para qualquer setor.

→ O governo pode tornar os monopólios permanentes, pois só ele é capaz de impedir a inovação e a concorrência que afeta todos as gigantes corporativas.

→ A correlação entre lobby, regulação e lucros se concentra em um pequeno número de setores politicamente influentes.

→ O governo não é um espectador passivo do aumento da desigualdade. Ele é um participante ativo que concede favores aos ricos e poderosos e cuida dos interesses dos bem relacionados.

9

MORGANIZAÇÃO DOS ESTADOS UNIDOS

Se não toleramos um rei como força política,
não deveríamos tolerar um rei ditando a
produção, o transporte ou a venda de
qualquer artigo necessário para nossas vidas.
JOHN SHERMAN

John Pierpont "JP" Morgan foi um banqueiro estadunidense. Ele ficou famoso por financiar cientistas superconhecidos de seu tempo, como Nikola Tesla e Thomas Edison, e por organizar a fusão que resultou na General Electric. Sua casa foi a primeira na cidade de Nova York a ter ligação com a rede elétrica, e ele gastou rios de dinheiro em sua coleção particular de arte. Morgan causava medo e atraía confiança; seu olhar era penetrante, e um homem disse que um encontro com ele o fez sentir "como se um vendaval tivesse assolado a casa". Quando Morgan morreu, a Bolsa de Nova York ficou fechada até o meio-dia em sua homenagem; até então, ela só havia sido fechada em respeito à morte de reis e presidentes.[1]

Ele foi o "chefe dos chefes" durante a Era Dourada e salvou sozinho a nação de um colapso econômico durante o Pânico de 1907. Esse vento ocorreu quando a Bolsa de Valores de Nova York caiu 50% e corridas aos bancos tiveram início por todo o país. Morgan desenvolveu um plano para respaldar o sistema bancário com seu dinheiro pessoal, bem como o de amigos ricos e instituições. Ele conferiu liquidez ao país quando o próprio Tesouro fracassou. Isso causou revolta em toda a nação — como era possível que um homem tivesse reunido tanto poder e controle?

Morgan era famoso por financiar empresas próximas à falência, adquirindo seu controle majoritário, e então instalar seus próprios gestores e diretores para focar agressivamente a lucratividade. O rei da concentração sabia, assim como Buffett, que as grandes empresas com pouca concorrência são os melhores investimentos. Morgan blindou seus monopólios fundindo empresas de um mesmo setor e eliminando toda a concorrência. Sua técnica de concentrar empresas de diferentes setores se tornou conhecida como "morganização".

No fim do século XIX, quase todas as lojas nos Estados Unidos pertenciam a empreendedores e famílias que trabalhavam nelas. As lojas familiares estavam presentes nas principais ruas de todo o país, e a base do setor industrial era a produção em pequena escala. Mas, em um intervalo de poucos anos, a morganização mudou a estrutura do capitalismo estadunidense. As pessoas passaram a comprar seus artigos de primeira necessidade de trustes pertencentes a banqueiros de muito longe dali — isto é, de Wall Street.

A primeira empresa bilionária do mundo, a United States Steel, foi criada sob orientação de Morgan e concentrou três dos principais produtores de aço estadunidenses do início do século XX. Formada em 1901, já em seu primeiro ano a empresa controlava quase 70% da produção de aço no país. Ela atraiu a atenção de advogados antitruste que tentaram desmembrá-la, sem sucesso. A US Steel existe até hoje.

Naquele mesmo ano, Morgan também formou a Northern Securities Company (NSC) — um truste de companhias ferroviárias que controlava a maioria das principais linhas dos Estados Unidos. Em um caso histórico, o Departamento de Justiça do presidente Roosevelt abriu uma ação antitruste contra a NSC e quebrou o monopólio ferroviário em 1904, apenas três anos após sua formação. Embora os proprietários alegassem que a NSC era apenas uma empresa acionária que não se envolvia em atividades comerciais, essa ação pavimentou o caminho para dezenas de outras decisões antitruste em anos subsequentes. Roosevelt conquistou uma reputação de enfrentamento dos grandes monopólios, mas jamais agiu contra Morgan.

O crescimento das medidas antitruste na primeira metade do século foi uma reação à concentração de poder político e econômico. Quem controlava setores da economia podia controlar o governo. Era uma batalha para determinar quem controlaria a indústria — o setor público ou o privado? Há uma citação de Roosevelt que diz: "As grandes corporações que passamos a designar de forma vaga como 'trustes' são fruto do Estado, e o Estado não só tem o direito de controlá-las como tem a obrigação de controlá-las sempre que isso se mostrar necessário".[2]

Apesar da guerra contra a desigualdade nos dias de hoje, a questão não é a riqueza, mas o controle. As pessoas sentem que o sistema beneficia os ricos. A dificuldade é que muitas vezes riqueza e controle andam de mãos dadas. Como Robert Reich afirma em seu livro *Saving Capitalism*

[Salvando o capitalismo], "a mão invisível do mercado está na extremidade de um braço rico e musculoso". Titãs com influência desproporcional sobre os mercados podem usar seu poder e sua riqueza para dominar setores e manipular regras em seu favor. Hoje a concentração de ações faz com que muitos estadunidenses sejam privados de todos os benefícios de possuir uma ação e, ao mesmo tempo, não tenham nenhum controle ou voz para determinar a maneira como os mercados funcionam.

Quase metade dos estadunidenses não detém nenhuma ação. Segundo a Gallup, apenas 54% deles adquiriram ações por meio de contas de investimento ou planos de previdência. Isso representa um declínio em relação aos 62% anteriores à crise financeira de 2008.[3] E menos de 14% dos domicílios têm ações corporativas diretamente.[4]

Apesar dos ganhos recorde da S&P em 2017, quase metade dos estadunidenses não compartilhou desses lucros históricos. O 1% mais rico possui quase 50% das ações, e os 10% mais ricos, mais de 81%. Em contraste, a classe média controla apenas 8% de todas as ações.[5] Os jovens do país são particularmente avessos a investir no mercado de ações, segundo pesquisa recente da Gallup.[6] Muitos millennials se graduaram na faculdade durante a crise financeira global e perceberam em primeira mão que, após as grandes ondas do mercado, quedas massivas podem ocorrer. Na verdade, o único recorte demográfico em que a compra de ações vem crescendo é o de pessoas idosas e ricas. Elas são as únicas que podem pagar o preço de correr riscos.

A compra de ações oscila conforme a renda. A maioria das pessoas pobres não possui ações porque não tem dinheiro sobrando para investir, e raramente está empregada em lugares que oferecem planos de previdência. A compra de ações também varia conforme o estado — moradores de estados mais pobres têm menor probabilidade de investir no mercado. No fim das contas, a posse de ações é a um só tempo resultado e causa da desigualdade.

Hoje, muitos investidores buscam oportunidades de reproduzir a Era Dourada. Como Morgan sabia, quem detém ações controla a empresa. O investidor moderno mais famoso, Warren Buffett, parece cada vez mais ser o novo JPMorgan. Buffett investe em monopólios. Eles são ainda mais atraentes quando os setores aparentam ser competitivos, mas na verdade são monopólios regionais. As companhias aéreas são o exemplo perfeito.

Buffett odiava companhias aéreas — mas, quando um setor deixa de ser competitivo para se tornar um oligopólio, ele está disposto a mudar de ideia. Durante anos, ele foi categórico quanto às companhias aéreas. Em uma entrevista de 2002 para o jornal britânico *The Telegraph*, disse: "Se um capitalista estivesse presente em Kitty Hawk no início dos anos 1900, teria dado um tiro em Orville Wright. Assim, teria salvado dinheiro".[7] Ele achava que as companhias aéreas eram um desastre para os investidores por causa dos custos fixos elevados, dos sindicatos e da volatilidade dos preços de combustível. Pode parecer curioso que, já em 2013, Buffett tivesse dito que investir em companhias aéreas era uma "armadilha mortal".

Hoje, a firma de Buffett, Berkshire Hathaway, conta com um total de 9,5 bilhões de dólares em ações das companhias American, United, Delta e Southwest. Ele não está apostando em uma das empresas, está controlando todo o setor. Todos sabem que Buffett gosta de ter poder de precificação, e a mensagem que sua carteira de ativos passa é clara. A Berkshire detém entre 7 e 10% de cada empresa, uma posição majoritária. E Buffett é o primeiro, o segundo ou o terceiro maior acionista de todas as quatro principais companhias aéreas. Recentemente, ele também disse que "não descartaria comprar uma companhia aérea inteira". Por que essa mudança dramática?

O Congresso desregulamentou as companhias aéreas em 1978. Muitos novos ingressantes disputavam ferrenhamente o market share. A desregulamentação aumentou a rentabilidade, mas o setor passou por ciclos de alta e de baixa, sobretudo em razão do preço do combustível e dos altos custos fixos. Então teve início a concentração. Nas palavras do *New York Times*, "um setor que não é naturalmente competitivo passou, após um breve período de concorrência mortífera, de cartel regulamentado a cartel não regulamentado — com o impacto esperado sobre a qualidade do serviço".[8] Todas as companhias aéreas do país foram concentradas em quatro grandes empresas: American, Delta, United e Southwest.

Buffett esperou até que a concentração do setor chegasse ao fim, com cada grande companhia operando um monopólio regional. Então investiu pesado... em todas as quatro. Baixa concorrência significa baixo risco de investimentos. Hoje ele é acionista majoritário de todos os grandes competidores de um mesmo setor.

Novas evidências mostram correlação entre a posse de várias empresas de um mesmo setor por um único agente e práticas anticoncorrenciais. O termo utilizado por economistas é "acionista horizontal" e designa investidores que possuem parcelas significativas de empresas concorrentes. Esse tipo de investimento cresceu drasticamente nos últimos quarenta anos. Em 1980, se você colocasse lado a lado quaisquer duas corporações aleatórias dos Estados Unidos, em mais de 75% dos casos não haveria nenhum acionista em comum. Em 2012, apenas 8% das empresas não compartilhavam acionistas.[9]

Os grandes investidores não apostam mais contra os pequenos. Hoje, eles são os donos do cassino.

A concentração de acionistas é problemática porque entrega o controle de setores inteiros na mão de uns poucos players. Mas ainda mais preocupantes são os estudos recentes sugerindo que acionistas em comum incentivam as empresas a evitar a concorrência.

Em uma economia saudável, as empresas competem para oferecer produtos e serviços melhores e mais baratos aos consumidores. Em um cenário de acionistas verticais, onde as corporações concorrentes tentam agradar uma mesma pessoa, elas podem formar um conluio tácito para manter os lucros corporativos em alta elevando a performance *do setor como um todo*. Os investidores ganham quando o setor (e não as empresas individuais) ganha mais dinheiro. O jeito mais fácil de fazer isso é subindo os preços cobrados do consumidor.

Em vez de abocanhar o market share umas das outras com políticas agressivas de preço ou qualidade, as empresas podem simplesmente elevar seus preços e suas margens de lucro. Não se trata de mera teoria — estudos demonstram que o aumento de acionistas em comum está correlacionado a preços finais mais altos.[10]

As companhias aéreas ilustram isso muito bem — elas arrancam cada centavo nosso em troca de coisas que antes eram consideradas padrão. Despachar uma mala ou escolher um assento se tornaram luxo. Não demorará para que elas passem a cobrar pelo uso do banheiro. As cobranças adicionais teriam superado os 82 bilhões de dólares até o final de 2017, segundo um estudo global de transportadoras realizado pela IdeaWorks e a CarTrawler. Trata-se de um aumento de 264% em relação a 2010, quando o montante foi de 22,6 bilhões.[11]

Em um importante artigo, os economistas José Azar, Marin Schmalz e Isabel Tecu mostraram que os acionistas horizontais elevaram os preços médios de todas as linhas entre 3 e 12%.[12] O estudo levou em conta diversas variáveis, como as mudanças de preço dos combustíveis. Descontadas todas elas, ainda se verificava aumento de preços, e a única variável capaz de explicá-lo era o número de acionistas horizontais.

No setor bancário, os bancos com acionistas horizontais são famosos por aumentar tarifas e reduzir os juros pagos aos depositários (o montante que as pessoas ganham para deixar seu dinheiro na conta). Quase 25% de todos os principais bancos pertencem a uns poucos gestores de títulos sem nenhum interesse em algum banco específico (Gráfico 9.1).

O problema dos acionistas horizontais é bastante difuso, dado que os cinco maiores investidores institucionais — BlackRock, Vanguard, State Street, Fidelity e JPMorgan — possuem hoje 80% de todas as ações das empresas listadas no S&P 500.

Trata-se de um fenômeno global. Em 2016, a BlackRock era a principal acionista de HSBC, Deutsche Bank, Banco Popolare di Milano e Banco Bilbao Vizcaya Argentaria, e também de um terço das corporações de FTSE 100 (Londres) e DAX (Alemanha).[13] Embora a BlackRock seja uma acionista um tanto passiva e oriente sua compra de ações pelos índices ou ETFs (exchange-traded funds), ela é hoje uma das maiores acionistas do mundo e detém grande poder.

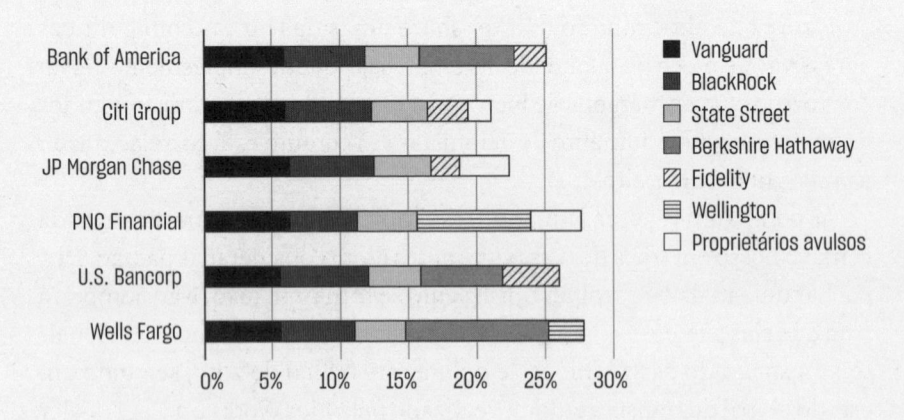

Gráfico 9.1 Principais proprietários dos bancos dos EUA (2º trimestre de 2016).
Fonte: Competition Policy International.

As empresas não precisam de um conluio direto: a natureza da estrutura de incentivos é suficiente para tornar esse conluio atraente. O conceito de acionista horizontal ajuda a justificar as estranhas dinâmicas por trás dos CEOs que são remunerados de acordo com a performance do setor, e não de sua empresa. Também explica por que as companhias não têm reinvestido seus lucros corporativos na expansão de produtividade nos anos recentes. Sem concorrentes reais, os incentivos para competir desaparecem.

Tradicionalmente, quando se preocupam com o poder dos monopólios, os economistas se concentram nas fusões que evidenciam os riscos dos trustes. Os acionistas horizontais acrescentam uma nova camada ao problema.

Hoje é possível ser dono de um oligopólio e esses oligopólios pertencerem a outros oligopólios. É como um bolo com várias camadas de oligopólio. Para Buffett, os oligopólios do setor aéreo são um sonho que se tornou realidade. Assim como Morgan em outros tempos, quando investe em um setor inteiro, ele espera estimular a redução de investimentos, elevar os preços (seu amado "poder de precificação") e não ter que lidar com nenhum novo concorrente.

Embora quase metade dos estadunidenses não possua nenhuma ação, a outra metade geralmente as compra por intermédio de alguma instituição. As corporações de gestão de ativos administram fundos de pensão e previdenciários ou produtos de investimento direto, como os fundos de investimento e ETFs. Hoje as instituições controlam cerca de 80% de todo o mercado de ações do país por meio da capitalização.

Uma das principais razões para o imenso crescimento do peso dessas instituições é a transição histórica para o "investimento passivo". Em épocas passadas, os gestores financeiros dirigiam seus investimentos ativamente. Eles sentiam que podiam se dar bem no mercado pesquisando, contratando matemáticos e economistas competentes e dedicando muito tempo à leitura sobre tendências de mercado. Essa prática se chama investimento ativo — e, em anos recentes, tem sido criticada por ser cara e ineficiente.

Warren Buffett alega que os investidores "desperdiçaram" mais de 100 bilhões de dólares ao pagarem aos gestores altas taxas inúteis de manutenção.[14] Ele é um defensor do chamado investimento passivo, ou investimento em fundos de índice. Esses fundos não tentam superar o mercado, limitando-se a replicar o desempenho de um índice específico, como S&P, Russel 500, e assim por diante. Eles não precisam de gestor, portanto são muito mais baratos que os fundos ativos, além de ajudarem os investidores a reduzir os riscos por meio da diversificação.

O investimento passivo trouxe grandes benefícios para o investidor comum de classe média. É uma espécie de Robin Hood do mercado financeiro. Os pequenos investidores que pagavam taxas absurdamente altas a gestores de investimentos de Wall Street de repente ganharam acesso a um produto de baixo custo que democratiza os investimentos. Além de exigirem muito menos esforço e habilidade, na última década os investimentos passivos tiveram desempenho superior ao das gestões ativas. O índice faz todo o serviço. Os gestores de investimento de maior remuneração do mundo perderam para um simples índice em que qualquer pessoa pode investir.

Jack Bogle é o padrinho dos fundos de índice. Ele criou o primeiro a ser vendido em varejo, a Vanguard, em 1974. Buffett chamou-o de herói por ajudar o investidor comum. Jack respondeu com humildade: "Não sou um herói, só um cara comum [...] que se importa um pouco com as pessoas que investem e queria garantir que elas ganhassem um retorno justo".

Bogle jamais poderia ter previsto os incríveis afluxos em ativos dessa categoria. Existe um apetite insaciável, e nos últimos anos o dinheiro migrou de forma consistente de fundos ativos para passivos. Hoje os fundos passivos dispõem de 40% de todos os ativos dos Estados Unidos, número que poderá chegar a 100% em 2030, caso a trajetória de imenso crescimento se mantenha (Gráfico 9.2).

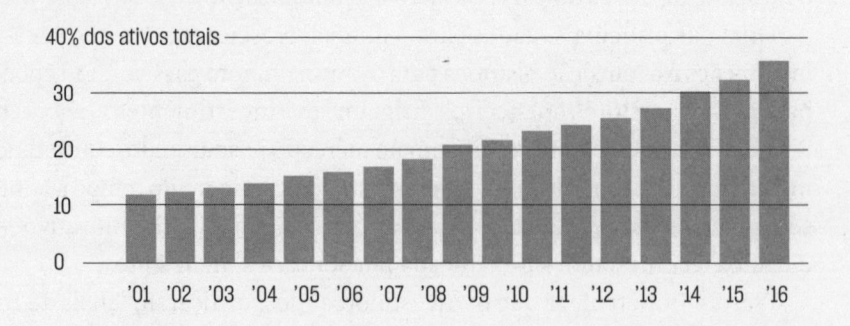

Gráfico 9.2 Parcela de ativos com gestão passiva nos mercados dos EUA.

Fonte: Atlas; Dados: Pictet, Morningstar.[15]

A Vanguard começou com 11 milhões de dólares em 1975 e decolou até ultrapassar 5,1 trilhões, valor que gerencia nos dias de hoje. Trata-se da segunda maior gestora de títulos do mundo, perdendo apenas para a BlackRock — que geria 6,2 trilhões quando este livro foi escrito. Entre 2014 e 2017, a Vanguard arrecadou mais de 800 bilhões de dólares em novos fundos, valor 8,5 vezes superior ao de seus concorrentes. Ela vem crescendo mais depressa que todas as outras gestoras de fundos de investimento do mundo somadas.[16]

A popularidade dos fundos passivos ampliou os ativos dos principais fundos. O gráfico a seguir mostra que os "Três Grandes" fundos de índice — BlackRock, Vanguard e State Street — possuem juntos quase 19% das ações das empresas listadas na s&p 500 (Gráfico 9.3).

Apesar da popularidade e do melhor desempenho, os investimentos passivos têm sido contestados com maior firmeza. Aquilo que surgiu como uma inovação financeira para democratizar o acesso a produtos de investimento se transformou em um cenário no qual poucos players gigantescos dominam todo o acesso a esses produtos. Os ETFs são superbaratos para os investidores, mas, somados, os Três Grandes dominam mais de 80% do mercado. Desde a Era Dourada não se via tamanha concentração de poder.[17]

A própria gestão de títulos foi "morganizada". Mais uma vez, o controle ficou concentrado em um número relativamente pequeno de mãos. Paul Singer, gestor bilionário de *hedge funds*,* tachou o investimento passivo de "uma bolha com efeito destrutivo para os prospectos de geração de crescimento e construção de consenso no capitalismo de livre mercado".

---

* *Hedge funds* são fundos protegidos por estratégias diversificadas e mais arrojadas, que por isso apresentam maior rentabilidade. (N.E.)

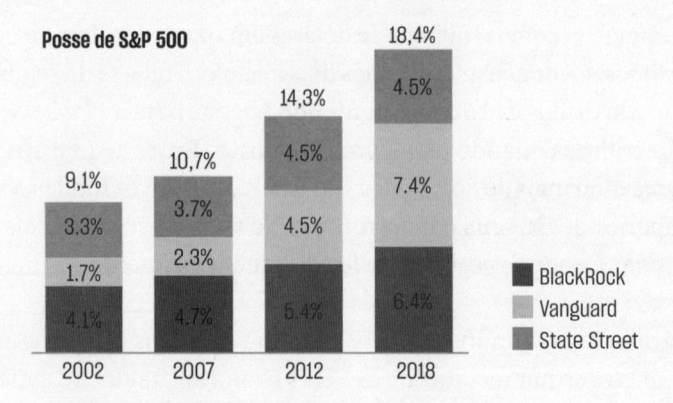

Gráfico 9.3 Parcela de ações da S&P 500 pertencentes aos "Três Grandes".
Fonte: Lazard, FactSet.

Tudo isso nos leva a uma questão: a quem as empresas servem, no fim das contas? E quanto controle e influência os acionistas deveriam ter sobre as decisões tomadas por elas? Nos anos 1970, Milton Friedman entrou em cena para tentar responder a essas perguntas. A publicação de um ensaio (hoje muito conhecido) de Friedman, que mais tarde ganharia o prêmio Nobel de Economia, deu origem a um novo dogma intelectual.

Friedman argumentava que "a única responsabilidade social de um empreendimento é aumentar seus lucros" e que "um executivo corporativo é um empregado dos proprietários do empreendimento". Com isso, ele queria dizer que o CEO é "empregado" dos acionistas e deve servir a eles em detrimento de qualquer outro grupo, incluindo funcionários, consumidores ou a sociedade. Era um bom pensamento, fazia sentido. De fato, os acionistas são donos da empresa.

A ideia de que o único propósito de uma empresa é ampliar lucros e maximizar os ganhos dos acionistas está tão consolidada que, hoje, poucas pessoas contestam isso. A revista *The Economist* afirmou que Friedman foi "o economista mais influente da segunda metade do século XX... possivelmente do século inteiro".

Como ocorre em todas as religiões, assim que os CEOs abraçaram esse novo evangelho da maximização de lucros dos acionistas, uma ideia que era boa acabou cooptada por fanáticos fervorosos. Qualquer medida que reduzisse o montante de dinheiro destinado a parar no bolso dos acionistas foi cortada — aumentos salariais, planos de saúde, aposentadoria e investimento em pesquisa. Os CEOs faziam qualquer uma dessas coisas de bom grado, contanto que o preço das ações subisse. Eles não precisavam criar produtos inovadores, abocanhar o market share dos concorrentes ou gerar valor para a sociedade — seu único dever era alavancar os preços das ações.

As empresas estão investindo menos em retornos de longo prazo e no desenvolvimento de seus empregados. Em vez disso, seu foco míope está voltado para o faturamento trimestral. Elas enfrentam pressão dos acionistas institucionais e dos *hedge funds*, para quem a alta constante do preço das ações é uma necessidade vital. Ironicamente, com toda essa obsessão por maximizar os valores, o retorno real de títulos e do capital investido caiu três quartos desde 1965. Os CEOs têm batido suas metas de ampliação dos lucros, mas têm feito isso sem dar muita atenção aos retornos para o acionista. Eles aumentam os preços das ações sem gerar maiores retornos para as empresas (Gráfico 9.4).

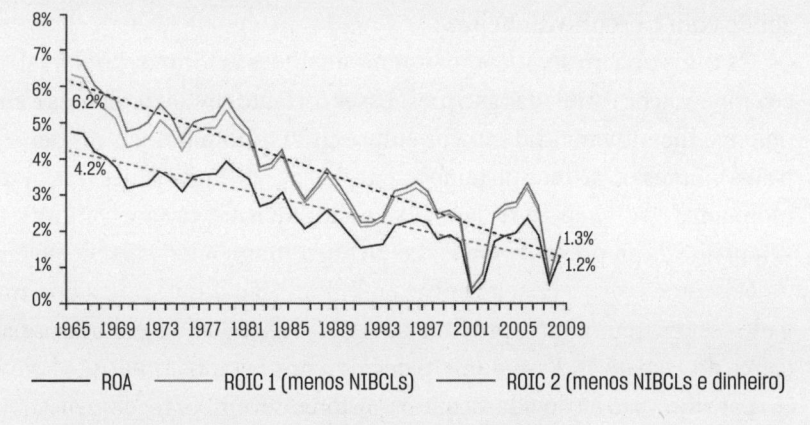

Gráfico 9.4 Investimento líquido por empresas não financeiras.
Fonte: Deloitte Shift Index.

O mercado de ações teve alta recorde em 2017, quando os lucros corporativos também bateram recordes. Mas onde vai parar todo esse dinheiro? Quem decide essa questão importante? Há cinco coisas que as empresas podem fazer com dinheiro: reinvestir em seu negócio, adquirir outra empresa, pagar dívidas, distribuir dividendos aos acionistas ou recomprar as próprias ações.

As empresas têm investido cada vez menos nos próprios funcionários e fábricas e destinado montantes maiores à recompra canibal de ações, medida que só beneficia os acionistas. Apesar dos lucros recorde, verifica-se queda acentuada do reinvestimento na força de trabalho, em pesquisa e desenvolvimento e em projetos de capital. Os investimentos representaram, em média, 20% das receitas corporativas entre 1959 e 2001, mas caíram para apenas 10% entre 2002 e 2015.

Não é difícil apontar o culpado. Setores de alta concentração, cujas empresas pertencem aos mesmos agentes, investem menos e gastam um montante desproporcional de recursos com a recompra de ações.[18] Eles têm pouco interesse em ampliar a capacidade ou a produção do próprio setor. Para eles, interessa muito mais o poder de precificação.

Se os setores concentrados estão investindo menos, o que eles estão fazendo com o próprio dinheiro?

Os CEOs podem ser recompensados de diversas formas: bônus salariais e compensações atreladas às ações. Esses formatos e suas variantes têm por objetivo incentivar as lideranças empresariais a tomar decisões benéficas para a empresa e, ao mesmo tempo, reduzir o desincentivo. Em geral, grandes montantes de dinheiro ou salários-base altos (que não variam conforme o desempenho da empresa) são vistos como estruturas inadequadas de incentivo.

Nos anos 1970, a relação entre a remuneração dos CEOs e a dos empregados estava muito mais próxima daquela praticada hoje em outros países (cerca de 30 para 1). Esse número decolou nos Estados Unidos, e hoje é de 361 para um. Não há dúvida de que os gestores devem ser recompensados por seu trabalho árduo, mas é difícil acreditar que os CEOs em geral valham hoje dez vezes mais em relação aos trabalhadores do que valiam nos anos 1970.

Parte do problema é que, originalmente, o pagamento dos gestores era determinado de acordo com uma regra de "igualdade interna". O valor de um administrador para a empresa era estabelecido por sua performance em relação aos demais empregados. Nos anos 1970, com o surgimento das consultorias de compensação executiva, o foco mudou para a "igualdade externa" — ou a comparação do salário dos CEOs com aqueles pagos a seus pares em outras empresas do setor.

As mesas diretoras e os comitês de remuneração estipularam pacotes de recompensas usando como referência outras empresas similares, mas todas elas se compararam umas às outras em um ciclo infinito de aumentos salariais. Estudos também mostram que as empresas de referência são escolhidas sempre de modo a maximizar o pagamento do CEO.[19] Assim como em Lake Wobegon,* de Garrison Keillor, onde todas as crianças são acima da média, nas mesas diretoras de hoje todos os CEOs são excepcionais.

Muitas vezes os CEOs são compensados com opções de compra de ações. Não raramente os bônus estão atrelados à performance da empresa e são pagos em opções de compra ou em ações. Quanto mais alto o preço das ações, maior o valor das opções de ações de controle. E os CEOs dispõem de uma ferramenta poderosa para influenciar o preço de suas ações: a recompra de papéis.

A recompra de ações é o grande astro da engenharia do mercado financeiro. Ela ocorre quando uma empresa usa seu lucro excedente para comprar os próprios papéis. A recompra reduz o volume de papéis disponíveis no mercado, elevando seus preços. Esse processo amplia os ganhos por unidade, precisamente a variável monitorada de perto pelos negociantes de Wall Street.

Os papéis recomprados pela empresa podem ser guardados, usados para pagar os executivos ou simplesmente ser extintos e desaparecer, ao melhor estilo Houdini. A empresa pode "aposentar" ações, reduzindo sua disponibilidade no mercado e aumentando o valor do volume remanescente.

A recompra de ações era ilegal nos anos após a quebra de 1929. Era considerada manipulação de mercado, pois essa prática sustenta mecanicamente o preço das ações. Mas o presidente Reagan revogou a lei em 1982 e permitiu que as empresas depositassem dinheiro nos próprios bolsos sem a aprovação dos acionistas.[20]

Em 2018, o mercado estava prestes a registrar um recorde histórico de recompra de ações (ver Gráfico 9.5). As empresas gastaram 5,1 trilhões

---

* Lake Wobegon é uma cidadezinha fictícia do estado de Minnesota, cenário de histórias cotidianas escritas por Garrison Keillor a partir dos anos 1980. (N. E.)

de dólares nessa prática desde a crise financeira. Mais uma vez, estamos falando de dinheiro que poderia ter sido gasto com salários, pesquisa e desenvolvimento ou aquisição de capital. Conforme afirmou a senadora Elizabeth Warren, de Massachusetts, em uma declaração memorável, a recompra de ações é um pico de glicose para CEOs que já são obesos.

As recompras continuam disparando graças aos cortes de impostos realizados por Trump em 2018. Segundo a Bloomberg, cerca de 60% dos lucros provenientes do corte de impostos beneficiaram os acionistas, enquanto apenas 15% desses lucros acabam nas mãos dos trabalhadores.[21] Para azar da economia, os proprietários de ações são em sua maioria idosos e ricos, com baixa tendência a gastar qualquer parcela do dinheiro que ganham.

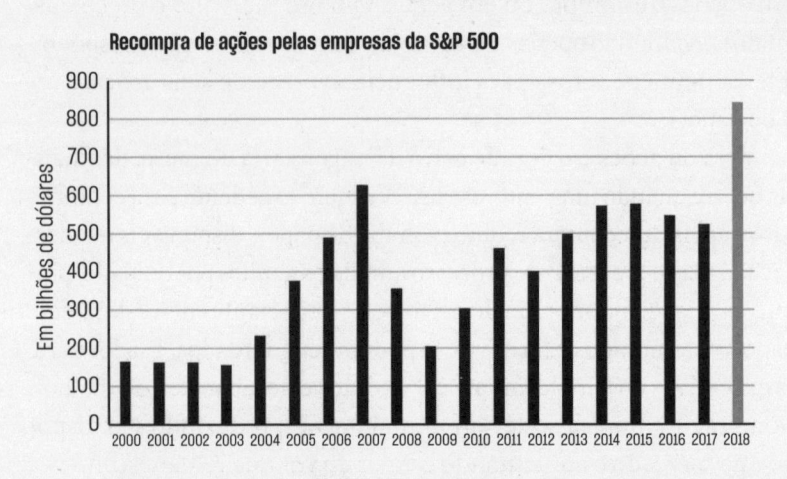

Gráfico 9.5 Recompras rumo ao recorde histórico.

Fonte: Variant Perception.

Muitos investidores argumentam que as recompras só ocorrem em cenários em que não existe alternativa melhor para o uso do dinheiro excedente. Para eles, as recompras não limitam o crescimento ou o gasto em investimentos, mas são resultado da falta de oportunidades de investimento. Criou-se um círculo vicioso, em que o baixo investimento e os baixos salários geram baixa demanda, o que, por sua vez, reduz ainda mais o investimento.

William Lazonick, professor de economia da Universidade de Massachusetts, alega que as recompras implementaram nas empresas uma mentalidade de curto prazo. Ele escreveu que, "com seu regime de alocação de recursos baseado em redução e distribuição, a 'corporação de recompra' é uma das grandes responsáveis por uma economia nacional caracterizada pela desigualdade de renda, empregos instáveis e baixa capacidade de inovação — ou seja, o oposto do que chamo de 'prosperidade sustentável'".[22]

Os defensores da prática afirmam que o preço mais alto das ações aumenta a confiança do consumidor, elevando os gastos e estimulando a economia. Mas isso não tem muita serventia em um cenário no qual a maioria dos trabalhadores não possui ações e não é beneficiada por aumentos salariais.

As recompras de ações não são uma doença, são um sintoma da falta de competição e de lucros anormalmente altos. Elas coletam o pedágio que todos pagamos em nossas vidas diárias e mandam o dinheiro direto para os barões gatunos da era moderna.

Quando morreu, em 1913, J. P. Morgan deixou uma herança de 80 milhões de dólares em ativos financeiros. Dizem que John D. Rockefeller teria anunciado: "E pensar que... ele nem era um homem rico",[23] tamanha era a riqueza de Rockefeller.

Morgan, contudo, era incrivelmente rico e possuía uma coleção de arte sem igual. Sua biógrafa, Jean Strouse, calculou que, em 1912, Morgan já havia gastado cerca de 60 milhões de dólares em arte.[24] Hoje, muitas de suas obras valem milhares de vezes o que ele pagou por elas. O valor total de seu patrimônio correspondia a cerca de 0,3% do PIB nacional, que na época era de 39 bilhões de dólares. Ajustado para o PIB de hoje, o patrimônio de Morgan seria de quase 50 bilhões de dólares. Isso faria dele um dos estadunidenses mais ricos da história. Para Morgan, porém, a questão nunca foi dinheiro; sempre foi controle.

J. P. Morgan atraiu muita admiração e medo por parte dos estadunidenses. Durante o Pânico de 1907, a população começou a entender seu vasto poder ao ver que ele era capaz de salvar o sistema bancário sozinho. Em 1912, Morgan foi convocado para depor no Congresso sob acusação de exercer controle excessivo sobre o comércio estadunidense. Sua postura condescendente não pegou bem. Em reação a isso, o Congresso criou o Federal Reserve.

Em 23 de dezembro de 1913, o presidente Woodrow Wilson assinou a Lei Federal Reserve. "Só existem duas opções," ele disse, "entregar o controle central aos banqueiros ou delegá-lo ao governo."[25] O sistema bancário nunca mais seria controlado por um único homem.

No ano seguinte, 1914, o Congresso aprovou a Lei Antritruste Clayton. Isso deu origem a uma nova era de desmanche de trustes e quebra de monopólios. Ao contrário do que se pensa hoje, o objetivo das medidas antitruste não era apenas reduzir os preços ao consumidor, mas também pulverizar o controle e o poder. A lei definiu a prática de "morganização", ou controle horizontal de ações. Ela estipulava especificamente que a posse de ações não deveria ser usada de modo a limitar a concorrência. A Seção 7 da lei afirma:

> Nenhuma corporação deve adquirir, direta ou indiretamente, todas ou qualquer parcela das ações ou de outro título de capital de duas ou mais corporações ligadas ao comércio em que o efeito dessa aquisição, ou o uso dessa ação para votar e garantir representantes ou semelhante, implique redução substancial de concorrência entre ditas corporações, ou entre quaisquer outras, cujas ações ou outro título de capital seja assim adquirido, ou para restringir tal comércio em qualquer departamento ou comunidade; ou tenda a criar um monopólio em qualquer linha de comércio.

Morgan morreu em 1913, sem poder testemunhar os efeitos da Lei Clayton. Seus parceiros negociaram para que Washington não eliminasse a prática de compra horizontal de ações. Chegaram a renunciar a cargos de direção em mais de trinta empresas, incluindo bancos, na esperança de que ainda pudessem conservar suas ações. O Congresso baniu a posse horizontal de ações mesmo assim.

Durante anos, a Lei Clayton barrou o surgimento de um novo J. P. Morgan. No entanto, a influência dessa lei vem perdendo força. Hoje, a posse horizontal de ações aumentou a concentração de propriedade e de poder. Nas palavras de Edward Rock, especialista em antitruste da Escola de Direito da Universidade de Nova York, "a última vez que vimos esse grau de concentração do poder financeiro foi nos tempos de Morgan".[26]

Se Morgan estivesse vivo hoje, ficaria contente em saber que pouca coisa mudou.

IDEIAS-CHAVE DO CAPÍTULO

→ Quase metade dos estadunidenses não possui ações, e menos de 14% dos domicílios são proprietários diretos de ações.

→ Hoje os oligopólios existem não apenas dentro de setores específicos; eles também são patrocinados por acionistas oligopolistas. É como uma cebola com diversas camadas de oligopólio.

→ A recompra de ações se tornou ilegal após a quebra dos mercados financeiros em 2019. Ela era considerada um tipo de manipulação de mercado.

→ A desigualdade é provocada pela concentração de ações e é resultado dela.

10

A PEÇA QUE FALTA NO QUEBRA-CABEÇA

Há algo de podre no reino da Dinamarca.
Hamlet, ato 1, cena 3, MARCELO PARA HORÁCIO

Nos meses posteriores ao colapso do Lehman Brothers e ao resgate financeiro de quase todos os bancos do mundo, políticos, empresários e especialistas estavam convencidos de que estávamos em meio a uma crise do capitalismo que resultaria em reformas de grande peso.

Disseram-nos que nada mais seria como antes. "Outro deus ideológico fracassou", afirmou no *Financial Times* o decano dos articulistas financeiros, Martin Wolf. O modelo de operação das empresas passará por uma "repaginação fundamental", disse o CEO da General Electric, Jeffrey Immelt. "O capitalismo será diferente", disse o secretário do Tesouro, Timothy Geithner.

Passados meses e anos, nada mudou. A frustração transbordou, e as pessoas tomaram as ruas e as prefeituras. Na direita, o movimento Tea Party surgiu espontaneamente, e milhares de pessoas marcharam em Washington e confrontaram seus representantes eleitos em todos os cantos dos Estados Unidos. O movimento Occupy Wall Street cresceu na esquerda e se espalhou da pontinha de Manhattan para o país inteiro. Essas mobilizações populistas eram duas faces da mesma moeda. Ambos os lados ficaram ressentidos com os polpudos programas de resgate dos grandes bancos e com os pagamentos de bônus aos executivos responsáveis por arrasar o sistema financeiro em um momento em que a classe média sofria com dívidas e desemprego. Mas os protestos desapareceram como pequenos tremores. Os grandes terremotos políticos vieram mais tarde.

Na noite das eleições dos Estados Unidos, em novembro de 2016, os britânicos foram para a cama esperando que Hillary Clinton fosse eleita, mas, quando acordaram, os Estados Unidos haviam escolhido Donald Trump. Trump, uma ex-estrela de reality show totalmente alheia ao campo da política, dono de um currículo com quase tantas falências quanto casamentos malfadados, seria o próximo presidente do país. Os britânicos deveriam ter previsto isso. Alguns meses antes, eles haviam ido para a cama esperando permanecer na União Europeia; ao acordarem, ficaram chocados e descrentes ao saberem que, por uma estreita margem, a maioria havia votado por se divorciar de seu maior parceiro comercial.

Os terremotos eleitorais foram uma poderosa declaração de descontentamento. Os eleitores britânicos e estadunidenses estavam cansados de jogar xadrez contra um oponente mais forte. Eles decidiram que a melhor atitude era atirar as peças para cima e ver onde cairiam. Talvez isso não os fizesse ganhar o jogo, mas pelo menos daria início a outro, com regras diferentes.

Britânicos e estadunidenses queriam mudanças e estavam dispostos até mesmo a dar um salto no escuro. Se Trump não tivesse ganhado, o vencedor poderia ter sido Bernie Sanders, candidato antiestablishment que venceu Hillary em dezenas de estados. Ele foi um socialista durante a maior parte de sua carreira. Nos Estados Unidos, segundo as pesquisas da Gallup, ser socialista vem logo atrás de ser ateu e ser islâmico na lista de fatores para a rejeição de um candidato político.

Na Grã-Bretanha, o Partido Trabalhista havia votado em um líder de extrema-esquerda. Eles escolheram Jeremy Corbyn, um completo outsider que representava o retorno aos tempos em que os socialistas clamavam pela nacionalização de setores inteiros da economia. Certa vez, ele clamou pela "total reabilitação" de Leon Tróstki, um revolucionário marxista. Ao se tornar líder do Partido Trabalhista, Corbyn declarou que "as pessoas que governam a Grã-Bretanha subverteram as regras da economia e dos negócios para encher os bolsos de seus amigos. A verdade é que esse sistema simplesmente não funciona para a maioria".

Bernie Sanders e Donald Trump não concordavam em nada, mas os dois disseram a seus apoiadores que a economia dos Estados Unidos estava viciada, e os eleitores os amaram por isso.

Durante a campanha, Trump disse que "não é só o sistema político que está viciado — é a economia inteira. Os grandes doadores a manipulam para manter os salários baixos. As grandes empresas a manipulam para depois deixarem nosso país, demitirem nossos trabalhadores e venderem seus produtos de volta para os Estados Unidos sem arcar com nenhuma consequência por isso. Os burocratas a manipulam enquanto atiram nossas crianças em escolas ruins".[1] Sanders argumentou durante sua campanha: "Nos últimos quarenta anos, Wall Street e a classe dos bilionários manipularam as regras para redistribuir renda e riqueza para as pessoas mais ricas e poderosas". E acrescentou: "Devemos enviar uma mensagem para a classe dos bilionários: vocês não podem ficar com tudo".[2]

A esmagadora maioria dos eleitores nos Estados Unidos e no Reino Unido percebeu que o capitalismo não está funcionando bem. Nos Estados Unidos, uma pesquisa da Marketplace and Edison Research descobriu que a imensa maioria dos cidadãos, 71%, acredita que a economia do país é uma estrutura viciada. No Reino Unido, uma enquete da YouGov mostrou que quase dois terços dos britânicos acreditam que o capitalismo agrava o problema da desigualdade, enquanto três quartos acham que as corporações prejudicam o meio ambiente, distorcem o sistema de impostos ou compram favores de políticos.

Essa escalada do populismo atravessou fronteiras. A Itália testemunhou o surgimento do movimento Cinque Stelle, a Alemanha ganhou o Alternativa para a Alemanha (AfD), a França precisou lidar com o ressurgimento do Front Nacional, a Espanha viu a eclosão do partido de extrema-esquerda e quase marxista Podemos, a França abrigou o colapso da antiga ordem política e o crescimento de Macron, as antigas queixas nacionalistas emergiram na Escócia e na Catalunha, e os populistas chegaram ao poder na Itália. Em todos os países "capitalistas" e democráticos do Ocidente, os eleitores disseram "Basta!".

Os eleitores sabem que há algo de podre no capitalismo, e a elite também. Enquanto o cidadão médio vota em outsiders da política, a elite finge ler livros extensos sobre o capitalismo.

Nada ilustra melhor a busca por um diagnóstico para nossos males do que o intrigante e extraordinário sucesso de *O capital no século XXI*, de Thomas Piketty. Um livro sobre economia de setecentas páginas repleto de tabelas de dados e listas não se encaixa muito em nossa ideia de best-seller. Sua obra não tem assassinatos misteriosos como em um livro de Grisham, nem palavras mágicas como em um volume de J. K. Rowling, e mesmo assim o livro de Piketty vendeu mais de 1,5 milhão de exemplares.

Todo mundo comprou esse livro e fingiu ter lido. Ainda estamos para conhecer alguém que o tenha lido inteiro. Não estamos inventando isso.

O professor de Matemática Jordan Ellenberg elaborou um estudo sobre marcações em e-books do Kindle e descobriu que quase ninguém passou da 26ª página do livro de Piketty.[3]

Olhando em retrospecto, é compreensível que as pessoas tenham se interessado por um livro como esse, uma vez que intuíam a existência de um problema. Elas compraram o livro aos montes porque suas tabelas sobre desigualdade conquistaram sua imaginação (Gráfico 10.1), mostrando claramente o que muitos temiam, mas não tinham como provar: os Estados Unidos estão se tornando mais desiguais. Quem se importa com centenas de páginas de texto quando se têm tabelas tão boas?

As resenhas do livro eram exultantes, até mesmo arrebatadoras. *The Economist* classificou-o como "o livro de economia que abateu o mundo feito um furacão". Segundo o *Financial Times*, "o livro de Thomas Piketty, *O capital no século XXI*, é o fenômeno editorial do ano. Sua tese acerca da desigualdade crescente reverberou com o *zeitgeist* e inflamou o debate sobre as políticas públicas no pós-crise financeira". Lawrence Summer disse que essa pesquisa havia "transformado o discurso político, com uma contribuição digna de um prêmio Nobel". Talvez o exemplo mais revelador seja o de Ed Miliband, antigo líder do Partido Trabalhista, que na época disse sobre Piketty: "De certa forma, ele é um sintoma do que as pessoas andam sentindo". Quem se importava se os argumentos estavam certos ou errados? Ele sintetizou um *sentimento*.

Gráfico 10.1 Desigualdade de renda nos Estados Unidos, 1928-2012.

A retórica e a linha de raciocínio de Piketty muitas vezes apresentam fortes ecos de Marx, o que não é tão estranho em se tratando de um economista francês. Ele proclama grandiosamente, assim como Marx, que existe uma "contradição central no capitalismo". Segundo Piketty, o capital "devora o futuro", como se os grandes retornos sobre ele inevitavelmente levassem à ruína econômica ou à revolução. Essas afirmações o transformaram em herói da esquerda. A solução de Piketty para a alta desigualdade de renda é criar impostos punitivos para transferir dinheiro dos ricos para os pobres. Piketty concluiu que elevar o teto de impostos para 80%, no caso da faixa de renda mais elevada, e cobrar impostos sobre a riqueza seriam as soluções. Ele estava pregando para convertidos.

Piketty argumentava que a causa da grande desigualdade de renda é o baixo crescimento. Ele achava que, em cenários de crescimento estrutural baixo, o capitalismo depararia com uma contradição lógica muito semelhante àquela descrita por Marx. A riqueza acumulada no passado adquiriria elevada importância, enquanto o trabalho nos dias de hoje seria pouco recompensado. Quanto maior o vão entre o crescimento de capital em relação ao trabalho, mais socialmente desestabilizador ele seria. Nas palavras dele, "o empreendedor tende inevitavelmente a se tornar rentista, controlando cada vez mais aqueles que não possuem nada além de sua força de trabalho. Uma vez constituído, o capital se reproduz mais rápido que o aumento de produtividade. O passado devora o futuro". A contradição interna do capitalismo seria que ele inevitavelmente acaba vítima do próprio sucesso quando o crescimento é baixo.

Esse insight acerca das origens da desigualdade foi tratado com grande admiração e reverência por um mundo em busca de respostas. Infelizmente, seus dados continham falhas importantes e sua conclusão era incompleta.

Muitos jornalistas e economistas encontraram problemas graves nos dados de Piketty. O *Financial Times* descobriu que seu trabalho continha "uma série de erros que distorcem seus achados". O livro estava repleto de "erros e inserções não explicadas em suas planilhas". O professor de Economia Richard Sutch tentou reproduzir seus achados e não conseguiu. Em um artigo altamente crítico, ele apontou que os procedimentos utilizados para harmonizar e nivelar os dados, a documentação insuficiente e os erros de planilha não se resumem a um mero incômodo. Juntos, eles criam um retrato "enganoso" das dinâmicas de desigualdade de riqueza.[4] Em resumo, os dados de Piketty "não são confiáveis". É a maior condenação que se pode receber em um trabalho acadêmico.

O Fundo Monetário Internacional não conseguiu provar sua grande teoria de que o baixo crescimento gera desigualdade. Não é de surpreender. O próprio Piketty mostrou que a desigualdade cresceu, mas seu livro nem sequer tentou provar sua hipótese de que o capital abocanha uma fatia do bolo maior que a do trabalho em cenários de baixo crescimento. Ao analisar em separado dezenove economias desenvolvidas em um período de trinta anos, o FMI descobriu que não havia "nenhuma evidência empírica de que a dinâmica se dê conforme Piketty sugeriu". Alguns países apresentaram alto crescimento, mas desigualdade em queda e baixos índices de retorno de capital; outros tiveram baixo crescimento, porém a desigualdade caiu. Não havia nenhuma conexão entre o crescimento e o retorno sobre capital. Em outras palavras, sua conclusão central acerca do capitalismo estava errada.

Embora o FMI tenha se concentrado em países desenvolvidos na Europa e nos Estados Unidos, isso também vale para países em desenvolvimento. A Organização para Cooperação e Desenvolvimento Econômico (OCDE) mostrou que baixo crescimento e desigualdade nem sempre andam juntos, e podem variar muito nos mercados emergentes. Em um extremo, o forte crescimento econômico durante a última década foi acompanhado por uma queda da desigualdade de renda no Brasil e na Indonésia, enquanto, no outro extremo, China, Índia, Rússia e África do Sul viram grandes aumentos de desigualdade, muito embora suas economias também estivessem crescendo muito.[5] Mais uma vez, as grandiosas alegações de Piketty não condizem com a realidade.

Não seria difícil desmentir todo o trabalho de Piketty, dada a completa ausência de qualquer evidência para corroborar a teoria da "contradição interna". Infelizmente, como o livro vendeu 1,5 milhão de exemplares e foi uma sensação midiática, não é mais possível discutir o capitalismo sem discutir Piketty. Se queremos corrigir os problemas do capitalismo, precisamos diagnosticar corretamente a doença.

O livro de Piketty pode ter falhas, mas identificou um problema real que está corroendo nossa consciência econômica coletiva. Os leitores sabiam instintivamente que havia algo de errado. Seus dados não são perfeitos, contudo ele fez um trabalho extraordinário ao apontar o desnível crescente entre pobres e muito ricos. A desigualdade econômica interna vem aumentando no mundo todo, com os ricos ficando mais ricos e se afastando da maioria.

Piketty acertou ao apontar uma tendência geral de aumento da desigualdade nos países ao longo dos últimos trinta anos, mas falhou na hora de descobrir *o motivo*. A desigualdade crescente é um sintoma, não a doença. Ele tinha uma grande teoria acerca do capitalismo, porém não soube entender as mecânicas que faziam o capital render muito mais que o trabalho. O problema da desigualdade é real, porém o baixo crescimento não é sua causa.

A desigualdade é mais consequência do que causa das mudanças econômicas e políticas. Além disso, desigualdade não é sinônimo de injustiça. O que causou tanto descontentamento político foi a sensação de que a desigualdade crescente é injusta. Piketty não soube identificar a causa do crescimento da desigualdade.

Não foi o baixo crescimento que alavancou a desigualdade, mas o aumento da concentração de mercado e a morte da concorrência. Estudos econômicos recentes trazem evidências esmagadoras disso: o poder político e econômico dos monopólios e oligopólios alterou completamente o cenário de concorrência, favorecendo as corporações dominantes e prejudicando seus funcionários. Muitos setores são controlados por um número muito pequeno de empresas. Surgem cada vez menos startups para competir com as grandes empresas. Nesse cenário com menos corporações para disputar os trabalhadores, os salários se estagnaram e o equilíbrio de poder se deslocou para as grandes empresas. Nada disso é inevitável. O capitalismo pode ser consertado.

É possível medir a desigualdade de diferentes maneiras. A mais comum é analisar a renda, ou seja, o salário que as pessoas ganham no decorrer de determinado ano. Também é possível observar a riqueza, isto é, a soma dos bens que uma pessoa acumulou durante certo tempo, como ações, títulos, imóveis, obras de arte etc. Os dois métodos revelam um desnível crescente entre os mais ricos e os mais pobres. Os mais ricos estão ganhando mais dinheiro, e hoje detêm uma porção maior dos bens disponíveis no mundo.

Se analisarmos a riqueza em vez da renda, será fácil ver como os números estão distorcidos. Isso é extremamente útil, porque alguns CEOS possuem muitas ações que não impactam em sua renda, mas têm um peso enorme na hora de comparar seu bem-estar com o de um trabalhador médio. A maneira mais fácil de estudar a desigualdade de renda é ver a parcela da riqueza de um país pertencente ao 1%, ou mesmo ao 0,01% mais rico. É por isso que o "1%" se tornou parte de nosso vocabulário político.

Anualmente, o Credit Suisse publica um relatório chamado *Global Wealth Report* [Relatório global de riqueza]. Os dados de 2017 demonstram um aumento da concentração de riqueza sem precedentes na história.[6] Conforme o banco apontou, "não há dúvida de que a desigualdade global de riqueza se encontra em um nível alto, e aumentou no período pós-crise". Os extremamente ricos melhoraram de vida desde 2000. Segundo o Credit Suisse, o 1% que detém mais riquezas no mundo começou o milênio com 45,5% de toda a riqueza domiciliar, mas em 2017, "pela primeira vez, o 1% passou a controlar mais da metade, 50,1%, da riqueza global". O topo da pirâmide de riqueza vai muito bem, mas na base temos 3,5 bilhões de adultos com patrimônio inferior a 10 mil dólares. Podemos observar o número de domicílios que compõem cada parte da pirâmide global de riqueza no Gráfico 10.2.

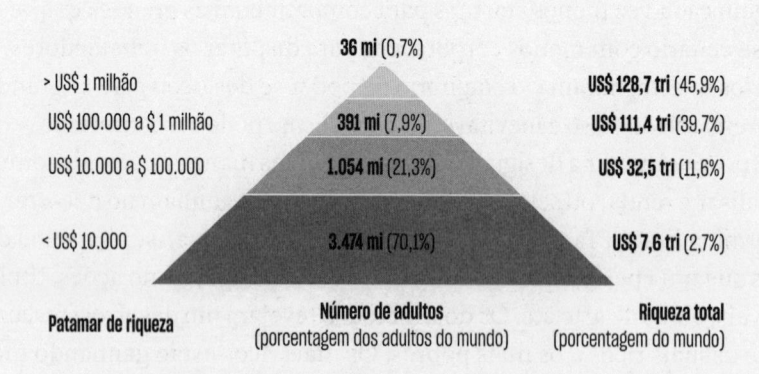

Panorama da distribuição global de renda (em dólares americanos)

	36 mi (0,7%)	
> US$ 1 milhão		**US$ 128,7 tri** (45,9%)
US$ 100.000 a $ 1 milhão	**391 mi** (7,9%)	**US$ 111,4 tri** (39,7%)
US$ 10.000 a $ 100.000	**1.054 mi** (21,3%)	**US$ 32,5 tri** (11,6%)
< US$ 10.000	**3.474 mi** (70,1%)	**US$ 7,6 tri** (2,7%)
Patamar de riqueza	**Número de adultos** (porcentagem dos adultos do mundo)	**Riqueza total** (porcentagem do mundo)

Gráfico 10.2 A pirâmide global de riqueza, 2017.

Fonte: Statista; Credit Suisse, Relatório global de riqueza, 2017.

No momento em que escrevemos este livro, o mercado de ações se encontra em seu ápice histórico, e os ricos nunca estiveram melhor. Uma razão central para o aumento da desigualdade de riqueza é que quase todas as políticas dos bancos centrais em reação à crise financeira focaram o preço de ativos. Os bancos centrais tentaram manifestamente elevar o preço das ações e de moradia, criando um "efeito de riqueza" e esperando que parte disso "gotejasse" para os estratos mais baixos. Os pobres não têm quase nenhuma ação ou título, e a classe média tem muito menos do que os ricos. Não é nada surpreendente que a política monetária extraordinária do Federal Reserve, do Banco Central Europeu, do Banco do Japão e do Banco Nacional Suíço tenha alavancado os mercados de ações e beneficiado os donos de títulos, aumentando assim a disparidade de riqueza. Embora o ex-diretor do Federal Reserve Benjamin Bernanke e outros aleguem que o desemprego teria sido pior caso políticas monetárias extraordinárias não houvessem sido adotadas, tais medidas perduraram por mais de uma década após a crise financeira. Na prática, o efeito disso foi deixar os ricos ainda mais ricos.

As políticas monetárias de "gotejamento" foram ainda mais extremas fora dos Estados Unidos. O Banco Central Europeu comprou dívidas corporativas, financiando diretamente fusões e aquisições para acionistas bilionários. A instituição financiou a fusão que permitiu aos bilionários proprietários da AB Inbev unificar sua empresa com a SAB e assim adquirir o controle de mais de 50% do mercado cervejeiro dos Estados Unidos. O Banco Nacional Suíço comprou o equivalente a mais de 85 bilhões de dólares em ações de grandes empresas estadunidenses que estavam pagando imensos dividendos para seus acionistas e recomprando seus próprios papéis. A instituição comprou divisas de monopólios e oligopólios locais, como Microsoft, Google, Facebook, Verizon, Visa etc. Teria sido mais simples se os bancos centrais simplesmente transferissem o dinheiro para as contas bancárias dos muito ricos.

Embora a desigualdade de riqueza seja interessante, a medida-padrão usada pelos economistas na hora de estudar a disparidade de renda é o chamado coeficiente de Gini. Ele compara a distribuição de renda real de um país com uma distribuição hipotética e perfeitamente igualitária, e varia de zero (a igualdade perfeita) a um (a perfeita desigualdade, em que um único domicílio receberia toda a renda do país). Nos últimos anos, verifica-se uma tendência global de aumento da desigualdade em países emergentes, nos Estados Unidos, no Reino Unido e na Austrália. Na Europa, o aumento da desigualdade de renda não foi tão acentuado, sobretudo em razão de seus impostos elevados e da transferência de renda para os domicílios mais pobres.[7] Impostos mais altos podem até mitigar os sintomas, mas não resolvem o problema (Gráfico 10.3).[8]

Desigualdade crescente: coeficientes de Gini selecionados

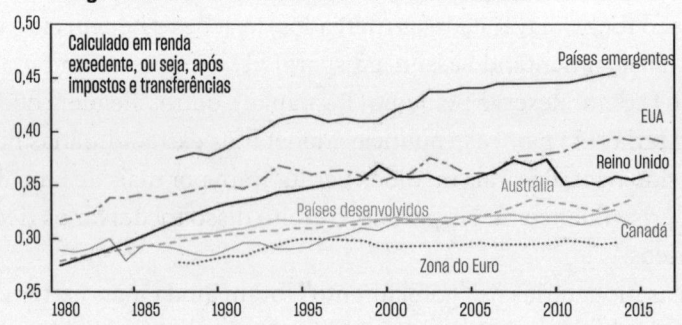

Parcela de renda destinada ao 1% mais rico, 1975-2014

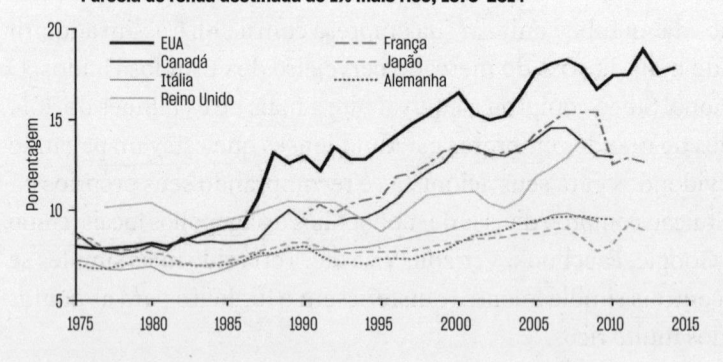

Obs.: dados de todos os países excluem ganhos de capital.

Gráfico 10.3 Desigualdade crescente. Coeficientes de Gini selecionados.
Fonte: Dr. Shane Oliver e AMP Capital.[9]
Fonte: http://www.presidency.ucsb.edu/economic_reports/2016.pdf.

Não surpreende que os Estados Unidos tenham visto um grande crescimento da desigualdade nos últimos trinta anos. Os extremos da distribuição de renda estão bem exemplificados no pagamento atípico dos CEOs, cuja remuneração teve crescimento explosivo no país. De 1978 a 2013, ajustada pela inflação, ela cresceu 937%. Em contraste, a renda do trabalhador médio cresceu patéticos 10% no mesmo período. Para colocarmos essa mudança em perspectiva, a relação entre os pagamentos de CEOs e trabalhadores era de 33 para 1 em 1978 e em 2014 era de 303 para 1.[10] Os Estados Unidos são um ponto ainda mais fora da curva quando se trata do pagamento excessivo aos diretores corporativos em relação ao trabalhador médio. Para os CEOs no Reino Unido, a proporção é de 22 para 1; na França, é de 15; na Alemanha, de 12.[11] Os CEOs estadunidenses ganham muito sob qualquer perspectiva (Gráfico 10.4).

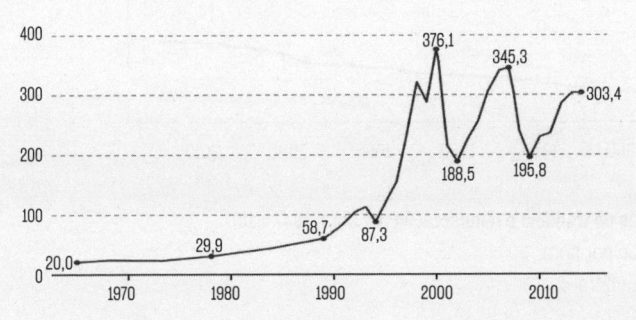

Obs.: a compensação anual dos CEOs é calculada com base na série de remuneração por "opções realizadas", o que inclui salários, bônus, concessão de ações limitadas, opções exercidas e incentivos de longo prazo para os CEOs das 350 maiores empresas dos EUA em termos de vendas.

Gráfico 10.4 Crescimento da proporção de remuneração CEO-trabalhador, 1965-2014.
Fonte: Economic Policy Institute.

Diante da espantosa disparidade entre o salário dos CEOs e de um trabalhador médio, seria de imaginar que os gestores foram superestrelas e que o trabalhador médio fez um mau trabalho em seu emprego. Mas quase nunca é assim. Enquanto muitos executivos aparecem na capa da *Fortune* ou da *Forbes* e levam todo o crédito pelas ações de sua empresa, a produtividade dos trabalhadores tem crescido de forma constante nas últimas décadas. Infelizmente, os ganhos destes não acompanharam o aumento da produtividade. Os trabalhadores estão produzindo mais bens com menos trabalho, e as empresas estão faturando lucros maiores, mas os benefícios disso não são compartilhados com os trabalhadores. Repare no Gráfico 10.5 como o crescimento de produtividade acelerou em linha reta desde os anos 1950; entretanto, a partir de 1980, a remuneração por hora trabalhada não cresceu muito. O dinheiro excedente não desaparece no ar, e precisa parar em algum lugar.

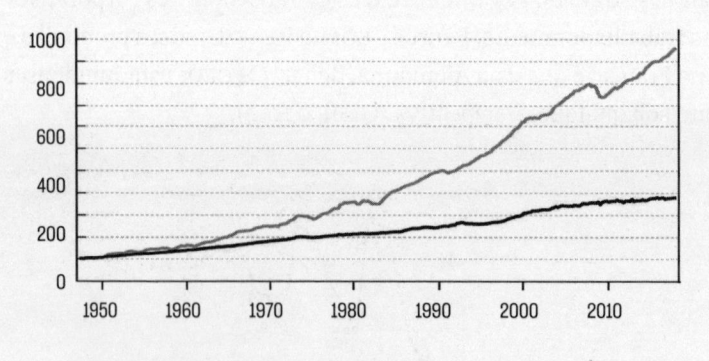

Produtividade do trabalho e remuneração por hora, 1947 = 100

— Remuneração por hora

— Produção por hora

Gráfico 10.5 Remuneração do trabalhador não acompanha a produtividade.

Fonte: Variant Perception.

Alguns economistas argumentaram que o abismo entre os salários e a produtividade é uma ilusão. Para eles, boa parte desse desnível se deve a bônus de fim de ano (que não são incluídos no pagamento por hora), custos com plano de saúde (que não aparecem em nenhum contracheque, mas beneficiam os trabalhadores) e opções de compra de ações (que tampouco figuram nos contracheques). No entanto, podemos descartar essas justificativas. Planos de saúde, bônus e opções representam um custo real para as empresas. Se esses custos impusessem um fardo a elas, afetariam as margens de lucro corporativas. Ou seja, se fosse o caso, as margens de lucro corporativas não estariam batendo recorde atrás de recorde. Se a divergência entre salários e produtividade é real, sua influência sobre os lucros corporativos deveria ser perceptível. E de fato é: os lucros cresceram enquanto os salários permaneceram estagnados (Gráfico 10.6).

As empresas têm abocanhado uma fatia recorde do bolo econômico. Os lucros corporativos, em porcentagem do Produto Interno Bruno, estão próximos do recorde já registrado, e a participação do trabalho no PIB se aproxima da mínima histórica. Veja como o Gráfico 10.6 se parece com a bocarra de um jacaré gigantesco. (É preciso observar as tendências de longo prazo em vez dos altos e baixos de curto prazo: os lucros corporativos crescem e diminuem naturalmente com recessões e expansões.) A divergência começou no início dos anos 1980, quando as quedas e as ascensões corriqueiras dos lucros corporativos e da remuneração de trabalhadores se descolaram. Os salários dos trabalhadores só cresceram durante o auge da bolha da internet, quando os mercados de trabalho sofriam com a escassez. A tendência de lucros corporativos mais elevados se acelerou em 2001, quando a China se abriu e aderiu à Organização Mundial de Comércio (OMC). Os trabalhadores estadunidenses descobriram que precisavam competir com centenas de milhões de trabalhadores recém-incorporados ao mercado global de trabalho, ao mesmo tempo que os trabalhadores europeus passaram a disputar vagas com os recém-libertados do Leste Europeu. As empresas ganharam poder de mercado, e hoje os trabalhadores precisam disputar espaço em um mundo globalizado.

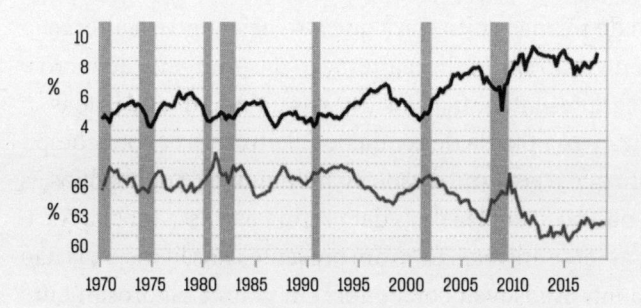

Lucros corporativos e remuneração do trabalho em % do PIB

—— Lucros corporativos em % do PIB

—— Remuneração do trabalho em % do PIB

Gráfico 10.6 Lucros corporativos × remuneração de empregados.

Fonte: Variant Perception.

A tendência de alta dos lucros corporativos é um mistério para os economistas e estrategistas de investimento. Jeremy Grantham, investidor bastante conhecido, apontou que "os lucros são a principal série de regressão à média no mundo financeiro. Se as margens não regridem, há algo de errado com o capitalismo".

De fato, há algo de muito errado. Em um mercado competitivo, quando uma empresa ganha muito dinheiro, as outras empresas se empolgam com a perspectiva de lucros elevados e entram no setor para competir. No fim, as margens caem conforme mais competidores passam a lutar entre si. Algo de muito errado está acontecendo com o capitalismo se as margens de lucro corporativo não regridem à média histórica.

A concentração setorial crescente é um motivo forte para que os lucros não recuem à média de longo prazo, e uma explicação contundente para o desequilíbrio entre trabalhadores e corporações. Hoje há muitos setores em que os trabalhadores têm poucas opções de empregadores. Quando os setores ficam nas mãos de monopólios ou oligopólios, estes adquirem um poder de mercado significativo em relação a seus empregados.

Existe uma correlação forte e direta entre um pequeno número de players em determinado setor e o nível dos lucros corporativos. Menos concorrência dá às empresas um poder de mercado significativo, permitindo a elas elevar os preços e reduzir os salários. Como Gustavo Grullon observou em seu estudo sobre a indústria do país, as tendências são inequívocas: "As evidências indicam de forma muito clara que a relação entre a alteração dos níveis de concentração setorial e a alteração das margens de lucro e riqueza dos acionistas apresentou sinal positivo nas últimas duas décadas".[12]

Observemos outra vez a tabela de renda de Piketty, mas agora comparando as ocasiões em que o governo dissolveu monopólios e oligopólios às épocas em que isso não ocorreu. Há duas datas cruciais nessa tabela. Até o final dos anos 1930, as leis antitruste estavam presentes nos livros, mas não na prática. O presidente Roosevelt colocou-as em prática vigorosamente entre 1937 e 1938, e os reguladores barraram a maioria das fusões que resultariam em aumento de market share. Isso mudou no início dos anos 1980, quando o governo parou de executar medidas antitruste e o setor corporativo do país deu início à primeira de uma série de ondas de fusões. Cada boom econômico aumentou o poder de mercado das corporações. Não surpreende, portanto, que a desigualdade de renda tenha voltado a crescer nos anos 1980. Como os mercados ficaram mais concentrados após as ondas de fusões, a desigualdade de renda cresceu. Nos períodos de fiscalização vigorosa das leis antitruste, a desigualdade de renda foi menor (Gráfico 10.7).

O aumento da desigualdade começou após a revolução antitruste durante a gestão de Ronald Reagan. Sam Peltzman, economista da Universidade de Chicago, descobriu que a concentração, que permanecera igual nas décadas anteriores, começou a subir na mesma época em que a política de fusões foi alterada. A concentração cresceu de maneira constante durante todo o período posterior à mudança das políticas antitruste. Ele percebeu que o aumento foi especialmente pronunciado nos setores de bens para o consumidor.[13]

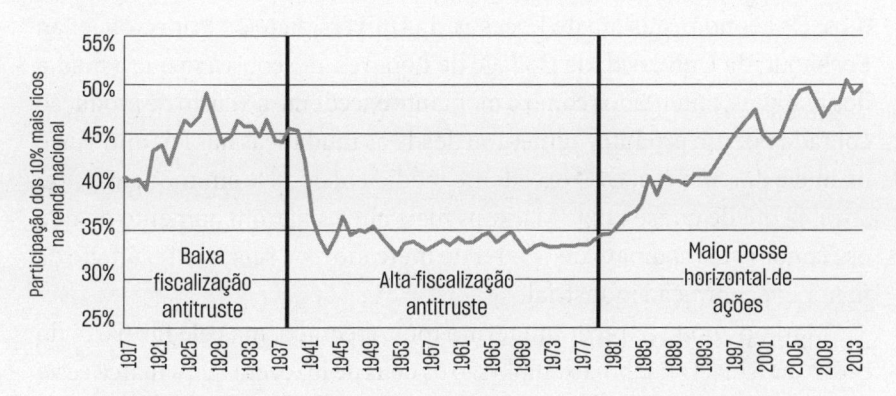

Gráfico 10.7 Desigualdade de renda nos Estados Unidos × Fiscalização antitruste.

Fonte: Einer Elhauge, "Horizontal Shareholding", *Harvard Law Review* 129, n. 5, mar. 2016.

Hoje a influência da alta concentração industrial sobre a desigualdade está mais clara graças a dezenas de estudos acadêmicos recentes. Em 2015, Jonathan Baker e Steven Salop descobriram que "o poder de mercado contribui para o desenvolvimento e a perpetuação da desigualdade".[14]

A desigualdade não advém apenas de salários baixos, mas também das tarifas dos pedágios que integram o cotidiano das pessoas. Sempre que gasta dinheiro, o consumidor transfere um pouquinho de seu contracheque ao vendedor, pagando um pequeno pedágio. Os monopólios de bens e serviços convertem a renda disponível da maioria em ganhos de capital, dividendos e compensações executivas destinadas aos monopólios.

Dados de diversos setores-chave dos Estados Unidos mostram que o poder de mercado em excesso permite que as empresas elevem os preços ao consumidor acima dos níveis competitivos e, ao mesmo tempo, paguem a seus fornecedores valores mais baixos.

A transferência de riqueza é ampla. Um estudo de Lina Khan e Sandeep Vaheesan demonstrou exatamente como os setores concentrados geram desigualdade. Eles observam que o efeito de transferência da riqueza agregada com a propagação do poder dos monopólios e oligopólios parece corresponder a, no mínimo, centenas de bilhões de dólares por ano.[15]

Os setores controlados por poucas empresas podem praticar preços muito superiores ao custo de produção. É exatamente isso que constatamos. Os economistas Jan de Loecker, da Universidade de Princeton, e Jan Eeckhout, da Universidade College de Londres, descobriram que a média dos markups, entendidos como o montante excedente ao custo de produção cobrado por um produto, aumentou desde as mudanças nas leis antitruste no início dos anos 1980. O excedente médio era de 18% em 1980, mas, em 2014, já era de quase 70%. Markups mais altos sugerem aumento do que os economistas chamam de "poder de mercado", ou seja, são resultado da maior concentração industrial.

"Markup" pode parecer um termo muito técnico, mas ele faz parte do nosso dia a dia. O melhor exemplo são os bens de luxo, em que a marca certa estampada em uma bolsa faz com que um artigo de couro seja vendido por muito mais do que seu custo de produção. Em parte, o consumidor paga pelo status e pelas associações. Mas os verdadeiros bens de luxo muitas vezes são feitos à mão, ou são raros e de qualidade excepcional. Pagar mark-ups por serviços de telefonia, óculos ou planos de saúde não é justificável.

Os markups elevados são muito importantes para o debate sobre a desigualdade, pois estão intimamente ligados à menor remuneração dos trabalhadores. De Loecker e Eechkhout apontaram que o aumento dos markups explica quase perfeitamente os baixos salários.[16] De início, sua pesquisa se concentrava nos Estados Unidos, mas eles ampliaram o escopo e constataram que *ela se aplica a quase todo o mundo desenvolvido*. As empresas ficam com uma fatia maior do bolo — e os trabalhadores, com uma menor — quando têm o poder de arrochar a renda dos funcionários (Gráfico 10.8). Eles apontam que "os markups cresceram mais na América do Norte e na Europa, e menos nas economias emergentes da América Latina e da Ásia".[17]

O papel dos markups é semelhante em outros países desenvolvidos, e markups mais altos podem gerar maior desigualdade de renda. Sean Ennis, Pedro Gonzaga e Chris Pike examinaram a variação dos markups e a oscilação da renda dos mais ricos e dos mais pobres. Eles mostraram que a presença de markups "reduz a renda dos 20% mais pobres entre 14 e 19%".[18] E concluíram que, uma vez que os markups ajudam os ricos e prejudicam os pobres, a concorrência pode ajudar a reduzir a desigualdade de renda. O FMI confirmou isso em uma pesquisa recente. Eles apontaram: "Nas economias avançadas, os markups cresceram em média 39% desde 1980. O aumento é bastante difuso entre diferentes países e setores e guiado sobretudo pelas empresas de maior markup em cada setor econômico".

Gráfico elaborado com base em um concentrado de dados
Markups das empresas,* relação entre custo e preço de venda

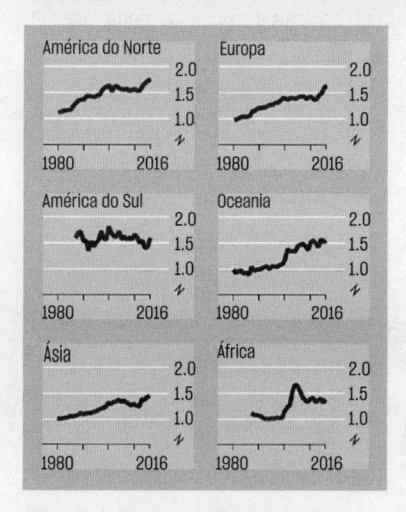

* 70 mil empresas de 134 países.

Gráfico 10.8. *Markups* **maiores levam a salários menores.**
Fonte: *The Economist*.

A tendência a haver menos empresas de maior porte está causando disparidade entre os poucos de cima, que recebem polpudos salários, e a maioria, cujo salário estagnou. Os economistas David Autor e seus colegas concluíram em um artigo recente que o surgimento das corporações "superstar", com grandes lucros e pequenas forças de trabalho, contribuiu para a desigualdade de renda.[19]

A desigualdade econômica crescente não é uma característica inerente ao capitalismo. O desnível crescente entre ricos e pobres é fruto da menor concorrência. O fenômeno foi provocado pela concentração industrial e por uma postura extremamente relapsa, quando não negligente, das agências de fiscalização antitruste. Isso afetou muito a viabilidade de novas empresas que desejam entrar em um mercado e competir, bem como o poder de negociação salarial dos trabalhadores e a capacidade dos consumidores de adquirirem bens a preços baixos.

Poder de mercado

Markups em economias avançadas vêm crescendo desde os anos 1980
(markups médios de empresas listadas em cada país por grupo de renda, índice 1990 = 1)

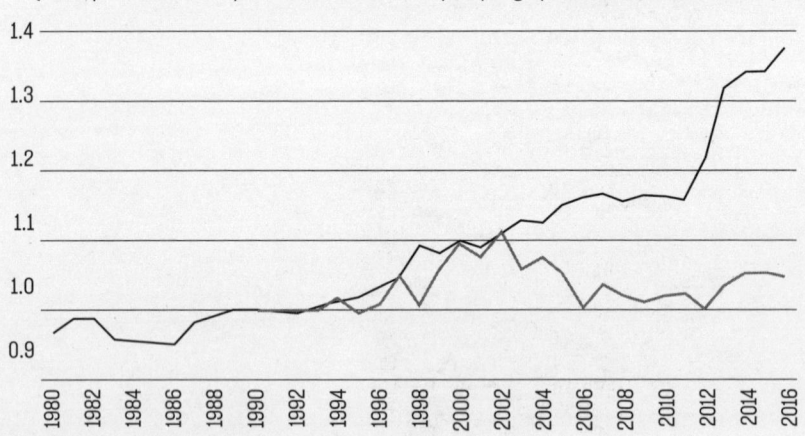

—— Economias desenvolvidas

—— Mercados emergentes e economias em desenvolvimento

Gráfico 10.9 Markups em economias avançadas vêm crescendo desde os anos 1980.
Fonte: Fundo Monetário Internacional.

Considerando que o diagnóstico de Piketty é incorreto, suas soluções de impor taxas elevadas sobre a renda e implementar impostos sobre riqueza tampouco são respostas apropriadas. Seria como recomendar opiáceos a um paciente de câncer. Podem até atenuar a dor, mas não atacarão a causa do problema.

A solução apropriada não é elevar os impostos ou aumentar o peso do governo. A solução apropriada é mais concorrência e mais capitalismo, não menos.

A desigualdade econômica é uma falha que pode ser corrigida com ações antitruste e mais competição.

A resposta certa é implementar medidas antitruste mais vigorosas. As políticas praticadas pelo governo não devem focar a desigualdade. A desigualdade não é algo ruim. Os inovadores que abrem empresas colherão os frutos de seu trabalho. No entanto, uma parte cada vez maior da desigualdade provém de monopólios consolidados que transferem de maneira injusta a riqueza dos consumidores e fornecedores para seus poderosos proprietários. A desigualdade injusta é um efeito colateral de medidas antitruste frouxas. O fim da concentração industrial teria como efeito colateral a redução da desigualdade. A reintrodução da concorrência nos mercados reduzirá o crescimento da desigualdade nos Estados Unidos.

A falta de aumento salarial em um cenário de crescimento econômico e de produtividade está gerando uma crise de confiança, espalhando o medo de que o Sonho Americano tenha morrido. A essência do otimismo estadunidense é a crença na mobilidade social ou na saga "do lixo ao luxo": o ideal de que os filhos terão um padrão de vida melhor que o de seus pais. Segundo o Equality of Opportunity Project, a perspectiva de que um filho ganhe mais do que os pais caiu de 90 para 50% durante o último meio século. Em 1970, 92% das pessoas na casa dos trinta anos eram mais bem remuneradas que seus pais na mesma idade. Em 2010, apenas 50% dos cidadãos na mesma faixa etária poderiam dizer o mesmo. E, pensando à frente, hoje apenas um terço dos estadunidenses acredita que a próxima geração terá salários melhores.[20]

O progresso parece cada vez mais distante para a classe média e, apesar do crescimento econômico, a renda desse estrato social caiu; em 2014, a renda média dos domicílios de classe média era 4% menor do que em 2000.[21]

O abismo crescente entre os trabalhadores e os CEOs e entre funcionários e corporações estabeleceu duas economias paralelas nos Estados Unidos. Ray Dalio, fundador bilionário da Bridgewater Associates, um dos maiores *hedge funds* do mundo, escreveu um artigo intitulado "The Two Economies: The Top 40% and the Bottom 60%" [As duas economias: os 40% de cima e os 60% de baixo]. Ele argumenta de modo convincente que é um erro grave tentar analisar ou entender "a" economia, pois hoje ela se divide em duas. Os níveis de renda e riqueza do topo e da base da pirâmide são tão diferentes que os indicadores "médios" já não significam muita coisa. Como é possível observar no Gráfico 10.10, o 0,1% mais rico dos Estados Unidos detém atualmente tanta riqueza quanto os 90% mais pobres. Não se via isso desde os anos 1930, quando o populismo emergiu no mundo todo e contribuiu para a eclosão da Segunda Guerra Mundial. Hoje estamos vendo resultados semelhantes.

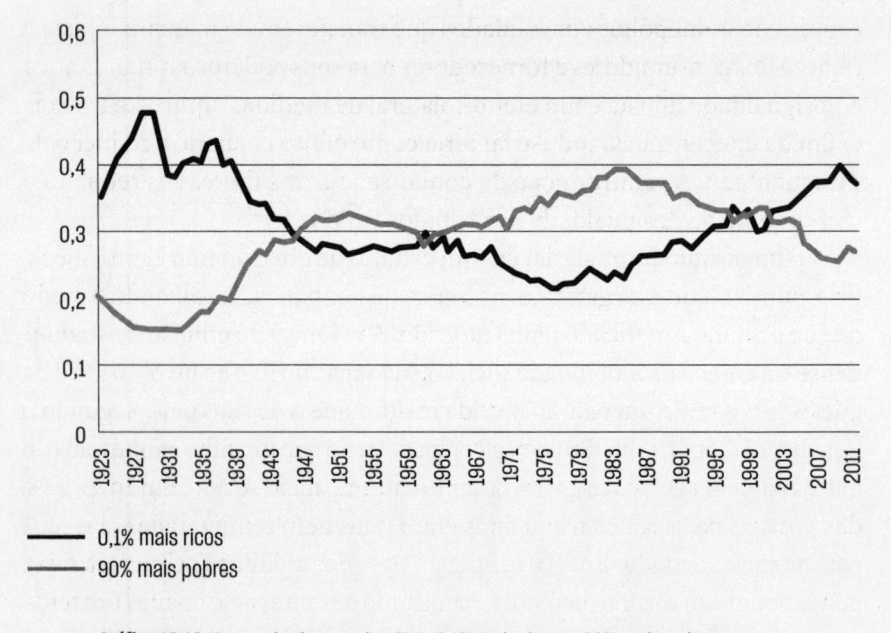

Gráfico 10.10 Posse da riqueza dos EUA: 0,1% mais ricos × 90% mais pobres.

Em 1951, Eric Hoffer escreveu *True Believer: Thoughts on the Nature of Mass Movements* [Fiel convicto: reflexões sobre a natureza dos movimentos de massa]. Ele analisou os movimentos de massa dos anos 1930 e propôs uma explicação para o surgimento dos movimentos populistas. Hoje esse livro é mais relevante do que nunca. Não existem dois movimentos populistas iguais, mas, via de regra, eles exaltam o poder do povo contra uma elite privilegiada. Segundo Bridgewater, se olharmos para o total de votos para outsiders, veremos que o populismo vem crescendo e está em seu nível mais alto desde o final dos anos 1930.

Hoffer constatou que as revoluções não tendem a surgir em meio à pobreza abjeta, mas sim em cenários de deterioração das condições econômicas. Quem corre o risco de morrer de fome dificilmente se torna um "fiel convicto" e passa a seguir um movimento populista, pois sua batalha diária pela existência se sobrepõe a quaisquer preocupações políticas. Os "neopobres" são os maiores candidatos à conversão a movimentos de massa. Eles relembram com rancor sua antiga riqueza e culpam os outros por seus infortúnios atuais. Foi o caso dos fazendeiros britânicos que sofreram durante os cercamentos e gravitaram em torno de Cromwell antes da Guerra Civil Britânica (1641-1652). Sem dúvida, foi o caso dos alemães que perderam suas riquezas para a guerra e a hiperinflação antes da chegada de Hitler e do Partido Nazista ao poder nos anos 1930. Hoje, eleitores de Sanders, Trump e do Brexit expressam o descontentamento dos "neopobres". Eles sentem que o sistema está viciado, e o futuro não parece tão brilhante quanto o passado.

O historiador Will Durant alertou que as sociedades entram em colapso quando a desigualdade é muito acentuada. "A civilização começa com a ordem, cresce com a liberdade e morre com o caos". Ele escreveu que uma sociedade pode se ver dividida entre uma minoria cultivada e uma maioria desafortunada. Conforme a maioria cresce e é deixada para trás, "o processo interno da maioria rumo à barbárie é parte do preço que a minoria paga pelo controle das oportunidades econômicas e educacionais".

Em muitos sentidos, San Francisco é um microcosmo da economia dos Estados Unidos e representa bem o desnível crescente entre a minoria rica e a maioria que foi deixada para trás. A cidade é excepcionalmente próspera, mas a classe média está começando a se sentir neopobre. San Francisco é a líder de desigualdade econômica no estado da Califórnia. A renda média do 1% de domicílios mais ricos na cidade é de 3,6 milhões de dólares por ano — 44 vezes a média dos outros 99%, que é de 81.094 dólares.[22]

Enquanto os monopólios de anúncios de busca e redes sociais do Vale do Silício registraram lucros recorde, o restante da região mostrou redução dos postos de trabalho nos últimos meses. Isso sugere um panorama desolador de abertura muito baixa de vagas de emprego para a maioria dos trabalhadores.[23] A escassez de moradia também impõe aos empregados dificuldade para morar perto de seus locais de trabalho, forçando-os a perder muito tempo com deslocamento.

Os moradores da região têm protestado contra a desigualdade nos últimos anos. Os ônibus que o Google e outras empresas de tecnologia oferecem para levar seus trabalhadores da cidade para o Vale do Silício, situado a mais de cinquenta quilômetros ao sul, têm sido alvo de uma vigorosa campanha de guerrilha em prol de uma insurreição.[24] Manifestantes queimaram efígies dos ônibus particulares e organizaram grupos para atacá-los a pauladas. Manifestantes entraram no Aeroporto Internacional de San Francisco e se reuniram em frente ao escritório do Twitter para protestar contra a gentrificação e a desigualdade.

É fácil ignorar esses distúrbios iniciais, mas a elite está começando a senti-los. Em 2014, Nick Hanauer, um dos primeiros investidores da Amazon, pertencente ao 0,01% mais rico, escreveu uma carta aberta para "Meus colegas zilionários". O título do texto, muito apropriado, era "The Pitchforks Are Coming... for Us Plutocrats" [As foices estão vindo... atrás de nós, os plutocratas]:

> Se não fizermos algo para corrigir as desigualdades escancaradas de nossa economia, os forcados virão atrás de nós. Nenhuma sociedade é capaz de suportar níveis tão elevados de aumento da desigualdade. Na verdade, não existe nenhum exemplo na história humana de ricos que acumularam tantas riquezas e conseguiram escapar das foices no fim. Mostre-me uma sociedade muito desigual, e eu lhe mostrarei um Estado policial. Ou uma insurreição. Não existem outros exemplos. Nenhum. Não é questão de se, é questão de quando.[25]

Hanauer não acha que a revolução seja inevitável, mas argumenta que é preciso corrigir a rota e promover ações para cuidar dos 99% fora do topo.

Haverá terremotos muito maiores pela frente se não compreendermos as razões e criarmos soluções para os problemas da crescente desigualdade de renda.

→ A desigualdade crescente é um sintoma. Não a doença.

→ As empresas têm abocanhado uma fatia recorde do bolo da economia.

→ A redução da concorrência confere às empresas poder de mercado para elevar preços e reduzir salários.

→ O poder político e econômico dos monopólios e oligopólios alterou o cenário em favor das corporações dominantes e em detrimento dos funcionários.

CONSIDERAÇÕES FINAIS
LIBERDADE POLÍTICA E ECONÔMICA

A liberdade econômica é um requisito
essencial para a liberdade política.
MILTON FRIEDMAN

Precisamos fazer uma escolha. Podemos escolher a
democracia ou a concentração de riqueza nas mãos
de poucos, mas não podemos ter as duas coisas.
JUIZ LOUIS BRANDEIS

Durante a Primeira Guerra Mundial, enquanto centenas de milhares de homens morriam nas trincheiras, o primeiro-ministro francês George Clemenceau declarou: "A guerra é importante demais para ficar só nas mãos dos generais". Hoje, o capitalismo é importante demais para ficar só nas mãos dos economistas.

Como demonstramos ao longo deste livro, em muitos setores os monopólios estão extorquindo trabalhadores, sufocando fornecedores, elevando preços, asfixiando a economia e cooptando legisladores e reguladores. Essas empresas não vão reformar a si mesmas por vontade própria. Elas são favoráveis a uma regulação mais efetiva, pois veem nisso uma oportunidade para erguer novas barreiras de proteção no seu setor. Elas saúdam vigilantes e reguladores, pois veem neles importantes aliados indicados pelo governo. Elas não se preocupam com a ameaça de leis antitruste, pois sequestraram a fiscalização utilizando economistas e advogados de aluguel.

Como as empresas não reformarão a si mesmas, devemos mudar as leis e regulações. Precisamos lembrar que as leis antitruste são elaboradas pelo Congresso e interpretadas pelos tribunais. Decisões e políticas antitruste não podem ser delegadas a economistas ou representantes corporativos. O papel dos tribunais não é determinar a política econômica, mas implementar políticas antitruste elaboradas pela legislatura.

Um século atrás, quando Theodore Roosevelt propôs o Square Deal* e o controle dos trustes corporativos, ele afirmou "Não estou dizendo apenas que defendo um jogo justo sob as regras atuais: defendo também que mudemos essas regras para que trabalhem em prol da igualdade de oportunidades e recompensem os bons prestadores de serviços".

Novamente, precisamos reformar as regras do jogo. Precisamos de uma mudança legislativa para instituirmos novas leis antitruste que sirvam às pessoas. Precisamos dar poder às comunidades e aos trabalhadores locais, e não a CEOs ou acionistas que moram em locais distantes. Precisamos mudar o modo como vivemos nossa vida cotidiana para restaurar o equilíbrio de poder dos mercados. Precisamos de remédios específicos para mudar as regras do jogo.

Nesta conclusão, mostraremos a base para solucionar o problema.

Não podemos esperar que o próprio mercado promova reformas. Os mercados não existem em um vácuo intocado pela sociedade e pelo império da lei. Enquanto o comércio se preocupa com preços, a lei se preocupa com valores. Esses valores não se limitam à "eficiência" e ao "bem-estar do consumidor". O cidadão é mais do que um consumidor unidimensional; ele é um trabalhador, um produtor, um consumidor e um eleitor.

Friedrich Hayek escreveu: "Pessoalmente, prefiro ter que lidar com algum grau de ineficiência a ter um monopólio organizado controlando a maneira como vivo".[1]

Mesmo que o bem-estar do consumidor fosse o único padrão aceitável, ainda estaríamos diante de um fracasso. Os monopolistas prometem eficiência e preços menores, mas não entregam nenhuma das duas coisas. Vale a pena relembrar as palavras de Benjamin Franklin: "Quem abdica da liberdade essencial em troca de um pouco de segurança temporária não merece nem a liberdade nem a segurança". Nós abdicamos da liberdade econômica em troca da promessa de bem-estar do consumidor, e ficamos sem ambos.

---

* *Square Deal* foi um programa governamental implantado pelo presidente Theodore Roosevelt no início do século XX, cujas premissas eram controlar de maneira mais efetiva as grandes corporações, proteger o consumidor e preservar os recursos naturais. (N.E.)

Perdemos nosso norte, mas o passado ajuda a apontar a direção correta. O desafio dos monopólios remonta a séculos, e não somos a primeira geração a lutar contra eles. Existe uma longa e poderosa tradição política anglo--americana que ataca direitos ilegítimos, interesses escusos e monopólios.

Em 1637, John Lilburne foi preso por imprimir livros sem licença da Sationers Company. Como punição, foi chicoteado, levado a um pelourinho e arrastado por uma carroça de bois até Westminster. Durante o julgamento, ele exigiu ver sua acusação e pediu para ficar frente a frente com os acusadores, recusando-se a produzir provas contra si mesmo. E afirmou que imprimir livros era um direito natural de um inglês nascido livre. Ele passou o resto da vida lutando por suas ideias. E inspirou o primeiro movimento político de massa da história, que se tornou conhecido como os *levellers*.

Lilburne elaborou a primeira Constituição escrita, intitulada *An Agreement of the People of England* [Um acordo da pessoas da Inglaterra], em 1649. Além de listar os poderes do governo, seu *Agreement* continha uma declaração de direitos que delimitava o poder do Legislativo e do Executivo. Os valores e ideais do *Agreement* de Lilburne se tornaram a base para a Constituição dos Estados Unidos e a Declaração de Direitos, incluindo a liberdade de expressão e religião, a separação entre Igreja e Estado, o direito de não produzir provas contra si mesmo e outros. A Suprema Corte cita Lilburne frequentemente como um precedente para direitos que hoje nos parecem naturais.

O mais importante é que os *levellers* defendiam não só os direitos pessoais como também o livre-comércio e o fim dos monopólios. Uma cláusula na Constituição de Lilburne declara acerca do Parlamento: "Que não deve ter poder de criar ou dar continuidade a quaisquer leis que limitem ou obstruam qualquer pessoa ou grupo de comercializar ou prestar serviços em qualquer local além-mar onde qualquer pessoa desta Nação goze de liberdade de comércio".[2]

Um legado crucial dos *levellers* foi a preocupação com a proteção do indivíduo contra a coerção por parte do poder. Para eles, a sociedade não se dividia entre trabalhadores e proprietários, mas entre aqueles que se beneficiavam de monopólios e favores do governo e os demais. Lilburne e seus companheiros *levellers* atribuíam os baixos salários aos monopólios e às restrições de comércio e, portanto, exigiam sua abolição.[3]

Após a Guerra Civil Inglesa, como o monopólio sobre a impressão de livros persistiu, Lilburne foi parar outra vez na prisão de Newgate, onde escreveu um artigo eloquente pedindo a dissolução do "insuportável, injusto e tirânico monopólio de impressão". Lilburne atacou os monopólios, concedidos pelo Estado, sobre impressão, pregação religiosa e comércio internacional, alegando que infringiam "o direito comum de todos os homens livres da Inglaterra". Ele argumentou que os monopólios submetiam as pessoas "a uma condição de vassalagem", colocando-as em estado de "servidão".[4]

Perto do fim de sua vida, encarando a derrota, Lilburne encorajou seus seguidores. "E a posteridade", ele escreveu, "sem dúvida deverá colher os benefícios de nossa empreitada, independentemente do que acontecer conosco."[5]

Lilburne não viveu para ver o efeito de suas ideias, mas temos uma dívida de gratidão para com ele. Suas ideias se tornaram a base da vida cívica estadunidense e foram exportadas para o mundo todo.

Enquanto os *levellers* sofriam com a repressão, suas ideias se espalhavam pelas colônias americanas. Muitos *levellers* se tornaram *quakers*, e William Penn e seus seguidores levaram os ideais *leveller* à Pensilvânia. A declaração de direitos da Constituição da Pensilvânia de 1776 opunha-se à concentração de poder político e econômico: "Que o governo é, ou deve ser, instituído para o comum benefício, proteção e segurança das pessoas, da nação ou da comunidade; e não para emolumento ou vantagem de qualquer homem, família ou conjunto de homens em particular que façam parte desta comunidade".[6]

Os estadunidenses herdaram o desprezo de Lilburne pelos monopólios. A tradição de oposição a monopólios e à concentração de poder vai de Lilburne até Jefferson, Jackson, Sherman e outros que vieram depois. A Constituição do estado de Maryland declarou em 1776 que "os monopólios são detestáveis, contrários ao espírito do governo livre [...] e não devemos por eles padecer".[7] Quando o Congresso continental emitiu sua Declaração de Independência em relação à Grã-Bretanha, seus integrantes, assim como Lilburne, ressentiam-se do monopólio da Companhia das Índias Orientais. O Tea Party de Boston foi uma resposta ao monopólio da Companhia sobre o chá. Entre suas razões para se rebelar contra a Grã-Bretanha estavam: "Por interromper o nosso comércio com todas as partes do mundo; por nos cobrar impostos sem o nosso consentimento". James Madison acreditava em direitos econômicos e, em um ensaio, alertou para as "restrições arbitrárias, isenções e monopólios".[8]

Os monopólios aos quais ingleses e estadunidenses se opunham tinham como base concessões governamentais de monopólio. Ainda que muitos dos monopólios de hoje não se fundamentem em tais concessões, a mão amiga do governo pode ser vista em todas as partes — na aprovação de fusões que, na prática, permitem monopólios; na extensão ilimitada de patentes e direitos autorais pertencentes a grandes empresas e na instituição de barreiras regulatórias amigáveis que espantam a concorrência.

Ao observarmos o arco da história, vemos que a Lei Sherman e a Lei Clayton são apenas coletes salva-vidas em meio a um oceano de concentração de poder econômico. No julgamento paradigmático *Estados Unidos versus Topco Associates*, o juiz Thurgood Marshall escreveu de modo eloquente:

> As leis antitruste em geral, e a Lei Sherman em particular, são a Magna Carta do livre empreendimento. Elas são tão importantes para a conservação de nossa liberdade econômica e nosso sistema de livre-iniciativa quanto a Declaração de Direitos é para a proteção de nossas liberdades pessoais. E a liberdade assegurada por elas a todo e qualquer negócio, por menor que seja, é a liberdade de competir — de se impor com vigor, imaginação, devoção e engenhosidade que sua potência econômica permitir.

O antitruste não está desatrelado do passado.

Opor-se aos monopólios não é mera questão econômica ou de desapreço pelos preços mais altos que os monopolistas podem praticar. Personalidades da esquerda e da direita alertaram para os problemas causados pela concentração de poder econômico e pela falta de liberdade econômica. Elas alertaram que a liberdade política é impossível sem liberdade econômica, e que a concentração de poder corrompe a ambas.

Na esquerda, Louis Brandeis, reformista social que acabou se tornando juiz da Suprema Corte, encabeçava a luta pela liberdade econômica. "O que uma democracia envolve?", Louis Brandeis perguntou em 1912. "Não apenas liberdade política e religiosa, mas também liberdade industrial."

Brandeis escreveu um livro chamado *The Curse of Bigness* [A maldição do grande porte], e a nova onda de interesse em medidas antitruste já foi chamada de movimento Novo Brandeis. Mas as raízes do combate aos monopólios são muito mais profundas. Esse embate não começa nem termina em Brandeis. Os argumentos contra os monopólios têm pouco a ver com o porte, e tudo a ver com a dispersão de poder político e econômico.[9]

Milton Friedman, arquétipo do defensor de livre mercado, ecoava a visão de Brandeis das liberdades política e econômica como fatores intimamente relacionados. Ele escreveu: "A liberdade econômica é um requisito essencial para a liberdade política. Ao permitir que as pessoas cooperem umas com as outras sem coerção ou direcionamento central, ela reduz a área de atuação do poder político". A principal razão para apoiar os livres mercados não eram os preços mais baixos nem o bem-estar do consumidor, mas o fortalecimento da democracia e da liberdade. "Além disso, ao dispersar o poder, o livre mercado cria um contrapeso a qualquer concentração de poder político que possa vir a surgir. A combinação de poder político e econômico nas mesmas mãos é uma receita garantida para a tirania." É uma grande ironia da história que os discípulos de Friedman tenham se esforçado tanto para concentrar o poder. Eles alcançaram uma tirania privada.

Brandeis e Friedman tiveram a sorte de viver e trabalhar nos Estados Unidos, mas os economistas europeus viam os perigos da concentração com ainda mais gravidade. Os ordoliberais observaram como os grandes trustes ajudaram Hitler a chegar ao poder. Como Friedrich Hayek escreveu, "o único motivo para que ninguém tenha poder total sobre nós, para que nós, indivíduos, possamos decidir o que fazer de nossas vidas é a distribuição do controle sobre os meios de produção entre diversas pessoas que agem de forma independente". Em seguida, ele alertou que: "Se todos os meios de produção estivessem nas mãos de uma única entidade, fosse ela a 'sociedade' como um todo ou um ditador, o detentor de tal controle teria poder irrestrito sobre nós".[10]

Após a Segunda Guerra Mundial, os Estados Unidos exportaram sua tradição para a Europa, onde os ordoliberais ajudaram a levá-la ainda mais longe. Como dizia o relatório estadunidense sobre a economia alemã no ano seguinte a Potsdam:

> É preciso ensinar ao povo alemão que uma economia democrática é o meio mais favorável para o pleno desenvolvimento de um indivíduo [...]. Assim

como, do ponto de vista político, precisamos convencer os alemães de que a concessão irrevogável de poder a um ditador ou grupo de agentes autoritários é uma insanidade, também precisamos convencê-los, do ponto de vista econômico, de que é insanidade permitir que um empreendimento privado adquira poder ditatorial sobre qualquer setor da economia.

O centro da reconstrução da Alemanha não era a eficiência ou o bem-estar do consumidor, mas a total recriação política e econômica do povo alemão. Os alemães não foram tratados como meros consumidores, e sim como pessoas plenas com vidas cívica e econômica.

Antes da revolução antitruste de Bork, a Suprema Corte já entendia que a "eficiência" não era o único objetivo de uma lei antitruste. O presidente da Suprema Corte, Earl Warren, escreveu: "O Congresso avaliou que, em algumas ocasiões, a manutenção de mercados e indústrias fragmentadas poderia acarretar preços e custos mais altos. Mesmo com essas ressalvas, o plenário decidiu em favor da descentralização".[11]

Na prática, para a maioria das pessoas, a liberdade econômica é muito mais importante que as liberdades políticas. As eleições permitem que o público vá às urnas a cada poucos anos, mas em uma democracia econômica as pessoas podem votar todos os dias, e não raro diversas vezes por dia, ao decidirem como gastar seu dinheiro. Embora essa liberdade seja atraente em teoria, na prática a maioria das pessoas não tem escolha em muitas de suas decisões econômicas essenciais. Os monopólios representam concretamente uma tirania econômica.

Se queremos reformar o capitalismo e evitar a concentração de poder econômico, precisamos retornar às raízes do capitalismo e do antitruste. Precisamos levar a concorrência aonde ela faz falta. Precisamos abrir os mercados para novas empresas e dar um basta ao sequestro regulatório que corrompe a política.

Aqueles que se opõem a mudanças serão avessos a qualquer reforma razoável das leis antitruste. Os monopolistas e seus aliados lamentarão o suposto fascismo por trás da interferência estatal. Eles acusarão o governo de distorcer os livres mercados. Conservadores e verdadeiros capitalistas devem lembrar que os monopólios e os oligopólios consolidados não representam um triunfo do capitalismo de livre mercado, mas a corrupção desse ideal. A livre concorrência é a essência dos livres mercados, e, para que haja concorrência, é preciso um nível razoável de regulação. Nem toda ação do governo representa uma invasão da liberdade individual, embora em excesso elas restrinjam a liberdade econômica. A chave aqui é encontrar um equilíbrio adequado.

Se não escolhermos a via das reformas, teremos uma revolução que não escolhemos. Nada é mais conservador que o reformismo. Em *Reflexões sobre a Revolução na França*, um dos textos fundadores do conservadorismo, Edmund Burke reconheceu que o fracasso da monarquia francesa em executar reformas plantou as sementes da revolução. A monarquia francesa não foi capaz de detectar a necessidade de se adaptar para preservar a própria existência. Sem reformas, a conservação é impossível.

Em seu combate aos trustes de cem anos atrás, Theodore Roosevelt disse: "As mudanças construtivas oferecem o melhor método para evitar mudanças destrutivas, a reforma é o antídoto da revolução [...] a reforma social não antecede, e sim evita o socialismo". Roosevelt sempre destacou que não se opunha às corporações, mas aos monopólios e ao abuso de poder. Ele lembrava seus ouvintes, assim como Burke fizera, que o resultado de um fracasso das reformas seria a revolução. "Aqueles que se opõem às reformas deveriam lembrar que a pior das ruínas se tornará inevitável para nós, a não ser que a nação consiga oferecer ao povo algo além de imensas fortunas para poucos e o triunfo político e empresarial do materialismo sórdido e egoísta."[12]

Caso o idealismo não pareça justificativa suficiente para implementarmos uma reforma e removermos o obstáculo dos interesses privados em nossa política, vale a pena examinarmos o exemplo de Disraeli.

Nos anos 1870, o primeiro-ministro conservador Benjamin Disraeli enfrentou um cenário de alta desigualdade de renda, industrialização acelerada e crescimento das corporações modernas. Ele poderia ter resistido às reformas, mas escolheu abraçá-las. Como primeiro-ministro, aprovou uma legislação progressiva que levou Alexander Macdonald, um dos primeiros políticos trabalhistas a atuar como primeiro-ministro, a concluir que "o partido conservador fez mais pelas classes trabalhadoras em cinco anos do que os liberais fizeram em cinquenta".

Disraeli e os conservadores aprovaram leis paradigmáticas para melhorar a vida dos trabalhadores. Eles aprovaram a Lei de Moradia dos Artesãos, que acabou com as favelas e criou moradias populares. Eles aprovaram a Lei de Empregadores e Trabalhadores, que estabeleceu o direito à greve dos sindicatos, e a Lei Fabril, que limitou as horas de trabalho para mulheres e crianças.

O eleitorado amava Disraeli por isso. Ele foi primeiro-ministro duas vezes. A gestão Disraeli foi um marco para o destino dos conservadores, e suas medidas domésticas tornaram o partido mais atraente aos olhos das classes baixa e média urbanas. Não é de surpreender que os conservadores tenham dominado a política britânica de 1886 a 1906.

A luta por uma reforma antitruste pode ser difícil, mas é a coisa certa a fazer para reformar a economia.

O verdadeiro capitalismo funciona porque promove a liberdade. Ele melhora a vida de todos ao expandir os limites do possível. Recompensa o trabalho duro, a inovação e a engenhosidade. Premia os atos de inventar e assumir riscos.

A história do capitalismo inclui episódios obscuros, mas ele é o melhor sistema que temos. Hoje o cidadão médio goza de mais confortos e liberdades do que J. P. Morgan ou John D. Rockefeller jamais tiveram. Em sua época, eles viviam como reis porque eram os primeiros a ter eletricidade em casa. Hoje a eletricidade, assim como o telefone, o rádio, a televisão, os filmes, a música digital e as viagens aéreas nos parecem naturais. Tudo isso é fruto de inventores e capitalistas que investiram nessas coisas para oferecê-las às massas.

O capitalismo e as invenções entram em estagnação quando não há concorrência. Quando os monopolistas controlam mercados inteiros, sejam de comércio marítimo, ondas de radiodifusão, linhas telefônicas, sistemas de cabo, sejam de bancos, agências de classificação de risco ou sistemas operacionais de computadores, eles paralisam a inovação e a criatividade. Quando a concorrência saudável prospera, o capitalismo passa a representar nada menos que o triunfo do espírito humano.

Quais são os princípios-guia para uma reforma? Quais são os valores que deveriam orientar a economia? Quais são as soluções para os problemas que enfrentamos?

Não temos todas as respostas, mas reunimos humildemente alguns princípios centrais e sugerimos reformas tomando-os como base. Esperamos que esses princípios sejam igualmente caros à esquerda e à direita. E que esta lista de recomendações forneça um mapa específico para que o Congresso empreenda reformas.

Princípios para a reforma

- **Capitalismo sem concorrência não é capitalismo.** O capitalismo não consiste em meras taxas elevadas de retorno sobre o capital. Os investidores criaram monopólios para obter retornos maiores, e os mercados e a sociedade sofreram as consequências.
- **O papel essencial do capitalismo não é maximizar a eficiência.** A genialidade do capitalismo reside na criação de valor para empresas, trabalhadores e consumidores. Nossa vida não é incomensuravelmente melhor do que era séculos atrás só porque alocamos recursos de modo mais eficiente do que no século xx. A inovação e a solução para problemas humanos são o motor do progresso, e isso decorre da concorrência.
- **Os monopólios — e não as grandes empresas — são o inimigo da competição.** Ser grande não significa ser bom ou ruim. Muitos negócios se beneficiam da economia de grande escala, mas os monopólios, em quase todos os casos, são ruins para os mercados, os trabalhadores, os concorrentes, os consumidores e para a sociedade. Existe um número restrito de setores que só funcionam como monopólios naturais, e estes deveriam ser regulados para servir ao interesse público.
- **A concorrência é elemento essencial do capitalismo por promover a distribuição de poder econômico e a liberdade política.** A liberdade econômica é um requisito para a liberdade política. Os monopólios podem ser os ditadores benignos de hoje, mas não deixam de ser uma forma de ditadura. Historicamente, preferimos o perigo da ineficiência sob uma democracia ao conforto da eficiência sob um sistema de tirania política e econômica.
- **Os mercados devem permanecer competitivos e abertos a novos ingressantes.** A única forma de preservar a concorrência é eliminar barreiras de entrada desnecessárias. O governo tem um papel a cumprir, promovendo

ações antitruste e garantindo que as regulações não beneficiem os monopolistas. Medidas vigorosas antitruste são apenas parte da solução.

- **O capitalismo deve favorecer a igualdade de oportunidades, mas não a igualdade de resultados.** Os esforços antimonopólio não têm por objetivo enfraquecer a concorrência, nem auxiliar empresas que fracassariam em um ambiente competitivo. A única meta é garantir oportunidades para que todos possam concorrer, inovar e crescer.
- **O capitalismo não existe independentemente do governo e da sociedade.** Os mercados operam com regras estabelecidas pela sociedade e pelo governo. Seja por meio de contratos consuetudinários, seja mediante atos legislativos, os mercados funcionam porque suas regras são claras. Jamais existiu um mercado livre e justo sem que houvesse leis.

Soluções e remédios

Antimonopólios e fusões

- **Fusões que reduzem materialmente o número de concorrentes devem ser evitadas.** Hoje as fusões não enfrentam nenhuma fiscalização. Mais de 90% das fusões são concretizadas, e medidas antitruste quase nunca são apresentadas. As empresas deveriam ser capazes de crescer de forma orgânica, e qualquer fusão que aumente artificialmente o market share de uma firma dominante deveria ser proibida.
- **Os parâmetros para rejeitar uma fusão devem ser regras claras e simples.** A regra mais fácil e direta é proibir fusões em setores com menos de seis players. É tão simples que seria possível escrever isso no verso de um cartão-postal e enviá-lo aos legisladores. Esse princípio também pode ser resumido em uma única frase para os economistas: nenhuma fusão deve ser autorizada em setores com índice CR4 superior a 66% ou pontuação HHI (ver p. 54) superior a 1.666.

  Hoje o Departamento de Justiça e a CFC consideram os mercados com HHI entre 1.500 e 2.500 pontos moderadamente concentrados, e aqueles com HHI superior a 2.500 são classificados como altamente concentrados. É importante evitar a concentração setorial e limitar as fusões *antes* que o setor fique altamente concentrado.

  Um setor com seis empresas é um padrão claro e fácil de fiscalizar. Sem padrões claros, as empresas com bastantes recursos contratarão economistas de aluguel, que utilizarão modelos teóricos para justificar até mesmo monopólios explícitos, alegando uma suposta eficiência e um suposto bem-estar do consumidor. Essa tentativa enviesada de justificativa é contrária ao interesse público.

- **Fusões anteriores que reduziram a concorrência deveriam ser revertidas.** Se não corrigirmos erros passados, não conseguiremos consertar os mercados. Nas últimas décadas, foram aprovadas muitas fusões que criaram monopólios e enfraqueceram a concorrência. Quando os tribunais dissolveram trustes no século XX, o mundo não acabou e a sociedade se beneficiou. Em geral, até mesmo os acionistas se deram bem, como a Standard Oil descobriu. Hoje, qualquer fusão realizada em setores de alta concentração deve ser impedida e revertida.

- **As medidas antitruste não podem depender apenas dos economistas.** O campo do antitruste se afastou muito de seus objetivos originais e acabou entregue aos economistas. A economia não é uma ciência e não pode decidir os valores que desejamos promover ou o modo como queremos organizar nossa sociedade. Nem todos os modismos e teorias da economia estavam certos, e não podemos confiar nossa economia a professores de aluguel que não respondem pelas consequências de suas decisões.

- **O antimonopólio não se resume ao antitruste.** As políticas concorrenciais e as leis antitruste são as principais armas na luta contra os monopólios, mas não as únicas. A lei e a regulação devem ser utilizadas para evitar que as empresas dominantes impeçam a entrada de novos concorrentes em seus setores.

- **Precisamos de barreiras significativas contra a integração vertical.** A integração vertical das empresas dominantes deve ser evitada em qualquer setor moderada ou altamente concentrado.

- **Monopólios locais devem ser desmanchados.** Não devemos permitir que as grandes empresas repartam os mercados como a máfia fazia, dividindo o território. Por exemplo, a Lei McCarran-Ferguson eximiu as empresas seguradoras das regulações antitruste e submeteu-as à legislação dos mesmos estados onde gozam de monopólios locais. De forma semelhante, o modelo de tráfego aéreo dos aeroportos criou monopólios e duopólios regionais. As companhias aéreas deveriam ser forçadas a se desfazer de rotas para restaurar a competição.

- **Nenhum setor deveria ser imune à fiscalização antitruste.** Em um caso específico, os sindicatos foram eximidos das medidas antitruste, pois a negociação coletiva não representa uma restrição comercial. No entanto, muitos setores ganharam o mesmo tratamento ao longo dos anos — como a indústria de seguros, por exemplo. Exceções injustificáveis restringem a competição e são contrárias ao espírito antitruste.

- **As autoridades antitruste deveriam ser mais transparentes.** Elas deveriam ser obrigadas a relatar seu trabalho a cada trimestre e justificar por que autorizaram qualquer fusão. Também deveriam ser obrigadas a produzir relatórios anuais e mostrar quando suas análises estavam erradas para reverter fusões já concretizadas.
- **É preciso criar novas leis que coíbam práticas predatórias de preços em setores de grande concentração.** Os Estados Unidos precisam de novas leis que permitam ao governo punir empresas que praticam preços predatórios. Muitas vezes isso ocorre quando monopolistas elevam os preços ao consumidor, mas também há casos de monopolistas vendendo produtos abaixo do custo de produção durante um período para barrar a entrada de novas empresas no setor. Como ocorre com muitas regulações antitruste, as leis existentes não são fiscalizadas nem sequer usadas.
- **Os julgamentos antitruste devem ser mais rápidos.** Às vezes as leis não são aplicadas porque em casos específicos, como nas investigações da Microsoft pelo Departamento da Justiça, o processo se arrasta por uma década e consome uma parcela desproporcional dos recursos da agência. Antes de 1974, as regras permitiam que os tribunais encaminhassem a revisão de apelações e as apelações automáticas dos tribunais distritais em decisões antitruste direto para a Suprema Corte. Devemos eliminar instâncias de apelação.

Regulação

- **As regulações devem servir à sociedade, e não erigir barreiras de entrada para beneficiar monopolistas.** Nem todas as regulações governamentais são invasões de nossa liberdade. As regulações têm um papel essencial para evitar a poluição, mantendo-nos seguros e saudáveis e promovendo o bem comum. As regras deveriam ser calibradas para evitar a morte de pequenas empresas.
- **As regulações deveriam se basear em princípios, e não em regras complexas.** Princípios simples estimulam as pessoas e as instituições a cumprirem o espírito da lei, enquanto regulações complexas estimulam os agentes

a seguirem a letra fria e violarem seu propósito. Regras complexas impõem custos substanciais aos novos ingressantes e reduzem a concorrência. Por exemplo, a Lei Glass-Steagall tinha 35 páginas e funcionou bem nos Estados Unidos durante mais de setenta anos. A Dodd-Frank tem mais de 2.200 páginas e eliminou novas startups no setor bancário.

- **O sequestro regulatório e a porta giratória são males a serem evitados a qualquer custo.** Os monopolistas influenciam as regulações graças à porta giratória que promove o intercâmbio entre empregados do setor e o governo, que retribuem às empresas em um ciclo sem fim. Deveríamos ter regras para impedir a migração do setor privado para o governo, restringindo a capacidade e o lobby por parte de legisladores e membros do Executivo.

- **Criar regras comuns de frete para as plataformas de internet que vendem serviços de terceiros.** Regras comuns de frete exigem que o operador trate todos os consumidores de forma equânime e transparente. As empresas de tecnologia devem fornecer acesso a todos os seus serviços nas áreas em que detêm monopólios, oferecendo termos justos e não discriminatórios a todos os concorrentes. Sem regras comuns, as empresas dominantes de transporte e logística podem decidir quais pacotes serão entregues a que custo e em qual prazo, discriminando seus clientes. Regras comuns de frete preservam a igualdade de oportunidade para os concorrentes.[13]

- **Criar regras que reduzam os custos de migração e a franquia dos consumidores.** Regras que reduzem ou eliminam os custos de migração estimulam a concorrência, pois eliminam uma barreira de entrada. Por exemplo, as regras de "portabilidade de número" permitiram aos usuários mudar de operadora de telefonia móvel, promovendo a concorrência e oferecendo preços mais baixos.

Patentes e direitos autorais

- **Para promover a concorrência, patentes e direitos autorais devem vigorar por tempo limitado, sem direito a extensões.** A inovação e a criatividade devem ser recompensadas, mas apenas durante certo período de tempo. A ampliação da validade das patentes, mesmo quando isso se dá através das vias legais e burocráticas, concede um monopólio privado e mata a concorrência.

- **Deve-se estimular a concorrência após o vencimento das patentes.** Regulações, burocracia e proibições legais dificultam, ou até impossibilitam, o acesso de muitos pacientes nos Estados Unidos a medicamentos genéricos baratos e competitivos, mesmo após o vencimento das patentes. A aprovação mais rápida de genéricos e sua importação do Canadá e da Europa deveriam ser permitidas para promover a concorrência.

- **O Congresso deveria eliminar a proteção de patentes em áreas onde abusos são comuns.** Quase metade de todas as patentes se destina a softwares ou métodos de negócio, fruto de abusos de "vigaristas de patentes", que elevam os preços para produtores e consumidores.

Acionistas

- **Os trabalhadores devem receber ações para que o trabalho resulte em posse de capital.** O abismo entre trabalho e capital provém em grande parte do fato de que a grande maioria dos estadunidenses não possui uma parcela considerável de ações empresariais. Enquanto os frutos da economia não forem compartilhados com os trabalhadores, os benefícios dos mercados continuarão a parar apenas no bolso de CEOs, gerentes e pessoas muito ricas. Os programas de ações para funcionários devem ser estimulados pela legislação e pela regulação.
- **A posse horizontal de ações não deve ser permitida.** Nenhum acionista deveria poder comprar mais de 5% de seus concorrentes em um mesmo setor. A única razão plausível para que um investidor compre papéis da maioria das principais empresas de um setor é a intenção de induzi-las a um conluio ou incitar uma fusão. (Essa regra incluiria uma exceção para investimentos passivos de fundos de índice.)
- **As recompras de ações devem ser severamente limitadas.** As empresas não deveriam poder comprar suas ações no mercado aberto e elevar os preços enquanto a remuneração do CEO estiver vinculada ao preço desses papéis. A recompra de ações só deveria ser feita por meio de uma proposta organizada. Agentes internos não deveriam poder vender ações em um intervalo de noventa dias após a recompra. Empresas cujos fundos de previdência apresentam escassez de fundos não deveriam poder recomprar ações. As empresas têm utilizado a recompra de ações para inflar o valor dos papéis enquanto os agentes internos vendem seus títulos.
- **Os diretores devem ser forçados a manter a posse de ações compradas mediante opções de compra por no mínimo um ano.** As opções de

compra inflacionaram a remuneração nas empresas e incentivaram a obsessão com o preço de ações no curto prazo, em detrimento de investimentos de longo prazo nas empresas.

E, por fim, o que você pode fazer...

Se você leu este livro até o fim, isso significa que se importa muito com a política e a economia e deseja saber mais sobre o problema e suas soluções. Consertar o capitalismo não depende apenas de juízes e congressistas; depende também de milhões de outras pessoas.

- **Sempre que possível, opte por gastar seu dinheiro longe das corporações dominantes e dos monopólios.** Às vezes não temos escolha na hora de adquirir, por exemplo, um serviço de internet de alta velocidade, um seguro de saúde ou até mesmo uma passagem aérea. No entanto, sempre que puder escolher, apoie os Davis e não os Golias. Você pode comprar de fornecedores locais se tiver opções de empreendimentos do seu agrado. No capitalismo, todo dia é dia de eleição, e você vota com sua carteira.
- **Evite as gigantes da internet. Lembre-se: quando um serviço é gratuito, você e sua privacidade são o produto.** Estudos mostram que gastar tempo no Facebook e em redes sociais torna as pessoas mais tristes. Em vez disso, curta a vida. Você será muito mais feliz. E o Google faz muitas coisas maravilhosas, mas existem outros programas de e-mail além do Gmail, além de ferramentas de busca, como Bing e DuckDuckGo. Também pode ser uma boa ideia assinar um jornal e apoiar o jornalismo.
- **Torne-se politicamente ativo e estimule seus deputados e senadores a restabelecerem a concorrência.** A reforma dos mercados não é uma pauta da esquerda ou da direita. É uma questão humana que busca promover a liberdade e criar uma economia mais saudável. Se você tem tendências de esquerda, pense que mercados mais competitivos ajudarão a reduzir a desigualdade injusta. Se você pende para a direita, lembre-se de que restabelecer a concorrência estimulará a atividade empreendedora.
- **Se você gostou deste livro, dê um exemplar a um amigo.** Se não houver mais pessoas cientes de que o capitalismo passa por dificuldades e a concorrência está morrendo, jamais teremos reformas.

AGRADECIMENTOS

Jonathan Tepper gostaria de agradecer a seus amigos pelas ideias e indicações de leitura. Ziv Gil, Turi Munthe, Roy Bahat, James Mumford, Patrick Gray, Alex Burghart, Warwick Sabin, Adeel Qalbani, Keir McGuinness e Cullen Taniguchi forneceram muitas ideias e ajudaram a impulsionar a escrita deste livro. Meu pai, Elliot Tepper, demonstrou paciência inabalável ao ler rascunhos e me enviar artigos e pesquisas. Ziv Gil, Danny Tocatly e Zvi Limon me encorajaram com sua ternura e emprestaram um escritório para que eu escrevesse em Tel Aviv. Inúmeros acadêmicos realizaram grandes pesquisas sobre concorrência, concentração industrial e antitruste. Sem eles, este livro não teria sido possível. Todos eles estão nas notas de rodapé, e espero que os leitores leiam mais Gustavo Grullon, Barry Lynn, Lina Khan, Marshall Steinbaum, John Kwoka, Tim Wu e outros. Sam Hiyate sempre acreditou neste projeto e é um incrível agente e amigo.

Denise Hearn gostaria de agradecer ao marido, Ryan Glasgo, cujo apoio inabalável me estimulou a embarcar neste projeto. Obrigada a meus pais, Tim e Susan Hearn, que foram modelos de trabalho duro e consciência social, e aos muitos amigos que contribuíram com suas edições e comentários sobre o meu trabalho, entre eles Karen Campbell, Katie Leninger, Mary Casas Knapp, Andy Kass e Gabriela Hernández, para citar apenas alguns. E obrigada a meu colega e amigo Jonathan Tepper, pela oportunidade de me envolver neste projeto.

Notas

Introdução [p. 7]

1. "United Airlines passenger ordeal 'worse than fall of Saigon'". *BBC News*, Nova York, 13 abr. 2017. Disponível em: <http://www.bbc.co.uk/news/world-us-canada-39586391>. Acesso em: 20 dez. 2023.

2. Tim Wu, "How United turned the friendly skies into a flying hellscape: United's inhumanity dates back to a 2010 business move—and the endless hunt for profits". *Wired*, Boone, 13 abr. 2017. Disponível em: <https://www.wired.com/2017/04/uniteds-greed-turned-friendly-skies-flying-hellscape/>. Acesso em: 20 dez. 2023.

3. Alex Pareene, "Airlines can treat you like garbage because they are an oligopoly". *Splinter*, Nova York, 11 abr. 2017. Disponível em: <https://splinternews.com/airlines-can-treat-you-like-garbage-because-theyare-an-1794192270>. Acesso em: 20 dez. 2023.

4. The Associated Press. "Airline consolidation has created airport monopolies, increased fares". *The Denver Post*, Denver, 17 jul. 2015. Disponível em: <https://www.denverpost.com/2015/07/17/airline-consolidation-has-created-airport-monopolies-increased-fares/>. Acesso em: 20 dez. 2023.

5. Christopher Ingraham, "Want to boycott United? Good luck with that. It makes up 29 percent of Denver International Airport traffic". *The Denver Post*, Denver, 11 abr. 2017. Disponível em: <https://www.denverpost.com/2017/04/11/united-boycott/>. Acesso em: 20 dez. 2023.

6. "Airlines carve us into markets dominated by 1 or 2 carriers". *The Dallas Morning News*, Dallas, 14 jul. 2015. Disponível em: <https://www.dallasnews.com/business/2015/07/15/airlines-carve-us-into-markets-dominated-by-1-or-2-carriers/>. Acesso em: 20 dez. 2023.

7. "How mergers damage the economy". *The New York Times*, Nova York, 31 out. 2015. Disponível em: <https://www.nytimes.com/2015/11/01/opinion/sunday/how-mergers-damage-the-economy.html>. Acesso em: 20 dez. 2023.

8. The Data Team, "Corporate concentration: The creep of consolidation across America's corporate landscape". *The Economist, Londres*, 24 mar. 2016. Disponível em: <https://www.economist.com/graphic-detail/2016/03/24/corporate-concentration>. Acesso em: 20 dez. 2023.

9. Milton Friedman, *Capitalism and freedom*. 14. ed. Chicago: University of Chicago Press, 2002. [Ed. bras.: *Capitalismo e liberdade*. Barueri: LTC, 2014.]

10. Yuki Noguchi, "An economic mystery: Why are men leaving the workforce?". *NPR*, Washington, DC, 6 set. 2016. Disponível em: <https://www.npr.org/2016/09/06/492849471/an-economic-mystery-why-are-men-leaving-the-workforce>. Acesso em: 20 dez. 2023.

1. No que concordam Buffett e os bilionários do Vale do Silício [p. 16]

1. Warren Buffet, *Berkshire Hathaway letters to shareholders (1965-2022)*. Bountiful: Explorist, 2022, posição 14589.

2. Ibid.

3. http://www.thebuffett.com/quotes/How-to-Think-About-Businesses.html

4. Roger Lowenstein, *Buffett: The Making of an American Capitalist*. Nova York: Random House, 2008.

5. https://businessmanagement.news/2017/05/05/warren-buffet-would-rather-invest-in-your-idiot-nephew-than-with-mark-zuckerberg-orjeff-bezos/

6. Robin Harding, "How Warren Buffett broke American capitalism". *Financial Times*, Londres, 12 set. 2017. Disponível em: <https://www.ft.com/content/fd27245a-9790-11e7-a652-cde3f882dd7b>. Acesso em: 20 dez. 2023.

7. Andy Kessler, "Elon Musk's uncontested 3-pointers: What does the Tesla and SpaceX founder have in common with Stephen Curry?". *The Wall Street Journal*, Nova York, 25 fev. 2018. Disponível em: <https://www.wsj.com/articles/elon-musks-uncontested-3-pointers-1519595032>. Acesso em: 20 dez. 2023.

8. http://gawker.com/322852/is-peter-thiel-silicon-valleys-godfather

9. Peter Thiel, "Competition is for losers". *The Wall Street Journal*, Nova York, 12 set. 2014. Disponível em: <https://www.wsj.com/articles/peter-thiel-competition-is-for-losers-1410535536>. Acesso em: 20 dez. 2023.

10. Joseph A. *Schumpeter, Capitalism, socialism, and democracy*. Gomersal: Dancing Unicorn Books, 2016.

11. Mark Cooper, *Overcharged and underserved: How a tight oligopoly on steroids undermines competition and harms consumers in digital communications markets*. Washington, DC: Consumer Federation of America, 2016. Disponível em: <https://consumerfed.org/wp-content/uploads/2016/12/Overcharged-and-Underserved.pdf>. Acesso em: 20 dez. 2023.

12. Timothy Karr, "Net neutrality violations: a brief history". *Free Press*, Florence, MA, 9 jul. 2021. Disponível em: <https://www.freepress.net/blog/net-neutrality-violations-brief-history>. Acesso em: 20 dez. 2023.

13. Declan McCullagh, "FCC formally rules Comcast's throttling of BitTorrent was illegal". *CNET*, [s.l.], 20 ago. 2008. Disponível em: <https://www.cnet.com/tech/tech-industry/fcc-formally-rules-comcasts-throttling-of-bittorrent-was-illegal/>. Acesso em: 20 dez. 2023.

14. Barry C. Lynn, *Cornered: The new monopoly capitalism and the economics of destruction*. Hoboken: Wiley &Sons, 2010.

15. Robert Atkinson; Michael Lind, "Econ 101 is killing America: Forget the dumbed-down garbage most economists spew. Their myths are causing tragic results for everyday Americans". *Salon*, San Francisco, 8 jul. 2013. Disponível em: <https://www.salon.com/2013/07/08/how_%E2%80%9Cecon_101%E2%80%9D_is_killing_america/>. Acesso em: 20 dez. 2023.

16. Michal Kalecki, *Capitalism: Business cycles and full employment*. Org. de Jerzy Osiatynski. Trad. de Chester Adam Kisiel. Nova York: Oxford University Press, 1990. (Collected works of Michal Kalecki), p. 252.

17. http://investigativereportingworkshop.org/connected/story/comcast-luresformer-fcc-aides-lobby-nbc-merger/

18. Tim Wu, "The oligopoly problem". *The New Yorker*, Nova York, 15 abr. 2013. Disponível em: <https://www.newyorker.com/tech/annals-of-technology/the-oligopoly-problem>. Acesso em: 20 dez. 2023.

19. Edward Chancellor (Org.), *Capital returns: Investing through the capital cycle: a money manager's reports 2002-15*. Nova York: Springer, 2015, p. 27.

20. "What annual reports say, or do not, about competition: A new measure of a growing problem". *The Economist*, Londres, 16 nov. 2017. Disponível em: <https://www.economist.com/finance-and-economics/2017/11/16/what-annual-reports-say-or-do-not-about-competition>. Acesso em: 20 dez. 2023.

21. Simon Clarke, *Marx's theory of crisis*. Londres: Palgrave Macmillan, 2016, p. 255.

22. Michael J. Maubossin, Dan Callahan; Darius Majd, *The incredible shrinking universe of stocks: The causes and consequences of fewer U.S. equities*. Zurique: Credit Suisse, 2017. Disponível em: <http://www.cmgwealth.com/wp-content/uploads/2017/03/document_1072753661.pdf>. Acesso em: 20 dez. 2023.

23. Gustavo Grullon; Yelena Larkin; Roni Michaely, "Are U.S. industries becoming more concentrated?", *Swiss Finance Institute Research Paper*, Rochester, n. 19-41, 2017. Disponível em: <https://papers.ssrn.com/sol3/papers.cfm?abstract_id=2612047>. Acesso em: 20 dez. 2023.

24. Alex Eule, "Unicorns: What are they really worth?". *Barron's*, Londres, 18 nov. 2017. Disponível em: <https://www.barrons.com/articles/unicorns-what-are-they-really-worth-1510974129?mod=hp_MTS&>. Acesso em; 20 dez. 2023.

25. Gustavo Grullon; Yelena Larkin; Roni Michaely, op. cit.

26. Gwynn Guilford, "30 firms earn half the total profit made by all US public companies". *Quartz*, Nova York, 28 jul. 2017. Disponível em: <https://qz.com/1040046/30-firms-earn-half-the-total-profit-made-by-all-us-public-companies>. Acesso em: 20 dez. 2023.

27. Gustavo Grullon; Yelena Larkin; Roni Michaely, op. cit.

28. John E. Kwoka, *U.S. antitrust and competition policy amid the new merger wave*. Washington, DC: Washington Center for Equitable Growth, 2017. Disponível em: <https://equitablegrowth.org/wp-content/uploads/2017/07/072717-kwoka-antitrust-report.pdf>. Acesso em: 20 dez. 2023.

29. Ethan Baron, "Are MBAs to blame for VW and other business ethics fiascos?". *Fortune*, Nova York, 22 out. 2015. Disponível em: <https://fortune.com/2015/10/22/mba-ethics-volkswagen/>. Acesso em: 20 dez. 2023.

30. Rachel Beck, "Duke cheating scandal shows need for law". *NBC News*, Nova York, 6 maio 2007. Disponível em: <https://www.nbcnews.com/id/wbna18472476>. Acesso em: 20 dez. 2023.

31. Andria Cheng, "Wal-Mart CEO: Consumers feeling greater pressure". *Market Watch*, Londres, 27 abr. 2011. Disponível em: <https://www.marketwatch.com/story/wal-mart-ceo-consumers-feeling-greater-pressure-2011-04-27>. Acesso em: 20 dez. 2023.

32. Jeff Nilsson, "Why did Henry Ford double his minimum wage?". *The Saturday Evening Post*, Indianapolis, 3 jan. 2014. Disponível em: <https://www.saturdayeveningpost.com/2014/01/ford-doubles-minimum-wage/>. Acesso em: 20 dez. 2023.

33. https://www.ucg.org/world-news-and-prophecy/the-eurozone-debt-crisiscalamity-still-looms

34. "The bank that failed". *The Economist*, Londres, 20 set. 2007. Disponível em: <https://www.economist.com/leaders/2007/09/20/the-bank-that-failed>. Acesso em: 20 dez. 2023.

35. John B. Foster; Brett Clark; Richard York, "Capitalism and the curse of energy efficiency: The return of the Jevons Paradox". *Monthly Review*, Nova York, v. 62, n. 6, 2010. Disponível em: <https://monthlyreview.org/2010/11/01/capitalism-and-the-curse-of-energy-efficiency/>. Acesso em: 20 dez. 2023.

36. David Owen, "The efficiency dilemma". *The New Yorker*, Nova York, 12 dez. 2010. Disponível em: <https://www.newyorker.com/magazine/2010/12/20/the-efficiency-dilemma>. Acesso em: 20 dez. 2023.

37. Matthew Lasar, "How AT&T conquered the 20th century". *Wired*, Boone, 3 set. 2011. Disponível em: <https://www.wired.com/2011/09/att-conquered-20th-century/>. Acesso em: 20 dez. 2023.

38. Tim Wu, *The master switch: The rise and fall of information empires*. Nova York: Knopf, 2010.

2. Dividindo o território [p. 40]

1. David Critchley, *The origin of organized crime in America: The New York city mafia (1891-1931)*. Nova York: Routledge, 2009, p. 144.

2. http://americanmafiahistory.com/five-families/

3. https://www.americanmafia.org/families/the-commission-and-the-mafiafamilies/

4. Nicholas de Roos, "Examining models of collusion: The market for lysine". *International Journal of Industrial Organization*, v. 24, n. 6, pp. 1083-1107, 2006.

5. http://articles.chicagotribune.com/2004-06-19/business/0406190182_1_lysine-and-citric-acid-mark-whitacre-corn-syrup

6. Organisation for Economic Co-operation and Development. Directorate for Financial, Fiscal and Enterprise Affairs. Competition Committee, *Report on the nature and impact of hard core cartels and sanctions against cartels under national competition laws*. Paris, 2002. Disponível em: <https://www.oecd.org/competition/cartels/2081831.pdf>. Acesso em; 20 dez. 2023, p. 7.

7. John M. Connor, "Price-fixing overcharges: Revised 3rd edition". *Social Science Research Network*, Rochester, 25 fev. 2014. Disponível em: <https://papers.ssrn.com/sol3/papers.cfm?abstract_id=2400780>. Acesso em: 20 dez. 2023.

8. John M. Connor; Douglas Miller, "The predictability of DOJ cartel fines". *The Antitrust Bulletin*, Thousand Oaks, v. 56, n. 3, pp. 525-41, 2011.

9. Sean F. Ennis; Pedro Gonzaga; Chris Pike, "Inequality: A hidden cost of market power". *Oxford Review of Economic Policy*, Oxford, UK, v. 35, n. 3, pp. 518-49, 2019.

10. "Just one more fix". *The Economist*, Londres, 28 mar. 2014. Disponível em: <https://www.economist.com/business/2014/03/28/just-one-more-fix>. Acesso em: 20 dez. 2023.

11. Ibid.

12. Edward J. Epstein, "Have you ever tried to sell a diamond?". *The Atlantic*, Washington, DC, fev. 1982. Disponível em: <https://www.theatlantic.com/magazine/archive/1982/02/have-you-ever-tried-to-sell-a-diamond/304575/>. Acesso em: 20 dez. 2023.

13. Philip Augar, "How the forex scandal happened". *BBC News*, Nova York, 20 maio 2015. Disponível em: <https://www.bbc.com/news/business-30003693>. Acesso em: 20 dez. 2023.

14. Steven Swinford, "RBS traders boasted of Libor 'cartel'". *The Telegraph*, Londres, 26 set. 2012. Disponível em: <https://www.telegraph.co.uk/finance/newsbysector/banksandfinance/9568087/RBS-traders-boasted-of-Libor-cartel.html>. Acesso em: 20 dez. 2023.

15. Margaret C. Levenstein; Valerie Y. Suslow, "Price-fixing hits home: An empirical study of U.S. price fixing conspiracies". *Social Science Research Network*, Rochester, Ross School of Business Paper n. 1290, 2015. Disponível em: <https://papers.ssrn.com/sol3/papers.cfm?abstract_id=2691579#>. Acesso em: 20 dez. 2023.

16. Stephen Martin, "Competition policy, collusion, and tacit collusion". *International Journal of Industrial Organization*, Amsterdam, v. 24, n. 6, pp. 1299-1332, 2006.

17. Miguel Alexandre Fonseca; Hans-Theo Normann, "Explicit vs. tacit collusion: The impact of communication in oligopoly experiments". *Social Science Research Network*, Rochester, 3 jul. 2011. Disponível em: <https://papers.ssrn.com/sol3/papers.cfm?abstract_id=1937803>. Acesso em: 20 dez. 2023.

18. Federico Ciliberto; Eddie Watkins; Jonathan W. Williams, "Collusive pricing patterns in the US airline industry". *Social Science Research Network*, Rochester, 22 maio 2018. Disponível em: <https://ssrn.com/abstract=3012580>. Acesso em: 20 dez. 2023.

19. Gary Noesner, *Stalling for time: My life as an FBI hostage negotiator*. Nova York: Random House, 2010.

20. Adam Davidson, "Are we in danger of a beer monopoly?". *The New York Times Magazine*, Nova York, 26 fev. 2013. Disponível em: <https://www.nytimes.com/2013/03/03/magazine/beer-mergers.html>. Acesso em: 21 dez. 2023.

21. William E. Kovacic; Robert C. Marshall; Leslie M. Marx; Halbert L. White, "Plus factors and agreement in antitrust law". *Michigan Law Review*, Ann Arbor, v. 110, n. 3, pp. 393-436, 2011.

22. Hermann Simon, *Confessions of the pricing man: How price affects everything*. Nova York: Springer, 2015.

23. Ibid.

24. Jeffrey May, "Rejection of containerboard conspiracy claims shows difficulty of getting an antitrust case to a jury". *AntitrustConnect Blog*, [s.l.], 7 ago. 2017. Disponível em: <https://antitrustconnect.com/2017/08/07/rejection-of-containerboard-conspiracy-claims-shows-difficulty-of-getting-an-antitrust-case-to-a-jury/>. Acesso em: 21 dez. 2023.

25. David Dranove, "The Anthem-Cigna merger: A post-mortem". *Health Affairs Forefront*, Washington, DC, 5 set. 2017. Disponível em: <https://www.healthaffairs.org/content/forefront/anthem-cigna-merger-post-mortem>. Acesso em: 21 dez. 2023.

26. Steven G. Calabresi, "The right to buy health insurance across state lines: Crony capitalism and the Supreme Court". *University of Cincinnati Review*, Cincinnati, v. 81, n. 4, 2013. "How competitive are state health insurance markets?". *Health Reform*, [s.l.], 30 set. 2011. Disponível em: <https://www.kff.org/health-reform/issue-brief/how-competitive-are-state-health-insurance-markets/>. Acesso em: 21 dez. 2023. Bob Cook, "ama: Health plan market dominance causes 'competitive harm'". *American Medical News*, Chicago, 10 dez. 2012. Disponível em: <http://www.ama-assn.org/amednews/2012/12/10/bisb1210.htm>. Acesso em: 14 jan. 2024.

27. Luis Suarez-Villa, *Corporate power, oligopolies, and the crisis of the state*. Nova York: State University of New York Press, 2015, p. 63.

28. "Understanding contract agriculture". *Rafi*, Pittsboro, [2015?]. Disponível em: <https://www.rafiusa.org/programs/contract-agriculture-reform/understanding-contract-agriculture/>. Acesso em: 21 dez. 2023.

29. Barry C. Lynn, *Cornered: The new monopoly capitalism and the economics of destruction*. Hoboken: Wiley & Sons, 2010.

30. James M. MacDonald, "Technology, organization, and financial performance in U.S. broiler production". *Economic Information Bulletin*, Washington, DC, n. 126, jun. 2014. Disponível em: <https://www.ers.usda.gov/webdocs/publications/43869/48159_eib126.pdf?v=0>. Acesso em: 21 dez. 2023.

31. Disponível em: <http://www.justice.gov/atr/public/workshops/ag2010/comments/255196.pdf>. Acesso em: 21 dez. 2023.

32. http://www.chicagotribune.com/business/ct-biz-winn-dixie-tyson-chickenprices-20180115-story.html

33. Max Kutner, "Death on the farm". *Newsweek Magazine*, Nova York, 4 out. 2014. Disponível em: <https://www.newsweek.com/2014/04/18/death-farm-248127.html>. Acesso em: 21 dez. 2023. Debbie Weingarter, "Why are America's farmers killing themselves?". *The Guardian*, Nova York, 11 dez. 2018. Disponível em: <https://www.theguardian.com/us-news/2017/dec/06/why-are-americas-farmers-killing-themselves-in-record-numbers>. Acesso em: 21 dez. 2023.

34. Luis Suarez-Villa, op. cit., p. 63.

35. Harvest Public Media, "Poultry plant workers face abuse on the job, report says". *Kunc*, Greeley, 11 maio 2016. Disponível em: <https://www.kunc.org/health/2016-05-11/poultry-plant-workers-face-abuse-on-the-job-report-says>. Acesso em: 21 dez. 2023.

36. Nicholas Kristof, "The unhealthy meat market". *The New York Times*, Nova York, 12 mar. 2014. Disponível em: <https://www.nytimes.com/2014/03/13/opinion/kristof-the-unhealthy-meat-market.html>. Acesso em: 21 dez. 2023.

37. Walt Hickey, "23 fascinating maps that show where everyone in America shops". *Business Insider*, Nova York, 27 jun. 2013. Disponível em: <https://www.businessinsider.com/maps-showing-regional-supermarkets-2013-6>. Acesso em: 21 dez. 2023.

38. Gustavo Grullon; Yelena Larkin; Roni Michaely, op. cit.

39. Rex Nutting, "America's most successful companies are killing the economy". *Market Watch*, Londres, 17 jun. 2017. Disponível em: <https://www.marketwatch.com/story/americas-most-successful-companies-are-killing-the-economy-2017-05-24>. Acesso em: 21 dez. 2023. US Census Bureau, *2012 Economic Census*. Washington, DC, 2012. Disponível em: <https://www.census.gov/programs-surveys/economic-census/year/2012.html>. Acesso em: 21 dez. 2023.

40. http://www.nationalhogfarmer.com/ar/numbers-fall

41. Aman Singh, "Choice at the supermarket: Is our food system the perfect oligopoly?". *Forbes*, Jersey City, 6 ago. 2012. Disponível em: <https://www.forbes.com/sites/csr/2012/08/06/choice-at-the-supermarket-is-our-food-system-the-perfect-oligopoly/?sh=76730b6a334e>. Acesso em: 21 dez. 2023.

3. O que os monopólios e King Kong têm em comum [p. 57]

1. "It's not a tumor, it's a brain worm". *ABC News*, Nova York, 21 nov. 2008. Disponível em: <https://abcnews.go.com/Health/PainManagement/story?id=6309464&page=1>. Acesso em: 21 dez. 2023.

2. http://www.digitaljournal.com/article/262552

3. "It's not a tumor, it's a brain worm", op. cit.

4. "The Tapeworm". *Sense About Science*, [s.l.], 10 jul. 2011. Disponível em: <http://senseaboutscience.blogspot.com/2011/07/tapeworm.html>. Acesso em: 21 dez. 2023.

5. Marshall Steinbaum, "How widespread is labor monopsony? Some new results suggest it's pervasive". *Roosevelt Institute*, Nova York, 18 dez. 2017. Disponível em: <https://rooseveltinstitute.org/2017/12/18/how-widespread-is-labor-monopsony-some-new-results-suggest-its-pervasive/>. Acesso em: 21 dez. 2023. José Azar; Ioana E. Marinescu; Marshall Steinbaum, "Labor market concentration". *Social Science Research Network*, Rochester, 19 dez. 2017. Disponível em: <https://ssrn.com/abstract=3088767>. Acesso em: 21 dez. 2023.

6. Marshall Steinbaum, op. cit.

7. Lina Khan; Sandeep Vaheesan, "Market power and inequality: The antitrust counterrevolution and its discontents". *Harvard Law & Policy Review*, Cambridge, MA, v. 11, n. 1, pp. 235-94, 2017.

8. Holger M. Mueller; Paige P. Ouimet; Elena Simintzi, "Wage inequality and firm growth". *American Economic Review*, Pittsburgh, v. 107, n. 5, pp. 379-83, 2017.

9. https://gizmodo.com/5797022/googles-secret-class-system and https://www.bloomberg.com/news/articles/2018-07-25/inside-google-s-shadowworkforce.

10. Gustave Grullon; Yelena Larkin; Roni Michaely, op. cit.

11. Bruce A. Blonigen; Justin R. Pierce, "Evidence for the effects of mergers on market power and efficiency". *Finance and Economics Discussion Series*, Washington, DC, 2016-082, 2016.

12. Jan de Loecker; Jan Eeckhout, "The rise of market power and the macroeconomic implications", *NBER*, Cambridge, MA, Working Paper n. 23687, 2017. Disponível em: <http://www.nber.org/papers/w23687>. Acesso em: 21 dez. 2023.

13. Sarah Gordon, "Record year for M&A with big deals and big promises". *Financial Times*, Londres, 16 dez. 2015. Disponível em: <https://www.ft.com/content/0fd15156-9e5b-11e5-b45d-4812f209f861>. Acesso em: 21 dez. 2023.

14. Craig Peters, "Evaluating the performance of merger simulations: Evidence from the U.S. airline industry". *Journal of Law and Economics*, Chicago, v. 49, pp. 627-49, 2006. Matthew Weinberg, "An evaluation of mergers simulations". University of Georgia, Athens, 2006.

15. Id. "The price effects of horizontal mergers". *Journal of Competition Law & Economics*, Oxford, UK, v. 4, n. 2, pp. 433-47, 2008.

16. Orley Ashenfelter; Daniel Hosken; Matthew Weinberg, "Did Robert Bork understate the competitive impact of mergers? Evidence from consummated mergers". *Journal of Law and Economics*, Chicago, v. 57, n. S3, 2014.

17. John E. Kwoka, *Mergers, merger control, and remedies: A retrospective analysis of U.S. policy.* Cambridge, MA: MIT Press, 2014.

18. Id., *U.S. antitrust and competition policy amid the new merger wave.* Washington, DC: Washington Center for Equitable Growth, 2017. Disponível em: <https://equitablegrowth.org/wp-content/uploads/2017/07/072717-kwoka-antitrust-report.pdf>. Acesso em: 20 dez. 2023.

19. Mike Cummings, "Hospital prices show 'mind-boggling' variation across U.S. driving up health care costs". *Yale News*, New Haven, 15 dez. 2015. Disponível em: <https://news.yale.edu/2015/12/15/hospital-prices-show-mindboggling-variation-across-us-driving-health-care-costs>. Acesso em: 21 dez. 2023. Zack Cooper et al., "The price ain't right? Hospital prices and health spending on the privately insured". *Health Care Pricing Project*, [s.l.], maio 2015. Disponível em: <https://healthcarepricingproject.org/papers/paper-1>. Acesso em: 21 dez. 2023.

20. Niran Al-Agba, "Costs of a hospital monopoly in one underserved county". *The Health Care Blog*, [s.l.], 28 fev. 2017. Disponível em: <https://thehealthcareblog.com/blog/2017/02/28/drex-it-costs-of-a-hospital-monopoly-in-one-underserved-county/>. Acesso em: 21 dez. 2023.

21. Alex Kacik, "Monopolized healthcare market reduces quality, increases costs". *Modern Healthcare*, Chicago, 13 abr. 2017. Disponível em: <https://www.modernhealthcare.com/article/20170413/NEWS/170419935>. Acesso em: 21 dez. 2023.

22. "America's uncompetitive markets harm its economy". *The Economist*, Londres, 27 jul. 2017. Disponível em: <https://www.economist.com/finance-and-economics/2017/07/27/americas-uncompetitive-markets-harm-its-economy>. Acesso em: 21 dez. 2023.

23. Paul S. Dempsey; Andrew R. Goetz, *Airline deregulation and laissez-faire mythology.* Westport, CT: Praeger, 1992, p. 252.

24. Scott McCartney, "Why it costs so much to fly from these airports". *The Wall Street Journal*, Nova York, 25 ago. 2011. Disponível em: <https://www.wsj.com/articles/SB10001424053111904009304576528580064496902>. Acesso em: 21 dez. 2023. "Houston Intercontinental Airport enjoys solid traffic growth and wins new key long-haul service". *CAPA*, Sydney, 26 set. 2015. Disponível em: <https://centreforaviation.com/analysis/reports/houston-intercontinental-airport-enjoys-solid-traffic-growth-and-wins-newkey-long-haul-service-245295>. Acesso em: 21 dez. 2023. https://skift.com/2017/07/14/delta-holds-anedge-over-competitors-by-dominating-less-competitive-markets/. Whitney Radley, "The most expensive airport in America? That's Houston's IAH — again". *Culture Map*, Houston, 27 nov. 2012. Disponível em: <https://houston.culturemap.com/news/travel/11-27-12-the-most-expensive-airport-in-america-thats-houstons-iah-again>. Acesso em: 21 dez. 2023. Faz tempo que Houston é o aeroporto mais caro do país, ajudando a encher os cofres da United.

25. Robert Kulick, "Ready-to-mix: Horizontal mergers, prices, and productivity". *Center for Economic Studies,* Washington, DC, Working paper 17-38, 2017.

26. Philip Howard, *Concentration and power in the food system: who controls what we eat?* Londres: Bloomsbury, 2016, p. 61.

27. Disponível em: <https://www.justice.gov/file/486606/download>. Acesso em: 21 dez. 2023.

28. Jim Koch, "Is it last call for craft beer?". *The New York Times*, Nova York, 7 abr. 2017. Disponível em: <https://www.nytimes.com/2017/04/07/opinion/is-it-last-call-for-craft-beer.html>. Acesso em: 21 dez. 2023.

29. Nicholas Rossolillo, "This analyst thinks A-B InBev stock has nothing left in the tank". *The Motley Fool*, Alexandria, VA, 24 dez. 2017. Disponível em: <https://www.fool.com/investing/2017/12/24/this-analyst-thinks-a-b-inbev-stock-has-nothing-le.aspx>. Acesso em: 21 dez. 2023. http://uk.businessinsider.com/r-ab-inbevincreases-profit-despite-selling-less-beer-2017-10

30. John B. Kirkwood, "Powerful buyers and merger enforcement". *Boston University Law Review*, Boston, n. 1485, 2012.

31. Barry C. Lynn, "Breaking the chain: The antitrust case against Wal-Mart". *Harper's Magazine*, Nova York, jul. 2006. Disponível em: <https://harpers.org/archive/2006/07/breaking-the-chain/>. Acesso em: 21 dez. 2023.

32. Stacy Mitchell, "Eaters, beware: Walmart is taking over our food system". *Grist*, Seattle, 30 dez. 2011. Disponível em: <https://grist.org/food/2011-12-30-eaters-beware-walmart-is-taking-over-our-food-system/>. Acesso em: 21 dez. 2023.

33. Ian Hathaway; Robert E. Litan, "Declining business dynamism in the United States: A look at states and metros". *Brookings*, Washington, DC, 5 maio 2014. Disponível em: <https://www.brookings.edu/articles/declining-business-dynamism-in-the-united-states-a-look-at-states-and-metros/>. Acesso em: 21 dez. 2023.

34. Benjamin C. Waterhouse, "The small business myth". *Aeon*, [s.l.], 8 nov. 2017. Disponível em: <https://aeon.co/essays/what-does-small-business-really-contribute-to-economic-growth>. Acesso em: 21 dez. 2023.

35. Gustavo Grullon; Yelena Larkin; Roni Michaely, op. cit.

36. Ian Hathaway; Mark E. Schweitzer; Scott Shane, "The shifting source of new business establishments and new jobs". *Federal Reserve Bank of Cleveland*, Cleveland, 2014.

37. Parija Kavilanz, "Dreamliner: Where in the world its parts come from". *CNN Business*, Atlanta, 18 jan. 2013. Disponível em: <https://money.cnn.com/2013/01/18/news/companies/boeing-dreamliner-parts/>. Acesso em: 21 dez. 2023.

38. Mark Hachman, "Intel's Loihi roadmap calls for its brain chips to be as 'smart' as a mouse by 2019". *PCWorld*, [s.l.], 14 maio 2018. Disponível em: <https://www.pcworld.com/article/401970/intels-loihi-roadmap-calls-for-its-brain-chips-to-be-as-smart-as-a-mouse-by-2019.html>. Acesso em: 21 dez. 2023.

39. Michael C. LaBarbera, "The biology of B-movie monsters". *Fathom Archive*, Chicago, 2003. Disponível em: <https://fathom.lib.uchicago.edu/2/21701757/>. Acesso em: 21 dez. 2023.

40. William Poundstone, *Are you smart enough to work at Google? Fiendish and impossible interview questions from the world's top companies*. Londres: Oneworld, 2012, pp. 15-6.

41. John C. Haltiwanger; Steven Davis; Scott Schuh, *Job creation and destruction*. Cambridge, MA: The MIT Press, 1998.

42. Robin I. M. Dunbar, "Cognitive constraints on the structure and dynamics of social networks". *Group Dynamics: Theory, Research, and Practice*, Washington, DC, v. 12, n. 1, pp. 7-16, 2008.

43. Id., *How many friends does one person need? Dunbar's number and other evolutionary quirks*. Londres: Faber & Faber, 2011.

44. Aaron Smith, "What people like and dislike about Facebook". *Pew Research Center*, Washington, DC, 3 fev. 2014. Disponível em: <https://www.pewresearch.org/short-reads/2014/02/03/what-people-like-dislike-about-facebook/>. Acesso em: 21 dez. 2023.

45. "Number of 1st level connections of LinkedIn users as of March 2016". *Statista*, Nova York, 18 jul. 2016. Disponível em: <https://www.statista.com/statistics/264097/number-of-1st-level-connections-of-linkedin-users/>. Acesso em: 21 dez. 2023.

46. "Don't believe Facebook; you only have 150 friends". *NPR*, Washington, DC, 5 jun. 2011. Disponível em: <https://www.npr.org/2011/06/04/136723316/dont-believe-facebook-you-only-have-150-friends>. Acesso em: 21 dez. 2023.

47. Geoffrey West, Scale: *The universal laws of life, growth, and death in organisms, cities, and companies*. Nova York: Penguin, 2018.

48. Javier Miranda et al., "The decline of high-growth entrepreneurship". *VoxEu*, Londres, 19 mar. 2016. Disponível em: <https://cepr.org/voxeu/columns/decline-high-growth-entrepreneurship>. Acesso em: 21 dez. 2023. Ryan Decker et al. "Where has all the skewness gone? The decline in high-growth (young) firms in the U.S.". *National Bureau of Economic Research*, Cambridge, MA, Working Paper n. w21776, 2022.

49. Zoltan J. Acs; David B. Audretsch, "Innovation in large and small firms: An empirical analysis". The American Economic Review, Pittsburgh, v. 78, n. 4, pp. 678-90, 1988.

50. Id., "Testing the Schumpeterian hypothesis". *Eastern Economic Journal*, Potsdam, NY, v. 14, n. 2, pp. 129-40, 1988.

51. Rex Nutting, op. cit.

52. Mark Bergen; Joshua Brustein, "Google has made a mess of robotics". *Bloomberg*, Nova York, 12 out. 2017. Disponível em: <https://www.bloomberg.com/news/articles/2017-10-12/google-has-made-a-mess-of-robotics?embedded-checkout=true>. Acesso em: 21 dez. 2023.

53. http://blog.luxresearchinc.com/blog/2016/03/the-downfall-of-googlerobotics/

54. Michael A. Hiltzik, *Dealers of lightning: Xerox parc and the dawn of the computer age*. Nova York: Harper Business, 1999.

55. Barry C. Lynn, *Cornered: The new monopoly capitalism and the economics of destruction*. Hoboken: Wiley & Sons, 2010.

56. Oliver Staley, "Innovation guru Clayton Christensen's new theory is meant to protect you from disruption". *Quartz*, Nova York, 12 out. 2016. Disponível em: <https://qz.com/801706/innovation-guru-clayton-christensens-new-theory-will-help-protect-you-from-disruption>. Acesso em: 21 dez. 2023.

57. Frederic M. Scherer, "Technological innovation and monopolization". *KSG Working Paper*, Cambridge, MA, n. RWP07-043, 2007.

58. John J. McConnell et al. "The stock price performance of spin-off subsidiaries, their parents, and the spin-off ETF, 2001-2013". *Journal of Portfolio Management,* Nova York, v. 42, n. 1, pp. 143-52, 2015.

59. Lawrence H. Summers, "The age of secular stagnation: What it is and what to do about it". *Foreign Affairs*, Congers, v. 95, n. 2, pp. 2-9, 2016.

60. Robin Döttling; Germán Gutierrez Gallardo; Thomas Philippon, "Is there an investment gap in advanced economies? If so, why?". *Social Science Research Network Electronic Journal*, Rochester, jul. 2017.

61. Christopher Lasch, *The revolt of the elites and the betrayal of democracy*. Nova York: W.W. Norton & Co., 1995.

62. "Monoculture and the Irish Potato Famine: Cases of missing genetic variation". *Understanding Evolution*, Berkeley, [2004?]. Disponível em: <https://evolution.berkeley.edu/the-relevance-of-evolution/agriculture/monoculture-and-the-irish-potato-famine-cases-of-missing-genetic-variation/>. Acesso em: 21 dez. 2023.

63. http://www.pbs.org/thebotanyofdesire/potato-control.php

64. Stephen Mihm, "The bananapocalypse is nigh". *Bloomberg*, Londres, 21 dez. 2017. Disponível em: <https://www.bloomberg.com/view/articles/2017-12-21/the-bananapocalypse-is-nigh>. Acesso em: 21 dez. 2023.

65. Tim Snyder, "Antitrust for USSR". *The Christian Science Monitor*, Boston, 2 out. 1991. Disponível em: <https://www.csmonitor.com/1991/1002/02191.html>. Acesso em: 21 dez. 2023.

66. Julia C. Wong, "Hospitals face critical shortage of IV bags due to Puerto Rico Hurricane". *The Guardian*, Londres, 10 jan. 2018. Disponível em: <https://www.theguardian.com/us-news/2018/jan/10/hurricane-maria-puerto-rico-iv-bag-shortage-hospitals>. Acesso em: 21 dez. 2023.

67. Phillip Longman, "Why the economic fates of America's cities diverged". *The Atlantic*, Washington, DC, 28 nov. 2015. Disponível em: <https://www.theatlantic.com/business/archive/2015/11/cities-economic-fates-diverge/417372/>. Acesso em: 21 dez. 2023.

68. Richard Brunell, "The social costs of mergers: Restoring local control as a factor in merger policy". *North Carolina Law Review*, Chapel Hill, v. 85, n. 1, pp. 149-221, 2006.

69. "Walmart closures leaving small towns 'broken,' residents say". *ABC News*, Nova York, 28 jan. 2016. Disponível em: <https://abcnews.go.com/Business/Walmart-closures-leaving-small-towns-broken-residents/story?id=36559225>. Acesso em: 21 dez. 2023.

4. Sufocando os trabalhadores   [p. 90]

1. Susan Bellows (Prod.), *American Experience: Silicon Valley*. Arlington, VA: PBS, 2013. Temporada 25, episódio 3.

2. Alex Tabarrok, "Non compete clauses reduce innovation". *Marginal Revolution*, Fairfax, VA, 9 jun. 2014. Disponível em: <https://marginalrevolution.com/marginalrevolution/2014/06/non-compete-clauses.html>. Acesso em: 21 dez. 2023.

3. Mike McPhate, "California today: Silicon Valley's secret sauce". *The New York Times*, Nova York, 19 maio 2017. Disponível em: <https://www.nytimes.com/2017/05/19/us/california-today-silicon-valley.html>. Acesso em: 21 dez. 2023.

4. David C. Scott, "Robert Noyce: Why Steve Jobs idolized Noyce". *The Christian Science Monitor*, Boston, 12 dez. 2011. Disponível em: <https://www.csmonitor.com/Technology/2011/1212/Robert-Noyce-Why-Steve-Jobs-idolized-Noyce>. Acesso em: 21 dez. 2023.

5. Jim Edwards, "Emails from Google's Eric Schmidt and Sergey Brin show a shady agreement not to hire Apple workers". *Business Insider*, Nova York, 23 mar. 2014. Disponível em: <https://www.businessinsider.com/emails-eric-schmidt-sergey-brin-hiring-apple-2014-3>. Acesso em: 21 dez. 2023.

6. Barry Levine, "4 tech companies are paying a $325M fine for their illegal non-compete pact". *VentureBeat*, San Francisco, 23 mar. 2014. Disponível em: <https://venturebeat.com/business/4-tech-companies-are-paying-a-325m-fine-for-their-illegal-non-compete-pact/>. Acesso em: 21 dez. 2023.

7. Rachel Abrams, "Why aren't paychecks growing? A burger-joint clause offers a clue". *The New York Times*, Nova York, 27 set. 2017. Disponível em: <https://www.nytimes.com/2017/09/27/business/pay-growth-fast-food-hiring.html>. Acesso em: 21 dez. 2023.

8. Evan P. Starr; J. J. Prescott; Norman Bishara, "Non-competes in the U.S. labor force". *Journal of Law and Economics*, Chicago, 2015. Disponível em: <https://papers.ssrn.com/sol3/papers.cfm?abstract_id=2625714>. Acesso em: 21 dez. 2023.

9. Ryan Nunn, "Leveling the playing field for workers by reforming non-competes". *Brookings*, Washington, DC, 6 maio 2016. Disponível em: <https://www.brookings.edu/articles/leveling-the-playing-field-for-workers-by-reforming-non-competes/>. Acesso em: 21 dez. 2023.

10. Office of Economic Policy; U.S. Department of the Treasury, *Non-compete contracts: Economic effects and policy implications*. Washington, DC, mar. 2016. Disponível em: <https://home.treasury.gov/system/files/226/Non_Compete_Contracts_Econimic_Effects_and_Policy_Implications_MAR2016.pdf>. Acesso em: 21 dez. 2023.

11. Ibid.

12. Matt Marx; Lee Fleming, "Non-compete agreements: Barriers to entry and exit?". *Innovation Policy and the Economy*, Chicago, v. 12, n. 1, pp. 39-64, 2012, p. 49.

13. Phillip Longman, op. cit.

14. Marshall Steinbaum, op. cit.

15. Nathan Wilmers, "Wage stagnation and buyer power: How buyer-supplier relations affect U.S. workers' wages, 1978 to 2014". *American Sociological Review*, Washington, DC, v. 83, n. 2, pp. 213-42, 2018.

16. Jade Scipioni, "10% of Amazon's workforce in Ohio is on food stamps, report says". *Yahoo! Finance,* Sunnyvale, 8 jan. 2018. Disponível em: <https://finance.yahoo.com/news/10-amazon-apos-workforce-ohio-162700977.html>. Acesso em: 21 dez. 2023.

17. Victoria Jackson, "SNAP feeds Ohio". *Policy Matters Ohio*, Cleveland, 6 set. 2017. Disponível em: <https://www.policymattersohio.org/research-policy/shared-prosperity-thriving-ohioans/basic-needs-unemployment-insurance/basic-needs/snap-feeds-ohio>. Acesso em: 21 dez. 2023.

18. A previsão de solução por arbitragem em um contrato determina que eventuais desavenças serão resolvidas por uma entidade privada, sem a participação do Poder Judiciário.

19. U.S. Government Accountability Office, *Contingent workforce: Size, characteristics, earnings, and benefits*. Washington, DC, 20 abr. 2015. Disponível em: <https://www.gao.gov/assets/670/669899.pdf>. Acesso em: 21 dez. 2023.

20. https://www.theatlas.com/charts/4yUS6B7fe

21. Ibid.

22. Dan Kopf, "Almost all the US jobs created since 2005 are temporary". *Quartz*, Nova York, 5 dez. 2016. Disponível em: <https://qz.com/851066/almost-all-the-10-million-jobscreated-since-2005-are-temporary/>. Acesso em: 21 dez. 2023.

23. Angela Martin, "New America and Bloomberg announce commission's findings on the future of work". *Bloomberg*, Nova York, 16 maio 2017. Disponível em: <https://www.bloomberg.

com/company/press/new-america-bloomberg-announce-commissions-findings-future-work/>. Acesso em: 21 dez. 2023.

24. Hanna Wheatley, "New research: More than half of self-employed not earning a decent living". *New Economics Foundation*, Londres, 15 ago. 2017. Disponível em: <https://neweconomics. org/2017/08/self_employed_not_earning/>. Acesso em: 21 dez. 2023.

25. Brad Stone, "Costco CEO Craig Jelinek leads the cheapest, happiest company in the world". *Bloomberg*, Nova York, 7 jun. 2013. Disponível em: <https://www.bloomberg.com/news/articles/2013-06-06/costco-ceo-craig-jelinek-leads-the-cheapest-happiest-company-in-the-world? embedded-checkout=true>. Acesso em: 21 de. 2023.

26. Connor Dougherty; Andrew Burton, "A 2:15 alarm, 2 trains and a bus get her to work by 7 a.m.". *The New York Times*, Nova York, 17 ago. 2017. Disponível em: <https://www.nytimes. com/2017/08/17/business/economy/san-francisco-commute.html>. Acesso em: 21 dez. 2023.

27. Nicole Wredberg, "Subverting workers' rights: Class action waivers and the arbitral threat to the NLRA". *Hastings Law Journal*, San Francisco, v. 67, n. 3, pp. 881-912, 2016.

28. Anna Boiko-Weyrauch, "Seattle workers accuse airline caterer of backtracking on fines and wages". *Kuow*, Seattle, 20 out. 2017. Disponível em: <http://kuow.org/post/seattle-workers-accuse-airline-caterer-backtracking-fines-and-wages>. Acesso em: 21 dez. 2023.

29. U.S. Bureau of Labor Statistics. "Union members summary". Washington, DC, 26 jan. 2017. Disponível em: <https://www.bls.gov/news.release/union2.nro.htm>. Acesso em: 21 dez. 2023.

30. Phil Ebersole, "The decline of American labor unions". *Phil Ebersole's Blog*, [s.l.], 12 jun. 2012. Disponível em: <https://philebersole.com/2012/06/12/the-decline-of-american-labor-unions/>. Acesso em: 21 dez. 2023.

31. Drew Harwell, "Hundreds allege sex harassment, discrimination at Kay and Jared jewelry company". *The Washington Post*, Washington, DC, 27 fev. 2017. Disponível em: <https://www.washingtonpost.com/business/economy/hundreds-allege-sex-harassment-discrimination-atkay-and-jared-jewelry-company/2017/02/27/8dcc9574-f6b7-11e6-bf01-d47f8cf9b643_story.html?utm_term=. e92c302f0d99>. Acesso em: 21 dez. 2023.

32. Theodore Eisenberg e Elizabeth Hill, "Arbitration and litigation of employment claims: An empirical comparison". *Dispute Resolution Journal*, [s.l.], v. 58, n. 4, pp. 44-55, 2003. O mesmo estudo relatou uma taxa mais elevada de vitória dos empregados, de 57%, em uma amostragem das cortes estaduais em casos empregatícios não relacionados a direitos civis. Essa taxa de vitória é semelhante aos 50% verificados nos processos jurídicos no estado da Califórnia envolvendo violações da lei comum verificadas na pesquisa do professor David Oppenheimer. Em contraste, minhas próprias pesquisas sobre os desfechos de arbitragens impostas constataram uma taxa de vitória dos empregados de 21,4% em casos geridos pela American Arbitration Association. Cerca de metade de todas as arbitragens impostas geridas pela AAA envolve alegações de discriminação de funcionários. E a grande maioria envolve direitos não civis baseados na lei comum.

33. Ceilidh Gao, "Can companies force workers to go to arbitration?". *Newsweek*, Nova York, 19 set. 2017. Disponível em: <https://www.newsweek.com/can-companies-force-workers-go-arbitration-667623>. Acesso em: 21 dez. 2023.

34. Liz Moyer, "Were you affected by the Equifax data breach? One click could cost you your rights in court". *CNBC*, Englewood Cliffs, 8 set. 2017. Disponível em: <https://www.cnbc. com/2017/09/08/were-you-affected-by-the-equifax-data-breach-oneclick-could-cost-you-your-rights-in-court.html>. Acesso em: 21 dez. 2023.

35. Alexander J. S. Colvin, "The growing use of mandatory arbitration". *Economic Policy Institute*, Washington, DC, 27 set. 2017. Disponível em: <http://www.epi.org/publication/the-growing-use-of-mandatory-arbitration/>. Acesso em: 21 dez. 2023.

36. Megan Leonhardt, "Getting screwed at work? The sneaky way you may have given up your right to sue". *Money*, San Juan, 27 set. 2017. Disponível em: <https://money.com/big-companies-mandatory-arbitration-cant-sue/>. Acesso em: 21 dez. 2023.

37. Radley Balko, "Federal appeals court: Stop using SWAT-style raids for regulatory inspections". *The Washington Post*, Washington, DC, 19 set. 2014.

38. Id., *Rise of the warrior cop: The militarization of America's police forces*. Nova York: PublicAffairs, 2013.

39. Dick M. Carpenter II; Lisa Knepper; Kyle Sweetland; Jennifer McDonald, *License to work: A national study of burdens from occupational licensing*. Arlington, VA: Institute for Justice, 2017.

5. A sombra do Vale do Silício [p. 117]

1. Cade Metz, "We probe the Google anti-trust probe. Vigorously". *The Register*, Londres, 1 dez. 2010. Disponível em: <https://www.theregister.com/2010/12/01/google_eu_investigation_comment/>. Acesso em: 21 dez. 2023.

2. Ricardo Cardoso; Yizhou Ren, "Antitrust: Commission fines Google €2.42 billion for abusing dominance as search engine by giving illegal advantage to own comparison shopping service". *European Commission*, Bruxelas, 27 jun. 2017. Disponível em: <https://ec.europa.eu/commission/presscorner/detail/en/IP_17_1784>. Acesso em: 21 dez. 2023.

3. Nitasha Tiku, "Yelp claims Google broke promise to antitrust regulators". *Wired*, Boone, 12 set. 2017. Disponível em: <https://www.wired.com/story/yelp-claims-google-broke-promise-to-antitrust-regulators/>. Acesso em: 21 dez. 2023.

4. Charles Duhigg, "The case against Google". *The New York Times*, Nova York, 20 fev. 2018. Disponível em: <https://www.nytimes.com/2018/02/20/magazine/the-case-against-google.html>. Acesso em: 21 dez. 2023.

5. Ryan Cooper, "Google is a monopoly — and it's crushing the internet". *The Week*, Nova York, 24 abr. 2017. Disponível em: <https://theweek.com/articles/693488/google-monopoly--crushing-internet>. Acesso em: 21 dez. 2023.

6. Adrianne Jeffries, "How Google eats a business whole". *The Outline*, [s.l.], 17 abr. 2017. Disponível em: <https://theoutline.com/post/1399/how-google-ate-celebritynetworth-com>. Acesso em: 21 dez. 2023.

7. Nabila Popal; Ryan Reith, "Smartphone market share". *International Data Corporation*, Needham, 8 jan. 2023. Disponível em: <https://www.idc.com/promo/smartphone-market-share>. Acesso em: 21 dez. 2023.

8. NetMarketShare. "Browser market share". Aliso Viejo, 2023. Disponível em: <https://www.netmarketshare.com/browser-market-share.aspx>. Acesso em: 21 dez. 2023.

9. Douglas MacMillan, "Google will block spammy ads (just not many of its own)". *The Wall Street Journal*, Nova York, 14 fev. 2018. Disponível em: <https://www.wsj.com/articles/how-google-swayed-efforts-to-block-annoying-online-ads-1518623663>. Acesso em: 21 dez. 2023.

10. Matt Taibbi, "Can we be saved from Facebook?". *Rolling Stone*, Nova York, 3 abr. 2018. Disponível em: <https://www.rollingstone.com/politics/politics-features/can-we-be-saved-from-facebook-629567/>. Acesso em: 21 dez. 2023.

11. Steve Dennis, "Assessing the damage of 'The Amazon Effect'". *Forbes*, Jersey City, 19 jun. 2017. Disponível em: <https://www.forbes.com/sites/stevendennis/2017/06/19/should-we-care-whether-amazon-is-systematically-destroying-retail/?sh=718b790c6b1f>. Acesso em: 21 dez. 2023.

12. Sara Fischer, "The regulatory mistakes that let Facebook and Google buy ad dominance". *Axios*, Arlington, VA, 19 jun. 2018. Disponível em: <https://www.axios.com/2018/06/19/regulators-ftc-facebook-google-doj-advertising>. Acesso em: 21 dez. 2023.

13. Frank Pasquale, "From territorial to functional sovereignty: The case of Amazon". *LPE Project*, [s.l.], 12 jun. 2017. Disponível em: <https://lpeproject.org/blog/from-territorial-to-functional-sovereignty-the-case-of-amazon/>. Acesso em: 21 dez. 2023.

14. Jeremy Carl, "How to break Silicon Valley's anti-free-speech monopoly". *National Review*, Nova York, 15 ago. 2017. Disponível em: <https://www.nationalreview.com/2017/08/silicon-valleys-anti-conservative-bias-solution-treat-major-tech-companies-utilities/>. Acesso em: 21 dez. 2023.

15. Issie Lapowsky; Steven Levy, "Here's what Facebook won't let you post". *Wired*, Boone, 24 abr. 2018. Disponível em: <https://www.wired.com/story/heres-what-facebook-wont-let-you-post/>. Acesso em: 21 dez. 2023.

16. Mike Isaac, "Facebook said to create censorship tool to get back into China". *The New York Times*, Nova York, 22 nov. 2016. Disponível em: <https://www.nytimes.com/2016/11/22/technology/facebook-censorship-tool-china.html>. Acesso em: 21 dez. 2023.

17. Ilya Somin, "Facebook should stop cooperating with Russian government censorship". *The Washington Post*, Washington, DC, 21 dez. 2014. Disponível em: <https://www.washingtonpost.com/news/volokh-conspiracy/wp/2014/12/21/facebook-should-stop-cooperating-with-russian-government-censorship/>. Acesso em: 21 dez. 2023.

18. http://iasc-culture.org/THR/THR_article_2017_Fall_Pasquale.php

19. Jeremy Kahn, "Google's 'Dutch Sandwich' shielded 16 billion Euros from tax". *Bloomberg*, Londres, 2 jan. 2018. Disponível em: <https://www.bloomberg.com/news/articles/2018-01-02/google-s-dutch-sandwich-shielded-16-billion-euros-from-tax?embedded-checkout=true>. Acesso em: 21 dez. 2023.

20. Giancarlo E. Valori, "The Google tax". *Modern Diplomacy*, [s.l.], 17 maio 2018. Disponível em: <https://moderndiplomacy.eu/2018/05/17/the-google-tax/>. Acesso em: 21 dez. 2023.

21. Alexia F. Campbell, "The cost of corporate tax avoidance". *The Atlantic*, Washington, DC, 14 abr. 2016. Disponível em: <https://www.theatlantic.com/business/archive/2016/04/corporate-tax-avoidance/478293/>. Acesso em: 21 dez. 2023.

22. Gabriel Zucman, "The desperate inequality behind global tax dodging". *The Guardian*, Nova York, 8 nov. 2017. Disponível em: <https://www.theguardian.com/commentisfree/2017/nov/08/tax-havens-dodging-theft-multinationals-avoiding-tax>. Acesso em: 21 dez. 2023.

23. https://cyber.harvard.edu/interactive/events/conferences/2008/09/msvdoj/smith

24. Charles Duhigg, op. cit.

25. Victor Luckerson, "'Crush them': An oral history of the lawsuit that upended Silicon Valley". *The Ringer*, Los Angeles, 18 maio 2018. Disponível em: <https://www.theringer.com/tech/2018/5/18/17362452/microsoft-antitrust-lawsuit-netscape-internet-explorer-20-years>. Acesso em: 21 dez. 2023.

26. Brody Mullins, "Inside the U.S. antitrust probe of Google". *The Wall Street Journal*, Nova York, 19 mar. 2015. Disponível em: <https://www.wsj.com/articles/inside-the-u-s-antitrust-probe-of-google-1426793274>. Acesso em: 21 dez. 2023.

27. David Dayen, "The Android Administration". *The Intercept*, [s.l.], 22 abr. 2016. Disponível em: <https://theintercept.com/2016/04/22/googles-remarkably-close-relationship-with-the-obama-white-house-in-two-charts/>. Acesso em: 21 dez. 2023.

28. Tony Romm, "Apple, Amazon, Facebook and Google spent nearly $50 million — a record — to influence the U.S. government in 2017". *Vox*, [s.l.], 23 jan. 2018. Disponível em: <https://www.vox.com/2018/1/23/16919424/apple-amazon-facebook-google-uber-trump-white-house-lobbying-immigration-russia>. Acesso em: 21 dez. 2023.

29. Bas van den Beld, "Eric Schmidt at Google hearings: Close to monopoly, but we've not cooked anything". *State of Digital*, [s.l.], 22 set. 2011. Disponível em: <https://www.stateofdigital.com/eric-schmidt-at-google-hearings-close-to-monopoly-but-weve-not-cooked-anything/>. Acesso em: 21 dez. 2023.

30. Geoffrey A. Manne, *The real reason Foundem foundered*. Portland, OR: International Center for Law & Economics, 2018.

31. David Dayen, "Google's insidious shadow lobbying: How the internet giant is bankrolling friendly academics—and skirting federal investigations". *Salon*, San Francisco, 24 nov. 2015. Disponível em: <https://www.salon.com/2015/11/24/googles_insidious_shadow_lobbying_how_the_internet_giant_is_bankrolling_friendly_academics_and_skirting_federal_investigations/>. Acesso em: 21 dez. 2023.

32. Kenneth P. Vogel, "Google critic ousted from think tank funded by the tech giant". *The New York Times*, Nova York, 30 ago. 2017. Disponível em: <https://www.nytimes.com/2017/08/30/us/politics/eric-schmidt-google-new-america.html>. Acesso em: 21 dez. 2023.

33. Michael J. Coren, "Bill Gates warns Silicon Valley not to be the new Microsoft". *Quartz*, Nova York, 13 fev. 2018. Disponível em: <https://qz.com/1206184/bill-gates-warns-silicon-valley-not-to-be-the-new-microsoft>. Acesso em: 21 dez. 2023.

34. Bill Chappell, "Google hit with $2.7 billion fine by European Antitrust Monitor". *The Two-Way*, Washington, DC, 27 jun. 2017. Disponível em: <https://www.npr.org/sections/thetwo-way/2017/06/27/534524024/google-hit-with-2-7-billion-fine-by-european-antitrust-monitor>. Acesso em: 21 dez. 2023.

35. *ANTITRUST procedure: Council regulation* (EC) 1/2003. Bruxelas: European Commission, 2017. Disponível em: <https://ec.europa.eu/competition/antitrust/cases/dec_docs/39740/39740_14996_3.pdf>. Acesso em: 21 dez. 2023.

36. Elizabeth Kolbert, "Who owns the internet?". *The New Yorker*, Nova York, 21 ago. 2017. Disponível em: <https://www.newyorker.com/magazine/2017/08/28/who-owns-the-internet>. Acesso em: 21 dez. 2023.

37. Mathew Ingram, "The Facebook Armageddon". *Columbia Journalism Review*, Nova York, 19 fev. 2018. Disponível em: <https://www.cjr.org/special_report/facebook-media-buzzfeed.php>. Acesso em: 21 dez. 2023.

38. Alex Hern, "Facebook moving non-promoted posts out of news feed in trial". *The Guardian*, Nova York, 23 out. 2017. Disponível em: <https://www.theguardian.com/technology/2017/oct/23/facebook-non-promoted-posts-news-feed-new-trial-publishers>. Acesso em: 21 dez. 2023.

39. "A complete list of Facebook's misreported metrics and what they mean". *Social Media Today*, Washington, DC, 12 dez. 2016. Disponível em: <https://www.socialmediatoday.com/social-networks/complete-list-facebooks-misreported-metrics-and-what-they-mean>. Acesso em: 21 dez. 2023.

40. Ibid.

41. Keith J. Kelly, "Facebook sued over its 'fraudulent' ad metrics". *New York Post*, Nova York, 3 nov. 2016. Disponível em: <https://nypost.com/2016/11/03/facebook-sued-over-its-fraudulent-ad-metrics/>. Acesso em: 21 dez. 2023.

42. Jon Lafayette, "Facebook's video move may aid Nielsen, comScore". *Next TV*, Nova York, 11 set. 2017. Disponível em: <https://www.nexttv.com/news/facebook-s-video-move-may-aid-nielsen-comscore-168497>. Acesso em: 21 dez. 2023.

43. "The $7.5 billion ad swindle". *The Ad Contrarian*, [s.l.], 19 jun. 2013. Disponível em: <http://adcontrarian.blogspot.com/2013/06/the-75-billion-ad-swindle.html>. Acesso em: 21 dez. 2023.

44. Alex Hern; Mark Sweney, "Facebook claims it can reach more young people than exist in UK, US and other countries". *The Guardian*, Nova York, 7 set. 2017. Disponível em: <https://www.theguardian.com/technology/2017/sep/07/facebook-claims-it-can-reach-more-people-than-actually-exist-in-uk-us-and-other-countries>. Acesso em: 21 dez. 2023.

45. Tim Berners-Lee, "I invented the web. Here are three things we need to change to save it". *The Guardian*, Nova York, 12 mar. 2017. Disponível em: <https://www.theguardian.com/technology/2017/mar/11/tim-berners-lee-web-inventor-save-internet>. Acesso em: 21 dez. 2023.

46. André Staltz, "The web began dying in 2014, here's how". *Staltz*, [s.l.], 30 out. 2017. Disponível em: <https://staltz.com/the-web-began-dying-in-2014-heres-how.html>. Acesso em; 21 dez. 2023.

47. Sarah Aswell, "How Facebook is killing comedy". *Vulture*, Nova York, 6 fev. 2018. Disponível em: <https://www.vulture.com/2018/02/how-facebook-is-killing-comedy.html>. Acesso em: 21 dez. 2023.

48. Anil Dash, "Tech and the fake market tactic". *Medium*, [s.l.], 10 fev. 2017. Disponível em: <https://medium.com/humane-tech/tech-and-the-fake-market-tactic-8bd386e3d382>. Acesso em: 21 dez. 2023.

49. André Staltz, op. cit.

50. Matt Taibbi, op. cit.

51. Alana Semuels, "Amazon may have a counterfeit problem". *The Atlantic*, Washington, DC, 20 abr. 2018. Disponível em: <https://www.theatlantic.com/technology/archive/2018/04/amazon-may-have-a-counterfeit-problem/558482/>. Acesso em: 21 dez. 2023.

52. Ibid.

53. Steve Dennis, op. cit.

54. Lina Khan, "Amazon's antitrust paradox". *The Yale Law Journal*, New Haven, v. 126, n. 3, pp. 710-805, 2017.

55. Jennifer Rankin, "Third-party sellers and Amazon — a double-edged sword in e-commerce". *The Guardian*, Nova York, 23 jun. 2015. Disponível em: <https://www.theguardian.com/technology/2015/jun/23/amazon-marketplace-third-party-seller-faustian-pact>. Acesso em; 21 dez. 2023.

56. George Anderson, "Is Amazon undercutting third-party sellers using their own data?". *Forbes*, Jersey City, 30 out. 2014. Disponível em: <https://www.forbes.com/sites/retailwire/2014/10/30/is-amazon-undercutting-third-party-sellers-using-their-own-data/?sh=11e8fdaa53d8>. Acesso em: 21 dez. 2023.

57. Julia Angwin; Surya Mattu, "Amazon says it puts customers first. But its pricing algorithm doesn't". *ProPublica*, Nova York, 20 set. 2016. Disponível em: <https://www.propublica.org/article/amazon-says-it-puts-customers-first-but-its-pricing-algorithm-doesnt>. Acesso em: 21 dez. 2023.

58. "Rainforest canopy structure". *World Rainforests*, [s.l.], 2 mar. 2014. Disponível em: <https://worldrainforests.com/0202.htm>. Acesso em: 21 dez. 2023.

59. William Rosenau, "Special operations forces and elusive enemy ground targets". *Rand Corporation*, Santa Monica, 2002. Disponível em: <https://www.rand.org/pubs/research_briefs/RB77.html>. Acesso em: 21 dez. 2023.

60. "Veterans and agent orange: Health effects of herbicides used in Vietnam". *National Library of Medicine*, Bethesda, 1994. Disponível em: <https://www.ncbi.nlm.nih.gov/books/NBK236347/>. Acesso em: 21 dez. 2023.

61. Timothy, B. Lee, "The end of the internet startup". Vox, [s.l.]. Disponível em: <https://www.vox.com/new-money/2017/7/11/15929014/end-of-the-internet-startup>. Acesso em: 21 dez. 2023.

62. David S. Evans; Richard Schmalensee, *Matchmakers: The new economics of multisided platforms*. Cambridge, MA: Harvard Business Review Press, 2016, pp. 322-3.

63. Farhad Manjoo, "Tech giants put the squeeze on startups, squelching their chances of success". *The Seattle Times*, Seattle, 22 out. 2017. Disponível em: <https://www.seattletimes.com/business/tech-giants-put-the-squeeze-on-startups-squelching-their-chances-of-success/>. Acesso em: 21 dez. 2023.

64. Olivia Solon, "As tech companies get richer, is it 'game over' for startups?". *The Guardian*, Nova York, 20 out. 2017. Disponível em: <https://www.theguardian.com/technology/2017/oct/20/tech-startups-facebook-amazon-google-apple>. Acesso em: 21 dez. 2023.

65. Jason Del Rey, "Amazon invested millions in the startup Nucleus — then cloned its product for the new Echo". *Vox*, [s.l.], 10 maio 2017. Disponível em: <https://www.vox.com/2017/5/10/15602814/amazon-invested-startup-nucleus-cloned-alexa-echo-show-voice-control-touchscreen-video>. Acesso em: 21 dez. 2023.

66. "Google data centers". *Wikipedia*, San Francisco, 8 jan. 2024. Disponível em: <https://en.wikipedia.org/wiki/Google_data_centers>. Acesso em: 10 jan. 2024.

67. "Our infrastructure". *Google*, Mountain View, 25 fev. 2013. Disponível em: <https://peering.google.com/#/infrastructure>. Acesso em: 21 dez. 2023.

68. Cheyenne MacDonald, "Google reveals plan to build three new undersea internet cables and add five regions to its expanding cloud service". *Mail Online*, Londres, 16 jan. 2018. Disponível em: <https://www.dailymail.co.uk/sciencetech/article-5275893/Google-reveals-plan-build-THREE-new-undersea-cables.html>. Acesso em: 21 dez. 2023.

69. Matt Burgess, "Google's next submarine cable will connect Singapore to Australia". *Wired*, Boone, 4 jun. 2017. Disponível em: <https://www.wired.co.uk/article/google-facebook-plcn-internet-cable>. Acesso em: 21 dez. 2023.

70. Benedict Evans, "The scale of tech winners". *Benedict Evans*, [s.l.], 12 out. 2017. Disponível em: <https://www.ben-evans.com/benedictevans/2017/10/12/scale-wetxp>. Acesso em: 21 dez. 2023.

71. Victor Luckerson, op. cit.

72. Carolyn Lochhead, "Microsoft asked Apple to 'knife the baby,' Court told". *SFGate*, San Francisco, 6 nov. 1998. Disponível em: <https://www.sfgate.com/politics/article/microsoft-asked-apple-to-knife-the-baby-court-2980345.php>. Acesso em: 21 dez. 2023.

73. Asher Schechter, "Google and Facebook's 'Kill Zone': 'We've taken the focus off of rewarding genius and innovation to rewarding capital and scale'". *ProMarket*, Chicago, 25 maio 2018. Disponível em: <https://www.promarket.org/2018/05/25/google-facebooks-kill-zone-weve-taken-focus-off-rewarding-genius-innovation-rewarding-capital-scale/>. Acesso em: 21 dez. 2023.

6. Pedágios e barões gatunos [p. 145]

1. Rachel Botsman, "Big data meets Big Brother as China moves to rate its citizens". *Wired*, Boone, 21 out. 2017. Disponível em: <https://www.wired.co.uk/article/chinese-government-social-credit-score-privacy-invasion>. Acesso em: 21 dez. 2023.

2. John Thornhill, "The Big Data revolution can revive the planned economy". *Financial Times*, Londres, 4 set. 2017. Disponível em: <https://www.ft.com/content/6250e4ec-8e68-11e7-9084-d0c17942ba93>. Acesso em: 21 dez. 2023.

3. Naomi LaChance, "Facebook's facial recognition software is different from the FBI's. Here's why". *NPR*, Washington, DC, 18 maio 2016. Disponível em: <https://www.npr.org/sections/all-techconsidered/2016/05/18/477819617/facebooks-facial-recognition-software-is-different-from-the-fbis-heres-why >. Acesso em: 21 dez. 2023.

4. Roger McNamee, "How to fix Facebook — before it fixes us". *Washington Monthly*, Washington, DC, 7 jan. 2018. Disponível em: <https://washingtonmonthly.com/2018/01/07/how-to-fix-facebook-before-it-fixes-us/>. Acesso em: 21 dez. 2023.

5. Ben Smith, "George Soros just launched a scathing attack on Google and Facebook". *Buzzfeed News*, Nova York, 25 jan. 2018. Disponível em: <https://www.buzzfeednews.com/article/bensmith/george-soros-just-launched-a-scathing-attack-on-google-and>. Acesso em: 21 dez. 2023.

6. Josie Ensor, "The sleepy American suburb turned super-rich playground". *The Telegraph*, Londres, 11 out. 2014. Disponível em: <https://www.telegraph.co.uk/news/worldnews/northamerica/usa/11155959/The-sleepy-American-suburb-turned-super-rich-playground.html >. Acesso em: 21 dez. 2023.

7. Joel Kotkin, "California's new feudalism benefits a few at the expense of the multitude". *The Daily Beast*, Nova York, 11 jul. 2017. Disponível em: <https://www.thedailybeast.com/californias-new-feudalism-benefits-a-few-at-the-expense-of-the-multitude?ref=scroll>. Acesso em: 21 dez. 2023.

8. George Avalos, "San Jose and Oakland area job markets tumble". *The Mercury News*, San José, CA, 24 mar. 2017. Disponível em: <https://www.mercurynews.com/2017/03/24/san-jose-and-oakland-area-job-markets-tumble/>. Acesso em: 21 dez. 2023.

9. Peter Henderson, "California still leads U.S., including in inequality". *Reuters*, Nova York, 19 maio 2011. Disponível em: <https://www.reuters.com/article/2011/05/19/us-usa-economy-californiaidUSTRE74I88V20110519/>. Acesso em: 21 dez. 2023.

10. Joel Kotkin, "Serfs up with California's new feudalism". *The Orange County Register*, Irvine, 31 jan. 2016. Disponível em: <https://www.ocregister.com/2016/01/31/serfs-up-with-californias-new-feudalism/>. Acesso em: 21 dez. 2023.

11. Gennady Sheyner, "Report: More people leaving Silicon Valley than coming in". *Palo Alto Online*, Palo Alto, 17 fev. 2017. Disponível em: <https://www.paloaltoonline.com/news/2017/02/17/report-more-people-leaving-valley-than-coming-in>. Acesso em: 21 dez. 2023.

12. "Research and markets: U.S. soft drinks market analysis — U.S. sales of non-alcoholic energy drinks projected to reach USD 9 Billion in 2011". *Businness Wire*, San Francisco, 6 maio 2011. Disponível em: <https://www.businesswire.com/news/home/20110506005600/en/Research-Markets-Soft-Drinks-Market-Analysis>. Acesso em: 21 dez. 2023.

13. Jim Koch, op. cit.

14. Debra M. Desrochers; Gregory T. Gundlach; Albert A. Foer, "Analysis of antitrust challenges to category captain arrangements". *Journal of Public Policy & Marketing*, Thousand Oaks, v. 22, n. 2, pp. 201-15, 2003.

15. "How much do monopolies control?". *Zócalo Public Square*, [s.l.], 6 set. 2010. Disponível em: <https://www.zocalopublicsquare.org/2010/09/06/how-much-do-monopolies-control/books/readings/>. Acesso em: 21 dez. 2023.

16. Dave Schatz, "Walgreens-rite aid merger agreement terminated after FTC feedback". *New Brunswick Today*, Brunswick, 16 ago. 2017. Disponível em: <https://newbrunswicktoday.com/2017/08/walgreens-rite-aid-merger-agreement-terminated-after-ftc-feedback/>. Acesso em: 21 dez. 2023.

17. U.S. Government Accountability Office, *Private health insurance: Concentration of enrollees among individual, small group, and large group insurers from 2010 through 2013*. Washington, DC, 1 dez. 2014.

18. "Health care market concentration trends in the United States: Evidence and policy responses". *The Commonwealth Fund*, Nova York, 6 set. 2017. Disponível em: <https://www.commonwealth-fund.org/publications/journal-article/2017/sep/health-care-market-concentration-trends-united-states>. Acesso em: 21 dez. 2023. Brent D. Fulton, "Health care market concentration trends in the United States: Evidence and policy responses". *Health Affairs*, Washington, DC, v. 36, n. 9, 2017.

19. "SEC staffers watched porn as economy crashed". *CNN*, Atlanta, 23 abr. 2010. Disponível em: <http://edition.cnn.com/2010/POLITICS/04/23/sec.porn/index.html>. Acesso em: 21 dez. 2023.

20. A presença de fibra óptica por estado está disponível em: <https://broadbandnow.com/Fiber>. Acesso em: 21 dez. 2023.

21. Daniel Knight, "The rise of the Microsoft monopoly". *Low End Mac*, [s.l.], 20 mar. 2008. Disponível em: <https://lowendmac.com/2008/rise-of-microsoft-monopoly/>. Acesso em: 21 dez. 2023. Bill Gates escreveu em um e-mail de 1994: "Deveríamos esperar até termos um modo de executar um nível superior de integração que programas como o Notes e o WordPerfect tenham dificuldade de atingir, e que daria ao Office uma vantagem real [...]. Não podemos competir com Lotus e WordPerfect/Novell sem isso".

22. "Social media stats worldwide". *StatCounter*, Dublin, 2023. Disponível em: <https://gs.statcounter.com/social-media-stats>. Acesso em: 21 dez. 2023.

23. Ginny Marvin, "Facebook's display ad domination to grow as U.S. digital ad spend hits $83B in 2017". *Martech*, Edgartown, 14 mar. 2017. Disponível em: <https://martech.org/emarketer-facebook-dominate-15-9-pct-digital-ad-spend-growth-2017/>. Acesso em: 21 dez. 2023.

24. John Lanchaster, "You are the product". *London Review of Books*, Londres, v. 39, n. 16, 17 ago. 2017. Disponível em: <https://www.lrb.co.uk/the-paper/v39/n16/john-lanchester/you-are-the-product>. Acesso em: 21 dez. 2023.

25. http://gawker.com/5636765/facebook-ceo-admits-to-calling-usersdumb-fucks

26. *Antitrust procedure: Council regulation* (EC) 1/2003, op. cit.

27. http://www.antitr ustinstitute.org/files/Google_DoubleClick_memo_110620071437.pdf

28. Mathew Ingram, "Google and Facebook account for nearly all growth in digital ads". *Fortune*, Nova York, 26 abr. 2017. Disponível em: <https://fortune.com/2017/04/26/google-facebook-digital-ads/>. Acesso em: 21 dez. 2023.

29. "Fitch raises Dean Foods ratings". *Reuters*, Nova York, 5 nov. 2012. Disponível em: <https://www.reuters.com/article/idUSWNA8874/>. Acesso em: 21 dez. 2023.

30. https://www.agweb.com/article/dfa_agrees_to_pay_140_million_in_milkprice_fixing_lawsuit/. "Dean Foods will pay $30 million after Northeast price-fixing lawsuit". *Hoard's Dairyman*, Fort Atkinson, WI, 30 dez. 2010. Disponível em: <https://hoards.com/blog-1936-dean-foods-willpay-$30-million-after-northeast-price-fixing-lawsuit.html>. Acesso em: 21 dez. 2023.

31. Shane O'Halloran, "Dean Foods, Dairy Farmers of America and National Dairy Holdings antitrust lawsuit reinstated". *Food Engineering*, Troy, 6 jan. 2014. Disponível em: <https://www.foodengineeringmag.com/articles/91700-dean-foods-dairy-farmers-of-america-and-national-dairy-holdings-antitrust-lawsuit-reinstated>. Acesso em: 21 dez. 2023.

32. Robert E. Gallamore, "The catalyst that transformed freight rail transport". *The Hill*, Washington, DC, 12 maio 2015. Disponível em: <https://thehill.com/blogs/congress-blog/economy-budget/241697-the-catalyst-that-transformed-freight-rail-transport/>. Acesso em: 21 dez. 2023.

33. "Too much of a good thing". *The Economist*, Londres, 26 mar. 2016. Disponível em: <https://www.economist.com/briefing/2016/03/26/too-much-of-a-good-thing>. Acesso em: 21 dez. 2023.

34. http://consumerfed.org/wp-content/uploads/2015/10/Bulk-Commoditiesand-the-Rails.pdf

35. Marvin E. Prater; Adam Sparger, Daniel O'Neil Jr., *Railroad concentration, market shares, and rates*. Washington, DC: U.S. Department of Agriculture, 2014.

36. Dan Mitchell, "Why Monsanto always wins". *Fortune*, Nova York, 26 jun. 2014. Disponível em: <https://fortune.com/2014/06/26/monsanto-gmo-crops/>. Acesso em: 21 dez. 2023.

37. Diane Bartz; Greg Roumeliotis, "Bayer's Monsanto acquisition to face politically charged scrutiny". *Reuters*, Nova York, 14 set. 2016. Disponível em: <https://www.reuters.com/article/us-monsanto-m-a-bayer-antitrust/bayers-monsanto-acquisition-to-face-politically-charged-scrutinyidUSKCN11K2LG/>. Acesso em: 21 dez. 2023.

38. Ron Perillo, "AMD starts Q3 2017 with 5.8% CPU market share gain over Intel". *eTeknix*, [s.l.], 2 jul. 2017. Disponível em: <https://www.eteknix.com/amd-gain-intelpassmarkq3/>. Acesso em: 21 dez. 2023.

39. Adam Satariano, "E.U. court throws out $1.2 billion antitrust fine against Intel". *The New York Times*, Nova York, 26 jun. 2022. Disponível em: <https://www.nytimes.com/2022/01/26/technology/eu-intel-antitrust-fine.html>. Acesso em: 21 dez. 2023.

40. Michael Singer, "AMD files antitrust suit against Intel". *CNET*, [s.l.], 28 jun. 2005. Disponível em: <https://www.cnet.com/tech/tech-industry/amd-files-antitrust-suit-against-intel/>. Acesso em: 21 dez. 2023.

41. Andrew Friedson, "Fear the Reaper: The cost of death is soaring". *ATTN*, Los Angeles, 16 nov. 2014. Disponível em: <https://archive.attn.com/stories/173/fear-reaper-cost-death-soaring>. Acesso em: 21 dez. 2023. http://www.nfda.org/news/trends-in-funeral-service

42. Paul M. Barrot, "Is funeral home chain SCI's growth coming at the expense of mourners?". *Bloomberg*, Londres, 24 out. 2013. Disponível em: <https://www.bloomberg.com/news/articles/2013-10-24/is-funeral-home-chain-scis-growth-coming-at-the-expense-of-mourners>. Acesso em: 21 dez. 2023.

43. Conor Friedersdorf, "How 38 monks took on the funeral cartel and won". *The Atlantic*, Washington, DC, 22 jul. 2011. Disponível em: <https://www.theatlantic.com/national/archive/2011/07/how-38-monks-took-on-the-funeral-cartel-and-won/242336/>. Acesso em: 21 dez. 2023. Guest Voices, "Why does Alabama allow a monopoly on casket sales?". *Al.com*, Birmingham, AL, 11 abr. 2016. Disponível em: <https://www.al.com/opinion/2016/04/why_does_alabama_allow_a_monop.html>. Acesso em: 21 dez. 2023.

44. Genaro C. Armas, "Visa, MasterCard in $7.3 billion settlement over credit card fees". *NBC News*, Nova York, 13 jul. 2012. Disponível em: <https://www.nbcnews.com/business/visa-mastercard-7-3-billion-settlementover-credit-card-fees-881386>. Acesso em: 21 dez. 2023.

45. Jim Koch, op. cit.

46. Frank Pasquale, op. cit.

47. Tess Townsend, "Google's share of the search ad market is expected to grow". *Vox*, [s.l.], 14 mar. 2017. Disponível em: <https://www.vox.com/2017/3/14/14890122/google-search-ad-market-share-growth>. Acesso em: 21 dez. 2023.

48. Matthew Garrahan, "Google and Facebook dominance forecast to rise". *Financial Times*, Londres, 4 dez. 2017. Disponível em: <https://www.ft.com/content/cf362186-d840-11e7-a039-c64b1c09b482>. Acesso em: 21 dez. 2023.

49. "Social networking ad revenue market share of Facebook in the United States from 2015 to 2018". *Statista*, Nova York, 30 nov. 2016. Disponível em: <https://www.statista.com/statistics/241805/market-share-of-facebooks-us-social-network-ad-revenue/>. Acesso em: 21 dez. 2023.

324

50. "DAVITA to pay \$350 million to resolve allegations of illegal kickbacks". *U.S. Department of Justice*, Washington, DC, 22 out. 2014. Disponível em: <https://www.justice.gov/opa/pr/davita-pay-350-million-resolve-allegations-illegal-kickbacks>. Acesso em: 21 dez. 2023. http://www.corpwatch.org/article.php?id=16027

51. David Migoya, "DaVita steered poor dialysis patients to private insurers to pump up profits, lawsuit says". *The Denver Post*, Denver, 22 fev. 2017. Disponível em: <https://www.denverpost.com/2017/02/22/davita-dialysis-patients-lawsuit/>. Acesso em: 21 dez. 2023.

52. Ana Swansa, "Meet the four-eyed, eight-tentacled monopoly that is making your glasses so expensive". *Forbes*, Jersey City, 10 set. 2014. Disponível em: <https://www.forbes.com/sites/anaswanson/2014/09/10/meet-the-four-eyed-eight-tentacled-monopoly-that-is-making-your-glasses-so-expensive/>. Acesso em: 21 dez. 2023.

53. Diane Bartz, "Eyewear mega deal could hurt U.S. consumers, but still be approved". *Reuters*, Nova York, 7 nov. 2017. Disponível em: <https://www.reuters.com/article/us-luxottica-group-m-a-essilor-usa/eyewear-mega-deal-could-hurt-u-s-consumers-but-still-be-approvedidUSKB-N1D72KL/>. Acesso em: 21 dez. 2023.

54. David Dayen, "Break up the credit-reporting racket". *The New Republic*, Nova York, 12 set. 2017. Disponível em: <https://newrepublic.com/article/144780/break-credit-reporting-racket>. Acesso em: 21 dez. 2023.

55. Lynn S. Parramore, "All the reasons you should be absolutely furious at Equifax—and the entire credit bureau industry". *Quartz*, Nova York, 16 set. 2017. Disponível em: <https://qz.com/1079490/the-equifax-breach-is-proof-its-time-to-overhaul-the-credit-bureau-industry>. Acesso em: 21 dez. 2023.

56. Brian Fung, "Equifax finally responds to swirling concerns over consumers' legal rights". *The Washington Post*, Washington, DC, 10 set. 2017. Disponível em: <https://www.washingtonpost.com/news/the-switch/wp/2017/09/08/what-to-know-before-you-check-equifaxs-data-breach-website/>. Acesso em: 21 dez. 2023.

57. Benny Evangelista, "Quest for easier, cheaper online tax tools continues". *San Francisco Chronicle*, San Francisco, 10 abr. 2017. Disponível em: <http://www.sfchronicle.com/business/article/Quest-for-easier-cheaper-online-tax-tools-11053412.php>. Acesso em: 21 dez. 2023.

58. U.S. Department of Justice, *Case 1:11-CV-00948*. Washington, DC, 23 maio 2011. Disponível em: <https://www.justice.gov/atr/case-document/file/498231/download>. Acesso em: 21 dez. 2023.

59. *Tax Maze: How the tax prep industry blocks government from making Tax Day easier*. Washington, DC: United States Senate, 2016. Disponível em: <https://www.warren.senate.gov/files/documents/Tax_Maze_Report.pdf>. Acesso em: 21 dez. 2023.

60. Robert Kuttner, "How the airlines became abusive cartels". *The New York Times*, Nova York, 17 abr. 2017. Disponível em: <https://www.nytimes.com/2017/04/17/opinion/how-the-airlines-became-abusive-cartels.html>. Acesso em: 21 dez. 2023.

61. Ron Chernow, *Titan: The life of John D. Rockefeller, Sr.* Nova York: Vintage, 1998, p. 208.

62. Christine Negroni, "Airlines on track to nickel and dime travelers for record \$82b in extra fees in 2017, study says". *Forbes*, Jersey City, 28 nov. 2017. Disponível em: <https://www.forbes.com/sites/christinenegroni/2017/11/28/airlines-on-track-to-nickel-and-dime-travelers-for-record-82b-in-extra-fees-in-2017-study-says/>. Acesso em: 21 dez. 2023.

63. Lynn S. Parramore, "Your cellphone company is robbing you blind". *Salon*, San Francisco, 3 abr. 2014. Disponível em: <https://www.salon.com/2014/04/03/your_cellphone_company_is_robbing_you_blind_partner/>. Acesso em: 21 dez. 2023.

64. Ryan Singel, "Wireless oligopoly is smother of invention". *Wired*, Boone, 15 jun. 2010. Disponível em: <https://www.wired.com/2010/06/wireless-oligopoly-is-smother-of-invention/>. Acesso em: 21 dez. 2023.

65. "The \$272 billion swindle". *The Economist*, Londres, 31 maio 2014. Disponível em: <https://www.economist.com/united-states/2014/05/31/the-272-billion-swindle>. Acesso em: 21 dez. 2023.

66. U.S. Government Accountability Office, *Contingent workforce: Size, characteristics, earnings, and benefits*. Washington, DC, 20 abr. 2015. Disponível em: <https://www.gao.gov/assets/670/669899.pdf>. Acesso em: 21 dez. 2023.

67. Martin Gaynor; Farzad Mostashari; Paul Ginsburg, "Health care's crushing lack of competition". *Forbes*, Jersey City, 28 jun. 2017. Disponível em: <https://www.forbes.com/sites/realspin/2017/06/28/health-cares-crushing-lack-of-competition>. Acesso em: 21 dez. 2023.

68. Jeff Byers, "The care delivery times are 'a-changin': The need for competition in a consolidating hospital industry". *Health Care Deep Dive*, Washington, DC, 3 maio 2017. Disponível em: <https://www.healthcaredive.com/news/hospital-competition-consolidation-macra>. Acesso em: 21 dez. 2023.

69. Lina Khan; Sandeep Vaheesan, op. cit.

70. Michael Hiltzik, "Mergers in the healthcare sector: Why you'll pay more". *Los Angeles Times*, Los Angeles, 27 maio 2016. Disponível em: <https://www.latimes.com/business/hiltzik/la-fi-hiltzik-healthcare-mergers-20160527-snap-story.html>. Acesso em: 21 dez. 2023.

71. Jay Hancock, "Hospital mergers are slowly building monopolies, but regulators rarely intervene". *Stat*, Boston, 6 set. 2017. Disponível em: <https://www.statnews.com/2017/09/06/hospital-mergers-monopolies/>. Acesso em: 21 dez. 2023.

72. "Common themes emerge as FTC challenges three hospital mergers in two-month period". *Hall Render*, Anchorage, 20 jan. 2016. Disponível em: <https://www.hallrender.com/2016/01/20/common-themes-emerge-as-ftc-challenges-three-hospital-mergers-in-two-month-period/>. Acesso em: 21 dez. 2023.

73. William Barnett; Phil Zweig, "Congress should repeal 'safe harbor' provision". *The Bulletin*, Bend, or, 12 mar. 2017. Disponível em: <https://www.bendbulletin.com/opinion/letter-congress-should-repeal-safe-harbor-provision/article_338e3256-e9e3-5f47-a621-cd81981ff488.html>. Acesso em: 21 dez. 2023.

74. Kevin Drum, "The problem with GPOs". *Mother Jones*, San Francisco, 7 jul. 2010. Disponível em: <https://www.motherjones.com/kevin-drum/2010/07/problem-gpos/>. Acesso em: 21 dez. 2023.

75. "That's what PBMs do". Disponível em: <https://thatswhatpbmsdo.com/>. Acesso em: 21 dez. 2023.

76. David Dayen, "The hidden monopolies that raise drug prices". *The American Prospect*, Washington, DC, 28 mar. 2017. Disponível em: <https://prospect.org/health/hidden-monopolies-raise-drug-prices/>. Acesso em: 21 dez. 2023.

77. "The three big distributors". *Fierce Pharma*, Nova York, 21 set. 2010. Disponível em: <https://www.fiercepharma.com/special-report/big-3-distributors>. Acesso em: 21 dez. 2023.

78. Russ Britt, "Growing share of 'Big Three' gets federal attention". *Market Watch*, Londres, 30 maio 2007. Disponível em: <https://www.marketwatch.com/story/growing-share-of-big-three-drug-wholesalers-gets-attention>. Acesso em: 21 dez. 2023.

79. Nathan Vardi, "States focus on incentives of wholesalers and pharmacies in drug price-fixing probe". *Forbes*, Jersey City, 6 nov. 2017. Disponível em: <https://www.forbes.com/sites/nathan-vardi/2017/11/06/states-focus-on-incentives-of-wholesalers-and-pharmacies-in-drug-price-fixing-probe/?sh=488c441f402b>. Acesso em: 21 dez. 2023.

80. "Drug overdose death rates". *National Institute on Drug Abuse*, Gaithersburg, 30 jun. 2023. Disponível em: <https://nida.nih.gov/research-topics/trends-statistics/overdose-death-rates>. Acesso em: 21 dez. 2023.

81. "The corporations that created the opioid epidemic continue to evade responsibility". *Daily Kos*, [s.l.], 18 dez. 2017. Disponível em: <https://www.dailykos.com/stories/2017/12/18/1725603/-The-Corporations-That-Created-The-Opioid-Epidemic-Continue-To-Evade-Responsibility>. Acesso em: 21 dez. 2023.

82. Felicity Lawrence, "The global food crisis: ABCD of food — how the multinationals dominate trade". *The Guardian*, Nova York, 2 jun. 2011. Disponível em: <https://www.theguardian.com/global-development/poverty-matters/2011/jun/02/abcd-food-giants-dominate-trade>. Acesso em: 21 dez. 2023.

83. Sam Barsanti, "The writers guild is not happy about the Disney-Fox deal". *AV Club*, Nova York, 14 dez. 2017. Disponível em: <https://www.avclub.com/the-writers-guild-is-not-happy-about-the-disney-fox-dea-1821301494>. Acesso em: 21 dez. 2023.

84. Peter Gonzalez, "How technology is transforming the title insurance market". *Medium*, [s.l.], 6 set. 2016. Disponível em: <https://medium.com/@PeterGonzalezNY/how-technology-is-transforming-the-title-insurance-market-739e23b0503>. Acesso em: 21 dez. 2023.

85. "Inside America's richest insurance racket". *Forbes*, Jersey City, 28 out. 2006. Disponível em: <https://www.forbes.com/forbes/2006/1113/148.html?sh=5d0a22f05266>. Acesso em: 21 dez. 2023.

86. U.S. Government Accountability Office. *Title insurance: Actions needed to improve oversight of the title industry and better protect*. Washington, DC, abr. 2007. Disponível em: <https://www.gao.gov/assets/gao-07-401.pdf>. Acesso em: 21 dez. 2023.

87. The Editorial Board. "The title insurance scam". *The New York Times*, Nova York, 12 maio 2015. Disponível em: <https://www.nytimes.com/2015/05/12/opinion/the-title-insurance-scam.html>. Acesso em: 21 dez. 2023.

88. Edward N. Wolff, "Household wealth trends in the United States, 1962 to 2016: Has middle class wealth recovered?". *National Bureau of Economic Research*, Cambridge, MA, nov. 2017. Disponível em: <https://www.nber.org/papers/w24085>. Acesso em: 21 dez. 2023.

7. O que os trustes e os nazistas têm em comum [p. 175]

1. H. D. Lloyd, "The story of a great monopoly". *The Atlantic*, Washington, DC, mar. 1881. Disponível em: <https://www.theatlantic.com/magazine/archive/1881/03/the-story-of-a-great-monopoly/306019/>. Acesso em: 21 dez. 2023.

2. Edward J. Renehan Jr., *Commodore: The life of Cornelius Vanderbilt*. Nova York: Basic Books, 2019.

3. T. J. Stiles, *The first Tycoon: The epic life of Cornelius Vanderbilt*. Nova York: Knopf, 2009.

4. H. D. Lloyd, op. cit.

5. Ron Chernow, op. cit.

6. Matthew Josephson, *The robber barons: The great American capitalists, 1861-1901*. San Diego: Harcourt, 1934.

7. Theodore Roosevelt, *Ultimate collection*. Praga: Madison & Adams, 2017.

8. Patrick Gaughan, *Mergers and acquisitions: An overview*. Nova York: Harper Collins, 1991.

9. "Antitrust Law: The Sherman Act and early enforcement". *Law Library: American Law and Legal Information*, [s.l.], [2004?]. Disponível em: <https://law.jrank.org/pages/4362/Antitrust-Law-Sherman-Act-Early-Enforcement.html>. Acesso em: 21 dez. 2023.

327

10. Theodore J. St. Antoine, "Connell: Antitrust Law at the expense of Labor Law". *Virginia Law Review*, Charlottesville, v. 62, n. 3, pp. 603-31, 1976.

11. Ron Chernow, op. cit.

12. Woodrow Wilson, *A crossroads of freedom: The 1912 campaign speeches of Woodrow Wilson*. New Haven: Yale University Press, 1956. Disponível em: <https://archive.org/details/crossroadsoffreedom-eoo7728mbp/page/n7/mode/2up>. Acesso em: 21 dez. 2023.

13. Klaus P. Gugler; Dennis C. Mueller; B. Burcin Yurtoglu, "The determinants of merger waves". *WZB*, Berlim, Working paper n. SP II 2006-01, 2006. Disponível em: https://ssrn.com/abstract=507282. Acesso em: 21 dez. 2023.

14. George J. Stigler, "Monopoly and oligopoly by merger". *The American Economic Review*, Pittsburgh, v. 40, n. 2, pp. 23-34, 1950.

15. Lina Khan; Sandeep Vaheesan, op. cit.

16. Stacy Mitchell, "The rise and fall of the word 'monopoly' in American life". *The Atlantic*, Washington, DC, 20 jun. 2017. Disponível em: <https://www.theatlantic.com/business/archive/2017/06/word-monopoly-antitrust/530169/>. Acesso em: 21 dez. 2023.

17. Diarmuid Jeffreys, *Hell's Cartel: IG Farben and the making of Hitler's war machine*. Nova York: Metropolitan, 2008.

18. "Carl Duisberg". *Bayer*, Leverkusen, 12 abr. 2022. Disponível em: <https://www.bayer.com/en/history/carl-duisberg>. Acesso em: 21 dez. 2023.

19. Ibid.

20. Diarmuid Jeffreys, op. cit.

21. *Nuernberg Military Tribunal*. Nuremberg: US Department of State, 1945-48. v. 7. Disponível em: <https://archive.is/3bXiM>. Acesso em: 21 dez. 2023.

22. United States Holocaust Memorial Museum. "Subsequent Nuremberg proceedings, case #6, the IG Farben Case". Washington, DC, 16 fev. 2018. Disponível em: <https://www.ushmm.org/wlc/en/article.php?ModuleId=10007077>. Acesso em: 21 dez. 2023.

23. "Nazi war crimes trials: IG Farben Trial (August 27, 1947 — July 30, 1948)". *Jewish Virtual Library*, Chevy Chase, [20--?]. Disponível em: <https://www.jewishvirtuallibrary.org/i-g-farben-trial-1947-1948>. Acesso em: 21 dez. 2023.

24. Diarmuid Jeffreys, op. cit.

25. "Summation for the prosecution by justice Robert Jackson". *UMKC School of Law*, Kansas City, [201-?]. Disponível em: <http://law2.umkc.edu/faculty/projects/ftrials/nuremberg/Jacksonclose.htm>. Acesso em: 21 dez. 2023.

26. Franz Neumann, *Behemoth: The structure and practice of National Socialism, 1933-1944*. Londres: Octagon, 1983.

27. Wyatt Wells, *Antitrust and the formation of the postwar world*. Nova York: Columbia University Press, 2003.

28. Arthur Schweitzer, *Big business in the Third Reich*. Bloomington, IN: Indiana University Press, 1964.

29. Herbert Block, "Industrial concentration versus small business: The trend of Nazi policy". *Social Research*, Baltimore, v. 10, n. 2, pp. 175-99, 1943.

30. Franz Neumann; Herbert Marcuse; Otto Kirchheimer, *Secret reports on Nazi Germany: The Frankfurt school contribution to the war effort*. Princeton: Princeton University Press, 2013.

31. Philip C. Newman, "Key German cartels under the Nazi regime". *The Quarterly Journal of Economics*, Oxford, UK, v. 62, n. 4, pp. 576-95, 1948.

32. Franz Neumann; Herbert Marcuse; Otto Kirchheimer, op. cit.

33. Michael Straight, "Standard oil: Axis ally". *The New Republic*, Nova York, 6 abr. 1942. Disponível em: <https://newrepublic.com/article/104346/standard-oil-axis-ally>. Acesso em: 21 dez. 2023.

34. Wyatt Wells, op. cit.

35. Diarmuid Jeffreys, op. cit.

36. Ibid.

37. Wyatt Wells, op. cit.

38. Ibid.

39. Wendell Berge, *Cartels: Challenge to a free world*. Washington, DC: Beard Books, 2000.

40. "The Potsdam Declaration". *Ibiblio*, Chapel Hill, 2 ago. 1945. Disponível em: <http://www.ibiblio.org/pha/policy/1945/450802a.html>. Acesso em: 21 dez. 2023.

41. Wyatt Wells, op. cit.

42. John M. Kleeberg, *German Cartels: Myths and Realities*, disponível em: http://www.econ.barnardcolumbia.edu/~econhist/papers/Kleeberg German_Cartels.pdf.

43. Wyatt Wells, op. cit.

44. *A year of Potsdam: German economy since surrender*. Washington, DC: US Department of War, 1946.

45. Anita Pelle, *The German roots of the European community's cartel regulation: From a historical and theoretical perspective*. Londres: Lambert Academic Publishing, 2011.

46. F. A. Hayek, *The road to serfdom*. Chicago: University of Chicago Press, 2007, pp. 93-4.

47. Simon Tilford, "Is EU competition policy an obstacle to innovation and growth?". *Centre for European Reform Essays*, Londres, 2008. Disponível em: <https://www.cer.eu/sites/default/files/publications/attachments/pdf/2011/essay_competition_st_20nov08-1359.pdf>. Acesso em: 21 dez. 2023.

48. "Of rules and order". *The Economist*, Londres, 9 maio 2015. Disponível em: <https://www.economist.com/europe/2015/05/09/of-rules-and-order>. Acesso em: 21 dez. 2023.

49. Ignacio Herrera Anchustegui, "Competition law through an ordoliberal lens". *Social Science Research Network*, Rochester, 19 mar. 2015.

50. Robert H. Bork; Ward S. Bowman Jr., "The crisis in antitrust". *Columbia Law Review*, Nova York, v. 65, n. 3, pp. 363-76, 1965.

51. Steven C. Salop, "Symposium on mergers and antitrust". *Journal of Economic Perspectives*, Pittsburgh, v. 1, n. 2, pp. 3-12, 1987.

52. Milton Friedman, "The business community's suicidal impulse". *Cato Policy Report*, Washington, DC, v. 21, n. 2, 1999.

53. Richard A. Posner, "The Chicago School of Antitrust Analysis". *University of Pennsylvania Law Review*, Filadélfia, v. 127, n. 4, pp. 925-48, 1979.

54. http://keever.us/greenspanantitrust.html

55. Robert H. Bork, "The goals of antitrust policy". *American Economic Review*, Pittsburgh, v. 57, n. 2, pp. 242-53, 1967.

56. Barak Y. Orbach, "The antitrust consumer welfare paradox". *Journal of Competition Law & Economics*, Oxford, UK, v. 7, n. 1, pp. 133-64, 2011.

57. Alan A. Fisher; Frederick I. Johnson; Robert H. Lande, "Price effects of horizontal mergers". *California Law Review*, Berkeley, v. 77, p. 777, 1989.

58. Barry C. Lynn, *Cornered: The new monopoly capitalism and the economics of destruction*. Hoboken: Wiley & Sons, 2010.

59. Lynn E. Browne; Eric Rosengren, "The merger boom: An overview". In: XXXI Federal Reserve Bank of Boston Conference Series, 1987, Boston. *Anais...* Boston: Federal Reserve Bank of Boston, 1987. pp. 1-16.

60. https://www.alternet.org/story/83668/in_the_last_gilded_age%2C_people_stood_up_to_greed_--_why_aren%C3%A2%E2%82%AC%E2%84%A2t_we

61. Barry C. Lynn, *Cornered: The new monopoly capitalism and the economics of destruction*. Hoboken: Wiley & Sons, 2010.

62. Owen Davis, "Obama's latest executive order designed to break up monopolies and boost market competition, starting with cable boxes". *International Business Times*, Nova York, 15 abr. 2016. Disponível em: <https://www.ibtimes.com/obamas-latest-executive-order-designed-break-monopolies-boost-market-competition-2354605>. Acesso em: 21 dez. 2023.

63. Gustavo Grullon; Yelena Larkin; Roni Michaely, op. cit.

64. Jesse Eisinger; Justin Elliott, "These professors make more than a thousand bucks an hour peddling mega-mergers". *ProPublica*, Nova York, 16 nov. 2016. Disponível em: <https://www.propublica.org/article/these-professors-make-more-than-thousand-bucks-hour-peddling-mega-mergers>. Acesso em: 21 dez. 2023.

65. Gustavo Grullon; Yelena Larkin; Roni Michaely, op. cit.

66. Asher Schechter, "Economists: 'totality of evidence' underscores concentration problem in the U.S.". *ProMarket*, Chicago, 31 mar. 2017. Disponível em: <https://www.promarket.org/2017/03/31/economists-totality-evidence-underscores-concentration-problem-u-s/>. Acesso em: 21 dez. 2023.

67. Id. "Politically-connected firms more likely to receive favorable merger reviews from antitrust regulators". *ProMarket*, Chicago, 6 set. 2017. Disponível em: <https://www.promarket.org/2017/09/06/study-politically-connected-firms-likely-receive-favorable-merger-reviews-antitrust-regulators/>. Acesso em: 21 dez. 2023. Mihir N. Mehta; Suraj Srinivasan; Wanli Zhao, "The politics of M&A antitrust". *Journal of Accounting Research*, Chicago, v. 58, n. 1, pp. 5-53, 2020.

68. Orley Ashenfelter; Daniel Hosken; Matthew Weinberg, op. cit.

8. Regulação e quimioterapia [p. 210]

1. http://www.jeffslegacy.com/book.html. "Patient Stories". *Wilson Desease Association*, Nova York, 4 abr. 2022. Disponível em: <https://wilsondisease.org/news-publications/stories/>. Acesso em: 21 dez. 2023.

2. Betthany McLean, "The Valeant meltdown and Wall Street's major drug problem". *Vanity Fair*, Nova York, 5 jun. 2016. Disponível em: <https://www.vanityfair.com/news/2016/06/the-valeant-meltdown-and-wall-streets-major-drug-problem>. Acesso em: 21 dez. 2023.

3. "Bausch Health". *Wikipedia*, San Francisco, 16 jan. 2024. Disponível em: <https://en.wikipedia.org/wiki/Bausch_Health>. Acesso em: 16 jan. 2024.

4. Gretchen Morgenson, "How Valeant cashed in twice on higher drug prices". *The New York Times*, Nova York, 29 jul. 2016. Disponível em: <https://www.nytimes.com/2016/07/31/business/how-valeant-cashed-in-twice-on-higher-drug-prices.html>. Acesso em: 21 dez. 2023.

5. Bysy Mukherjee, "How Valeant is justifying its new kinder, gentler drug price hikes". *Fortune*, Nova York, 17 out. 2016. Disponível em: <https://fortune.com/2016/10/17/valeant-new-drug-price-hikes/>. Acesso em: 21 dez. 2023.

6. https://www.consumeraffairs.com/news/valeant-increases-priceon-lead-poisoning-drug-by-2700-but-american-kids-dont-need-it-anyway-110416.html

7. "Imprimis Pharma (IMMY) announces lower-cost option to Valeant's (VRX) lead poisoning treatment". *Street Insider*, Birmingham, MI, 17 out. 2016. Disponível em: <https://www.stree-

tinsider.com/Corporate+News/Imprimis+Pharma+(IMMY)+Announces+Lower-Cost+Option+to+Valeants+(VRX)+Lead+Poisoning+Treatment/12136830.html>. Acesso em: 21 dez. 2023.

8. Emily Willingham, "MDs say US costs for Valeant's lead poisoning drug are 33,000% more than Canada's". *Forbes*, Jersey City, 16 out. 2016. Disponível em: <https://www.forbes.com/sites/emilywillingham/2016/10/16/cost-for-valeants-lead-poisoning-treatment-increased-7250-in-six-years/?sh=27b4ebab26a8>. Acesso em: 21 dez. 2023.

9. Imprimis Pharmaceuticals announces availability of lower-cost option for the treatment of lead poisoning". *Imprimis Pharmaceuticals*, San Diego, 17 out. 2016. Disponível em: <https://www.prnewswire.com/news-releases/imprimis-pharmaceuticals-announces-availability-of-lower-cost-option-for-the-treatment-of-lead-poisoning-300345605.html>. Acesso em: 21 dez. 2023.

10. Naren P. Tallapragada, "Off-patent drugs at brand-name prices: A puzzle for policymakers". *Journal of Law and the Biosciences*, Oxford, UK, v. 3, n. 1, pp. 238-47, 2016.

11. Ed Silverman, "Valeant jacked up the price of a lead poisoning drug by 2,700% in just one year". *Business Insider*, Nova York, 12 out. 2016. Disponível em: <https://www.businessinsider.com/valeant-2700-price-increase-on-lead-poisoning-drug-2016-10?r=US&IR=T>. Acesso em: 21 dez. 2023.

12. Linette Lopez, "Valeant's outgoing CEO made an insane amount of money last year". *Business Insider*, Nova York, 29 abr. 2016. Disponível em: <https://www.businessinsider.com/pearson-salary-2015-2016-4>. Acesso em: 21 dez. 2023.

13. Robert Langreth; Rebecca Spalding, "Shkreli was right: Everyone's hiking drug prices". *Bloomberg*, Londres, 2 fev. 2016. Disponível em: <https://www.bloomberg.com/news/articles/2016-02-02/shkreli-not-alone-in-drug-price-spikes-as-skin-gel-soars-1-860?embedded-checkout=true>. Acesso em: 21 dez. 2023.

14. Max Nisen, "Massive, unexpected drug price increases are happening all the time". *Quartz*, Nova York, 1 out. 2015. Disponível em: <https://qz.com/514553/massive-unexpected-drug-price-increases-are-happening-all-the-time>. Acesso em: 21 dez. 2023.

15. Caroline Humer, "Drugmakers take big price increases on popular meds in U.S.". *Scientific American*, Berlim, 6 abr. 2016. Disponível em: <https://www.scientificamerican.com/article/analysis-drugmakers-take-big-price-increases-on-popular-meds-in-u-s/>. Acesso em: 21 dez. 2023.

16. Alex Kacik, "Drug prices rise as pharma profit soars". *Modern Healthcare*, Chicago, 27 dez. 2017. Disponível em: <https://www.modernhealthcare.com/article/20171228/NEWS/171229930/drug-prices-rise-as-pharma-profit-soars>. Acesso em: 21 dez. 2023.

17. "The curse of Blade Runner's adverts". *BBC News*, Londres, 27 fev. 2015. Disponível em: <https://www.bbc.com/news/newsbeat-31664223>. Acesso em: 21 dez. 2023.

18. Don Steinberg, "Science affliction: Are companies cursed by cameos in Blade Runner?". *The Wall Street Journal*, Nova York, 25 set. 2017. Disponível em: <https://www.wsj.com/articles/science-affliction-are-companies-cursed-by-cameos-in-blade-runner-1506356096>. Acesso em: 21 dez. 2023.

19. Kevin D. Williamson, "Hey, where's my corporate dystopia?". *National Review*, Nova York, 11 mar. 2013.

20. Jonah Goldberg, "The Blade Runner curse and the overestimation of corporate might". *National Review*, Nova York, 29 set. 2017. Disponível em: <https://www.nationalreview.com/2017/09/science-fiction-corporations-not-omnipotent-capitalism-ensures-competition/>. Acesso em: 21 dez. 2023.

21. F. A. Hayek, op. cit.

22. Randy Alfred, "March 19, 1474: Venice enacts a patently original idea". *Wired*, Boone, 19 mar. 2012. Disponível em: <https://www.wired.com/2012/03/march-19-1474-venice-enacts-a-patently-original-idea>. Acesso em: 21 dez. 2023.

23. http://altlawforum.org/publications/a-history-of-patent-law/

24. Eli Dourado, "The number of patents has exploded since 1982, and one court is to blame". *Mercatus Center*, Fairfax, VA, 7 abr. 2015. Disponível em: <https://www.mercatus.org/research/data-visualizations/number-patents-has-exploded-1982-and-one-court-blame>. Acesso em: 21 dez. 2023.

25. Brink Lindsey; Steven M. Teles, "Intellectual property laws: Wolves in sheep's clothing". *ProMarket*, Chicago, 15 set. 2017. Disponível em: <https://www.promarket.org/2017/09/15/intellectual-property-laws-wolves-sheeps-clothing/>. Acesso em: 21 dez. 2023.

26. U.S. Government Accountability Office. *Assessing factors that affect patent infringement litigation could help improve patent quality*. Washington, DC, ago. 2013. Disponível em: <https://www.gao.gov/assets/gao-13-465.pdf>. Acesso em: 21 dez. 2023.

27. Zachary Crockett, "How Mickey Mouse evades the public domain". *Priceonomics*, [s.l.], 7 jan. 2016. Disponível em: <https://priceonomics.com/how-mickey-mouse-evades-the-public-domain/>. Acesso em: 21 dez. 2023.

28. A. Gordon Smith, "Price gouging and the dangerous new breed of pharma companies". *Harvard Business Review*, Cambridge, MA, 6 jul. 2016. Disponível em: <https://hbr.org/2016/07/price-gouging-and-the-dangerous-new-breed-of-pharma-companies>. Acesso em: 21 dez. 2023.

29. Aaron S. Kesselheim; Jerry Avorn; Ameet Sarpatwari, "The high cost of prescription drugs in the United States: Origins and prospects for reform". *JAMA*, Chicago, v. 316, n. 8, pp. 858-71, 2016.

30. Keith Veronese, "Three sleazy moves pharmaceutical companies use to extend patents". *Gizmodo*, Nova York, 6 dez. 2011. Disponível em: <https://gizmodo.com/three-sleazy-moves-pharmaceutical-companies-use-to-exte-5865283>. Acesso em: 21 dez. 2023.

31. Eric K. Steffe; Bonnie Nannenga-Combs; Gaby L. Longsworth, "The impact of reformulation strategies on pharmaceuticals, biologics". *Biosimilar Development*, Erie, PA, 14 mar. 2016. Disponível em: <https://www.biosimilardevelopment.com/doc/the-impact-of-reformulation-strategies-on-pharmaceuticals-biologics-0001>. Acesso em: 21 dez. 2023.

32. A. Gordon Smith, op. cit.

33. https://americansforprosperity.org/fda-hesitant-approve-generic-drugs/

34. Shawn Radcliffe, "Drug price gouging laws may become a new trend". *Healthline*, Nova York, 16 out. 2019. Disponível em: <https://www.healthline.com/health-news/drug-price-gouging-laws-becoming-new-trend>. Acesso em: 21 dez. 2023.

35. Katie Gudiksen, "Drug money Part 4 - The return of the Creates Act: Fourth time's a charm?". *The Source*, San Francisco, 25 out. 2017. Disponível em: <https://sourceonhealthcare.org/drug-money-part-4-the-return-of-the-creates-act-fourth-times-a-charm/>. Acesso em: 21 dez. 2023.

36. David Dayen, "Senate republicans kept provision to fight high drug prices out of spending bill, democrats say". *The Intercept*, [s.l.], 8 fev. 2018. Disponível em: <https://theintercept.com/2018/02/08/spending-bill-creates-act-drug-prices/>. Acesso em: 21 dez. 2023.

37. Matthew Herper, "Why did that drug price increase 6,000%? It's the law". *Forbes*, Jersey City, 10 fev. 2017. Disponível em: <https://www.forbes.com/sites/matthewherper/2017/02/10/a-6000-price-hike-should-give-drug-companies-a-disgusting-sense-of-deja-vu/?sh=234aee0471f5>. Acesso em: 21 dez. 2023.

38. Michael Harthorne, "Sufferers of rare disease get lesson in US drug economics". *Newser*, Miami, 24 fev. 2018. Disponível em: <https://www.newser.com/story/255796/sufferers-of-rare-disease-get-lesson-in-us-drug-economics.html>. Acesso em: 21 dez. 2023.

39. Ronda Wendler, "The man who cured childhood leukemia". *MD Anderson Cancer Center*, Austin, 2015. Disponível em: <https://www.mdanderson.org/publications/annual-report/annual-report-2015/the-man-who-helped-cure-childhood-leukemia.html>. Acesso em: 21 dez. 2023.

40. David Liu, "Why doctors should read Malcolm Gladwell's David and Goliath. Can a David fix health care?". *David Liu, MD*, Woodstock, NY, 6 jan. 2014. Disponível em: <https://www.davisliumd.com/why-doctors-should-read-malcolm-gladwells-david-and-goliath/>. Acesso em: 21 dez. 2023.

41. Luke Zubrod, "Will the 'cure' for systemic risk kill the economy?". *The Atlantic*, Washington, DC, 20 jun. 2011. Disponível em: <https://www.theatlantic.com/business/archive/2011/06/will-the-cure-for-systemic-risk-kill-the-economy/240600/>. Acesso em: 21 dez. 2023.

42. Mihir Zaveri, "Dr. Emil Freireich attacked cancer on multiple fronts". *Chron*, Houston, 10 ago. 2016. Disponível em: <https://www.chron.com/local/history/innovators-inventions/article/Dr-Emil-Freireich-attacked-cancer-on-multiple-9135603.php>. Acesso em: 21 dez. 2023.

43. Bruce C. Greenwald; Judd Kahn, *Competition demystified: A radically simplified approach to business strategy*. Nova York: Penguin, 2007, p. 26.

44. Milton Friedman, *Capitalism and freedom*. 14. ed. Chicago: University of Chicago Press, 2002. [Ed. bras.: Capitalismo e liberdade. Barueri: LTC, 2014.]

45. Holy Wade, *Small business problems and priorities*. Washington, DC: NFIB Research Foundation, 2016. Disponível em: <https://strgnfibcom.blob.core.windows.net/nfibcom/NFIB-Problems-and-Priorities-2016.pdf>. Acesso em: 21 dez. 2023.

46. Dustin Chambers; Patrick McLaughlin; Tyler Richards, "Regulation, entrepreneurship, and firm size". *Mercatus Center*, Fairfax, VA, 26 abr. 2018. Disponível em: <https://www.mercatus.org/research/working-papers/regulation-entrepreneurship-and-firm-size>. Acesso em: 21 dez. 2023.

47. "Incubator". *U.S. Chamber of Commerce Foundation*, Washington, DC, 26 jan. 2022. Disponível em: <https://www.uschamberfoundation.org/solutions/incubator>. Acesso em: 21 dez. 2023.

48. https://www.uschamberfoundation.org/sites/default/files/CityReg%20Report_0.pdf

49. Mona Charen, "The New York Times covers over-regulation". Townhall, Arlington, VA, 29 dez. 2017. Disponível em: <https://townhall.com/columnists/monacharen/2017/12/29/the-new-yorktimes-covers-overregulation-n2427916>. Acesso em: 21 dez. 2023.

50. James B. Bailey; Diana W. Thomas, "Regulating away competition: The effect of regulation on entrepreneurship and employment". *Journal of Regulatory Economics*, Berlim, v. 52, pp. 237-54, 2017.

51. Fabio Schiantarelli, "Product market regulation and macroeconomic performance: A review of cross country evidence". *World Bank Policy Research*, Washington, DC, Working paper n. 3770, 2005.

52. Robert M. Adams; Jacob P. Gramlich, *Where are all the new banks? The role of regulatory burden in new charter creation*. Washington, DC: Federal Reserve Board, 2014. Disponível em: <https://www.federalreserve.gov/econresdata/feds/2014/files/2014113pap.pdf>. Acesso em: 21 dez. 2023.

53. Nicole Gelinas, *Reforming Obama-Era financial regulation*. Nova York: Manhattan Institute, 2017.

54. Stacy Mitchell, "One in four local banks has vanished since 2008. Here's what's causing the decline and why we should treat it as a national crisis". *Institute for Local Self-Reliance*, Minneapolis, 5 maio 2015. Disponível em: <https://ilsr.org/vanishing-community-banks-national-crisis/>. Acesso em: 21 dez. 2023.

55. Mark J. Perry, "Dodd-Frank Act, aka The 2010 Full Employment Act for Lawyers, Accountants, and Consultants". *Carpe Diem*, Washington, DC, 9 set. 2011. Disponível em: <http://mjperry.blogspot.com/2011/09/dodd-frank-2010-full-employment-act-for.html>. Acesso em: 21 dez. 2023.

56. Timothy P. Carney, "Goldman and JPMorgan sit safely behind the walls of Dodd-Frank". *Washington Insider*, Washington, DC, 12 fev. 2015. Disponível em: <https://www.washingtonexaminer.com/opinion/210904/goldman-and-jpmorgan-sit-safely-behind-the-walls-of-dodd-frank/>. Acesso em: 21 dez. 2023.

57. "Regulation is good for Goldman". *The Wall Street Journal*, Nova York, 11 fev. 2015. Disponível em: <https://www.wsj.com/articles/regulation-is-good-for-goldman-1423700859>. Acesso em: 21 dez. 2023.

58. Peter Eavis, "What stress? It's good to be a bank". *The New York Times*, Nova York, 22 jun. 2018. Disponível em: <https://www.nytimes.com/2018/06/22/business/dealbook/banks-stress-test.html>. Acesso em: 21 dez. 2023.

59. Timothy P. Carney, "Goldman Sachs wants regulation, not laissez-faire". *Washington Examiner*, Washington, DC, 21 abr. 2010. Disponível em: <https://www.washingtonexaminer.com/news/827389/goldman-sachs-wants-regulation-not-laissez-faire/>. Acesso em: 21 dez. 2023.

60. "S&P, Moody's boosting rating fees faster than inflation". *Financial Post*, Toronto, 15 nov. 2011. Disponível em: <https://financialpost.com/news/economy/sp-moodys-boosting-rating-fees-faster-than-inflation>. Acesso em: 21 dez. 2023.

61. Rachel Chang, "Entry barriers stifle U.S. credit ratings competition". *Reuters*, Nova York, 24 jun. 2009. Disponível em: <https://www.reuters.com/article/businesspro-us-usa-ratings-competition-aidUSTRE55N4VU20090624/>. Acesso em: 21 dez. 2023.

62. Edward I. Altman, et al., "Regulation of rating agencies". In: Viral V. Acharya et al. (Eds.), *Regulating Wall Street: The Dodd Frank Act and the new architecture of global finance*. Nova York: Wiley, 2010. pp. 443-68.

63. Ezra Klein, "The Pentagon's $435 hammer". *The Washington Post*, Washington, DC, 8 jun. 2011. Disponível em: <https://www.washingtonpost.com/blogs/wonkblog/post/the-pentagons-435-hammer/2011/05/19/AGoGKHMH_blog.html>. Acesso em: 21 dez. 2023.

64. Disponível em: <https://www.transdigm.com/investor-relations/presentations/>. Acesso em: 21 dez. 2023.

65. "TransDigm reviews". *Glassdoor*, [s.l.], 10 jan. 2024. Disponível em: <https://www.glassdoor.co.uk/Reviews/TransDigm-Reviews-E22279.htm>. Acesso em: 11 jan. 2023.

66. http://www.hassoninvestments.com/investment-journal-blog/2016/9/30/transdigm-compounding-value

67. http://www.citronresearch.com/wp-content/uploads/2017/03/TDG-Citron-part-2-final-d.pdf

68. "TransDigm: A closer look at TransDigm's corporate training and strategies to avoid government scrutiny of price and cost data". *Investor Village*, [s.l.], 13 abr. 2017. Disponível em: <https://www.investorvillage.com/smbd.asp?mb=4143&mn=386614&pt=msg&mid=17064056>. Acesso em: 21 dez. 2023.

69. "TransDigm Group's stock is up 1,500%, the CEO's flush, and short seller Andrew Left sees big bubble". *Crain's Cleveland Business*, Cleveland, 1 fev. 2017. Disponível em: <https://www.crainscleveland.com/article/20170201/NEWS01/170209988/transdigm-groups-stock-is-up-1500-the-ceos-flush-and-short-seller>. Acesso em: 21 dez. 2023.

70. Scott Suttell, "TransDigm Group CEO is no stranger to politics". *Crain's Cleveland Business*, Cleveland, 4 abr. 2017. Disponível em: <https://www.crainscleveland.com/article/20170404/BLOGS03/170409936/transdigm-group-ceo-is-no-stranger-to-politics>. Acesso em: 21 dez. 2023.

71. Matthew D. Hill et al., "Determinants and effects of corporate lobbying". *Financial Management*, Hoboken, v. 42, n. 4, pp. 944-55, 2013.

72. Raquel M. Alexander; Stephen W. Mazza; Susan Scholz, "Measuring rates of return for lobbying expenditures: An empirical case study of tax breaks for multinational corporations". *Journal of Law and Politics*, [s.l.], v. 25, n. 401, 2009.

73. "How the government can lower drug prices". *The New York Times*, Nova York, 20 jun. 2018. Disponível em: <https://www.nytimes.com/2018/06/20/opinion/prescription-drug-costs-naloxone-opioids.html>. Acesso em: 21 dez. 2023.

74. Bill Meagher, "Creates act clears committee vote, could ease way for generic drugmakers". *The Street*, [s.l.], 15 jun. 2018. Disponível em: <https://www.thestreet.com/politics/creates-act-clears-committee-vote-could-ease-way-for-generic-drug-makers-14623054>. Acesso em: 21 dez. 2023.

75. Vito J. Racanelli, "Lobbying index beats the market". *Barron's*, Londres, 27 abr. 2018. Disponível em: <https://www.barrons.com/articles/lobbying-index-beats-the-market-1524863200>. Acesso em: 21 dez. 2023.

76. Scott Walker, "Six of the nation's 10 wealthiest counties, 'according to median income, are in and around the Washington, DC area'". *Polifact*, St. Petersburg, FL, 6 fev. 2015. Disponível em: <https://www.politifact.com/factchecks/2015/mar/02/scottwalker/scott-walker-says-most-10-richest-counties-are-aro/>. Acesso em: 21 dez. 2023.

77. James Bessen, "Lobbyists are behind the rise in corporate profits". *Harvard Business Review*, Cambridge, MA, 26 maio 2016. Disponível em: <https://hbr.org/2016/05/lobbyists-are-behind-the-rise-in-corporate-profits>. Acesso em: 21 dez. 2023.

78. Ibid.

79. Brink Lindsey; Steven Teles, *The captured economy: How the powerful enrich themselves, slow down growth, and increase inequality*. Nova York: Oxford University Press, 2017.

80. http://cms.marketplace.org/sites/default/files/EMR23033%20Marketplace%20Wave%20Three%20Web%20Only%20Banner.pdf

81. Avi Asher-Schapiro, "Donald Trump said Goldman Sachs had 'total control' over Hillary Clinton — Then stacked his team with Goldman insiders". *International Business Times*, Nova York, 16 nov. 2016. Disponível em: <https://www.ibtimes.com/political-capital/donald-trump-said-goldman-sachs-had-total-control-over-hillary-clinton-then>. Acesso em: 21 dez. 2023.

82. Michael Sainato, "Trump continues White House's Goldman Sachs revolving door tradition". *The Hill*, Washington, DC, 12 dez. 2016. Disponível em: <https://thehill.com/blogs/pundits-blog/the-administration/309966-trump-continues-white-houses-goldman-sachs-revolving/>. Acesso em: 21 dez. 2023.

83. Paula Reid, "Goldman Sachs' revolving door". *CBS News*, Nova York, 8 abr. 2010. Disponível em: <https://www.cbsnews.com/news/goldman-sachs-revolving-door/>. Acesso em: 21 dez. 2023.

84. http://thinkreadact.com/goldman-sachs-revolving-door/

85. Shahien Nasiripour, "Geithner Calendar: Met Goldman's Blankfein more often than Pelosi, Reid, McConnell, Boehner". *Huffpost*, Nova York, 14 set. 2010. Disponível em: <https://www.huffpost.com/entry/geithner-blankfein-pelosi_n_715334>. Acesso em: 21 dez. 2023.

86. Daniel Carpenter; David A. Moss (Eds.), *Preventing regulatory capture: Special interest influence and how to limit it*. Nova York: Cambridge University Press, 2014.

87. Public Citizen. *Financial services conflict of interest act*. Washington, DC, 15 jun. 2015. Disponível em: <https://www.citizen.org/wp-content/uploads/financial-services-conflict-of-interest-act-report.pdf>. Acesso em: 21 dez. 2023.

88. Sam Stein; Lachlan Markay, "Swamp things: More than 50% of President Trump's nominees have ties to the industries they're supposed to regulate". *The Daily Beast*, Nova York, 29 out. 2017. Disponível em: <https://www.thedailybeast.com/donald-trump-pledged-to-drain-the-swamp-instead-he-filled-it-with-industry-sharks>. Acesso em: 21 dez. 2023.

89. Lisa Gilbert, "Reforming the financial services revolving door". *The Hill*, Washington, DC, 15 jul. 2015. Disponível em: <https://thehill.com/blogs/pundits-blog/finance/247962-reforming-the-financial-services-revolving-door/>. Acesso em: 21 dez. 2023.

90. Geke. "Monsanto (updated)". *Steemit*, [s.l.], 2018. Disponível em: <https://steemit.com/corporatism/@geke/gekevenn-monsanto-updated>. Acesso em: 21 dez. 2023.

91. Brian Wallheimer, "Should we stop the 'revolving door'?". *Chicago Booth Review*, Chicago, 7 ago. 2017. Disponível em: <https://www.chicagobooth.edu/review/should-we-stop-revolving-door>. Acesso em: 21 dez. 2023.

92. Megan Slack, "From the archives: President Teddy Roosevelt's new nationalism speech". *The White House*, Washington, DC, 6 dez. 2011. Disponível em: <https://obamawhitehouse.archives.gov/blog/2011/12/06/archives-president-teddy-roosevelts-new-nationalism-speech>. Acesso em: 21 dez. 2023.

9. Morganização dos Estados Unidos [p. 242]

1. "History of New York stock exchange holidays". *Amazon*, Seattle, jan. 2011. Disponível em: <https://s3.amazonaws.com/armstrongeconomics-wp/2013/07/NYSE-Closings.pdf>. Acesso em: 21 dez. 2023.

2. http://www.theodore-roosevelt.com/images/research/txtspeeches/16.txt

3. Jeffrey M. Jones, "U.S. stock ownership down among all but older, higher-income". *Gallup*, Washington, DC, 24 maio 2017. Disponível em: <https://news.gallup.com/poll/211052/stock-own-ership-downamong-older-higher-income.aspx>. Acesso em: 21 dez. 2023.

4. http://rooseveltinstitute.org/wp-content/uploads/2018/06/The-Shareholder-Myth.pdf

5. Edward Wolff, op. cit.

6. Jim Norman, "Young Americans still wary of investing in stocks". *Gallup*, Washington, DC, 4 maio 2018. Disponível em: <https://news.gallup.com/poll/233699/young-americans-waryin-vesting-stocks.aspx>. Acesso em: 21 dez. 2023.

7. Ted Reed, "Buffett decries airline investing even though at worst he broke even". *Forbes*, Jersey City, 13 maio 2013. Disponível em: <https://www.forbes.com/sites/tedreed/2013/05/13/buffett-decries-airline-investing-even-though-at-worst-he-broke-even/?sh=20b4a7ed3b5e>. Acesso em: 21 dez. 2023.

8. Robert Kuttner, op. cit.

9. Erik Gilje; Todd A. Gormley; Doron Levit, "The rise of common ownership". *Journal of Financial Economics*, Pittsburgh, 19 abr. 2018.

10. Einer Elhauge, "Horizontal shareholding". *Harvard Law Review*, Cambridge, MA, v. 129, n. 5, pp. 1267-1317, 2016.

11. Christine Negroni, op. cit.

12. José Azar; Martin Schmalz; Isabel Tecu, "Why common ownership creates antitrust risks". *CPI Antitrust Chronicle*, [s.l.], 2017. Disponível em: <https://www.competitionpolicyinternation-al.com/wp-content/uploads/2017/06/CPI-Azar-Schmalz-Tecu.pdf>. Acesso em: 21 dez. 2023.

13. Ibid.

14. https://www.forbes.com/sites/laurengensler/2017/02/25/warren-buffettannual-letter-2016-pas-sive-active-investing/#1bae82286bbd

15. https://www.theatlas.com/charts/S1lPjxkM-

16. Landon Thomas Jr., "Vanguard is growing faster than everybody else combined". *The New York Times*, Nova York, 14 abr. 2017. Disponível em: <https://www.nytimes.com/2017/04/14/business/mutfund/vanguard-mutual-index-funds-growth.html>. Acesso em: 21 dez. 2023.

17. Frank Partnoy, "Are index funds evil?". *The Atlantic*, Washington, DC, set. 2017. Disponível em: <https://www.theatlantic.com/magazine/archive/2017/09/are-index-funds-evil/534183/>. Acesso em: 21 dez. 2023.

18. Steve Maas, "Explaining low investment spending". *National Bureau of Economic Research*, Cambridge, MA, fev. 2017. Disponível em: <https://www.nber.org/digest/feb17/explaining-low-investment-spending>. Acesso em: 21 dez. 2023.

19. Steven Clifford, "How companies actually decide what to pay CEOs". *The Atlantic*, Washington, DC, 14 jun. 2017. Disponível em: <https://www.theatlantic.com/business/archive/2017/06/how-companies-decide-ceo-pay/530127/>. Acesso em: 21 dez. 2023.

20. Steve Butler, "Who do stock buybacks leave behind". *The Mercury News*, San José, CA, 7 maio 2018. Disponível em: <https://www.mercurynews.com/2018/05/07/butler-who-do-stock-buybacks-leave-behind/>. Acesso em: 21 dez. 2023.

21. Stephen Gandel, "Five charts that show how companies are spending their tax savings". *Bloomberg*, Londres, 5 mar. 2018. Disponível em: <https://www.bloomberg.com/gadfly/articles/2018-03-05/five-charts-that-show-where-those-corporate-tax-savings-are-going>. Acesso em: 21 dez. 2023.

22. William Lazonick, "Stock buybacks: From retain-and-reinvest to downsize-and-distribute". *The Brookings Institution*, Washington, DC, abr. 2015. Disponível em: <https://www.brookings.edu/wp-content/uploads/2016/06/lazonick.pdf>. Acesso em: 21 dez. 2023.

23. Youssef Cassis, *Capitals of capital: The rise and fall of international financial centres*. Cambridge, UK: Cambridge University Press, 2006, p. 137.

24. Rachel Cohen, "J. P. Morgan: The man who bought the world". *Apollo*, Londres, 5 set. 2015. Disponível em: <https://www.apollo-magazine.com/j-p-morgan-the-man-who-bought-the-world/>. Acesso em: 21 dez. 2023.

25. Ron Chernow, *The house of Morgan: An American banking dynasty and the rise of modern finance*. Nova York: Gove Press, 1990.

26. Frank Partnoy, op. cit.

10. A peça que falta no quebra-cabeça [p. 260]

1. "Donald Trump NYC speech on stakes of the election". *Politico*, Arlington, VA, 22 jun. 2016. Disponível em: <https://www.politico.com/story/2016/06/transcript-trump-speech-on-the-stakes-of-the-election-224654>. Acesso em: 21 dez. 2023.

2. Disponível em: <https://berniesanders.com/issues/income-and-wealth-inequality/>. Acesso em: 21 dez. 2023.

3. Emily Cohn, "Not many people got past page 26 of Piketty's book". *Huffpost*, Nova York, 7 dez. 2017. Disponível em: <https://www.huffingtonpost.co.uk/entry/piketty-book-no-one-read_n_5563629>. Acesso em: 21 dez. 2023.

4. Richard Sutch, "The one percent across two centuries: A replication of Thomas Piketty's data on the concentration of wealth in the United States". *Social Science History*, Cambridge, UK, v. 41, n. 4, pp. 587-613, 2017.

5. Michael Forster; Wen-Hao Chen; Ana Llena-Nozal, "Divided we stand: Why inequality keeps rising". *Organisation for Economic Co-operation and Development*, Paris, 2011. Disponível em: <https://www.oecd.org/els/soc/49170768.pdf>. Acesso em: 21 dez. 2023.

6. "Why wealth matters. The Global Wealth Report". *Credit Suisse*, Zurique, 12 out. 2015. Disponível em: <https://www.credit-suisse.com/about-us/en/reports-research/global-wealth-report.html>. Acesso em: 21 dez. 2023.

7. "Acquisition update". *Dexus*, Sydney, ago. 2017. Disponível em: <https://www.dexus.com/acquisition?alias=/olivers-insights/august-2017/inequality-is-it-increasing>. Acesso em: 21 dez. 2023.

8. Normalmente os economistas calculam o coeficiente de Gini observando a renda das pessoas (já descontados os impostos) e as transferências de renda do governo. Em muitos países, sobretudo na Europa, os pobres recebem grandes montantes do governo, e é por isso que suas medições parecem mais baixas.

9. "Acquisition update", op. cit.

10. Alyssa Davis; Lawrence Mishel, "CEO pay continues to rise as typical workers are paid less". *Economic Policy Institute*, Washington, DC, 12 jun. 2014. Disponível em: <https://www.epi.org/publication/ceo-pay-continues-to-rise/>. Acesso em: 21 dez. 2023.

11. David Sarokin, "CEO compensation in the U.S. vs. the world". *Chron*, Houston, 9 out. 2020. Disponível em: <https://work.chron.com/ceo-compensation-vs-world-15509.html>. Acesso em: 21 dez. 2023.

12. Gustavo Grullon; Yelena Larkin; Roni Michaely, op. cit.

13. Sam Peltzman, "Industrial concentration under the rule of reason". *Journal of Law and Economics*, Chicago, v. 57, n. S3, pp. S101-20, 2014.

14. Jonathan Baker; Steven Salop, "Antitrust, competition policy, and inequality". *Washington College of Law*, Washington, DC, 25 fev. 2015. Disponível em: <https://digitalcommons.wcl.american.edu/fac_works_papers/41/>. Acesso em: 21 dez. 2023.

15. Lina Khan; Sandeep Vaheesan, op. cit.

16. Jan de Loecker; Jan Eeckhout, op. cit.

17. Ibid.

18. Sean F. Ennis; Pedro Gonzaga; Chris Pike, op. cit.

19. David H. Autor et al., "The fall of the labor share and the rise of superstar firms". *NBER*, Cambridge, MA, Working paper n. w23396, 2017. Disponível em: <https://papers.ssrn.com/sol3/papers.cfm?abstract_id=2968214>. Acesso em: 21 dez. 2023.

20. Raj Chetty et al. "The fading American dream: Trends in absolute mobility since 1940". *NBER*, Cambridge, MA, Working paper n. 22910, 2016. Disponível em: <http://www.nber.org/papers/w22910>. Acesso em: 21 dez. 2023. Alex Johnson, "Exit polls: NBC News' analysis of 2016 votes and voters". *NBC News*, Nova York, 9 nov. 2016. Disponível em: <https://www.nbcnews.com/storyline/2016-election-day/election-%20polls-nbc-news-analysis-2016-votes-voters-n680466>. Acesso em: 21 dez. 2023. Opportunity Insights, Cambridge, MA, 15 jul. 2023. Disponível em: <https://opportunityinsights.org/>. Acesso em: 21 dez. 2023.

21. "America's shrinking middle class: A close look at changes within metropolitan areas". *Pew Research Center*, Washington, DC, 11 maio 2016. Disponível em: <https://www.pewresearch.org/social-trends/2016/05/11/americas-shrinking-middle-class-a-close-look-at-changes-within-metropolitan-areas/>. Acesso em: 21 dez. 2023.

22. Frederick Kuo, "San Francisco has become one huge metaphor for economic inequality in America". *Quartz*, Nova York, 21 jun. 2016. Disponível em: <https://qz.com/711854/the-inequality-happening-now-in-san-francisco-will-impact-america-for-generations-to-come>. Acesso em: 21 dez. 2023.

23. George Avalos, "Bay Area hammered by loss of 4,700 jobs". *The Mercury News*, San José, CA, 20 out. 2017. Disponível em: <https://www.mercurynews.com/2017/10/20/san-jose-san-francisco-oakland-job-losses-hammer-bay-area-employers-slash-thousands-of-jobs/>. Acesso em: 21 dez. 2023.

24. Andrew Gumbel, "San Francisco's guerrilla protest at Google buses swells into revolt". *The Guardian*, Nova York, 25 jan. 2014. Disponível em: <https://www.theguardian.com/world/2014/jan/25/google-bus-protest-swells-to-revolt-san-francisco>. Acesso em: 21 dez. 2023.

25. Nick Hanauer, "The pitchforks are coming... for us plutocrats". *Politico Magazine*, Arlington, VA, 2014. Disponível em: <https://www.politico.com/magazine/story/2014/06/the-pitchforks-are-coming-for-us-plutocrats-108014/>. Acesso em: 21 dez. 2023.

Considerações finais: Liberdade política e econômica [p. 285]

1. F. A. Hayek, op. cit., p. 204.

2. http://bcw-project.org/church-and-state/second-civil-war/agreement-ofthe-people

3. Geoffrey M. Hodgson, *Wrong turnings: How the left got lost*. Chicago: University of Chicago Press, 2018.

4. Elizabeth Anderson, "When the market was 'left'". *Tanner Lectures*, Salt Lake City, mar. 2015. Disponível em: <https://tannerlectures.utah.edu/_resources/documents/a-to-z/a/Anderson%20manuscript.pdf>. Acesso em: 21 dez. 2023.

5. Michael Kent Curtis, "In pursuit of liberty: The levellers and the American Bill of Rights". *Constitutional Commentary*, Minneapolis, v. 8, p. 359, 1991. Disponível em: <https://scholarship.law.umn.edu/concomm/737>. Acesso em: 21 dez. 2023.

6. United States. *Pennsylvania Constitution of 1776*. Filadélfia, 15 jul. 1776. Disponível em: <https://www.phmc.state.pa.us/portal/communities/documents/1776-1865/pennsylvania-con-stitution-1776.html>. Acesso em: 21 dez. 2023.

7. Charles R. Geisst, *Monopolies in America: Empire builders and their enemies from Jay Gould to Bill Gates*. Oxford, UK: Oxford University Press, 2000.

8. David J. Bodenhamer, *The Revolutionary Constitution*. Nova York: Oxford University Press, 2012.

9. Jonathan Sallet, "Louis Brandeis: A man for this season". *Colorado Technology Law Journal*, Boulder, v. 16, n. 2, pp. 365-99, 2018.

10. Carl T. Bogus, "The new road to serfdom: The curse of bigness and the failure of antitrust" *University of Michigan Journal of Law Reform*, Ann Arbor, v. 49, n. 1, 2015.

11. Brown Shoe Co., Inc. v. United States, 370 U.S. 294, 1962. Disponível em: <https://supreme.justia.com/cases/federal/us/370/294/>. Acesso em: 21 dez. 2023.

12. Krystal Thomas, "New nationalism". *Theodore Roosevelt Center*, Dickinson, ND, 31 ago. 2011. Disponível em: <https://www.theodorerooseveltcenter.org/Blog/Item/New%20Nationalism>. Acesso em: 21 dez. 2023.

13. https://openmarketsinstitute.org/wp-content/uploads/2018/05/05.30.18-DOJ-Comments-Costs-of-Regs.pdf

Índice remissivo

Números de páginas em *itálico* referem-se a imagens.

3G Capital Partners, 19

A Grande mudança, 38
AB InBev, dominação do mercado de cerveja, 234
Acionistas, 299
    porcentagem dos EUA, 249
    renda, impacto, 246
    representação, 109
Acionistas, concentração de, 247
Ações
    compra por diretores, 299
    manutenção do capital investido, 253
Acordos de não concorrência
    aplicação do estado, ausência, *99*
    porcentagem de trabalhadores, *97*
Acordos de não concorrência, 115
Acs, Zoltan, 80
Advanced Micro Devices (AMD), participação de mercado, 157
AdWords (Google), 120
Agências de relatórios de crédito
    conglomerados, 162
Agreement [manifesto], 287
Agreement (Lilburne), 287
Agricultura
    oligopólio, 170
    quatro grandes, controle, 55
AIG, resgate, 236
Alemanha
    lei de descartelização (1947), 193
    partido nacionalista, impacto, 263
    reconstrução, 191, 291
    rendição, 191
Alon, Titan, 78
Alvarez, Rosemary, 59-60
Amazon
    conflito de interesses, 137-138
    críticas, 136-137
    efeitos de rede/ retroalimentação, 136-137
    esforços/ despesas de lobby, 128
    pirataria, acusação, 136
    poder de mercado, abuso, 138
    predador, exemplo, 140
    vendas de terceiros, monitoramento, 137
América Online (AOL), fracasso, 134
American Tobacco Company, decisão da Suprema Corte dos Estados Unidos, 182-183
AmerisourceBergen Amerisource Bergen redução de preços, 168
Anheuser-Busch (AB), aquisição da InBev, 69, 159
antimonopólio
    antitruste, contraste, 296
    soluções/ recomendações, 295-296, 298
Antitrust and the Formation of the Postwar World (Wells), 190
Antitruste e a formação do mundo pós-guerra (livro), 190
Antitruste
    antimonopólio (contraste), 296
    aplicação, 185-186, 279
    atitude, mudança de, 186
    impacto de Reagan, 202
    regulamentação (diretrizes), 199
Antitruste, fiscalização
    contrastes/ desigualdade de renda, 275
    orçamento, 202
Anúncios on-line, duopólios, 160
Apple
    aplicativos, venda de, 123-124
    Google, duopólio, 160
    lobby/ custos/ despesas, 128
"Are us Industries Becoming More Concentrated?" (Grullon/ Larkin/ Michaely), 30
Arbitragem
    forçada, prática da, 111
Archer Daniel Midland (ADM)

domínio de mercado, 170
espionagem, 42
Arnold, Thurman, 186
AT&T
  domínio do mercado telefônico, 164
  inovação, 81
  patente, 37
atendimento ao cliente
  regulamentação, 298
Atividade política, 300
Atkinson, Robert, 22, 79
Audretsch, David, 80
autoestradas informacionais, Google, domínio do, 142
Autor, David, 64, 278
Axelrod, Robert, 48
Azar, José, 62, 101, 248

Bailey, James, 225
Baker, Jonathan, 63, 275
Baker, Meredith Attwell, 23
Banco da Inglaterra, 36
bancos
  fusões, *165*
  oligopólios, 164
  proprietários, classificação, *248*
Bank of America, domínio de mercado, 164
Bannon, Stephen, 235
Baxter, William F., 199
Bayer
  lobby, gastos, 239
Berge, Wendell, 190
Berger, David, 78
Berkshire Hathaway
  "celebração do capitalismo", 17
  Buffett, controle de, 17
Berners Lee, Tim, 133
Bessen, James, 234
Bezos, Jeff, 108, 138
Big Data, Big Brother (relacionamentos), 147
Birkenstock
  acusação de pirataria, 136
Blade Runner (filme), 214-215
Blankfein, Lloyd, 235-236
Blonigen, Bruce, 65
Bogle, Jack, 250
Booth, Escola de Negócios (Universidade de Chicago), 205
Bork, Robert, 195, 198-199, 200, 208
  revolução antitruste, 291

Boston Dynamics
  aquisição pelo Google, 81
Boston, Companhia sobre o chá (Tea Party), 288
Brandeis, Louis, 285, 289-290
Brexit, votação, 148
Brown Shoe (caso), 194
Brown, G.R. Kinney Co., proibição de fusão, 194
Buffalo Courier-Express (perda de negócios), 18
Buffalo Evening News (comprado por Buffet), 18
Buffett, Warren
  bilionários, acordo de, 17
  desperdício de investidor, 249-250
  Morgan, comparação com, 245
Bukett, Warren, 243
Bunge, domínio de mercado, 170
Burke, Edmund, 292
Burns, Arthur Robert, 185
Buscas
  mecanismos de, construção, 154
  monopólios, 154
Busch III, August, 49
Bush, George W., 202
  agências de regulação, 238

Capital
  acesso ao, 95
  perspectiva (Marx), 26
  propriedade, ações dos trabalhadores, 299
capital no século XXI, O (Piketty), 264
Capitalismo
  problema, percepção dos EUA/ Reino Unido, 263
  reforma do, 291
Capitalismo tardio
  União Soviética (relação), 151
Capone, Al, 41
Captured Economy, The (Lindsey/ Teles), 234
Cardinal Health, tabelamento de preços, 168
Cargill, domínio de mercado, 170
Carlton, Dennis, 205
Carnegie, Andrew, 179, 183
Carpenter II, Dick M., 114
Cartéis
  estudos, 46
  perspectiva da Escola de Chicago, 43
  taxas do banco central (impacto), *46*
Cartéis: *A Challenge to a Free World* (livro), 190
CBS Corporation, domínio de mercado, 170
CelebrityNetWorth, dados e Google, 121
CEO *versus* trabalhador

crescimento da proporção de remuneração, 271

Cerveja
duopólios, 159
fusões, impacto, 69

Chamberlin, Edward, 24

Chambers, Dustin, 224

China, Big Data e Big Brother, 147

Chipotle, lançamento do McDonald's, 71, 82

Christensen, Clayton, 81

Cinco Famílias, 41

Cinco Forças Competitivas (Porter), 32

Citigroup, domínio de mercado, 164

Cláusulas empregatícias, usos, 98

Clayton, Lei Antritruste (1914), 24, 184, 201, 258

Clemenceau, George, 285

Clifton, Daniel, 233

Clinton, Bill, 238

Clinton, Hillary, 235, 261

Coal Question, The (livro), 36

Coeficientes de Gini, 270

Cohn, Gary, 235

Comércio, restrições, 97

Comissão Federal de Comércio CFC, 200, 205
criação, 184

Companhias aéreas
desregulamentação, 162, 245
fusões, 68, 204
oligopólios, 162

Companhias telefônicas
oligopólios, 164

Composição, falácia da, 36

Concentração industrial, market share, 54

Concentração setorial, timeline, 204

concorrência
ausência, 293
fusões e aquisições (impacto), 29
Google, impacto do, 127
incentivo, patentes (validade), 298
patentes, impacto das, 219
promoção, patentes/ direitos autorais, 299

concreto, indústria, fusões (impacto), 68

conglomerados, compra, 195

conluio, impacto, 52

Connor, John, 42

Conrad, Jeremy, 81

Constituição da Pensilvânia de 1776
(declaração), 288

Consumidor
Bem-estar do, 199-200

desejo do, 151

Controle horizontal de ações, 258
impedimentos, 299
problemas, 246

Corbyn, Jeremy (eleição), 262

Corporações
corporações conjunto de, 51
redução, fusões (prevenção), 295

Cox, Archibald, 198

CR4, índice, 295

Credit Suisse
estudos, 27
relatório de riqueza global, 268

Crescimento salarial
aumento, não concorrência, 99
crescimento, greves (associação), 110
produtividade, contraste, 272
redução, aumento, 277
salários roubados, 107-108

Criação e destruição de empregos, 76

Criação e Restauração do Acesso Igualitário a
Amostras Equivalentes (creates), Lei de, 220

crise do capitalismo, A (livro), 197

Crise Financeira (2007 e 2008), 45

Cuidados médicos, oligopólios, 166

Curry, Steph, 18

Curse of Bigness, The (livro), 289

Custos de habitação, aumento, 150

Custos de migração (redução), regras, 298

CVS Caremaker, domínio de mercado, 167

Dalio, Ray, 279

David, Larry, 121

DaVita, Fresenius (fusão), 160

Dayen, David, 129

De Beers Consolidated Mines (cartel), 44

Loecker, Jan de, 276

Dean Food, tabelamento de preços, 155

Decker, Ryan, 72

Declaração de impostos, oligopólios, 162

Decline of Competition, The (Burns), 185

Dent, Robert, 78

Descartelização
políticas de, 191-192
ritmo de, 192-193

Desigualdade, 264
causas, 267
coeficientes de Gini, aumento do, 270
concentração de indústrias, impacto, 275, 277
de renda, 61-62, 64, 264, 275

Desigualdade de renda, 60, 265
  aumento, 60-62, 64
Desigualdade de renda, 264, 275
Desigualdade econômica, aumento da, 278
Destruição criativa, processo de, 71
Diálise renal, duopólios, 160
Diapers.com, Amazon e *dumping*, 139
Dickens, Charles, 36
Dilema do Prisioneiro, O, 48
Dimon, Jamie, 227
Dinamismo econômico, redução, 61
Dinheiro, gastos, 300
Direitos Autorais, lei de extensão de vigência
  dos, 218
Direitos Autorais, patentes, 298
Diretrizes para construção de sistema de crédito
  social (China), 147
Dirlam, Jek, 211
Disraeli, Benjamin, 292
Diversidade, impacto, 85-88
DNA, danos, 222
Domínio de mercado, 170
Döttling, Robin, 83
Doubleclick, Google aquisição, 123
Dow Chemicals, DuPont (fusão), 157
Dreyfus, domínio de mercado, 55
Duisberg, Carl, 187
Duke, James Buchanan, 182
Duke, Mike, 34
Dunbar, Número de (teoria), 77
Duopólios, 33, 151-152, 158-161
Duplo Irlandês, acordo, 124
Durant, Will, 281
Düsseldorf, Acordo de, 188

Eco Show (Amazon), 141
Economia
  economias avançadas (crescimento), 278
  empresas, desempenho (diminuição), 74
  problemas na, perspectiva de Trump, 262
Economia de bicos, crescimento, 104
Economia de escala, aumento da, 77
Economias avançadas, markups (aumento), 278
Edison, Thomas, 95, 243
Eeckhout, Jan, 65, 276
"efeitos de rede", negócios, 33, 131
  autorreforço, 137
Eisenhower, Dwight, 186, 188, 191
Ellenberg, Jordan, 264
Empreendedorismo, declínio, 71

empregados e contratos de trabalho, 103-104
Empregos
  geração de, 76, 104-105
  redução, 70, 72-73
Empresas
  compras de startups, 139
  de plataforma, 130
  entrada de novas (redução), 80
  estagnação criativa (fracasso), 82
  fases de crescimento, 78
  lobby, retornos, 233
  papel menor na economia, 74
  práticas predatórias de preços (leis), 297
  retornos de longo prazo, 252
  sinergias, 65
Empresas de capital aberto, colapso, 28
Empresas de tecnologia
  capitalização de mercado, 122-123
  monopólios e lucros, 150
Empresas globais de processamento de carne,
  timeline (mudanças), 170, 170
Empresas não financeiras, investimento líquido,
  253
Ennis, Sean, 277
Equifax, violação de segurança, 112
Erhard, Ludwig, 194
Escola de Chicago, 195, 197
Estados Unidos
  bancos, proprietários (classificação), 248
  economia, empreendedorismo, 72
  fusões bancárias, 165
  porta giratória entre o Goldman Sachs e o
    governo federal, 237
Estados Unidos versus E. C. Knight Co, 182
Estados Unidos versus Topco Associates, 289
Estagnação secular, 83
Estatuto de Monopólios (Inglaterra), 216
Estrutura das revoluções científicas, A (Kuhm),
  208
ética protestante e o espírito do capitalismo, A
  (Weber), 105
Europa
  ordoliberalismo, 193
  reconstrução, 194
Evans, Benedict, 142
Evans, David, 139
Expectativa de vida, despesas com saúde, 169
Express Scripts, domínio de mercado, 167

Facebook
    Artigos Instantâneos, 134
    domínio do mercado, 160
    Feed de notícias, impacto, 132
    igreja, comparação de Zuckerberg, 149
    lobby, despesas com, 128
    nascimento, 154
    notícias/ informações, problemas, 148-149
    Padrões da Comunidade do (projeto), 124
    rentabilidade e poder, 132
Fair Isaac Corporation (FICO), fórmula de
    pontuação de crédito da, 161
Falsificações, impacto, 135-136
Federação da Indústria Britânica, acordo de
    Düsseldorf, 188
Federal Express (FedEx), duopólio, 19
feed de notícias, Facebook (impacto), 132
Ferrovia de carga, concentração, 155
Fidelity, domínio de mercado, 172
First American, domínio de mercado, 172
Fleming, Lee, 99
Ford, Henry, 34
Foundem, 129
    problemas de pesquisa, 129
Frankel, Jonathan, 141
Freireich, Emil, 221
Friedman, Milton, 195, 224, 252, 285, 290
Funcionários
    remuneração, lucros corporativos (contraste),
        273
    vantagens, 103
Fundo Monetário Internacional (FMI), análises,
    266
Fundos negociados em bolsa (ETFs)
    superbaratos, 251
Furacão Maria, impacto, 87
Furman, Jason, 63
Fusões
    aumento de preços, induzidos por
        (evidências), 67
    impacto, 68
    estudos, 88
    fiscalização, morte, 205
    impacto, 69
    megaondas, 205
    ondas, 195
    ondas, 185
    preços, aumento, 69
    processo de mudança, 26
    reversão, 296

Soluções e remédios 242-245, 295
Fusões e aquisições
    impacto, 29
    proporções, 206
Fusões, níveis e resultados (Kwoka), 67

Gates, Bill, 108
Geithner, Timothy, 236, 261
Gerstner, Jr., Louis v., 76
Gestão ativa, performance, 249
Gestão de títulos, morganização, 251-252
Gestão passiva de ativos, parcela, 250
Gestores de benefícios farmacêuticos
    mercado, 152
    oligopólios, 168
Gestores de benefícios farmacêuticos (PBM)
    oligopólios, 167
Gestores de fundos multimercados (Hedge)
    treinamento de, 33
Gibbons, Thomas, 177
Gigantes agrícolas, produtividade, 70
"Goals of Antitrust Policy, The" (artigo), 198
Goldman Sachs, 237-238
    "ave de rapina" de Wall Street, 21
    governo federal, porta giratória, 235-236, 237
Gonzaga, Pedro, 277
Google
    AdWords, 120
    aplicativos, venda (fiscalização), 123
    Apple, duopólio, 160
    concorrência, impacto da, 127
    Google aplicativos, venda (fiscalização), 124
Governo civil, O (Adam Smith), 237
Governo federal
    Goldman Sachs "A porta giratória", 237
    Monsanto, porta giratória, 240
Grande é bonito (livro), 22
Grande Fome Irlandesa, 86
Grandes empresas e o Terceiro Reich
    (Schweitzer), 189
Guerra Castellammarese, 41

H.J. Heiz Company e 3G, estratégia de compra
    (Buffett), 19-20
Hell's Cartel (livro), 187
Herfindahl-Hirschman (HHI), índice, 54, 295
Hierarquia de necessidades, 106
Hitler, Adolf (acordos), 188
Hoffer, Eric, 280
Hospitais

fusões (impacto), 68, 166
Hull, Cordell, 190
Huxley, Aldous, 149

IG Farben
    "casamento", 189
    dissolução, 188
    poder econômico, 187
Igualdade interna, 254
Immelt, Jekrey, 261
Indicador central de salários, variação, 92
Indústria da carne e aves, oligopólio, 170
informações pessoais, Facebook controle, 154
Inovação, poder de monopólio, 80
Internet
    gigantes, fuja das, 300
    plataformas, regras comuns de fretes, 298
Internet a cabo/ de alta velocidade, monopólios,
    153
Intuit, domínio de mercado, 162
Investimento
    déficit, 84
    lucratividade, contraste, 84
    redução, 83-84
Investimento líquido por empresas não
    financeiras, 253
Investimento passivo, 249
Investimento passivo, gestão, 251
iPhone, metáfora do Vale do Silício, 150
Ireland-Smith, Renee, 88

Jackson, Thomas Penleld, 126
Jefferson, Thomas, 76
Jeffreys, Diarmuid, 187
Jelinek, Craig, 107
Jevons, William Stanley, 36
Jobs, Steve, 95-96
John D. Rockefeller (Nevins), 147
Josephson, Matthew, 179
JPMorgan Chase, 227
    domínio de mercado, 164
Juvenal, 119

Kalecki, Michał, 22
Katz, Lawrence, 104
Keillor, Garrison, 255
Keynes, John Maynard, 35, 195
Khan, Lina, 63, 137, 276
King Kong
    monopólios e, 59

King, Mervyn, 36
Knepper, Lisa, 114
Knoer, Scott, 213
Kodak, fotografia digital, 82
Kosnett, Michael, 213
Koss Corp, reestruturação, 214
Kraft Foods, H. J. Heinz Company (fusão), 20
Krueger, Alan, 63
Kuhn, Raymond, 59
Kuhn, Thomas, 208
Kulick, Robert, 68
Kwoka, John, 31, 67, 207

Larkin, Yelena, 25, 30
Lasch, Christopher, 85
Lazonick, William, 257
Leaf, Charlie, 49
Lei Affordable Care, 68, 166
Lei de Direitos Autorais Digitais do Milênio,
    136
Lei de Empregadores e Trabalhadores, 293
Lei de Medicamentos Órfãos (1983), 219
Lei de Metcalfe, 131
Lei de Moradia dos Artesãos, 292
Lei de Pleno Emprego de 2010 (Advogados,
    Contadores e Consultores), 227
Lei de Reed, 131
Lei de Reforma e Reestruturação da Receita
    Federal, 162
Lei de Sarnoff, 131
Lei Dodd-Frank
    aprovação, 229
    impacto, 226
    Pleno Emprego para Advogados, Contadores
        e Consultores (2010), 227
Lei Fabril, 293
Lei Federal de Arbitragem, 113
Lei Federal Reserve, 258
Lei McCarran-Ferguson (1945), 51
Lei quadrático-cúbica, 75-76
Lei Sherman, 24, 180-184, 197, 201, 289
Lei Staggers Rail (1980), 155
Leite, monopólios, 155
Levenstein, Margaret C., 45
Lew, Jack, 238
Liberdade econômica, 184, 285, 291
Liberdade política 184, 285
licenças profissionais, excesso (impacto), 114
Licenciamento, aumento, 115
Liderança de preços, 69

Lilburne, John, 287-288
Lind, Michael, 22, 79
Lindsey, Brink, 218, 234
Litan, Robert E., 71
Littunen, Matti, 132
Lucratividade
    crescimento, 78
    investimento, contraste, *84*
Lucro
    lobby/ regulamentação (relação), 234
Lucros corporativos
    aumento, 93
    e remuneração do trabalho, *273*

Manne, Henry, 129
mão invisível do mercado, A (Smith), 62
Máquina monopolista, 34
    usos, 78
Maranzano, Salvatore, 41
Marathon Asset Management, 24
Marcas registradas, roubo, 135
Marcas, imitação, 135-136
Marinescu, Ioana, 62, 101
Market share, disputa, 247
Markups
    aumento, impacto, 277-278
    presença, 276-277
Marshall, Thurgood, 289
Marx, Karl, 26-27
Maslow, Abraham, hierarquia de necessidades, *106*
Mastercard, domínio de mercado, 158
McDonald, Jennifer, 114
McGrath, J. Paul, 199
McKesson, McKesson, fixação de preços abusivos, 168
McLaughlin, Patrick A., 224
McNamee, Rogert, 149
Measure of America (relatório), 150
Medicamentos
    atacadistas e oligopólios, 168, 170
    preços abusivos, 219
    regulamentação, 219
Megaondas de fusões, 205
Mellon, Carnegie, 179
Mercado de câmbio, manipulação da cotação, 44
Mercado de trabalho, análise, 62
Mercados
    reformas, 286
Mercados de ações, sucesso, 269

Mercados perfeitos, crença, 196
Mercados varejistas
    competitividade, 53
Mercados, gestão passiva de ativos, 250
"Meus colegas zilionários", (carta de Hanauer), 282
Michaely, Roni, 25, 30
Microprocessadores, monopólios, 157
Microsoft
    monopólio, 125
    participação de mercado, 153
Mídia, oligopólios, 170
Miliband, Ed, 264
Mill, John Stuart, 42
MillerCoors, criação, 159
Minimax (teoria), 47
Mnuchin, Steven, 235
Modelo econômico, ajuste, 66
Moeran, Shivaun, 119
Mogridge, Martin, 37
Molson Coors
    domínio de mercado, 234
    SABMiller, duopólio, 159
Monoculturas, perigo, 86
Monopólios, 33
    concorrência, impacto, 223
    condenação (Truman), 186
    definição, 61-62
    fatores, 34
    impacto, 153-154, 157-158
    King Kong, comparação, 59
    monopólios, impacto, 155
    objetivos, 21-22
    barreira de entrada, 297
Monopsônios, 61-62, 100
    mercados, *102*
    poder, 116
    significado, 103
Monsanto
    Bayer, proposta de compra, 157
    gastos com lobby, 239
    governo federal/ porta giratória, 240
Moody's, retorno sobre capital investido, 228
Moore, Gordon E., 94
Morgan e John Pierpont
    financiamento de empresas em falência, 243
Morgan, John Pierpont, 183, 243
    Buffett, comparação, 183, 243
    herança, 257
Morganização, 243-244, 258, 293
Mueller, Holger M., 64

Mukherjee, Siddhartha, 211
Munger, Charlie, 18
Murdoch, Rupert, 170

Nakaji, Peter, 59
Nash, John, 47
National Dairy Holdings, fixação de preços, 155
Nationally Recognized Statistcal Rating (NRSRO), 228-229
Navalny, Alexei, 124
Nazistas, trustes (comunalidades), 177
NBC Universal
    Comcast, compra da, 23
    domínio de mercado, 170
Negócios
    dinamismo, declínio, 72
    nível de investimento, redução do, 254
neopobres, 281
Netscape, Microsoft (impacto), 125
Nevins, Allan, 197
New Deal, 109
New Economics of Multisided Platforms, The (livro), 139
News Corporation, dominação de mercado, 171
Nixon, Richard, 198
Noesser, Gary, 49
Northern Rock, pânico, 36
Northern Securities Company (NSC), fundação, 244
Noyce, Robert, 94-95
NSC, caso antitruste, 244

O capital no século XXI (Piketty), 263
Obama, Barack, 128, 202, 207,
    agências de regulação, 238-239
Occupy Wall Street (movimento), 261
Óculos, duopólio, 161
Ofertas públicas iniciais (IPOs), 140
    colapso, 28
Ogden, Aaron, 177
Ohlhausen, Maureen K., 114
Oito Traidores, 115
Old Republic, domínio de mercado, 172
olho por olho, 48-49
Oligopólios, 33, 125-136, 161
    Buffett, 249
    decisão judicial, 51
    donos, 249
    má reputação, 21
Olney, Richard, 238

"On Being the Right Size" (Haldane), 75
OptumRx, domínio de mercado, 167
Ordoliberalismo, 193, 290
Organização Central de Vendas (cartel), 44
Organização Mundial de Comércio (OMC),
    entrada da China, 273
Organização para a Cooperação e o
    Desenvolvimento Econômico (OCDE),
    estudo, 42
Organizações, fases de crescimento, 78
Orwell, George, 149
Otimismo, essência, 279

Padrões da Comunidade (Facebook), 124
Page, Larry, 96
Pânico de 1907, 243-244, 257-258
Paradoxo de Jevons, 37
paraquedas de ouro, O (estímulo), 238
Participação, riqueza dos EUA, *280*
Pasquale, Frank, 160
patentes, 298
Patentes, 215-216, 298
    emitidas anualmente nos EUA, 217
    problemas, 216-217
    proteção, renovação pelo Congresso, 299
    Walt Disney, impacto, 218
Patentes emissão, *217*
Paulson, Henry, 236
PayPal
    fundação, 20
    Lançamento do eBay, 82
    valor, 154
Pearson, Michael, 212-213
Pedágios, impacto, 147
Peltzman, Sam, 275
Pequenas empresas
    criação de emprego, 77
    desaparecimento, 73
Pequenos bancos, desaparecimento, 227
Perkins, Charles E., 238
Pharmaceutical Research and Manufacturers of
    America, lobby, 232
Philippon, Thomas, 83
Pierce, Justin, 65
Pike, Chris, 277
Piketty, Thomas, 264-267
    diagnóstico, 279
    gráfico de renda, 274
pirâmide de riqueza, *268*
Pirâmide de riqueza global, 269

Planck, Max, 208
plataformas digitais, escalada das, 123
Plataformas, empresas, 130
Poder
    concentração, 181
    desequilíbrio, 103
    equilíbrio, 267
Porter, Michael, 32
Posição de Lewis-Mogridge, 37
Posner, Richard, 197
Posse da riqueza dos EUA, *280*
Práticas predatórias de preços (leis), 297
Preços, aumento, 65, 67-68, 70
    fusões, impacto, 69
Premier, domínio de mercado, 166
Privacidade, importância da, 300
Produtividade
    baixo nível, impacto, 74-75
    crescimento e redução, *80*
    empresas, impacto, 81
    redução, 72, 74-77, 79-82
    salários, contraste, 272
produtores de laticínios, fixação de preços, 155
ProPublica, estudo, 138
Prosperidade sustentável, 257
Provedores
    fusão, impacto, 68, 152

Queen, Edward, 32
Quimioterapia
    regulamentação, 211
    usos, 222

Raff, Adam, 119, 127
Randall, James, 41
RCA, inovação, 81
Reagan, Nancy, 200
Reback, Gary, 127
Recompra
    aumentos, *256*
    impactos, 255
    recompra de ações, limitação de, 299
Recompra, empresas de, 257
Recompras de ações, 255
    limitação, 299
Redes de fast-food, cláusulas trabalhistas, 98
Redes sociais, monopólios, 153-54
Reflexões sobre a Revolução na França (Burke), 292
Região Centro-Oeste (EUA), revolta, 85
Registro Federal, regras e regulações, 225

Reich, Robert, 244
Relatório global de riqueza (Credit Suisse), 268
Relatórios anuais, uso de palavras
    (concorrência), 29
Renda
    desigualdade (Estados Unidos), 264-267
    distribuição, filiação sindical (contraste), 110
Retornos de Capital (Marathon Asset
    Management), 24
Revolução Antitruste (Reagan), 200
Reynolds, Glenn, 229
Rhodes, Cecil, 44
Ricardo, David, 85
Richards, Tyler, 224
riqueza das nações, A (Smith), 24
Rock, Edward, 258
Rockefeller, John D., 147, 178, 180-183, 257, 293
Roosevelt, Franklin Delano, 185, 274
    New Deal, 109
Roosevelt, Theodore, 181-183, 244, 286
    luta de confiança, 292
Royal Bank of Scotland, manipulação de taxas,
    44

Salário, redução do, 61-64
Salop, Steven, 63, 275
Sandberg, Sheryl, 149
Sanders, Bernie, 262, 281
Sanduíche Holandês, acordo, 124
Saving Capitalism (Reich), 244
Saxenian, AnnaLee, 95
Scale (West), 77
Schäuble, Wolfgang, 35
Schiantarelli, Fabio, 225
Schmalensee, Richard, 139
Schmalz, Marin, 248
Schmidt, Eric, 96, 128, 149
Schumpeter, Joseph, 20-21
Schweitzer, Arthur, 189
Seguro de títulos, monopólio, 172
Sementes, monopólios, 157
Servan-Schreiber, Jean-Jacques, 20
Service Corporation International (SCI),
    domínio de mercado, 158
Serviços de saúde, monopólios, 169
Serviços de terceiros, venda, 298
Setor funerário, monopólios, 158
Sherman, John, 180, 243
Shockley, William, 93-94, 96
Simon, Hermann, 50

Sinalização de preços, 50
Singer, Paul, 251
Sistemas de pagamento, duopólios, 158
Sistemas operacionais de telefonia, duopólio, 160
Sistemas operacionais, Microsoft market share, 153
Sistemas operacionais, monopólios, 153
Skilling, Jeffrey, 32
SkyChefs, violação da lei do salário mínimo, 108
Smith, Adam, 24, 42, 59, 62, 91, 237
   mão invisível, 62
Smith, Brad, 126
Smith, William French, 199
Snap, ofertas públicas iniciais de ações, 140
Snowden, Edward, 148
Sociedade, regulamentação dos serviços, 298
Solicitações de remoção, cumprimento, 131
Soros, George, 149
Sprint, domínio de mercado, 164
Square Deal, fundos corporativos, controle, 286
Staltz, André, 135
Standard & Poor's 500 (S&P500), Parcela de ações Big 3, 252
Standard & Poor's, Big 3, 19
Standard Oil Company
   controle de mercado, 122
   divisão, Suprema Corte dos Estados Unidos, 182
Startups
   anúncios, 141
   dinâmicas, 140
   redução, 70-72
Stationers Company, The, 287
Steele, Helena, 135
Steinbaum, Marshall, 303
Sterling Jewelers, reivindicações (arquivamento), 111
Stewart, domínio de mercado, 172
Stigler, George, 195
Stiles, T. J., 178
Stoppelman, Jeremy, 142
Strouse, Jean, 257
Summers, Larry, 83
Superstar, empresas, crescimento, 64
Suslow, Valerie Y., 45
Sweetland, Kyle, 114

Tabakovic, Haris, 239
Tabelamento de preços, alegações, 168

Taibbi, Matt, 135
Tap Dancing to Work (Buffett), 17
Taxas de juros, aumento da, 91
taxas de *swipe*, disputa, 159
Tecu, Isabel, 248
Teles, Steven M., 218, 234
Teoria dos jogos, 46
Teoria geral (Keynes), 35
Tesla, Nikola, 95, 243
Teva Pharmaceuticals, lançamento medicamentos genéricos, 220
The Antitrust Paradox, O paradoxo antitruste, 199
"The Pitchforks Are Coming... for Us Plutocrats" (Hanauer), 282
Thiel, Peter, 20, 21
Thomas, Diana, 225
Time Warner Cable,
   compra da Comcast (bloqueio), 207
   domínio de mercado, 170
T-Mobile, domínio de mercado, 164
Trabalhador
   produtividade, remuneração, 272
Trabalhadores
   ações, estímulos, 299
   acordos de não concorrência, 97
   arbitragem, imposição, 112
   compensação, 254
   consideração, 103
   monopsônios, 101
   movimento, prevenção, 98
   problemas, 91
Trabalhadores da Costco, necessidades (compreensão), 107
Trabalhadores temporários,
   capacitação, 104
   linha da pobreza, 105
Trabalho
   concentração, aumento, 102
   mercados, 101-102
   mercados, *102*
   propriedade de capital, 299
Tratado de Potsdam, 191
Três Grandes S&P 500, empresas listadas na, 252
Truste do Tabaco, 183

Uber, valor, 130
UBS, domínio de mercado, 164
Uma mente brilhante (filme), 47
Upstream Commerce, empresa de pesquisa, 137

Vaheesan, Sandeep, 63, 276
Vale do Silício
  menosprezo, 119
Valeant, aquisição, 212
Vanderbilt, Cornelius, 177-178
Verizon Communications Inc. versus Law Offices of Curtis V. Trinko LLP, 207
Verizon, domínio de mercado, 164
Vestager, Margrethe, 129
Viacom, domínio de mercado, 170
vias, infraestrutura, 158
Visa, domínio de mercado, 158
Vizient, domínio de mercado, 166
von Bohlen, Krupp, 188
von Neumann, John, 47
Von's Grocery e Shopping Bag, fusão, proibição, 194
Vreeland, Diana, 200

Walmart
  demanda por preços baixos, 101
  fornecedores e proteção contra falência, 70
Walt Disney, patente (impacto), 218
Warner, Brian, 121
Warren, Earl, 291
Warren, Elizabeth, 256
Weinberg, Matthew, 67
Weiss, Antonio, 239

Welch, Jack, 33
Wells Fargo, controle de contas poupança fraudulentas, 19
Wells, Wyatt, 190
Wenger, Albert, 142-143
West, Geokrey, 77
Western Union, monopólio, 37
WhatsApp, Facebook (aquisição), 123
Whitacre, Mark, 42
White, Lawrence, 229
Whitman, Meg, 149
Who Says Elephants Can't Dance? (livro), 76
Wilde, Oscar, 133
Wilmer, Nathan, 101
Wilson, Woodrow, 184, 258
Wolf, Martin, 261
Wolff, Edward N., 173
Wollmann, Thomas, 239
Wu, Tim, 303

x Phone (Apple), 148
Xerox, monopólio de patentes, 81

Zero to One (livro), 20
Zonas de deslocamento, concentração de trabalho, *102*
Zonas de morte, 143
zonas rurais, atraso, *102*
Zuckerberg, Mark, 124, 132, 134, 153

FONTE Lyon Text, Sharp Grotesk
PAPEL Alta Alvura, 90 g/m²
IMPRESSÃO Imprensa da Fé